인벤터 활용

닥치고 이것만해!!

3D 설계 실무 능력

단기완성

한국생산성본부 KPC 자격
license.kpc.or.kr

3D설계실무능력평가
3D Design Ability Test / DAT

DAT 2급/1급 시험대비

서관덕 · 석형태 공저

피앤피북

인벤터 활용 및
3D설계실무능력 단기완성

발　　행 | 2019년 8월 16일

저　　자 | 서관덕 · 석형태
발 행 인 | 최영민
발 행 처 | 🌀 피앤피북
주　　소 | 경기도 파주시 신촌2로 24
전　　화 | 031-8071-0088
팩　　스 | 031-942-8688
전자우편 | pnpbook@naver.com
출판등록 | 2015년 3월 27일
등록번호 | 제406-2015-31호

정가 : 30,000원

ISBN 979-11-87244-49-3　93550

Inventor는 기계, 전자, 건축, 토목, 산업디자인 등 모든 공학 분야에 많이 사용되고 있으며, 부품 모델링, 조립품 구성 및 유효성 검사, 도면작성 및 시뮬레이션, 공학해석 등 실무에서 효율적으로 업무를 수행할 수 있도록 도와주는 전문 3D CAD 소프트웨어이다.

본 교재는 3D 설계 전문 소프트웨어인 Inventor 2017을 베이스로 구성되었다. 현재 시중에 판매되고 있는 국가기술자격시험에 맞춰진 도면 교재들과는 달리, 기본적인 기능 매뉴얼을 수록하여 풍부한 예제도면과 모델링 및 조립품, 도면작성까지 따라 하기로 구성되어 있다.

구체적으로는 Inventor에서 기본적으로 제공하는 스케치, 부품 모델링, 조립품, 도면 등, 작업 모듈별로 기본적으로 많이 사용되는 명령 설명과 해당 명령을 이용한 따라 하기로 구성되어 있으며, 다양하게 연습해 볼 수 있는 예제도면을 수록하여, 독학용이나 교육기관의 교육 참고용으로도 활용될 수 있도록 구성했다.

인벤터의 기본적인 기능을 숙달함과 동시에 3D설계실무능력평가 자격시험을 준비할 수 있고, 나아가 실무에서 적용될 수 있는 부분까지 충분한 설명과 작업 이미지로 이루어져 있다.

특히, 본 교재는 KPC 자격에서 시행하고 있는 3D설계실무능력평가(DAT) 1급과 2급 공인교재로서 자격시험을 준비하는 분들이 최상의 결과를 얻을 수 있도록 도와준다.

본 교재가 출판되기까지 물심양면 도와주신 ㈜한국산업기술능력개발원 석형태 대표님 이하 임직원과 출판사 임직원, 그리고 한국생산성본부 자격인증본부 자격컨설팅센터 위원님들에게 깊은 감사의 인사말을 드린다.

이번 출판을 시작으로 수십 년간의 노하우를 토대로, CAD 및 설계 분야의 다양한 콘텐츠로 여러분들과 만날 수 있기를 기대한다.

한국산업기술능력개발원

서 관 덕

3D설계실무능력평가(DAT) 시험 안내

■ 3D설계실무능력평가(DAT) 소개

- 산업발전법에 의거하여 설립된 한국생산성본부에서 시행하는 자격 시험입니다.
- 지속가능한 설계업무에서 요구되는 전문지식과 실무 활용 능력을 갖춘 인력을 양성합니다.
- 설계 기획부터 분석, 제품 양산에 이르는 업무 프로세스를 이해할 수 있습니다.
- 기계, 제품 디자인 등 다양한 분야에서 활용 가능합니다.
- 학습과정을 통해 4차산업 시대의 선도적 역량을 함양할 수 있습니다.

■ 3D설계실무능력평가(DAT) 시험의 특징

- 3D설계 능력 및 실무 활용 능력을 객관적으로 평가합니다.
- 제도 및 설계에 대한 이해를 바탕으로 하는 실무 작업형 실기시험입니다.
- 다양한 파일 형식 및 부품에 대한 이해와 관리 능력을 평가합니다.
- 응시자가 원하는 SW로 응시할 수 있습니다.

  ※ 기준이 되는 S/W는 학교 및 기업체에서 가장 많이 사용하고 있는 3D파라메트릭 CAD소프트웨어로 카티아, 솔리드웍스, 솔리드에지, NX, Pro-E, 인벤터로 규정함)

- 등급별 특징

등급	특징
1급	• 단순/복합 부품 모델링, 조립품 생성 및 유효성 검사, 도면작성 등 • 설계 실무 능력 함양
2급	• 단순 부품 모델링 및 곡면을 이용한 제품 형상 모델링 • 통합적인 3D캐드 소프트웨어의 운영과 도면 독해 및 투상 능력 함양

■ 응시자격 : 제한 없음

■ 민간자격 등록번호 및 시험 시행처 안내

- 등록번호 : 2018-5135, 3D설계실무능력평가 1급, 2급
- 자격종류 : 등록(비공인)민간자격
- 접수 : 한국생산성본부 자격홈페이지 (https://license.kpc.or.kr) 및 방문접수
- 문의 : 1577-9402

  ※ 자세한 시험 규정 및 응시료, 환불규정은 KPC자격 홈페이지(https://license.kpc.or.kr) 고객센터에서 확인할 수 있습니다.

■ 3D설계실무능력평가(DAT) 시험 방법

등급	문항 및 시험방법		S/W	시험 시간
1급	• 3D형상 부품 모델링(복합 형상) • 제공부품 파일변환 • 부품을 이용한 조립품 생성 • 부품도면 및 조립/분해도면 생성 • 조건에 맞는 부품 및 도면 저장	• 3D부품 모델링파일 • 조립품파일 • 원본파일 • 변환 STEP파일 • 도면 PDF파일	인벤터, 카티아, 솔리드웍스, 솔리드에지, NX, Pro-E 중 택 1	120분
2급	• 3D형상모델링(곡면 및 복합/단순 형상) • 부품도면 작성 • 조건에 맞는 모델링 및 도면 저장	• 3D부품 모델링파일 • 변환 STEP파일 • 도면 원본파일 • 도면 PDF파일		

■ 3D설계실무능력평가(DAT) 1급 출제기준

등급	구분	항목
1급	작업 준비	• 환경 및 3D모델링 부가 명령 설정 • 작업환경에 적합한 템플릿 제작
	3D형상 모델링	• KS 및 ISO 규격 준수, 형상 모델링 • 스케치 도구 이용, 디자인 형상화 • 치수 기입, 형상 수정/유지 • 구속 조건 설정, 오류 발견 및 수정 • 특징형상 설계 및 연관복사 기능 이용
	검토	• 정보 도출/수정, • 조립품 생성, 조립여부 점검/수정 • 편집기능 활용
	출력 및 데이터 관리	• 2D 도면 유형 설정(투상/치수정보 생성) • 치수/기하/다듬질 공차 기호 표현 • 인쇄장치 설치, 도면영역 설정 • 실척 및 축(배)척 출력 • 데이터 형식의 용도 및 특성 파악/변환 • 도면의 용도 및 활용성 파악/분류/저장

■ 3D설계실무능력평가(DAT) 2급 출제기준

등급	구분	항목
2급	작업 준비	• 환경 및 3D모델링 부가 명령 설정 • 작업환경에 적합한 템플릿 제작
	3D형상 모델링 작업	• KS 및 ISO 규격 준수, 형상 모델링 • 스케치 도구 이용, 디자인 형상화 • 치수 기입, 형상 수정/유지 • 구속 조건 설정 • 특징형상 설계 이용, 3D형상모델링 완성 • 하이브리드 모델링(솔리드와 곡면 이용)
	도면작성 및 데이터 관리	• 투상 및 치수 등 관련정보를 생성 • 인쇄 장치 설치/출력, 실척/축(배)적 지정 • 요구 데이터 형식에 맞게 저장 및 출력 • 데이터 형식의 용도 및 특성 파악/변환 • 도면의 용도 및 활용성 파악/분류/저장

※ 자격의 출제기준 등의 정보는 접수 시 KPC자격홈페이지(https://license.kpc.or.kr)에서 반드시 확인하여주시기 바랍니다.

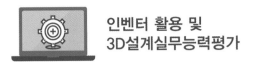

인벤터 활용 및
3D설계실무능력평가

PART 01

인벤터
인터페이스

인벤터 인터페이스

1. 인벤터 초기 화면

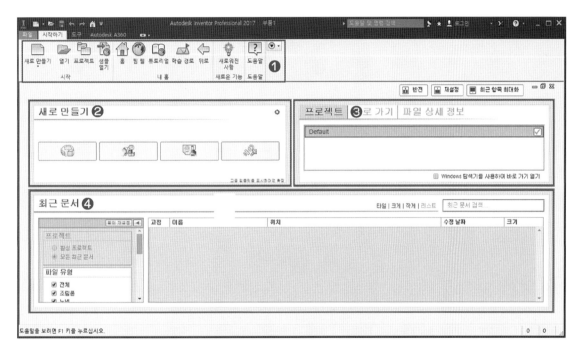

인벤터 실행 후, 제일 먼저 만나는 화면으로 모든 작업의 시작은 이 화면으로부터 시작한다.

❶ 각종 명령이 위치하고 있는 상단 리본 메뉴

❷ 새로 만들기 바로가기 아이콘 영역

❸ 프로젝트 관리 영역

❹ 한번 작업한 내역을 담고 있는 최근 문서 영역

2. 프로젝트 설정/관리

인벤터는 하나 이상의 부품과, 조립품, 도면, 프리젠테이션 파일이 개별로 이루어지는 것이 아니라, 이 모든 파일이 상호 유기적인 관계에서 작업이 이루어지고, 다수의 작업자가 부품을 공유하거나, 현재 작업물에 대한 파일을 손쉽게 관리하기 위해서는 작업을 시작하기 전, 프로젝트를 설정한 상태에서 작업하는 것이 바람직하다.

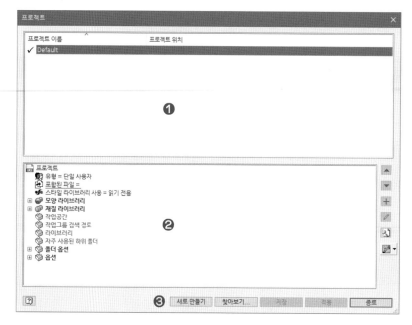

시작하기 메뉴 탭에서 프로젝트를 실행하면 위와 같은 프로젝트 관리 대화상자가 나타난다.

이 대화상자에서 새로운 프로젝트를 생성하거나, 기존에 저장되어진 프로젝트를 가져올 수 있으며, 해당 프로젝트의 속성을 변경할 수 있다.

❶ 생성된 프로젝트 리스트

❷ 적용된 프로젝트 속성 창

❸ **작업 버튼**

　－새로 만들기 : 신규 작업을 위해 새로운 프로젝트를 생성한다.

　－찾아보기 : 이미 생성된 프로젝트를 현재 프로젝트 리스트로 볼러온다.

　－저장 : 적용된 프로젝트의 속성 변경 후, 저장한다.

　－적용 : 프로젝트 리스트에서 해당 프로젝트를 사용 프로젝트로 변경한다.

　※ 프로젝트 추가, 변경 및 속성 변경은 작업 시작하기 전에 이루어져야 하며, 작업이 진행되는 도중에 추가, 변경은 할 수 없다.

(1) 프로젝트 새로 만들기 – 프로젝트 유형 선택

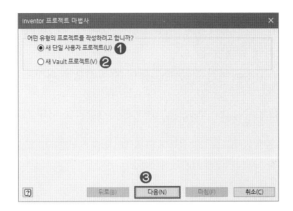

프로젝트 대화상자에서 새로 만들기를 클릭하여, 프로젝트 유형을 선택한다.

❶ **새 단일 사용자 프로젝트**는 개인 또는 소규모 기업에서 주로 사용하는 프로젝트 형식으로, 별도의 데이터베이스를 구축하지 않은 상태에서 사용한다.

❷ **새 Vault 프로젝트**는 Vault서버가 설치되어져 있는, 중소기업 또는 대기업에서 주로 사용하는 프로젝트 형식으로, 다수의 설계 담당자가 한 프로젝트에 투입되었을 때, 각종 작업 파일의 관리 및 공유하거나, PDM(Project Design Matrix) 및 PLM(Product Lifecycle Management)의 원할한 관리를 병행 할 수 있도록 개발된 시스템상에서 사용한다.

❸ 다음 버튼을 클릭한다.

> ※ Vault프로젝트는 Vault서버가 존재하고 있어야 사용할 수 있음으로, 대다수의 개인 사용자는 새 단일 사용자 프로젝트를 이용한다.

(2) 프로젝트 새로 만들기 – 프로젝트 이름과 위치지정

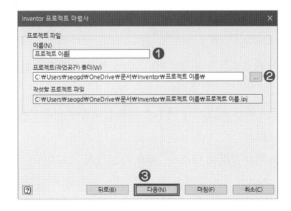

프로젝트 유형에서 새 단일 사용자 프로젝트를 선택한 후, 생성할 프로젝트의 이름과 로컬 컴퓨터상의 작업 위치를 지정한다.

❶ **프로젝트 이름**은 사용자가 알아보기 쉬운 이름으로 설정하며, 가능하면 해당 작업 명칭을 프로젝트로 작성하는 것이 차후 관리에 유리하다.

❷ **프로젝트 폴더**는 앞으로 생성되어질 각종 파일들이 기본적으로 저장되고, 관리될 작업폴더를 지정한다.

❸ 마침을 클릭하여 설정된 프로젝트를 저장한다.

※ 새롭게 생성된 프로젝트는 설정된 프로젝트 폴더에 프로젝트 이름.IPJ라는 이름으로 저장되며, 차후, 다른 컴퓨터로 작업파일이 이전 되었을 때, 찾아보기에서 가져올 수 있다.

(3) 프로젝트 관리

새롭게 생성되거나, 기존의 프로젝트를 변경하거나, 속성을 변경하고자 한다면, 프로젝트 관리 대화상자에서 수행한다.

❶ 프로젝트 변경은 해당 프로젝트 리스트를 마우스 더블클릭하여 변경하거나, 선택 후, 하단에 적용 버튼을 클릭하여 변경할 수 있다.

❷ 프로젝트 속성은 특별하게 변경하지 않지만, 차후 도면에서 스타일 라이브러리를 수정하고, 영구적으로 저장하고자 한다면, 스타일 라이브러리 사용을 읽기 전용에서 읽기−쓰기로 변경한다.

※ 해당되는 속성에서 마우스 오른쪽 클릭하여 내용을 변경한다.

❸ 속성 수정이 완료되었다면, 꼭 저장 버튼을 클릭해야 변경된 속성이 저장된다.

3. 새로 만들기

인벤터에서 부품 모델링 및 조립품, 도면 등을 새롭게 작성하기 위해서는 새 파일 작성 대화상자에서 작업에 해당되는 템플릿 파일을 선택 후, 작업을 진행할 수 있다.

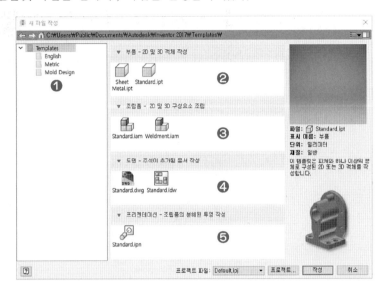

❶ 템플릿 카테고리 영역

−Templates : 최초 인벤터가 설치될 때 설정된 단위로 이루어진 템플릿 영역

−English : 기본 단위가 "In(인치)"로 이루어진 템플릿 영역

−Metric : 기본 단위가 "MM(밀리미터)"로 이루어진 템플릿 영역

−Mold Design : 몰드 디자인에 최적화된 템플릿 영역

❷ 부품 템플릿 영역

부품 템플릿 영역은 각각의 부품을 모델링하며 파일형식은 "IPT"이다.

❸ 조립품 템플릿 영역

모델링된 하나 이상의 부품을 이용하여 조립품을 생성하며 파일형식은 "IAM"이다.

❹ 도면 템플릿 영역

모델링된 부품 또는 조립품을 이용하여 2D 도면을 생성하며 파일형식은 "IDW"이다.

❺ 프리젠테이션 템플릿 영역

조립이 완성된 조립품을 분해도 또는 조립 분해 애니메이션을 생성하며, 파일형식은 "IPN"이다.

(1) Metric 템플릿 영역

기본 Templates 영역은 인벤터가 설치될 때 설정된 단위로 이루어져 있으며 ISO, KS 등과 같이 해당 국가별 규격에 맞추기 위해서는 많은 설정이 필요하므로 카테고리에 있는 Metric 템플릿 영역에서 해당 템플릿 모듈을 이용한다.

Metric 템플릿 영역 내에서 필요한 사용 템플릿 모듈은 주로 아래와 같이 사용한다.

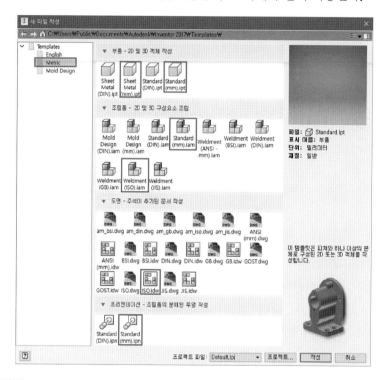

■ **부품 템플릿 영역**

• Standard(mm).ipt : 일반 부품 모델링 템플릿
• Sheet metal(mm).ipt : 판금 부품 모델링 템플릿

■ **조립품 템플릿 영역**

• Standard(mm).iam : 일반 조립품 템플릿
• Weldment(ISO).iam : ISO 규격이 적용된 용접 조립품 템플릿

■ **도면 템플릿 영역**

• ISO.idw : ISO규격이 적용된 도면 템플릿

■ 프리젠테이션 템플릿 영역

• Standard(mm).ipn : 일반 조립/분해도 템플릿

※ 인벤터에서 주로 많이 사용되는 템플릿으로 부품 모델링은 Standard(mm).ipt, 조립품 생성은 Standard(mm).iam, 도면
작성은 ISO.idw를 사용한다.

4. Standard(mm).ipt 부품 템플릿 화면구성

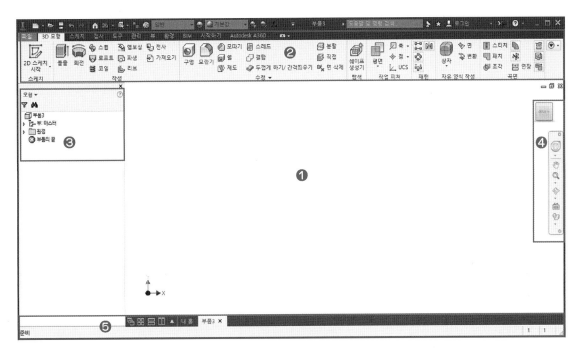

부품 템플릿은 일반적인 부품을 모델링하기 위해서 필요한 명령과 기능을 가지고 있는 곳으로 인벤터에서
3D 모델링에 관련한 다양한 기능을 제공한다.

❶ 작업영역

❷ 메뉴바와 리본메뉴

❸ 검색기 또는 피처리스트

❹ View Cube 및 탐색 막대

❺ 그래픽 정보창 및 상태바

5.  Standard(mm).iam 조립품 템플릿 화면구성

조립품 템플릿은 하나 이상의 부품을 배치하여 조립구속조건을 이용해 조립품을 구성하고 부품 간 간섭이
나 동작 등을 분석하는 기능과, 각종 설계 기능을 이용하여 널리 알려져 있는 구성요소를 손쉽게 작성할
수 있도록 하는 다양한 기능을 제공한다.

6. ISO.idw 도면 템플릿 화면구성

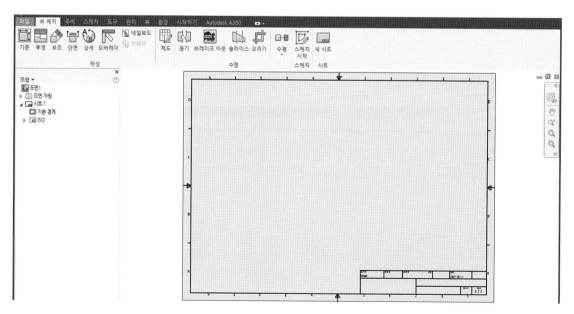

도면 템플릿은 모델링된 부품, 조립품, 조립/분해품을 2차원 도면화를 목적으로 도면작성에 필요한 다양
한 기능을 제공한다.

인벤터의 응용프로그램 옵션은 인벤터 소프트웨어를 사용하는 데 있어, 부품이나 조립품 등의 작업 종류에 상관없이 인벤터 전체에 영향을 미치는 시스템 옵션으로 기본적 필수 옵션들은 미리 설정되어 있기 때문에 작업자가 특별히 관리해야 할 부분은 크게 없지만, 몇 가지 옵션은 변경해두면 편리하다.

응용프로그램 옵션 메뉴 바 도구에 명령이 위치하고 있으며 시작 화면뿐만 아니라 인벤터의 전체 작업 모듈에서도 동일하게 변경할 수 있도록 동일한 메뉴로 구성되어 있다.

1. 화면표시

화면표시 탭 옵션은 인벤터에서 부품 모델링 및 조립품, 프리젠테이션에서 3D 모형에 대한 화면표시 내용과 마우스 휠 동작에 관련 부분을 변경할 수 있다.

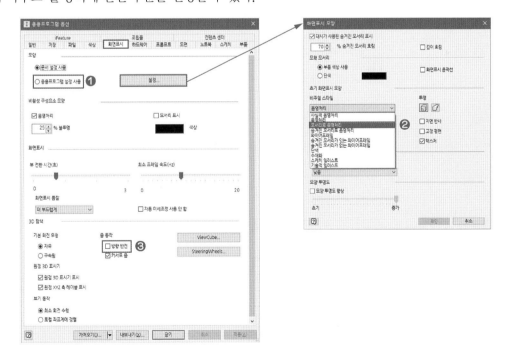

❶ **응용프로그램 설정 사용**을 선택하고, **설정** 버튼을 클릭한다.

❷ 화면표시 모양 창, 비쥬얼 스타일에서 **모서리로 음영처리**를 선택하고 확인한다.

❸ 줌 동작에서 **방향 반전**을 선택한다.(AutoCAD와 동일한 방향)

※ 비주얼 스타일에서 모서리 음영처리 기능은 3D 형상의 가장자리 선을 표시함으로써 형상을 파악하거나 시각적으로 이해하는 부분에서 가장 최상의 상태로 작업할 수 있다.

※ 줌 동작에서 방향 반전은 마우스 휠 기능을 반대로 설정하는 것으로 기본 기능은 앞으로 굴리면 작아지고, 뒤로 당기면 커지는 화면을 반대로 적용한다.

2. 스케치

스케치 탭 옵션은 인벤터 스케치 환경에서 화면상 표시 및 작성, 편집에 관련한 사항을 변경할 수 있다.

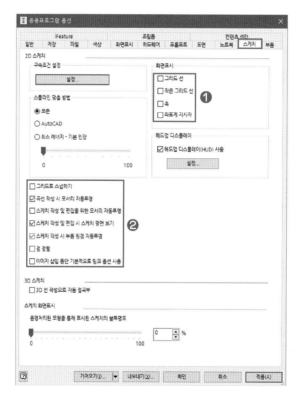

❶ **화면표시** 영역에 있는 **그리드 선, 작은 그리드 선, 축, 좌표계 지시자**를 모두 체크 해제한다.

❷ 스케치 작성에 대한 기본 설정

• **그리드로 스냅하기** 체크 해제

• **곡선 작성 시 모서리 자동투영** 체크

• **스케치 작성 및 편집을 위한 모서리 자동투영** 체크 해제

- **스케치 작성 및 편집 시 스케치 평면 보기** 체크
- **스케치 작성시 부품 원점 자동투영** 체크
- **점 정렬** 체크 해제
- **이미지 삽입 동안 기본적으로 링크 옵션 사용** 체크 해제

화면표시 영역은 스케치 화면에 그리드 선 및 축선, 좌표계 표시 유무를 선택하는 것으로, 일반적으로 화면 상에 아무것도 없이 작업하는 것이 혹시나 발생할 수 있는 오류를 줄이고, 스케치 작업을 원활하게 할 수 있다.

스케치 기본 체크 옵션들 중에서 스케치 작성 및 편집을 위한 모서리 자동투영 및 점 정렬은 체크 해제해야 만, 전반적인 스케치 작업이 원활하게 이루어질 수 있다.

그리고 스케치 작성 및 편집 시 스케치 평면보기는 말 그대로, 스케치 시 3차원 화면을 평면으로 화면 자동 전환시키는 기능이기 때문에 체크해서 사용한다.

03 인벤터 단축키 설정 및 마우스

1. 사용자 단축키 설정

인벤터도 오토캐드와 비슷하게 단축키로 명령과 작업을 수행할 수 있으며, 기본적으로 지정된 단축키 뿐만 아니라 사용자가 직접 원하는 단축키를 지정하여 사용할 수 있다.

응용프로그램 옵션 메뉴 바 도구에 명령이 위치하고 있으며, 시작 화면뿐만 아니라 인벤터의 전체 작업 모 듈에서도 동일하게 변경할 수 있도록 동일한 메뉴에 구성되어 있다.

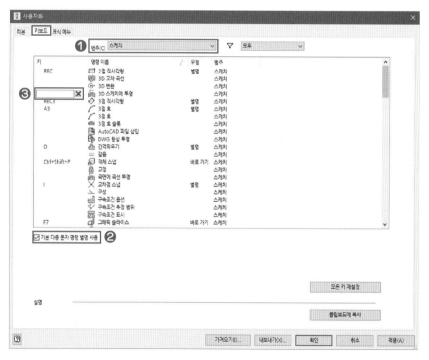

도구 → **사용자화**를 실행하여, 나타난 **사용자화** 대화상자에서 **키보드** 탭을 선택하여 사용자가 원하는 단축 키를 설정, 변경할 수 있다.

❶ **범주**에서 추가, 변경할 영역을 선택한다.

❷ 다중 단축키 사용을 위해 **기본 다중 문자명령 별명 사용**을 체크한다.

❸ 단축키를 추가할 명령 이름 앞에 비어 있는 키 열을 선택하여 사용자가 원하는 단축 명령을 입력한다.

　※ 단축명령은 영문으로만 입력이 되며, 대소문자는 구분하지 않는다.

　※ 동일한 단축키가 입력이 될 경우, 붉은색 글자로 나타나며 단축키 설정이 되지 않는다.

　※ 다중 문자명령 별명을 사용하기 때문에 여러 문자를 입력할 수 있으며, Ctrl, Alt, Shitf 등 특수키 조합으로도 단축 명령을 지정할 수 있다.

　※ 기본적으로 많이 사용되는 스케치, 스케치된 피처, 배치된 피처, 조립품, 치수, 주석 등을 위주로 변경하는 것을 추천한다.

2. 마우스

마우스는 인벤터에서 객체 및 기능 선택, 화면 회전 등 작업 전반에 사용되므로 익숙해 질 수 있도록 한다.

스크롤

- 클릭 드래그 : 화면 이동
- Shift +클릭 드래그 : 화면 회전
- 앞으로 회전 : 화면 축소
- 뒤로 회전 : 화면 확대
- ※ 응용프로그램 옵션에서 방향 변경 가능

왼쪽 마우스

- 기능 선택
- 객체 요소 단일선택
- Shift : 복수선택
- F4 +클릭 드래그 : 화면 회전
- F2 +클릭 드래그 : 화면 이동
- F3 +클릭 드래그 : 축소 확대
- 객체 면 선택 : 아이콘 메뉴

오른쪽 마우스

- 리본/검색기 : 팝업 메뉴 표시
- 작업창 : 팝업 메뉴 및
　　　　표식메뉴

3. 키보드 특수 기능

인벤터 부품, 조립품, 프리젠테이션 작업 모듈에서 사용빈도가 많은 기능 키를 알아두면 작업에 편리성을 더할 수 있다.

기능 키	기능	비고
F2 + 왼쪽 마우스 드래그	화면 이동	
F3 + 왼쪽 마우스 드래그	화면 리얼 축소/확대	
F4 + 왼쪽 마우스 드래그	화면 회전	
F5	이전 환면 전환	
F6	화면 등각투영부 자동 전환	
F7	스케치 상태에서 이전 형상 단면 보기	스케치 내
F8	스케치 구속조건 전체 보기	스케치 내
F9	스케치 구속조건 전체 숨기기	스케치 내
F10	Alt 단축키 목록 보이기/숨기기	
Enter↵	이전 명령 다시 시작	
Space Bar	이전 명령 다시 시작	
Ctrl + C	선택요소 복사	스케치 내
Ctrl + V	선택요소 붙여넣기	스케치 내
Ctrl + Z	이전 명령 취소	
Ctrl + R	이전 명령 취소 복귀	

인벤터 활용 및
3D설계실무능력평가

PART 02

부품 모델링

부품(Part)는 조립품의 구성요소인 각각의 부품 또는 독립 형상을 모델링하는 중요한 영역으로, 통상적으로 3D모델링 영역이 바로 부품 작성에서 이루어진다.

인벤터에서의 부품 모델링은 프로파일(단면)이라는 작성된 스케치를 토대로, 3D모형의 작성 및 편집을 이용하여 형상을 모델링하는 방법으로, 이는 인벤터 뿐만 아니라 3D파라메트릭 설계 캐드 소프트웨어는 이와 동일한 방법으로 모델링이 이루어진다.

즉, 형상 모델링을 하기 위해서는 다음 Chapter에서 이어지는 스케치를 통해 기본적인 형상의 기초를 먼저 드로잉 한 후, 형상 모델링이 이루어져야 한다.

1. 부품 화면 구성

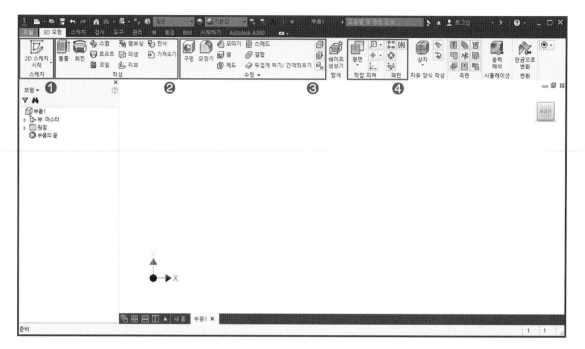

❶ **스케치 시작** : 새로운 스케치를 작성

❷ **스케치된 피쳐** : 작성된 스케치를 기초로 한 형상 작성 명령 모음

❸ **배치된 피쳐** : 스케치된 피쳐에 의해서 생성된 모델링 형상에 직접적으로 작성, 수정 등 추가된 피쳐 명령 모음

❹ **작업피쳐 및 패턴** : 작업피쳐는 스케치된 피쳐 또는 배치된 피쳐에서 필요한 사용자 평면, 축, 점을 생성, 패턴은 피쳐를 다중으로 배열 복사 또는 대칭 복사 명령 모음

※ 일반적으로 부품에서는 3D모형과 스케치 이렇게 크게 두 영역을 사용한다.

1 스케치 시작

새로운 부품을 모델링하거나, 생성된 피쳐에 추가된 피쳐를 생성하기 위해서는 스케치를 작성해야 한다.
최초로 시작하는 부품에서 새로운 스케치를 작성하기 위해서는 기본적으로 아래와 같이 두 가지 방법 중
하나를 이용하여 스케치 환경으로 전환한다.

1. 2D스케치 시작 아이콘 사용

상단 리본메뉴에 있는 2D스케치 시작 아이콘을 클릭하면, 화면상에 나타나는 3개의 평면 중, 하나를 선택
하여 스케치 환경으로 전환한다.

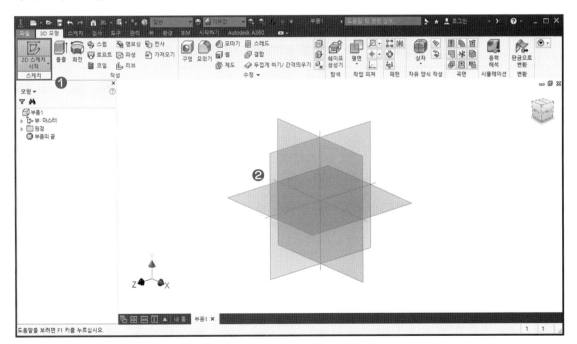

❶ 2D스케치 시작 아이콘을 클릭한다.

❷ 화면상에 나타나는 XY평면, XZ평면, YZ평면 중에서 최초로 스케치할 평면을 선택하면, 스케치 환경
　으로 전환한다.

2. 원점에서 직접 평면 선택, 스케치 시작

인벤터 작업화면 좌측에 있는 검색기(피쳐리스트)에 존재하고 있는 원점 폴더에 있는 기준 평면 중에서 스케치할 평면을 직접 선택하여 스케치 환경으로 전환한다.

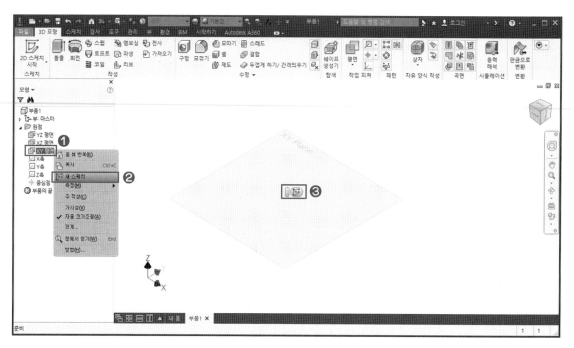

❶ 좌측 검색기 원점 폴더에서 스케치를 시작할 평면에서 마우스 오른쪽 클릭한다.

❷ 나타나는 팝업 메뉴에서 "새 스케치"를 클릭하여 스케치 환경으로 전환한다.

❸ 좌측 검색기에서 시작할 평면을 선택하고, 나타나는 새 스케치 아이콘을 클릭하여, 스케치 환경으로 전환한다.

※ 위 두 방법 중에서 사용자가 선호하는 방법으로 스케치 환경을 전환하면 되지만, 해당 평면을 직접 선택하여 스케치 환경으로 전환하는 방법을 추천한다.

2 스케치 환경

스케치는 모든 3D 파라메트릭 캐드 소프트웨어에서 제공하고, 기본적으로 캐드를 통해 부품을 모델링하기 위해서는 반드시 거쳐야 하는 작업단계이다. 기본적으로 작성할 부품의 프로파일(단면) 스케치와 부품 생성에 있어서 보조적으로 사용되는 스케치로 나눌 수 있다.
형상을 모델링하는 과정에서 스케치는 가장 중요하고 핵심적이다. 스케치에서 중요한 요소가 구속조건이며, 이 구속조건은 스케치를 작성하는데 있어서 필요한 크기와 자세를 잡아주는 역할을 수행하며, 앞으로 진행하는 모든 모델링, 조립, 도면까지 구속조건이 사용되고 있다.

1. 스케치 화면 구성

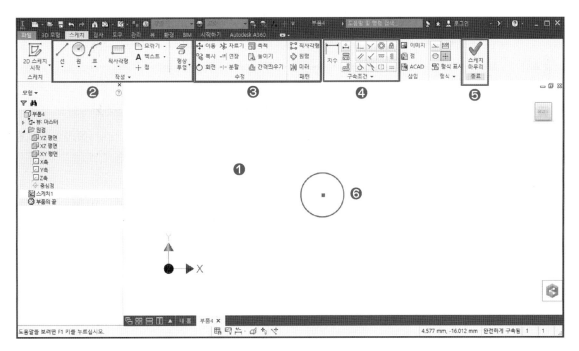

스케치 환경에서는 새로운 2D 스케치를 작성하거나 기존의 스케치를 수정할 수 있다.
❶ 스케치 작업 화면
❷ 스케치 작성 도구 탭
❸ 스케치 수정 도구 탭
❹ 스케치 구속조건 부여 탭
❺ 스케치 마무리 탭
❻ 스케치 원점 마크

2. 스케치 객체 선택 방법

스케치된 객체를 수정하거나 형상 구속 및 치수 구속 지정의 원활한 선택을 위해, 인벤터에서 지원하는 선택조건 방법을 알아보자.

■ 단일 클릭 선택

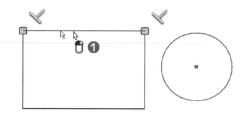

❶ 마우스 왼쪽 클릭으로 필요한 객체(선분 또는 점)를 선택한다.

※ 단순한 선택 클릭은 스케치 단일 객체만 선택된다.

■ 다중 클릭 선택

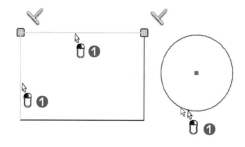

❶ 키보드 [Shift] 키를 누른 상태에서 마우스 왼쪽 클릭으로 필요한 객체(선분 또는 점)를 다중으로 선택할 수 있다.

※ 선택된 객체를 키보드 [Shift] 키를 누른 상태에서 다시 클릭하면 선택이 해제된다.

■ **윈도우 선택(영역에 포함된 객체 선택)**

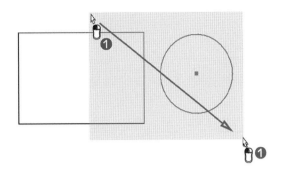

❶ 선택하고자 하는 객체의 좌측에서 마우스를 드래그 하여 생성되는 영역에 완전하게 포함된 객체(선분과 점)를 다중으로 선택한다.

   ※ 키보드 [Shift] 키를 누른 상태로 윈도우 선택하여, 완전 포함된 선택을 추가하거나 제거할 수 있다.

■ **걸침 선택(영역에 포함된 객체 및 걸친 객체 선택)**

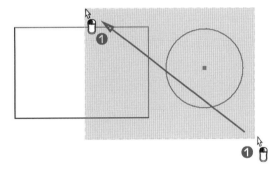

❶ 선택하고자 하는 객체의 우측에서 마우스를 드래그 하여 생성되는 영역에 완전하게 포함된 객체 및 영역에 걸쳐지는 객체(선분과 점)를 다중으로 선택한다.

   ※ 키보드 [Shift] 키를 누른 상태로 윈도우 선택하여, 완전 포함되거나 걸쳐진 객체의 선택을 추가 또는 제거할 수 있다.

3 스케치 작성

1. 선 그리기

선은 스케치 작성에 있어서 매우 중요한 스케치 도구로 사용되고 있다.

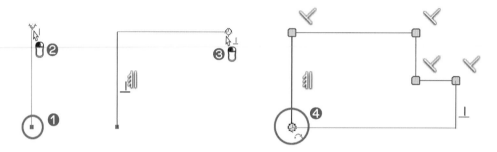

상단 스케치 리본메뉴 작성도구에서 선 명령 탭에서 선을 실행한다.

❶ 스케치 원점에 선의 시작점을 클릭하여 시작한다.

> ※ 기준이 되는 객체는 항상 원점을 포함한 상태에서 스케치 되어야 한다.

❷ 두 번째 점을 원하는 방향으로 마우스를 이동하고 위치에 클릭한다.

> ※ 마우스 커서 옆에 나타나는 조그마한 아이콘은 해당 객체에 적용될 구속조건을 나타내며, 아이콘이 없는 경우는 구속정
> 의가 되지 않은 상태를 뜻한다.

❸ 다음 점의 원하는 방향으로 마우스를 위치시키고 클릭한다.

❹ 마지막 점은 닫힌 도형이 만들어질 수 있도록 시작점에 위치하여 클릭 후 닫힌 스케치를 완성한다.

2. 원(중심점 원) 그리기

원은 선과 마찬가지로 스케치에서 중요한 요소로 사용되며 원을 스케치하는 기본적인 방법은 아래와 같다.

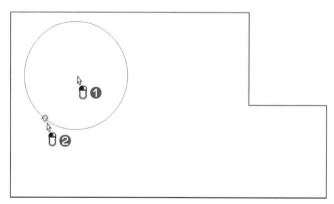

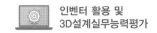

상단 스케치 리본메뉴 작성도구의 원 명령 탭에서 중심 원을 실행한다.

❶ 원의 중심점을 임의의 위치에 클릭하여 시작한다.

　※ 선분 위에서 시작하면 선분에 일치구속이 적용되며, 점 위에서 시작하면 점에 일치구속이 적용된다.

❷ 원을 생성한 적당한 위치에 마우스를 이동하고 적당한 위치에 클릭하여 중심 원을 생성한다.

3. 원(접원) 그리기

접원은 3개의 선택된 객체를 접할 수 있도록 스케치하는 작성도구이다.

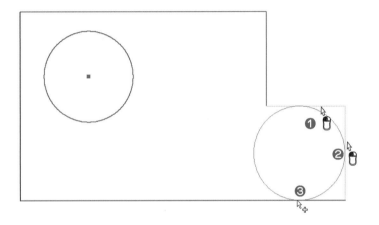

상단 스케치 리본메뉴 작성도구에서 원 명령 하위 탭에서 접원을 실행한다.

❶, ❷, ❸ 객체를 순차적으로 선택하면 마지막 ❸번 객체를 선택할 때 생성될 원이 미리 보기 되고, 선택과 동시에 원이 스케치된다.

4. 호(3점 호) 그리기

3점 호 시작점, 끝점, 호의 방향으로 작성되는 스케치 명령으로, 일반적인 호를 스케치 할 때 많이 사용되는 스케치 도구이다.

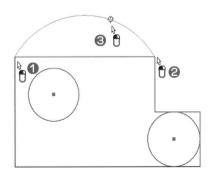

상단 스케치 리본메뉴 작성도구의 호 명령 하위 탭에서 3점 호를 실행한다.

❶ 호의 첫 번째 끝점을 임의의 위치(점, 선분, 작업공간)에 클릭하여 시작점을 지정한다.

❷ 호의 두 번째 끝점 또한 임의의 위치에 클릭하여 끝점을 지정한다.

❸ 호가 생성될 방향으로 마우스를 위치하고 클릭하여 호를 스케치한다.

　　※ 3점 호의 방향은 처음 지정된 방향으로만 호가 생성되며, 끝점이 정확하게 위치한 상태에서 호를 반대 방향으로 위치를
　　　변경할 수 없다.

5. 호(중심 호) 그리기

중심 호는 중심점을 기준으로 호의 시작점과 끝점을 지정하는 스케치 명령으로, 중심점의 위치를 알고 있
는 경우에 사용한다.

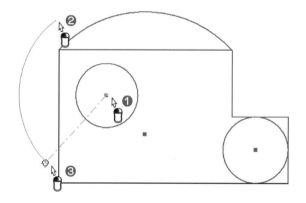

상단 스케치 리본메뉴 작성도구의 호 명령 하위 탭에서 중심 호를 실행한다.

❶ 호의 중심점이 위치할 임의의 기준점을 클릭하여 지정한다.

❷ 호의 시작점을 임의의 위치에 클릭하여 지정한다.

❸ 호의 끝점을 임의의 위치에 클릭하여 중심 호를 스케치한다.

　　※ 중심 호는 흔히 콤파스를 이용한 호 작성방법과 동일한 방법으로 스케치된다고 생각하면 빨리 이해할 수 있다.

6. 사각형(코너 사각형) 그리기

코너 사각형은 임의의 시작 위치에서 대각선 방향으로 두 번째 위치 점을 지정하여 생성하는 스케치 명령
이며, 일반적으로 많이 사용하는 스케치 도구이다.

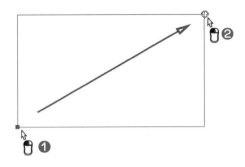

상단 스케치 리본메뉴 작성도구의 사각형 명령에서 코너 사각형을 실행한다.

❶ 사각형의 시작 코너 점을 원점 또는 임의의 지점에 클릭하여 지정한다.

❷ 마지막 코너 점이 위치할 지점으로 마우스를 이동하여 클릭하고 사각형을 스케치한다.

7. 사각형(중심 사작형) 그리기

중심 사각형은 스케치 형상이 사각형으로 시작하는 경우, 사각형의 중심 위치를 원점에 맞춰 스케치 작성할 때 많이 사용하는 스케치 도구이다.

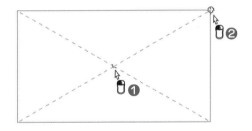

상단 스케치 리본메뉴 작성도구의 사각형 명령 탭에서 중심 사각형을 실행한다.

❶ 사각형의 중심점을 스케치 원점 지점에 클릭하여 지정한다.

❷ 사각형의 코너 점이 위치할 지점으로 마우스를 이동하여 클릭하고 사각형을 스케치한다.

　※ 사각형을 가로지르는 두 개의 점선으로 이루어진 사선은 구성선으로, 스케치 환경에서만 선분으로 인식하며, 피처에서는 인식되지 않는 참조 선이다.

여기에 소개한 스케치 도구는 앞으로 가장 많이 사용되는 스케치 도구이다. 이외에 다수의 스케치 도구가 각 도구별 하위 탭에 존재하고 있으며, 기본적인 작성방법은 소개된 내용과 거의 흡사함으로 직접 한 번 연습해보면 충분히 이해할 수 있을 것이다.

4 스케치 구속조건

1. 구속조건의 이해

인벤터의 스케치에는 일반적인 2차원 캐드 소프트웨어와는 다르게 작성된 선분의 자유도를 억제하고, 피쳐간 또는 부품간 유기적인 관계에서 보다 수월한 수정과 관리를 위해 구속조건이라는 개념을 포함하여 스케치를 작성한다.

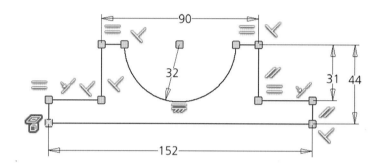

인벤터 스케치 구속조건은 스케치 객체의 자유도를 제어하고, 구성요소 간의 관계를 설정하여 위치 및 동작 등을 제어하는 목적으로 사용되며, 크게, 형상구속 유형과 치수구속 유형으로 이루어져 있다.

(1) 형상구속

형상구속 조건은 스케치할 때 사용되는 선, 원, 호 등과 같은 객체 및 각 객체가 가지고 있는 점 등의 스케치 요소들의 자세와 위치를 구속하는 기능이다.

형상구속의 적용 방법은 스케치를 작성할 때 나타나는 구속조건 추정에 적용되는 자동 구속 적용과 해당 객체를 선택한 후, 구속조건 명령을 부여하여 구속하는 두 가지 방법으로 스케치에 구속을 정의할 수 있다. 또한, 적용된 구속은 수정, 편집을 위해서 언제든지 제거할 수 있으며, 다시 재 구속할 수도 있다.

※ 하나의 객체에 동일한 구속이 적용되거나, 중복된 구속이 적용될 때에는 과도한 구속으로 구속조건오류가 발생할 수 있으며, 이때 적용을 중지하거나, 기존에 적용된 구속조건을 제거한 후 새로운 구속을 적용할 수 있다.

(2) 치수구속

치수구속조건은 작성된 스케치 객체의 파라메트릭 치수를 입력하여 크기와 위치를 구속하는 구속조건으로 캐드에서 필연적으로 사용되는 치수(크기, 위치)를 적용함으로써 스케치를 완성한다.

치수구속은 해당 스케치뿐만 아니라, 다른 피쳐 또는 파트에서도 연관하여 사용될 수 있으며, 치수를 편집하여 형상의 크기와 위치를 손쉽게 수정하고 편집할 수 있다.

※ 치수구속 또한, 이미 적용된 형상구속 또는 치수구속에 의해서 중복 구속조건 오류가 발생할 수 있으며, 중복 구속오류 발생 시 승인하거나 취소할 수 있으며, 승인 할 경우, 적용된 치수는 참조치수로 활용될 수 있다.
※ 스케치 작성 시 적용되는 형상구속과 치수구속은 둘 중 하나에 의해서만 적용될 수 없으며, 두 구속이 존재해야지만, 완전구속을 이룰 수 있다.
※ 형상구속과 치수구속의 적용 순서는 별도로 존재하지 않으며, 선으로 이루어진 객체인 경우, 형상구속을 먼저 적용 후, 치수구속을 적용하고, 원/호를 포함한 객체인 경우, 원/호에 대한 위치와 크기에 대한 치수구속을 먼저하고, 나중에 형상구속과 나머지 치수구속을 적용하는 방향으로 추천한다.

2. 형상 구속조건 적용 방법

(1) 수평구속 적용

선택한 선분 또는 두 점이 수평이 되도록 구속하며, 기준 선분이 수평(가로)으로 기준을 잡을 때 사용한다.

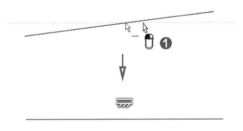

선분에 수평구속 적용

스케치 리본메뉴, 구속조건에서 수평 구속조건 아이콘을 클릭하여 실행한다.
❶ 수평 구속할 선분 또는 두 점을 선택한다.
　　※ 수평구속은 명령을 실행한 후, 한 개의 선분 또는 두 개의 점으로 선택, 구속이 이루어진다.
　　※ 동시에 수평 구속하고자 한다면, 구속 적용될 선분 또는 점을 다중 선택 후, 구속을 부여하면 선택된 모든 객체에 수평구속이 적용된다.

(2) 수직구속 적용

선택한 선분 또는 두 점이 수직이 되도록 구속하며 기준 선분이 수직(세로)으로 기준을 잡을 때 사용한다.

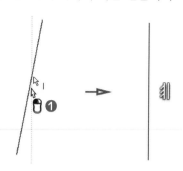

선분에 수직구속 적용

스케치 리본메뉴 구속조건에서 수직 구속조건 아이콘을 클릭하여 실행한다.

❶ 수직 구속할 선분 또는 두 점을 선택한다.

  ※ 수직구속은 명령을 실행한 후, 한 개의 선분 또는 두 개의 점으로 선택. 구속이 이루어진다.

  ※ 여러 객체를 동시에 수직 구속하고자 한다면 구속 적용될 선분 또는 점을 다중 선택 후, 구속을 부여하면 선택된 모든
    객체에 수직구속이 적용된다.

  ※ 수평구속과 수직구속은 스케치 구속의 기준이 되는 구속으로 사용되며 다중의 객체에 수평과 수직구속은 가급적 피한다.

(3) 직각구속 조건

선택한 두 선분을 직각이 될 수 있도록 구속하며, 두 선분이 90도를 유지해야 하는 경우 주로 사용한다.

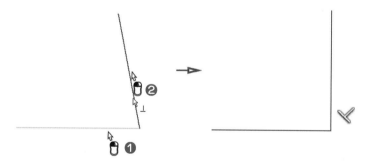

두 선분에 직각 구속적용

스케치 리본메뉴, 구속조건에서 직각 구속조건 아이콘을 클릭하여 실행한다.

❶ 직각구속이 적용될 기준 선분을 선택한다.

❷ 구속될 상대 선분을 선택하면, 화면상에 직각 구속 아이콘이 표시되면서 구속 적용된다.

  ※ 직각구속은 두 선분에서만 적용된다.

  ※ 명령 부여 전, 구속 적용될 두 선분을 먼저 선택 후 적용할 수 있으며, 선택은 한 번에 두 객체 이상 선택할 수 없다.

  ※ 직각구속의 객체 선택 순서에 대한 구분은 없으며, 먼저 구속된 객체가 기준으로 다음 구속이 적용된다.

(4) 동일구속 조건

선택한 두 객체를 동일한 크기로 구속하며, 같은 크기로 적용할 객체에 주로 사용한다.

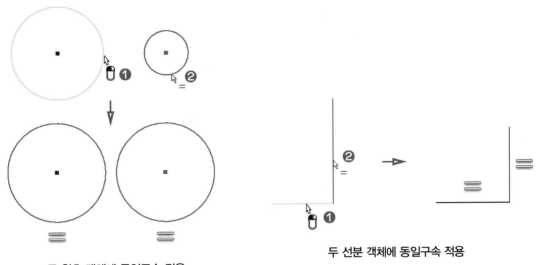

두 선분 객체에 동일구속 적용

두 원호 객체에 동일구속 적용

스케치 리본메뉴, 구속조건에서 동일 구속조건 아이콘을 클릭하여 실행한다.

❶ 동일 구속이 적용될 첫 번째 객체를 선택한다.

❷ 적용될 두 번째 객체를 선택하면, 화면상에 동일 구속 아이콘이 표시되면서 적용된다.

 ※ 동일구속의 객체 선택 순서에 대한 구분은 없으며, 먼저 구속된 객체가 기준으로 다음 구속이 적용된다.

 ※ 동일구속은 선분과 선분, 원호와 원호 등과 같이 동일한 종류의 객체에서만 적용되며, 한 번에 한 쌍씩 구속할 수 있으며,
   연속적인 동일구속을 적용할 경우, 계속적으로 두 객체씩 선택해야 한다.

 ※ 똑같은 동일구속을 두 객체 이상 적용할 경우, 적용할 객체를 다중 선택 후, 구속 명령을 실행하여 한번에 동시에 구속할
   수 있다.

(5) 평행 구속조건

선택한 두 객체를 평행하게 구속하며 주로 기울어진 사선인 경우에 사용한다.

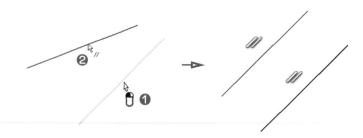

두 선분 객체에 평행구속 적용

스케치 리본메뉴, 구속조건에서 평행 구속조건 아이콘을 클릭하여 실행한다.

❶ 평행 구속이 적용될 첫 번째 객체를 선택한다.

❷ 적용될 두 번째 객체를 선택하면, 화면상에 평행 구속 아이콘이 표시되면서 적용된다.

   ※ 평행구속의 객체 선택 순서에 대한 구분은 없으며, 먼저 구속된 객체가 기준으로 다음 구속이 적용된다.

   ※ 평행구속은 직선 객체에만 적용되며, 한 번에 두 선분을 구속할 수 있으며 연속적인 동일구속을 적용할 경우, 계속적으로 두 선분을 선택해야 한다.

   ※ 평행구속을 두 객체 이상 적용할 경우 적용할 객체를 다중 선택 후 구속 명령을 실행하여 한 번에 동시 구속할 수 있다.

(6) 동일선상 구속조건

선택한 두 선분의 위치를 동일한 방향과 위치로 구속한다. 주로 떨어져 있는 선분의 위치를 맞추고자 할 때 사용한다.

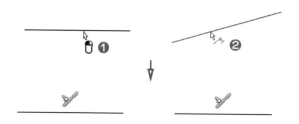

두 선분에 동일선상 구속 적용

스케치 리본메뉴, 구속조건에서 동일선상 구속조건 아이콘을 클릭하여 실행한다.

❶ 동일선상 구속이 적용될 첫 번째 객체를 선택한다.

❷ 적용될 두 번째 객체를 선택하면, 화면상에 동일선상 구속 아이콘이 표시되면서 적용된다.

   ※ 동일선상 구속의 객체 선택 순서에 대한 구분은 없으며, 먼저 구속된 객체가 기준으로 다음 구속이 적용된다.

   ※ 동일선상 구속은 직선 객체에만 적용되며, 한 번에 두 선분을 구속할 수 있으며 연속적인 동일구속 적용할 경우, 계속적으로 두 선분을 선택해야 한다.

   ※ 동일선상 구속조건은 두 객체 이상 다중선택하여 구속을 부여할 수 없다.

(7) 일치 구속조건

선택한 점과 선분 또는 점과 점을 연결될 수 있도록 일치로 구속하며, 떨어져 있는 선분과 점 또는 점과 점을 연결하여 닫힌 스케치를 완성할 때 사용하거나 선의 방향을 점에 맞추거나 점의 방향을 선분에 맞출 때 사용한다.

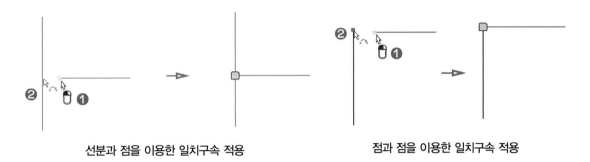

선분과 점을 이용한 일치구속 적용　　　**점과 점을 이용한 일치구속 적용**

스케치 리본메뉴, 구속조건에서 동일선상 구속조건 아이콘을 클릭하여 실행한다.

❶ 일치 구속이 적용될 첫 번째 객체를 선택한다.

❷ 적용될 두 번째 객체를 선택하면, 화면상에 일치 구속 아이콘인 노란색 사각형이 표시되면서 적용된다.

　　※ 기본적으로 선분 스케치 시 연결되는 선 또는 시작점을 선분 또는 점을 클릭하는 경우 자동으로 일치 구속조건이 적용되며, 점을 선택하여 원하는 점 또는 선분에 드래그 하여 일치시킬 수 있다.

　　※ 일치 구속의 객체 선택에 대한 순서에 대한 구분은 없으며 먼저 구속된 객체가 기준으로 다음 구속이 적용된다.

　　※ 일치 구속은 객체와 점, 점과 점에만 적용되며, 한 번에 객체와 점 또는 점과 점을 구속할 수 있으며 연속적인 일치 구속을 적용할 경우 계속적으로 두 객체를 선택해야 한다.

　　※ 일치 구속조건은 두 객체 이상 다중 선택하여 구속을 부여할 수 없다.

　　※ 직선의 방향을 원호 중심점을 향하도록 아래와 같이 구속할 수 있다.

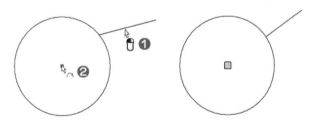

직선의 방향을 원호 중심점과 일치 구속 적용

❶ 방향을 맞추고자 하는 선분을 선택한다.

❷ 원호의 중심점을 선택하여, 선분의 직선 방향을 중심점에 맞춘다.

(8) 접선 구속조건

선택한 원호에 접하는 원호 또는 선분이 연결될 수 있도록 접선으로 구속하며 원호와 자연스럽게 연결될 수 있도록 구속할 때 사용한다.

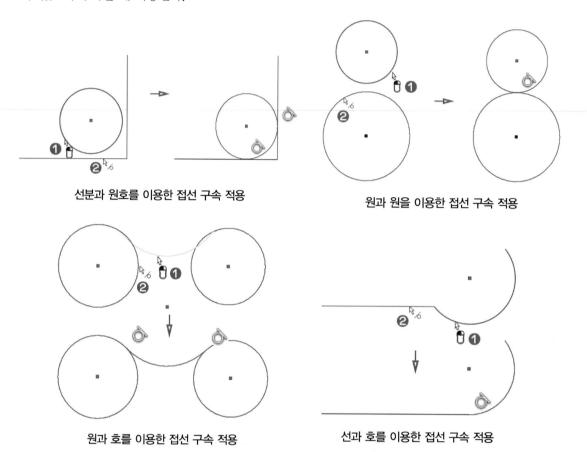

선분과 원호를 이용한 접선 구속 적용   원과 원을 이용한 접선 구속 적용

원과 호를 이용한 접선 구속 적용   선과 호를 이용한 접선 구속 적용

스케치 리본메뉴, 구속조건에서 접선 구속조건 아이콘을 클릭하여 실행한다.

❶ 접선 구속이 적용될 첫 번째 객체를 선택한다.

❷ 적용될 두 번째 객체를 선택하면, 화면상에 접선 구속 아이콘이 표시되면서 적용된다.

    ※ 접선 구속의 객체 선택 순서에 대한 구분은 없으며, 먼저 구속된 객체가 기준으로 접선 구속이 적용된다.

    ※ 접선 구속은 원호를 포함하고 있는 두 객체 적용되며, 연속적인 접선 구속을 적용할 경우 계속적으로 원호를 포함한 두 객체를 선택해야 한다.

    ※ 1회에 한해서 접선 구속조건은 적용될 두 객체를 선택하여 구속을 적용할 수 있으며, 이상 다중 선택하여 구속을 부여할 수 없다.

    ※ 접선 구속이 이루어지는 두 객체는 일치 구속이 적용되지 않은 상태에서도 적용될 수 있다.

(9) 동심 구속조건

선택한 두 원호의 중심점을 동일한 위치에 구속하며, 직접적으로 중심점을 클릭하여 스케치 할 수 없는 3 점호 등의 객체 중심점을 맞추거나, 중심점 위치가 벗어난 상태에서 스케치된 원호의 중심점을 맞출 때 주로 사용한다.

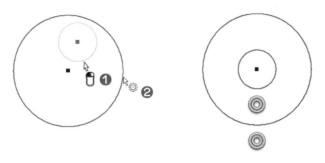

선택하는 두 원호를 동심 구속 적용

스케치 리본메뉴, 구속조건에서 동심 구속조건 아이콘을 클릭하여 실행한다.

❶ 동심 구속이 적용될 첫 번째 원호를 선택한다.

❷ 적용될 두 번째 원호를 선택하면, 화면상에 동심 구속 아이콘이 표시되면서 적용된다.

　　※ 동심 구속의 객체 선택 순서에 대한 구분은 없으며, 먼저 구속된 객체가 기준으로 구속이 적용된다.

　　※ 동심 구속은 두 원호에서만 적용되며, 연속적인 동심 구속을 적용할 경우, 계속적으로 원호를 포함한 두 객체를 선택해야 한다.

　　※ 1회에 한해서 동심 구속조건은 적용될 두 원호를 선택하여 구속을 적용할 수 있으며, 이상 다중 선택하여 구속을 부여할 수 없다.

(10) 구속조건 숨기기 및 보이기

인벤터 형상 구속조건은 구속 적용 직후에 표시 후, 선택이 해제되면 바로 화면상에서 숨겨지도록 되어 있다. 적용된 형상 구속을 수정하거나 구속 적용 정도를 확인하고자 구속조건을 표시하거나 다시 숨기는 경우 다음과 같이 적용할 수 있다.

■ 숨겨진 구속 조건 보이기(키보드 "F8")

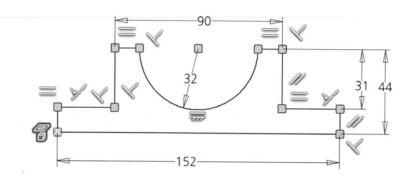

키보드 F8 키는 스케치 객체의 적용된 형상 구속 아이콘을 화면상에 전체적으로 표시한다.

■ 숨겨진 구속 조건 숨기기(키보드 "F9")

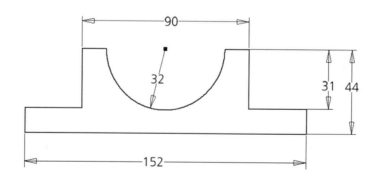

키보드 F9 키는 화면상에 표시되는 형상 구속 아이콘을 전체적으로 화면상에서 숨긴다.

■ 구속 조건 부분 표시

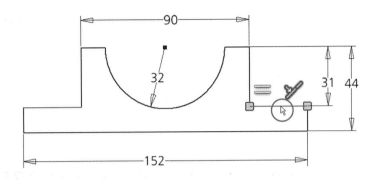

마우스 선택 기능을 이용하여 객체를 선택하면, 해당 객체에 적용된 구속조건 아이콘을 확인할 수 있다.

(11) 적용된 구속조건 제거

스케치에 적용된 형상 구속 및 치수 구속이 잘못 적용되었거나 불필요한 경우, 적절하게 제거해야 다른 구속을 적용하는 데 오류 없이 적용할 수 있다.

※ 인벤터 스케치에서 잘못된 형상 구속 또는 치수 구속이 적용되었을 때, 스케치된 객체를 지우는 것이 아니라, 구속을 지우거나 편집해서 수정하는 방법으로 진행해야 하며, 기존의 스케치 객체를 지우면 연결되어 있는 파라메트릭의 오류로 수습이 어려워질 수 있다.

■ 형상 구속 제거방법

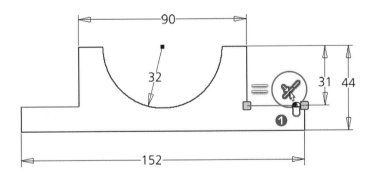

❶ 키보드 F8 또는 객체를 선택하여 구속조건을 화면상에 표시한 후, 제거하고자 하는 구속조건을 선택하여, Del 키를 눌러 형상 구속을 제거할 수 있다.

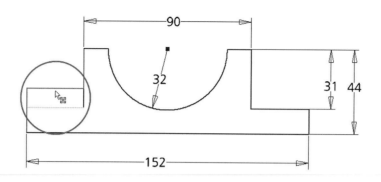

해당 형상 구속이 제거되면 같이 연결된 객체의 구속도 모두 제거되며 해당 객체에 대한 자유도가 발생하고 다른 구속을 정의할 수 있다.

■ **치수 구속 제거방법**

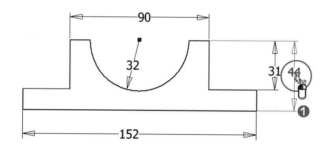

❶ 제거하고자 하는 치수를 선택하여, Del 키를 눌러 치수 구속을 제거할 수 있다.

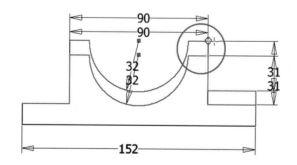

형상 구속과 마찬가지로 구속된 치수가 제거되면 해당 객체에 대한 자유도가 발생하고 다른 구속을 정의할 수 있다.

3. 치수 구속조건 적용 방법

(1) 선형 치수 적용

선형 치수 구속을 적용할 선분 또는 두 점, 두 선분을 선택하여 스케치된 객체에 크기 값 구속을 부여한다.

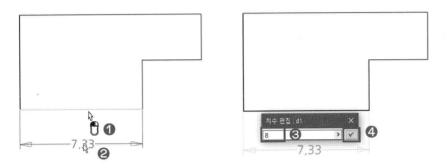

스케치 리본메뉴, 구속조건에서 치수 구속조건 아이콘을 클릭하여 실행한다.

❶ 선형 치수가 적용될 선분을 선택한다.

❷ 치수 구속의 치수선이 위치할 자리에 클릭한다.

❸ 나타나는 **치수 편집** 대화상자에서 적용할 파라미터 값을 입력한다.

❹ **확인** 버튼 또는 Enter↵ 키를 눌러 치수 구속을 적용한다.

  ※ 구속 적용된 파라미터 값을 수정할 때는 해당 치수 구속을 마우스 더블 클릭하여, 파라미터를 변경할 수 있다.

  ※ 선형 치수 구속은 객체 선택에 따라 아래와 같이 부여할 수 있다.

■ **두 선분은 선택하여 선형 치수 적용**

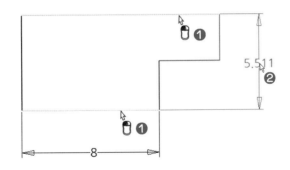

떨어져 있는 두 선분을 선택한 치수 구속 적용

❶ 치수 구속할 두 선분을 선택한다.

❷ 치수선이 위치할 자리에 클릭하여 구속할 파라미터 값을 부여한다.

■ 두 점을 선택하여 선형 치수 적용

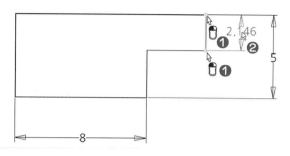

떨어져 있는 두 점을 선택한 치수 구속 적용

❶ 치수 구속할 두 점을 선택한다.

❷ 치수선이 위치할 자리에 클릭하고 구속할 파라미터 값을 부여한다.

※ 위와 같이 객체의 상태에 따라 단일 선분, 두 선분 사이, 두 점 사이에 대해서 치수 구속을 할 수 있다.

(2) 각도 치수 적용

정렬 치수 구속을 적용할 스케치 선분 또는 두 점을 선택하여 치수 파라미터 값을 부여한다.

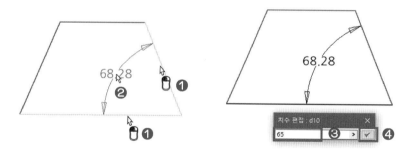

스케치 리본메뉴, 구속조건에서 치수 구속조건 아이콘을 클릭하여 실행한다.

❶ 각도 치수가 적용될 선분을 선택한다.

❷ 각도 치수선이 위치할 자리에 클릭한다.

❸ 나타나는 **치수 편집** 대화상자에서 적용할 파라미터 값을 입력한다.

❹ **확인** 버튼 또는 Enter↵ 키를 눌러 치수 구속을 적용한다.

※ 각도 구속이 적용될 선분에 회전에 대한 자유도를 가지고 있어야 각도 구속이 적용된다.

■ 3점을 이용한 각도 치수 적용 방법

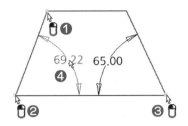

①, ②, ③번의 세 점을 순차적으로 선택한다.

④ 각도 치수선이 위치할 자리에 클릭하고 구속할 파라미터 값을 부여한다.

> ※ 3점 각도 구속은 각도를 지정하기 위해서 불필요한 선분을 스케치 하지 않은 상태에서 유용하게 적용할 수 있다.

(3) 정렬 치수 구속조건 적용

정렬 치수 구속은 기울어진 사선 스케치의 선분 또는 두 점을 선택하여 치수 파라미터 값을 부여한다.

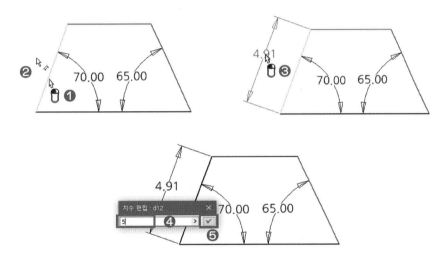

스케치 리본메뉴 구속조건에서 치수 구속조건 아이콘을 클릭하여 실행한다.

① 정렬 치수가 적용될 선분 또는 두 점을 선택한다.

② 마우스 포인터를 살짝 비켜 움직인 후, 마우스에 정렬 아이콘이 생성되면 클릭하여 정렬 치수로 고정시킨다.

③ 치수선을 위치할 자리에 클릭한다.

④ 나타나는 **치수 편집** 대화상자에서 적용할 파라미터 값을 입력한다.

⑤ **확인** 버튼 또는 Enter↵ 키를 눌러 치수 구속을 적용한다.

(4) 지름, 반지름 치수 구속조건 적용

스케치된 원과 호를 선택하여 지름 또는 반지름 치수 파라미터 값을 부여한다.

■ 스케치된 원 객체에 치수 적용 방법

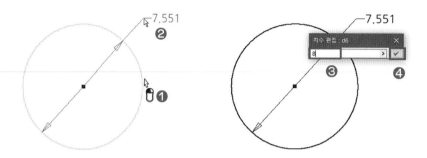

스케치 리본메뉴, 구속조건에서 치수 구속조건 아이콘을 클릭하여 실행한다.

❶ 지름 파라미터 값을 적용할 원 객체를 선택한다.

❷ 치수선이 위치할 자리에 클릭한다.

❸ 나타나는 **치수 편집** 대화상자에서 적용할 파라미터 값을 입력한다.

❹ **확인** 버튼 또는 Enter↵ 키를 눌러 치수 구속을 적용한다.

> ※ 스케치된 원은 기본적으로 지름으로 파라미터 값이 적용되며, 반지름으로 값을 적용하고자 한다면 아래와 같이 수행한다.

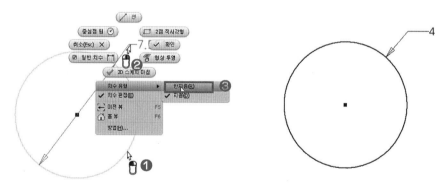

❶ 치수 구속할 원 객체를 선택한다.

❷ 임의의 위치에서 마우스 오른쪽 클릭하여 팝업 메뉴를 활성화한다.

❸ 치수 유형에서 반지름을 선택한 후, 치수선 위치를 지정하고 반지름 파라미터 값을 부여한다.

■ 스케치된 호 객체에 치수 적용 방법

스케치 리본메뉴, 구속조건에서 치수 구속조건 아이콘을 클릭하여 실행한다.

❶ 반지름 파라미터 값을 적용할 호 객체를 선택한다.

❷ 치수선이 위치할 자리에 클릭한다.

❸ 나타나는 **치수 편집** 대화상자에서 적용할 파라미터 값을 입력한다.

❹ **확인** 버튼 또는 Enter↵ 키를 눌러 치수 구속을 적용한다.

  ※ 스케치된 호는 기본적으로 반지름으로 파라미터 값이 적용되며, 지름으로 값을 적용하고자 한다면 아래와 같이 수
  행한다.

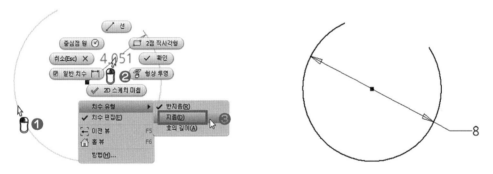

❶ 치수 구속할 호 객체를 선택한다.

❷ 임의의 위치에서 마우스 오른쪽 클릭하여 팝업 메뉴를 활성화한다.

❸ 치수 유형에서 지름을 선택한 후, 치수선 위치를 지정하고 지름 파라미터 값을 부여한다.

지금까지 배우고 익힌 스케치 작성에 대해서 다시 한 번 따라 해보자

1. 선 객체의 수직, 수평, 동일, 동일선상 구속 조건

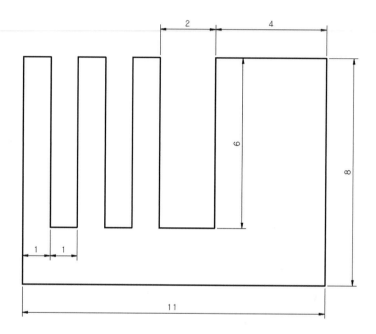

위의 간단한 도면을 인벤터 스케치를 이용하여 수직, 수평, 동일, 동일선상 구속조건과 치수 구속을 이용하여 스케치를 완성한다.

(1) 선 도구를 이용한 대략적 스케치

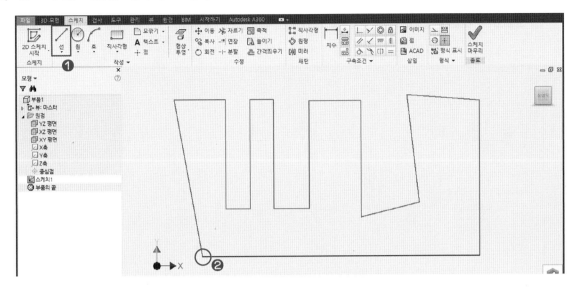

선 작성 도구를 이용하여 위 그림과 같이 대략적으로 스케치한다.

❶ 상단 스케치 작성 리본에서 선을 클릭한다.

❷ 원점을 기준으로 선을 시작하여 대략적으로 스케치한다.

(2) 수평 구속 적용

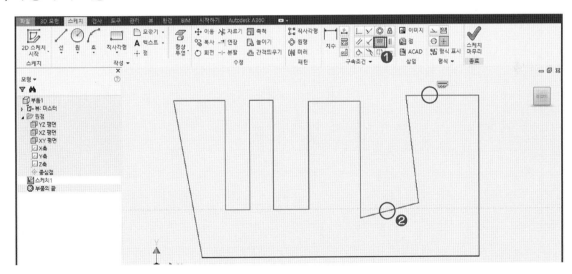

수평으로 위치해야 하는 선에 수평 구속을 적용한다.

❶ 구속조건 아이콘 세트에서 수평구속을 선택한다.

❷ 수평 구속을 적용한 객체를 개별로 선택한다.

(3) 수직 구속 적용

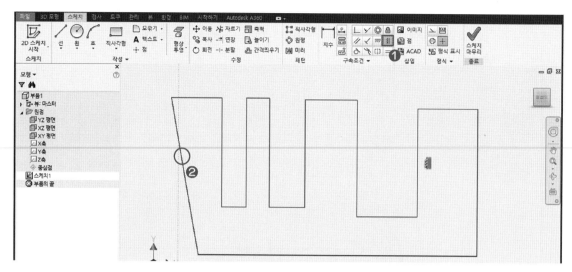

수직으로 위치해야 하는 선에 수직 구속을 적용한다.

❶ 구속조건 아이콘 세트에서 수직구속을 선택한다.

❷ 수직 구속을 적용한 객체를 개별로 선택한다.

(4) 동일선상 구속 적용 #1

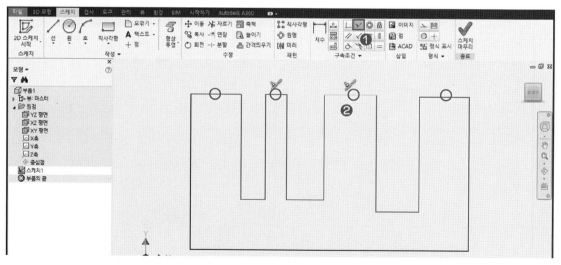

동일한 위치에 존재하는 선분의 맞추기 위해 동일선상 구속을 적용한다.

❶ 구속조건 아이콘 세트에서 동일선상 구속을 선택한다.

❷ 동일선상 구속을 적용한 객체를 두 객체를 선택하며, 필요한 만큼 연속적으로 선택한다.

(5) 동일선상 구속 적용 #2

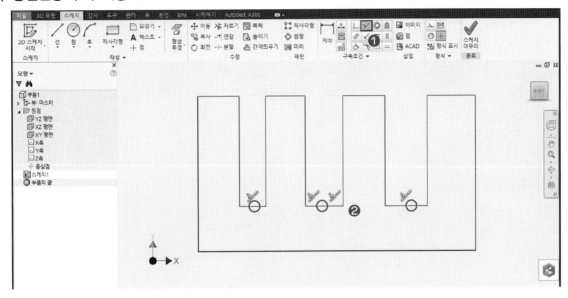

(4)와 동일하게 아래의 스케치에도 동일선상 구속을 적용한다.

(6) 동일 구속 적용

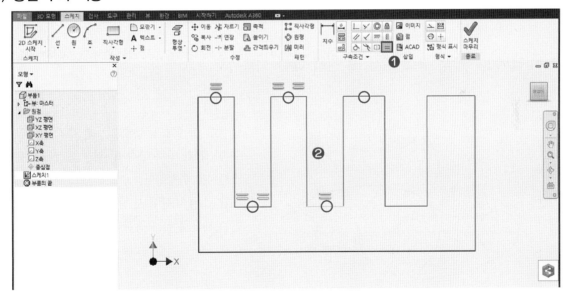

크기가 같은 객체는 동일 구속을 적용한다.
❶ 구속조건 아이콘 세트에서 동일 구속을 선택한다.
❷ 동일 구속을 적용한 객체를 두 객체를 선택하며, 필요한 만큼 연속적으로 선택한다.

(7) 치수 구속

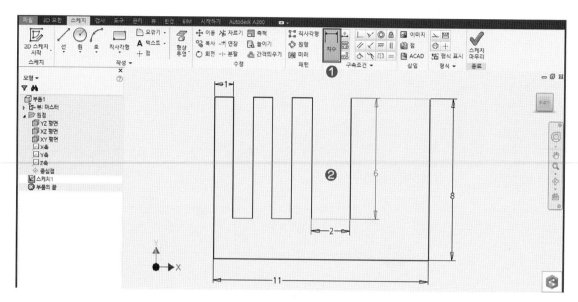

형상구속에 의한 자세를 잡은 후, 마지막으로 치수 구속하여 크기를 구속한다.

❶ 구속조건에서 치수를 클릭한다.

❷ 치수가 필요한 위치에 치수 구속하고, 스케치를 완성한다.

　※ 스케치 작성과 형상 구속 및 치수 구속이 완료된 후, 화면 우측 하단에 "완전한 정의"라는 메시지가 표시 되어야 한다.

2. 수직/수평, 접점 구속 조건 및 원형 패턴 적용

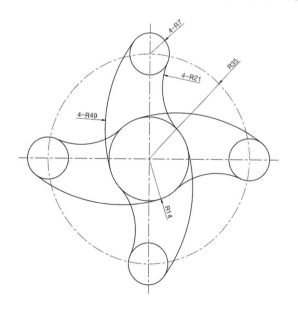

인벤터 스케치의 작성 기능과 수직/수평, 접선 구속조건과 치수 구속 및 원형 패턴을 이용하여 스케치를 완성한다.

또한, 스케치 작성 시 참조로 사용되는 구성에 대한 이해를 같이 포함한다.

(1) 원 작성 도구를 이용한 기준 스케치 작성

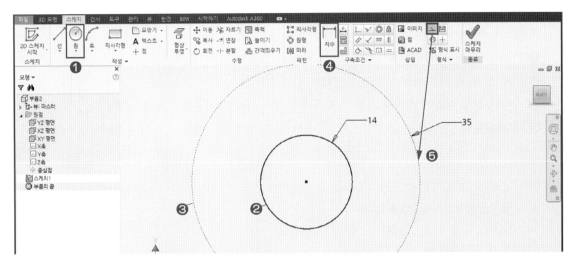

원 작성 도구를 이용하여 위 그림과 같이 두 개를 작성한다.

❶ 상단 스케치 작성 리본에서 중심 원을 클릭한다.

❷ 첫 번째 원의 중심을 원점에 선택하고 임의의 크기로 스케치한다.

❸ 두 번째 원도 ❷와 동일한 방법으로, 원점을 기준으로 임의의 크기로 스케치한다.

❹ 치수 구속을 이용하여 첫 번째 원에 반지름 14, 두 번째 원에는 반지름 35로 구속한다.

❺ 두 번째 작성한 스케치를 선택한 후, 구성을 클릭하여 참조 스케치 객체로 변경한다.

　※ 구성선은 스케치에서 작성된 객체가 프로파일에 직접적으로 영향을 주지 않도록 만들어 주는 기능으로, 스케치에서는
　　 객체로 인식되고, 각종 형상, 치수 구속을 포함하여 작업할 수 있지만, 3D 형상을 만들기 위한 프로파일로는 선택되지
　　 않는 스케치 참조 기능이다.

[원/호 스케치 객체에 지름과 반지름을 변경하여 치수 구속하는 방법]

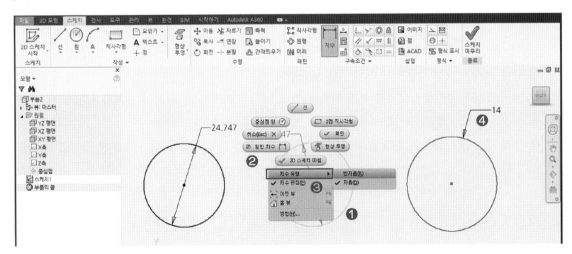

인벤터 스케치 및 도면에 작성 시, 원 객체는 지름 치수를 호 객체는 반지름 치수를 기본적으로 적용한다. 하지만, 원 객체에 반지름을 반대로 호 객체에는 지름 치수를 입력해야 하는 경우 다음과 같은 방법으로 변경해서 적용할 수 있다.

❶ 원 또는 호를 스케치한 후 치수 구속을 통해 원/호 객체를 선택한다.

❷ 객체 선택 후 바로 마우스 오른쪽 클릭한다.

❸ 나타난 팝업 메뉴에서 치수 유형에 지름 또는 반지름으로 적용할 유형을 선택한다.

❹ 해당 유형에 맞는 값을 입력하고 확인을 클릭하면 변경된 유형으로 치수 구속이 이루어진다.

    ※ 지름/반지름 유형 변경과 같이 치수 유형의 변경은 스케치 뿐만 아니라, 차후 배우게 되는 도면의 치수 기입에서도 동일한 방법으로 적용할 수 있다.

    ※ 유형 변경이 불편한 경우, 치수 구속 시 나타나는 값 입력 대화상자에 직접적으로 지름/2, 반지름x2 등과 같이 사칙연산을 이용하여 값을 입력할 수 있다.

(2) 구성선에 포함된 원 스케치

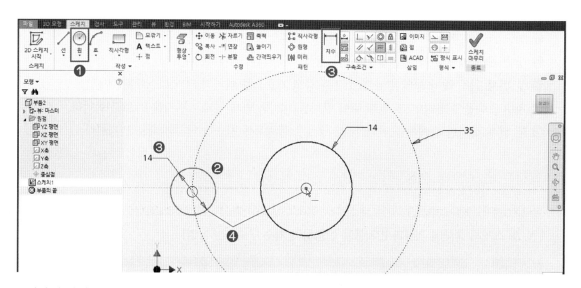

도면상에 반지름 7로 이루어진 원을 작성한다.

❶ 상단 스케치 작성 리본에서 중심 원을 클릭한다.

❷ 원의 중심을 구성선으로 이루어진 원의 사분점 위치에 지정하고, 임의의 크기로 원을 스케치한다.

❸ 치수 구속으로 원의 크기를 지름 14 또는 반지름 7로 구속한다.

❹ 수평 구속을 이용하여 기준 원의 중심과 지금 작성한 원의 중심을 선택하여 수평 상태로 형상을 구속한다.

    ※ 선 객체와 달리 원/호 객체는 모든 스케치를 완성한 후, 형상 또는 치수 구속하는 경우 멋대로 크기와 위치가 변경되는 현상이 발생한다.

    ※ 그래서 원/호 객체는 스케치된 후 바로 치수 구속을 적용하고 나중에 형상 구속을 적용하면 쉽게 구속할 수 있다.

(3) 원에 포함된 호 객체 스케치

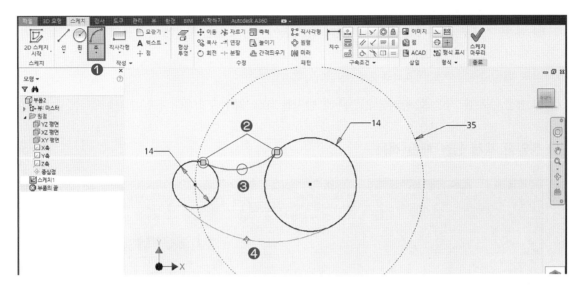

위 그림과 같이 두 원을 포함하고 있는 호 객체를 스케치한다.

❶ 상단 스케치 작성 리본에서 3점 호를 클릭한다.

❷ 첫 번째 호의 양 끝점을 이미 작성된 원에 임의의 선택한다.

❸ 호의 중간점은 스케치 하고자 하는 방향으로 임의 위치에 지정하여 호를 스케치한다.

❹ 두 번째 호, 역시 ❷, ❸과 동일한 방법으로 스케치될 방향으로 호를 작성한다.

(4) 작성된 원과 호에 접점 구속 적용

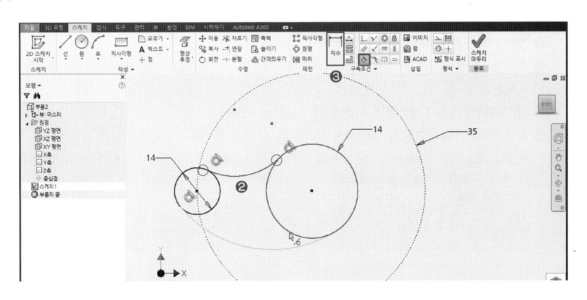

(3)에서 작성된 호를 원과 접점 구속이 되도록 한다.

❶ 형상 구속조건에서 접점을 선택한다.

❷ 접점이 이루어질 원과 호를 각각 선택하고, 접점이 적용될 모든 위치에 이와 동일한 방법으로 계속 선택하여 접선 구속을 적용한다.

　　※ 접선 구속은 선택되는 객체의 순서 상관없이 선택하여 구속한다.

❸ 접점 구속 후 작은 호 반지름 21, 큰 호 반지름 49로 치수 구속을 적용한다.

(5) 동일한 객체 원형 패턴 적용

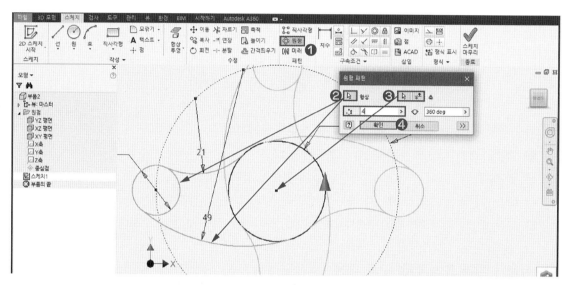

스케치 작성 시 동일한 간격 또는 등 각도로 배열된 객체는 패턴으로 작성한다.

❶ 상단 스케치 패턴 리본에서 원형 패턴을 클릭한다.

❷ 대화상자에서 형상으로 기준 원과 구성 선으로 된 원을 제외하고, 패턴 되어야 하는 객체를 모두 선택한다.

❸ 원형 패턴의 기준이 되는 축은 기준 원의 중심점을 선택한다.

❹ 패턴 개수는 4로 입력하고, 패턴 각도는 360도 상태에서 확인을 클릭하여 패턴을 완성한다.

　　※ 일반적으로 인벤터 스케치에서는 패턴 사용을 권장하지 않는다. 개별로 이루어진 객체인 경우는 편리하게 패턴 객체를 생성할 수 있지만, 다른 객체에 연결되어진 경우 해당 객체와의 일치 구속이 적용되지 않아 차후 형상의 프로파일로 작성될 수 없다.

　　※ 패턴으로 작성된 객체는 원본 스케치의 형상 구속이나 치수 구속이 변경되면 패턴 된 사본에도 동일하게 적용된다.

(6) 스케치 완성

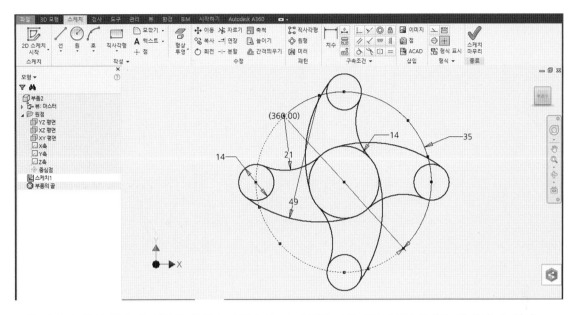

모든 치수와 형상 구속이 정확하게 구속되었다면, 스케치를 마무리하고 3D 모형을 작성할 수 있다.

3. 수직/수평, 동일, 평행, 접접 구속 조건 및 모깎기 적용

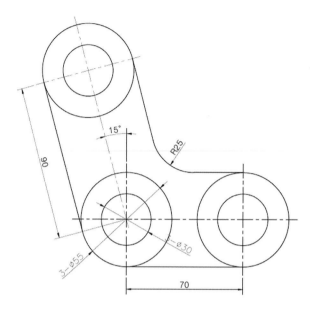

기본적인 형상 구속과 치수 구속을 이용하여 스케치하고 평행 및 모깎기를 이용하여 스케치를 완성한다.

(1) 원 작성 도구를 이용한 기준 스케치 작성

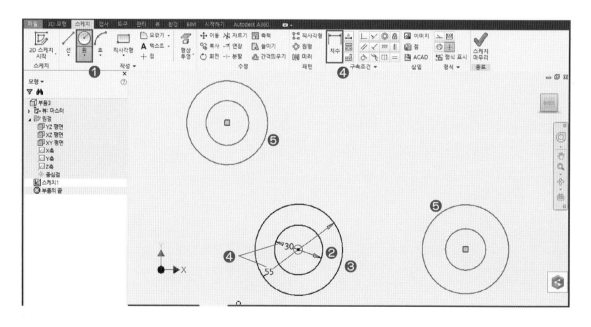

원 작성 도구를 이용하여 위 그림과 같이 두 개씩 세 개로 작성한다.

❶ 상단 스케치 작성 리본에서 중심 원을 클릭한다.

❷ 첫 번째 원의 중심을 원점에 선택하고 임의의 크기로 스케치한다.

❸ 두 번째 원도 ❷와 동일한 방법으로, 원점을 기준으로 임의의 크기로 스케치한다.

❹ 치수 구속을 이용하여 첫 번째 원에 지름 30, 두 번째 원에는 지름 55로 구속한다.

❺ 나머지 원의 형태는 위와 동일한 방법으로 임의의 위치에 작성하되, 치수 구속은 하지 않는다.

(2) 원 작성 도구를 이용한 기준 스케치 작성

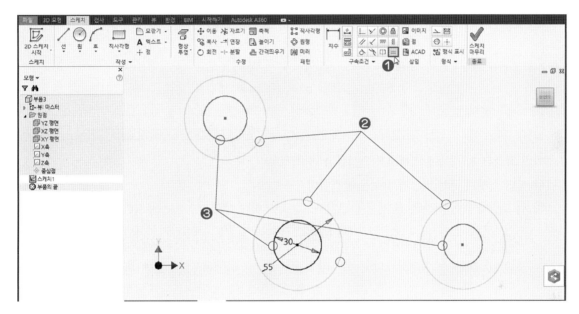

동일한 크기의 원으로 구속하기 위해서 동일 구속을 적용한다.

❶ 형상 구속 조건에서 일치를 클릭한다.

❷ 기준 객체와 일치 구속이 적용될 객체를 선택한다.

❸ 다른 원 객체도 ❷와 같은 방법으로 동일 구속을 적용하여 똑같은 크기로 구속한다.

(3) 작성된 원에 필요한 선 스케치 작성

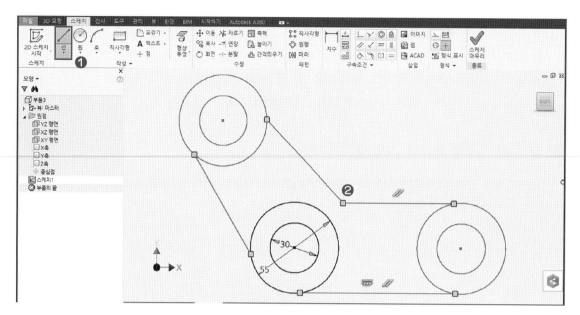

이미 작성된 원 객체에 스케치를 완성할 선을 작성한다.

❶ 상단 스케치 작성 리본에서 선을 클릭한다.

❷ 위 그림과 같이 기존의 원 객체에 일치되도록 선택하여 대략적으로 스케치한다.

　※ 선 스케치 작성 시, 끝점이 기존의 객체에 일치되면 자동으로 선 작성이 완료되고, 이어서 바로 다른 위치에서 스케치를
　　할 수 있다.

　※ 원/호 객체에 접점 구속을 적용해야 되는 선을 작성 시, 키보드 Shift 를 누른 상태에서 원에서 시작하면, 자동으로 접점
　　구속이 적용된 상태로 시작하며, 다음 원/호 객체의 대략적인 접점 위치에 마우스를 두면 마찬가지로 접점 구속으로 선
　　을 스케치할 수 있다.

(4) 접점 구속조건 적용

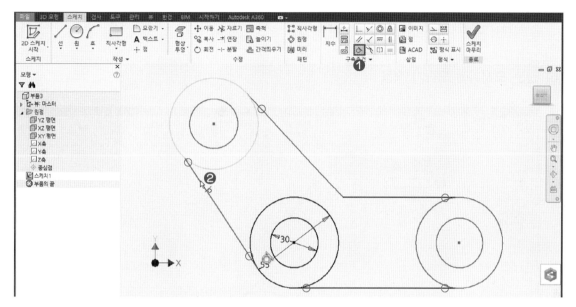

(3)에서 작성된 선 객체가 원과 접점 구속이 되도록 한다.

❶ 형상 구속조건에서 접점을 선택한다.

❷ 접점이 이루어질 원과 선을 각각 선택하고, 접점이 적용될 모든 위치에 이와 동일한 방법으로 계속 선택
하여 접선 구속을 적용한다.

(5) 평행 구속조건 적용

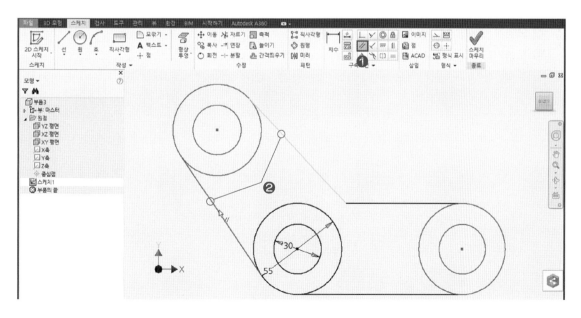

수직 또는 수평선이 아닌 기울어진 선분에 평행 구속을 적용한다.

❶ 형상 구속조건에서 평행을 선택한다.

❷ 평행이 이루어질 두 선을 각각 선택한다.

(6) 선분 모서리에 모깎기 적용

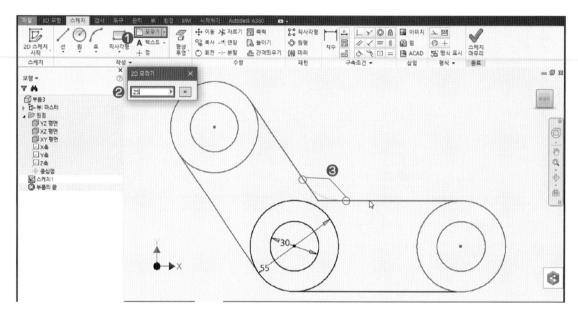

스케치 작성 기능에 있는 모깎기를 이용하여 모서리에 라운드를 작성한다.

❶ 상단 스케치 작성 리본에서 모깎기를 클릭한다.

❷ **모깎기** 대화상자에 반지름 25를 입력한다.

❸ 모깎기를 적용할 두 선분을 선택한다.

※ 일반적으로 스케치에서는 모깎기나 모따기 같은 세세한 작업은 대부분 3D 모형에서 피처로 작성하는 것이 차후 수정이
　 나 편집에서 수월하다.

(7) 치수 구속 적용

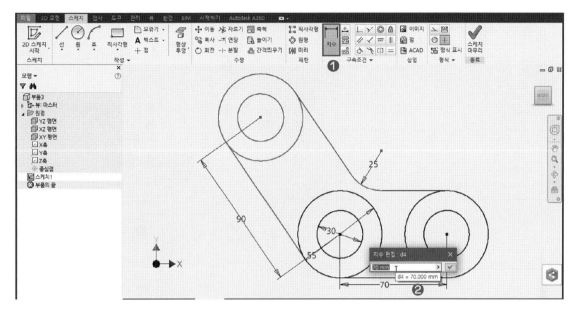

기본적인 스케치를 작성한 후 크기 구속할 치수를 적용한다.

❶ 상단 스케치 구속조건 리본에서 치수를 클릭한다.

❷ 치수가 적용될 두 객체를 선택하고 치수선을 임의의 위치에 클릭하고 값을 부여한다.

　※ 원/호 객체의 중심거리는 중심점 선택보다는 원/호 객체를 선택하면 자동으로 중심점으로 치수가 적용된다.

　※ 정렬 치수는 치수선이 위치하는 방향으로 비스듬하게 마우스를 이동시키면 정렬치수가 적용되며, 잘 안 되는 경우 치수
　　선의 위치를 멀리 두면 손쉽게 적용될 수 있다.

(8) 3점을 이용한 각도 치수 구속 적용 및 스케치 마무리

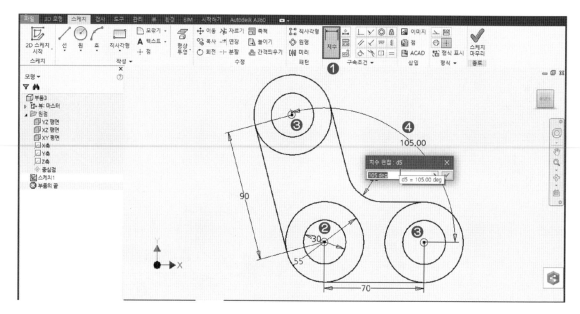

각도 치수 구속은 일반적으로 평행하지 않는 두 선분을 선택하여 각도 구속을 적용하지만, 필요에 따라서 3점을 이용하여 각도 구속을 적용할 수 있다.

❶ 상단 스케치 구속조건 리본에서 치수를 클릭한다.

❷ 첫 번째 선택은 각도의 중심 기준점을 제일 먼저 선택한다.

❸ 두 번째는 각도 구속할 두 점을 각각 선택한다.

❹ 치수선은 각도 구속할 방향으로 임의의 위치에 지정하고 각도 값은 105를 입력하여 스케치를 마무리한다.

> ※ 3점을 이용한 각도 구속은 제일 첫 번째 점을 어디로 선택하느냐에 따라 각도 적용이 달라진다.
> 즉, 각도가 적용된다는 것은 회전이 발생하는 것으로 회전의 기준인 중심점(축)을 제일 먼저 선택해야만 정상적으로 각도를 구속할 수 있다.

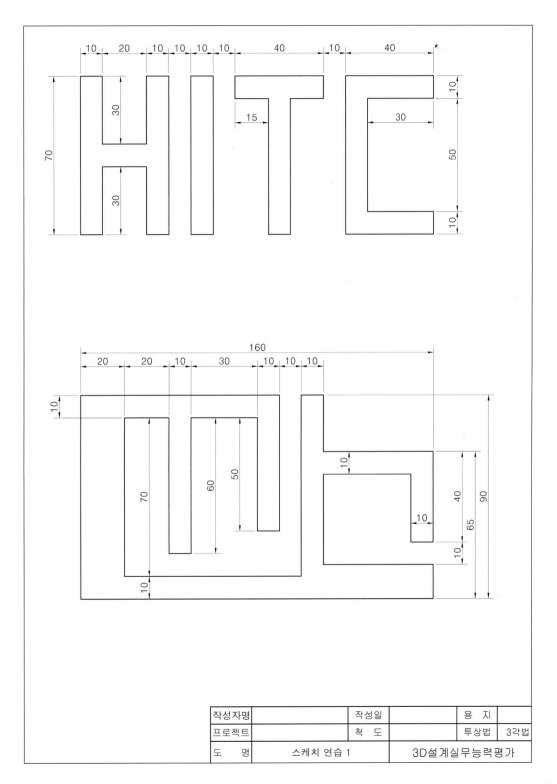

작성자명		작성일		용 지	
프로젝트		척 도		투상법	3각법
도 명	스케치 연습 1		3D설계실무능력평가		

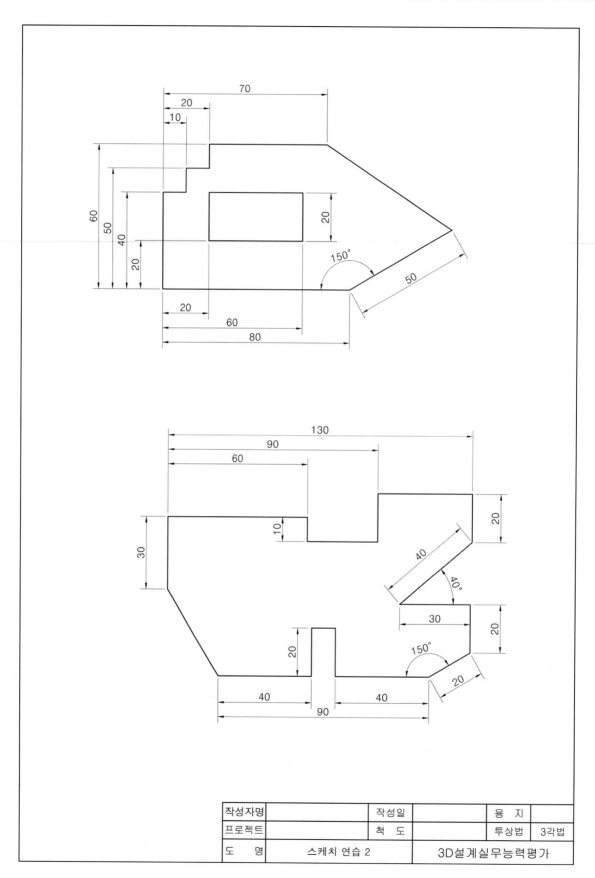

작성자명		작성일		용 지	
프로젝트		척 도		투상법	3각법
도 명	스케치 연습 2		3D설계실무능력평가		

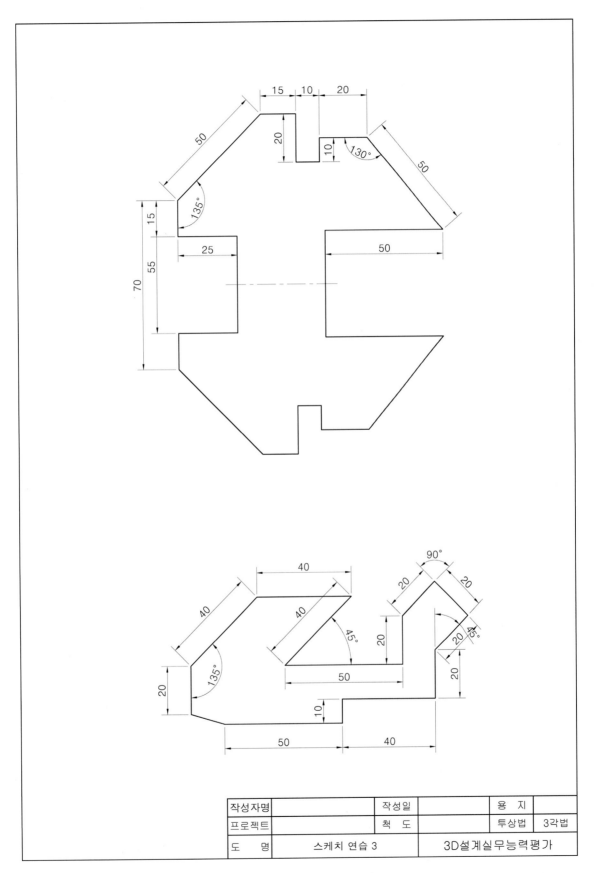

작성자명		작성일		용 지	
프로젝트		척 도		투상법	3각법
도 명	스케치 연습 3		3D설계실무능력평가		

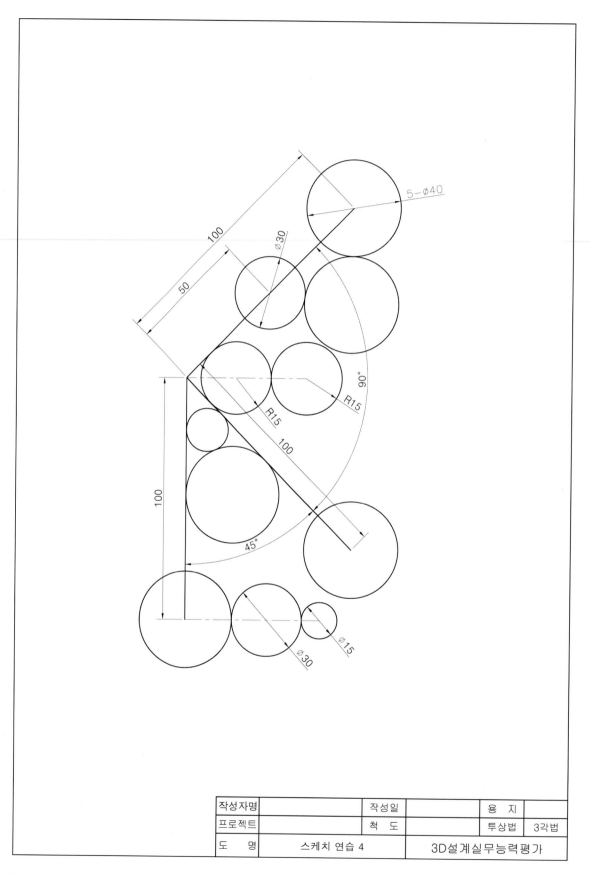

작성자명		작성일		용 지	
프로젝트		척 도		투상법	3각법
도 명	스케치 연습 4			3D설계실무능력평가	

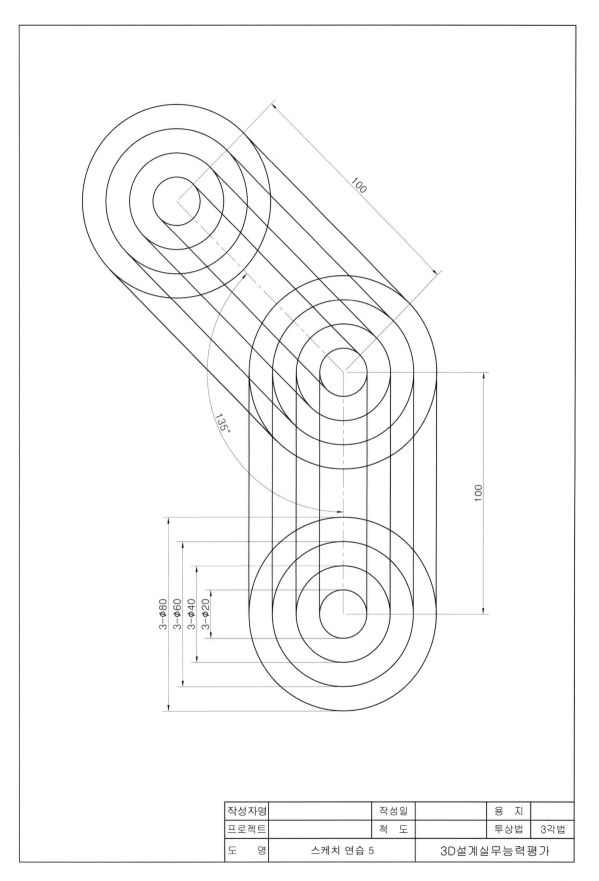

100

135°

100

3-∅80
3-∅60
3-∅40
3-∅20

작성자명		작성일		용 지	
프로젝트		척 도		투상법	3각법
도 명	스케치 연습 5		3D설계실무능력평가		

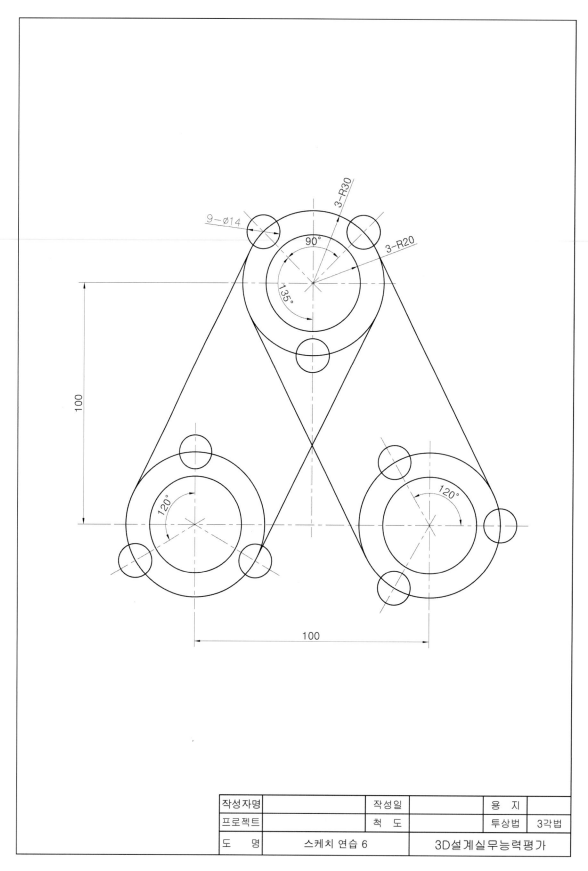

작성자명		작성일		용 지	
프로젝트		척 도		투상법	3각법
도 명	스케치 연습 6		3D설계실무능력평가		

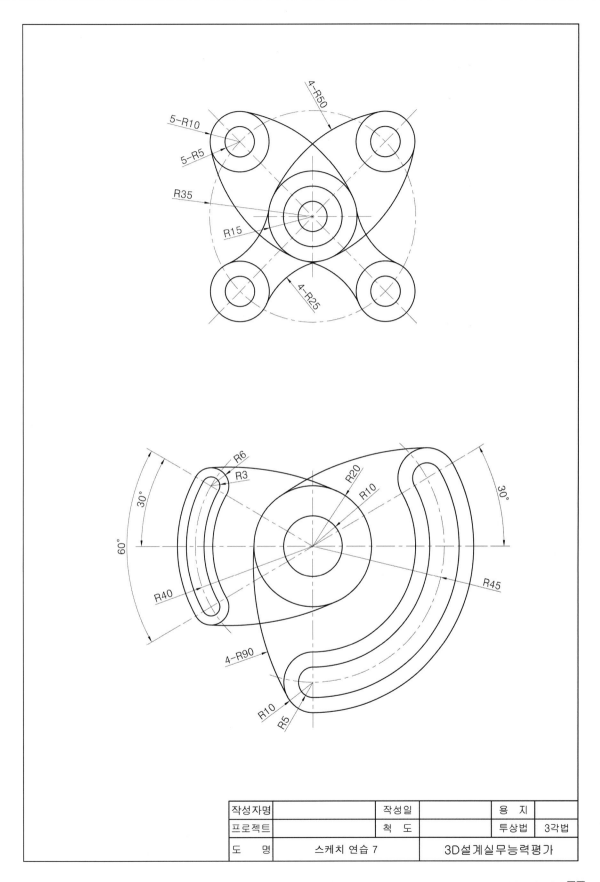

작성자명		작성일		용 지	
프로젝트		척 도		투상법	3각법
도 명	스케치 연습 7		3D설계실무능력평가		

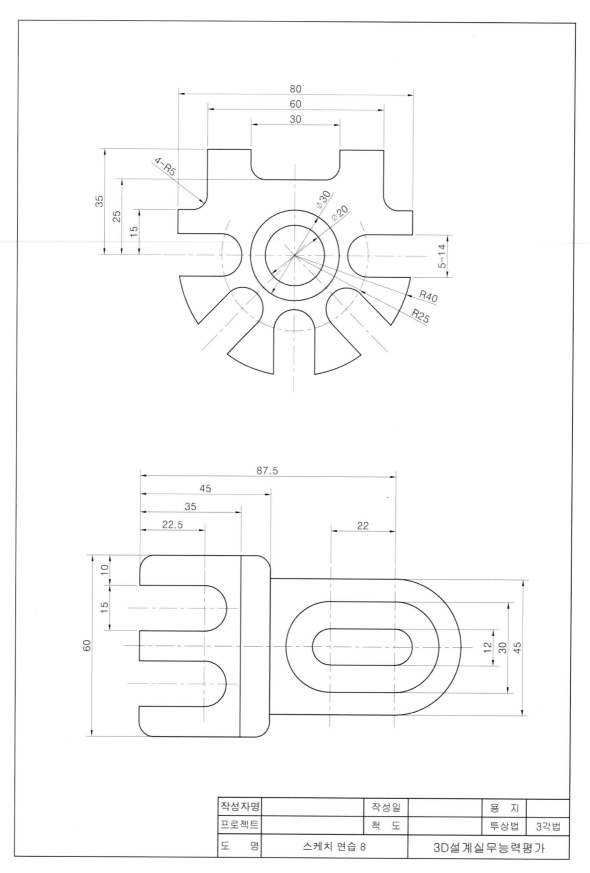

작성자명		작성일		용 지	
프로젝트		척 도		투상법	3각법
도 명	스케치 연습 8			3D설계실무능력평가	

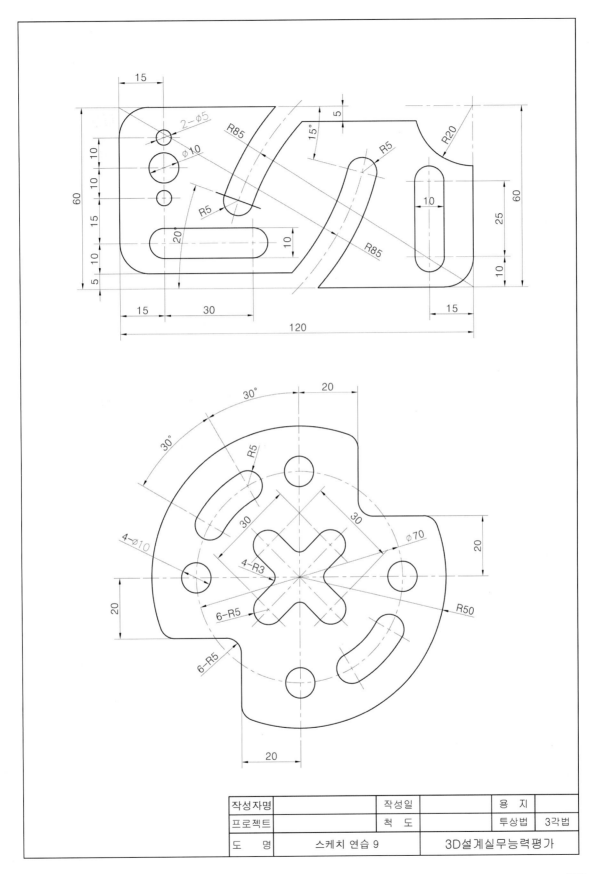

작성자명		작성일		용 지	
프로젝트		척 도		투상법	3각법
도 명	스케치 연습 9		3D설계실무능력평가		

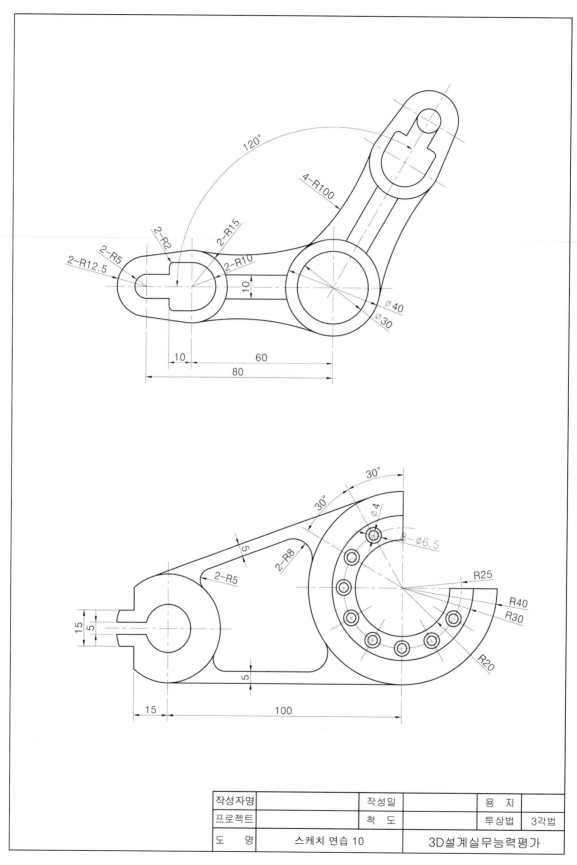

작성자명		작성일		용 지	
프로젝트		척 도		투상법	3각법
도 명	스케치 연습 10			3D설계실무능력평가	

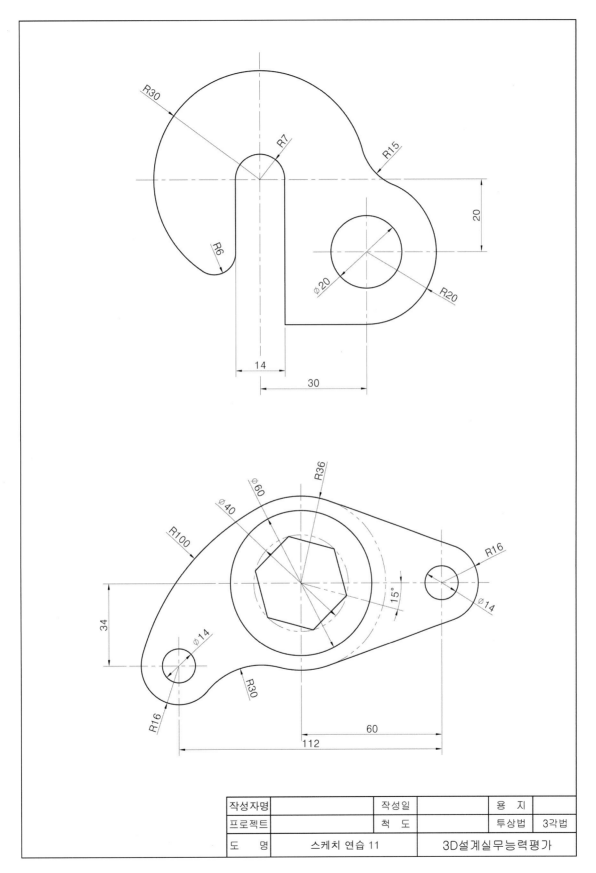

작성자명		작성일		용 지	
프로젝트		척 도		투상법	3각법
도 명	스케치 연습 11		3D설계실무능력평가		

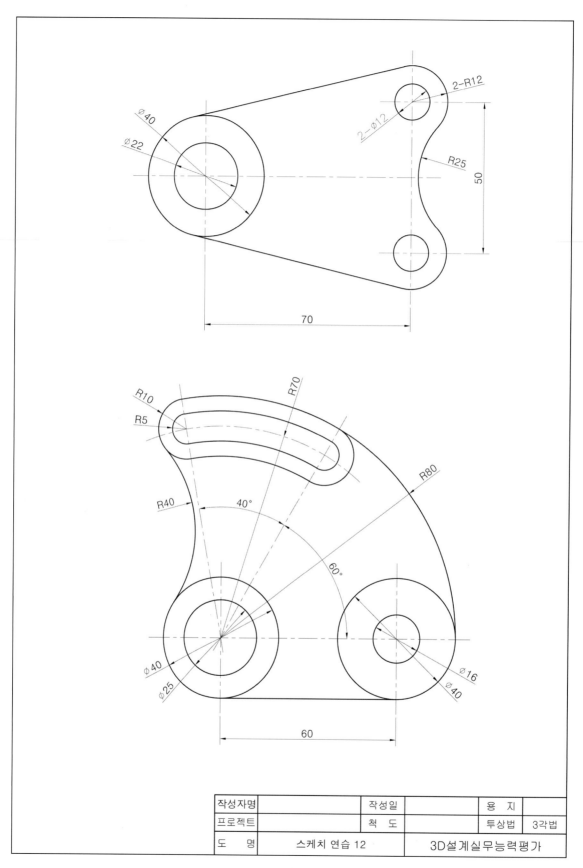

작성자명		작성일		용　지	
프로젝트		척　도		투상법	3각법
도　　명	스케치 연습 12		3D설계실무능력평가		

03 | 3D모형 – 부품 모델링

3D 모형 리본 탭에 있는 스케치된 피처 및 배치된 피처는 Chapter 02에서 작성한 스케치를 기반으로 부품을 작성하고, 작성된 형상을 편집하는 기능을 제공하고 있다.

부품 모델링에 사용되는 대부분의 명령은 스케치된 피처로는 돌출, 회전 등이 주로 사용되며, 배치된 피처로는 구멍, 모깎기, 모따기, 작업 피처 등이 주로 사용되고 있어, 올바른 부품을 모델링 하려면 피처 작성 방법을 이해하고 있어야 한다.

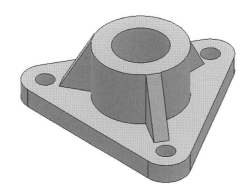

1 | 3D 모형 개요

인벤터 3D 모형에는 스케치된 피처와 배치된 피처로 구분되어 있다. 스케치된 피처는 말 그대로 작성한 스케치를 기반으로 형상을 작성하는 도구가 있으며, 배치된 피처는 작성된 형상을 수정하고 편집하는 도구를 제공하고 있다.

1. 스케치된 피처

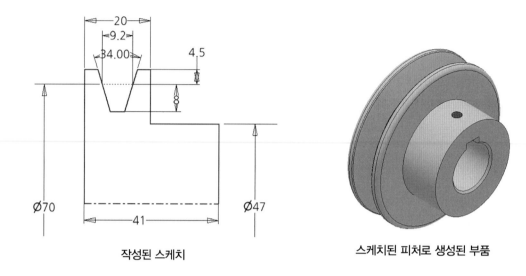

작성된 스케치

스케치된 피처로 생성된 부품

스케치된 피처는 작성된 스케치를 기반으로 형상을 모델링한다. 하나의 부품을 모델링하기 위해서 필요한 만큼 계속적인 스케치 작성과 스케치된 피처 작성을 반복하여 형상을 결합(합집합)하거나, 제거(차집합)하면서 형태를 만드는 방식으로 진행되며, 스케치된 피처는 3D 모형 리본 탭에서 작성에 포함된 도구이다.

2. 배치된 피처

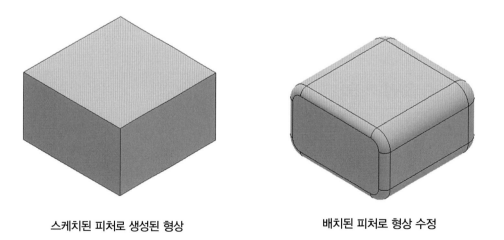

스케치된 피처로 생성된 형상

배치된 피처로 형상 수정

배치된 피처는 별도의 스케치가 필요 없으며, 이미 작성된 형상에 구멍을 작성하거나 모깎기/모따기, 패턴 등 각종 편집/수정 도구를 이용하여 부품을 완성해 가는 방식으로, 3D 모형 리본 탭에서 수정에 포함된 도구이다.

3. 피처 편집 방법

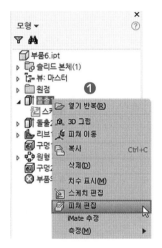

검색기를 통한 편집

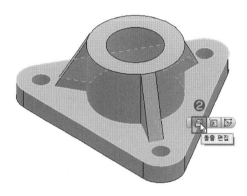

**작업 화면상에 해당 피처를 선택 후
작업 아이콘을 이용한 편집**

3D 모형에서 스케치된 피처 및 배치된 피처로 생성된 피처를 수정/편집할 때, 좌측 검색기에 있는 피처 리스트와 직접적인 객체를 선택하여 수정하는 두 가지 방법으로 수정할 수 있다.

❶ 해당 피처를 선택하고 마우스 오른쪽 클릭 후 팝업 메뉴에서 편집 상태로 전환한다.

❷ 작업화면상에 해당 피처를 직접 선택 후 나타난 작업 아이콘에서 상태로 전환한다.

※ 스케치된 피처로 작성된 형상은 위와 같은 방법으로 스케치도 편집할 수 있다.

2 | 돌출 피처(Extrude)

돌출 피처는 스케치된 2차원 프로파일에 직각하는 방향으로, 높이값을 지정하여 3D 형상을 표현하는 피처 명령으로 3D 모델링에 있어서 매우 중요한 작성 기능이다.

모델링되는 거의 모든 형상에 사용되고 있으며 돌출만 이용해서 기본적인 형태를 표현한다.

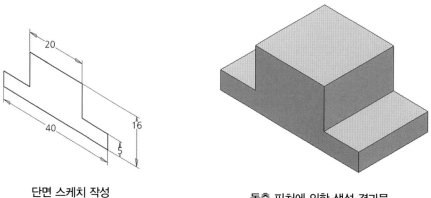

단면 스케치 작성	돌출 피처에 의한 생성 결과물

1. 돌출 피처 대화상자 옵션

❶ **프로파일** : 돌출시킬 스케치 단면을 선택한다.

❷ **솔리드** : 하나 이상의 솔리드 본체가 있는 경우, 작업 대상을 선택한다.

❸ **출력** : 선택된 스케치를 돌출할 때 솔리드로 생성할 것인지 곡면으로 생성할 것인지를 결정한다.

④ **작업** : 돌출될 객체의 작업 형태를 결정한다.(새 솔리드, 합집합, 차집합, 교집합)
⑤ **범위** : 돌출 거리를 지정한다.
⑥ **방향** : 돌출 방향을 변경한다.

(1) 돌출 범위

돌출 범위는 선택된 단면이 얼마만큼 또는 어디까지 돌출되어 형상을 만들 것인가를 지정하는 돌출 한계 (Limits)를 지정한다.

❶ 거리

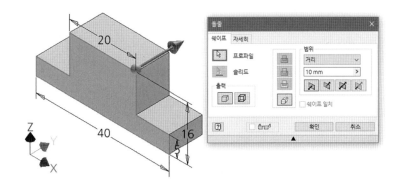

거리는 높이 값을 지정한 만큼 돌출시킬 때 사용하고 있으며, 한계의 범위가 지정되지 않은 경우 또는 값이 지정되어 있는 경우에 많이 사용한다.

※ 최초로 생성되는 돌출 객체는 별도의 지정 한계를 가질 수 없으므로 거리를 이용하여 돌출하는 경우가 대부분이다.
※ 돌출된 높이 값이 변경되어야 하는 상황에서는 항상 피처 편집을 이용하여 수정해야 한다.

❷ 다음 면까지

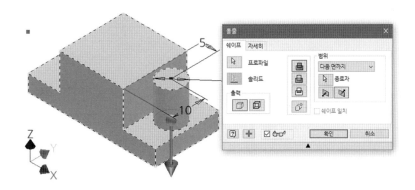

추가로 생성되는 스케치 프로파일을 지정된 방향으로 돌출이 진행했을 때 종료되는 피처의 면까지 자동으로 돌출될 수 있도록 한다.

또한 종료자를 선택하여 바로 돌출 종료 위치를 변경할 수 있다.

※ 단, 생성된 스케치 영역이 다음 면으로 지정된 피처의 면보다 크거나 위치가 벗어난 상태에서는 다음 면까지를 사용할 수 없다.

※ 고정된 거리 값을 사용하지 않기 때문에 기존 피처의 스케치가 변경되거나 수정되었을 때 자동으로 변경되며, 기존의 피처가 제거되면, 해당 피처는 제거되거나 오류가 발생할 수 있다.

❸ 지정 면까지

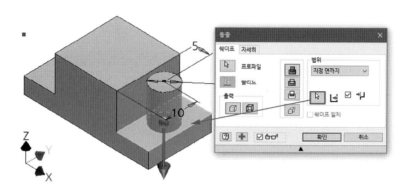

추가로 생성된 스케치 프로파일을 돌출하기 위해서 기존에 생성된 피처에 종료 면을 선택하면, 영역과 범위 상관없이 선택된 지정 면의 위치까지 돌출할 수 있다.

※ 고정된 거리 값을 사용하지 않기 때문에 기존 피처의 스케치가 변경되거나 수정되었을 때 자동으로 변경되며, 기존의 피처가 제거되거나 지정 면으로 선택된 면이 새롭게 수정되면, 해당 피처는 제거되거나 오류가 발생할 수 있다.

❹ 관통

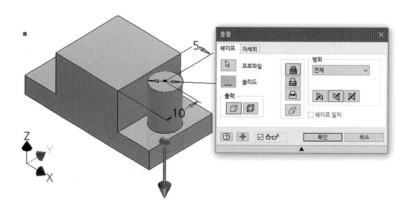

관통은 돌출 프로파일이 지정된 방향으로 기존 객체의 크기와 상관없이 전체를 다 포함하여 자동으로 돌출된다.

보통은 돌출 차집합 작업에서 전체를 이용할 경우, 기존 피처의 크기와는 상관없이 구멍을 생성할 수 있다.

※ 고정된 거리 값을 사용하지 않기 때문에 기존 피처의 스케치가 변경되거나 수정되었을 때 자동으로 변경되며, 기존의 피처가 제거되면 해당 피처 또한 제거되거나 오류가 발생할 수 있다.

(2) 돌출 방향 변경

돌출 방향은 작성된 스케치 평면에 직각하는 방향으로 진행되며, 진행 방향에 대해서는 아래와 같이 4가지 방향으로 돌출 피처를 생성할 수 있다.

❶ 방향 1로 돌출하는 경우

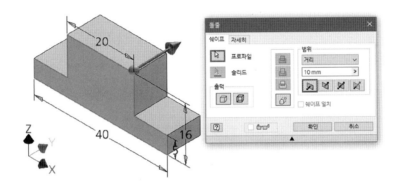

스케치 평면을 기준으로 정축 방향으로 돌출한다.

❷ 방향 2로 돌출하는 경우

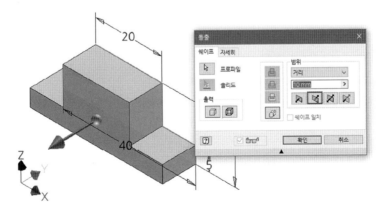

스케치 평면을 기준으로 반대 축 방향으로 돌출한다.

❸ 대칭으로 돌출하는 경우

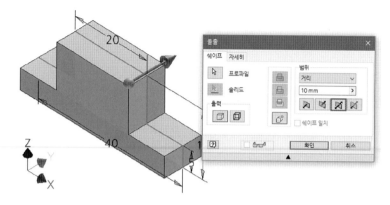

스케치 평면을 기준으로 양방향으로 돌출되며, 지정된 거리 값은 돌출의 전체 거리를 입력한다.

❹ 비대칭으로 돌출하는 경우

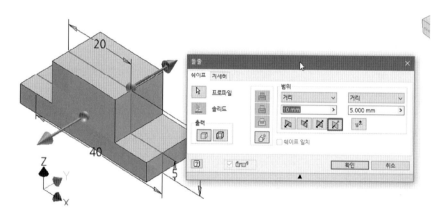

비대칭으로 스케치 평면을 기준으로 방향 1과 방향 2의 값이 동시에 나타나며, 각각의 방향에 따른 값을 부여한다.

※ 반전은 비대칭 돌출방향을 서로 바꿔 돌출될 수 있도록 한다.

※ 돌출 방향은 스케치 평면을 어디에 둘 것인지를 결정하여 방향을 변경하면 된다.

※ 방향이 존재하는 피처 명령은 방향 기능을 이용할 수 있으며, 별도로 값 입력시 "−"를 입력하지 않는다. 다만, 방향이 존재하지 않는 명령은 " +, −"에 따라 방향을 변경할 수 있다.

(3) 돌출 오퍼레이션

인벤터 3D 모형 작성에서 피처를 생성할 수 있는 모든 명령에 존재하고 있으며, 모델링 방법은 하나 이상으로 생성되는 피처 객체를 이용하여 형상을 더하거나 깎아서 모델링을 수행하는 작업 형태로 하나의 스케치와 피처로 완성되는 부품이 아닌 이상, 아래의 작업 기능을 이용하여 형상을 다듬을 수 있다.

❶ 접함 – 합집합

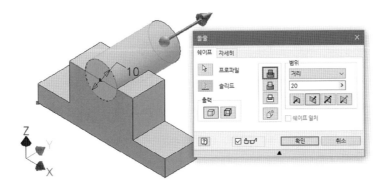

기존에 생성된 피처를 두고, 새롭게 생성되는 피처 또는 바디 솔리드를 합쳐서 하나의 형태를 생성한다.

※ 기존의 객체와 새롭게 생성되는 두 솔리드가 공유(겹침)하지 않아도 합집합(접함) 작업을 수행할 수 있다.

❷ 절단 – 차집합

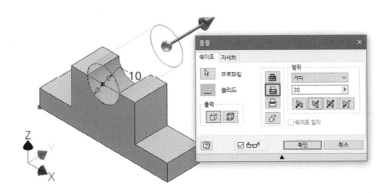

새롭게 생성되는 피처 또는 바디 솔리드를 기존에 생성된 피처를 기준으로 제거하여 형상을 편집할 수 있다.

※ 차잡합(절단) 객체와 기존의 객체가 공유(겹침)되지 않으면 작업을 수행할 수 없다.

❸ 교차 – 교집합

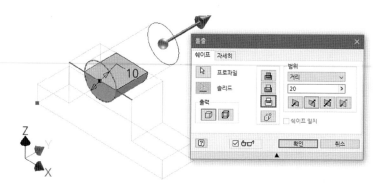

기존에 생성된 피처와 새롭게 생성되는 피처 또는 바디 솔리드의 공유(겹침)하고 있는 영역만 남겨두고, 나머지는 제거하여 형태를 생성한다.

※ 기존의 객체와 새롭게 생성되는 두 솔리드가 공유(겹침)하지 않으면 작업을 수행할 수 없다.

❹ 새 솔리드

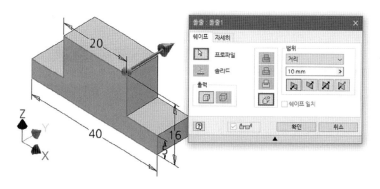

새 솔리드는 최초로 객체를 생성할 때 지정되는 기본 기능으로, 이후에 생성되는 피처를 새 솔리드 지정한 경우 기존의 형상 객체와는 별개의 솔리드 바디를 생성할 수 있으며, 이렇게 생성되는 형태를 멀티 바디라고 한다.

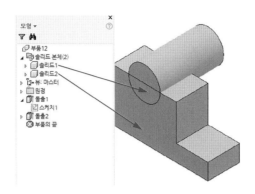

기존의 형상에 새로운 피처를 새 솔리드로 추가한 경우, 좌측 검색기 리스트 상단 솔리드 본체에 두 개의 솔리드 리스트가 있는 것을 확인할 수 있다.

이러한 멀티 바디 작업은 하나의 솔리드 객체로 표현하기 어려운 부품이나 다중의 복잡성을 띄고 있는 부품 등을 모델링할 때 주로 사용할 수 있다.

(4) 프로파일 선택

작성된 스케치를 이용하여 돌출하고자 할 경우 대화상자에서 프로파일을 선택해야 한다. 스케치 상태에 따라 선택 방법이 다르게 적용된다.

또한 스케치를 이용한 작성 피처는 이와 동일한 방법으로 프로파일(단면) 영역을 선택할 수 있다.

❶ 단일 스케치인 경우

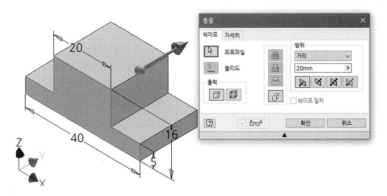

단일 스케치 영역을 가지고 있는 경우 **돌출** 대화상자의 프로파일은 자동으로 닫힌 하나의 단면이 선택될 수 있도록 한다.

※ 단, 작업화면 상에 다른 스케치가 활성화 되어 있는 경우 별도로 돌출 프로파일을 사용자가 직접 선택해야 한다.

❷ 복수 스케치인 경우

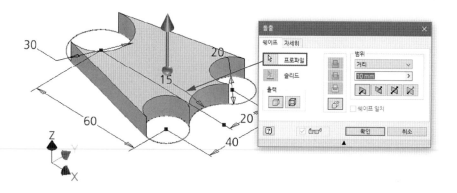

스케치에 하나 이상의 닫힌 영역이 존재하는 경우 돌출 프로파일은 단일 프로파일처럼 바로 인식하지
못하고 사용자에게 필요한 영역을 선택하도록 요구한다.

이때, 프로파일을 원하는 영역만 선택하는 경우, 위와 같이 선택된 영역만 돌출하게 된다.

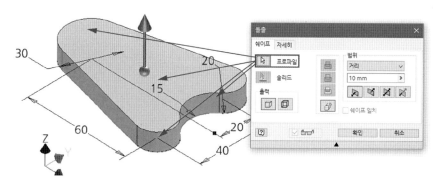

돌출 프로파일 선택 시 작성된 스케치의 영역을 필요한 만큼 연속적으로 선택하는 경우 선택된 프로파
일은 동일한 거리 값과 방향으로 동시에 피처를 생성할 수 있다.

※ 다중 프로파일 선택 시 선택이 잘못된 경우 Ctrl + 클릭하여 불필요한 영역을 선택 제거할 수 있다.

3. 새 스케치를 통한 다중 돌출 피처 작성방법

인벤터에서 부품을 모델링하기 위해서는 하나의 스케치로 형상을 모델링한다는 것은 많이 어렵다.
그래서 첫 스케치는 부품의 가장 기본적인 형태에 대한 단면을 스케치하고, 모형 작성 후, 필요한 스케치를
해당 모형에 맞춰서 작성하고, 추가적인 피처를 생성한다.

아래 도면 이용하여 스케치 및 돌출 피처 작성, 추가된 피처를 이용한 모델링 과정을 알아보자.

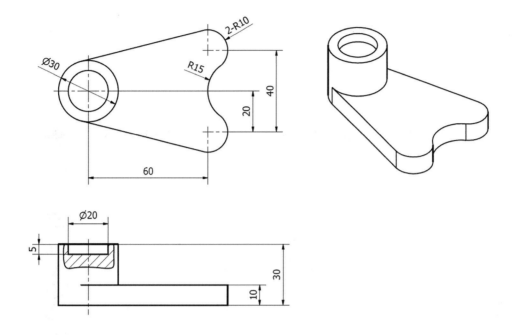

(1) 스케치 및 기초 돌출 피처 작성

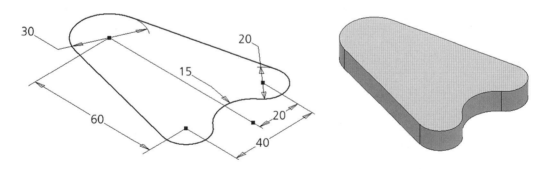

위 도면과 같이 스케치 후 돌출로 기초 형상을 모델링한다.

(2) 작업 기준면 선택 및 스케치 추가 작성

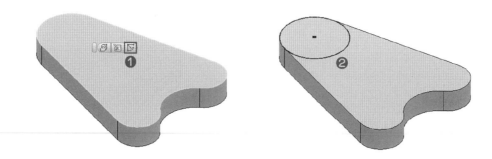

❶ 피처를 추가하기 위해 처음 생성된 돌출 피처의 상단 면을 선택하고, 나타나는 작업 아이콘에서 스케치 작성을 클릭한다.

❷ 스케치 작성 도구에서 중심 원으로 스케치할 위치에 중심점을 지정하고 원은 기준 피처의 가장자리를 선택하여 스케치를 완성하고 마무리한다.

(3) 돌출 피처 추가 생성 – 합집합

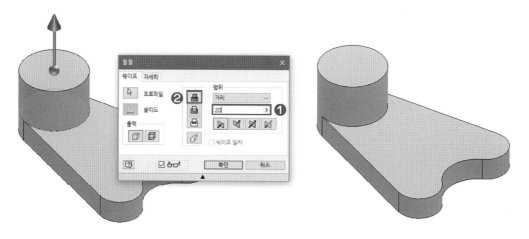

❶ 상단 3D 모형 리본에서 돌출 명령을 실행하고, 나타나는 **돌출** 대화상자에서 돌출 방향과 돌출 거리를 지정한다.

❷ 돌출 작업은 기존에 있는 객체와 하나의 솔리드가 될 수 있도록 합집합을 선택하고 확인을 클릭하여 돌출을 마무리한다.

(4) 작업 기준면 선택 및 스케치 추가 작성

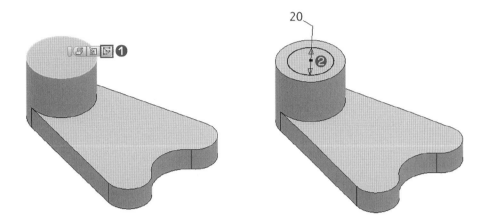

❶ 추가된 원기둥에 도면과 같이 구멍을 파기 위해 새로운 스케치 및 피처가 생성될 기준면을 선택하고,
   나타나는 작업 아이콘에서 스케치 작성을 클릭한다.

❷ 스케치 작성 도구에서 중심 원으로 스케치 할 위치에 중심점을 지정하고 치수로 원에 대한 지름 구속을
   지정하고 스케치를 마무리한다.

(5) 돌출 피처 추가 생성 – 차집합

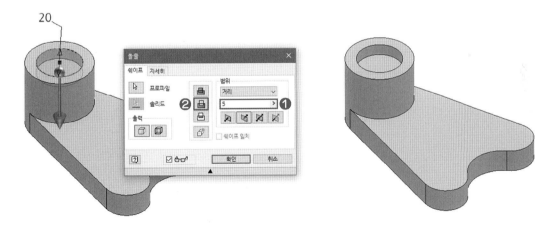

❶ 상단 3D 모형 리본에서 돌출 명령을 실행하고 나타나는 **돌출** 대화상자에서 돌출 방향과 돌출 거리를 지
   정한다.

❷ 돌출 작업은 기존에 있는 객체와 하나의 솔리드가 될 수 있도록 차집합을 선택하고 확인을 클릭하여 돌
   출을 마무리한다.

4. 스케치 공유를 통한 다중 돌출 피처 작성방법

3.에서 작업한 것처럼 피처를 생성할 때마다 스케치를 작성한다면 직관적인 작업은 가능하겠지만, 차후 수정이나 편집이 지속적으로 발생할 경우 작업이 많이 불편하다.

복잡하지 않는 부품인 경우, 처음 작성하는 스케치에 생성될 피처를 감안하여 스케치를 작성하고 이렇게 작성된 스케치를 피처 작성 시, 재활용하여 피처를 생성한다.

아래 도면 이용하여 스케치와 돌출 피처 작성 및 스케치 공유 기능을 이용한 추가된 피처를 이용한 모델링 과정을 알아보자.

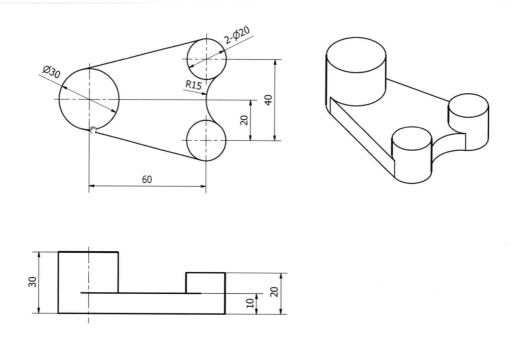

(1) 스케치 및 기초 돌출 피처 작성

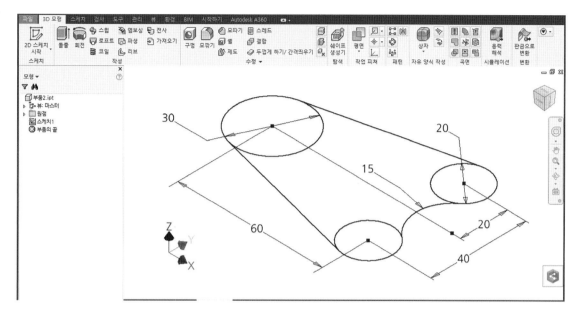

도면을 참고로 새 스케치를 이용하여 그림과 같이 스케치를 작성하고 마무리한다.

※ 하나의 스케치에 다중 영역이 생성될 수 있도록 스케치한다.

(2) 기준 돌출 피처 작성

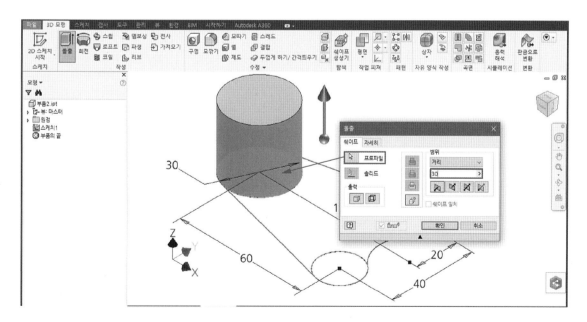

3D 모형 리본메뉴, 돌출 명령을 통해 그림과 같이 기준이 되는 스케치 프로파일을 선택하여, 높이 30만큼 돌출한다.

※ 최초 돌출 피처를 생성 후, 화면상에 존재하던 스케치는 가시성이 제거되어 화면상에서 숨겨지게 된다.

(3) 기준 스케치에 스케치 공유 설정

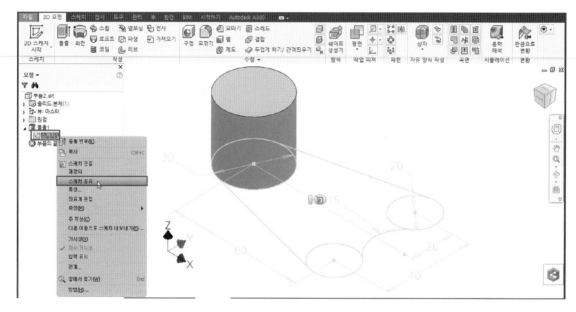

피처 생성과 동시에 화면상에서 숨겨진, 스케치를 좌측 검색기 돌출 피처 리스트, 하위 탭을 클릭하여 숨겨진 스케치 리스트를 선택한 후, 마우스 오른쪽 클릭하여 나타나는 리스트에 스케치 공유를 클릭한다.

※ 스케치 공유에 의해서 나타난 스케치 리스트는 상단에 별도의 스케치 리스트로 검색기에 나타난다.

(4) 공유된 스케치를 이용한 돌출 피처 생성

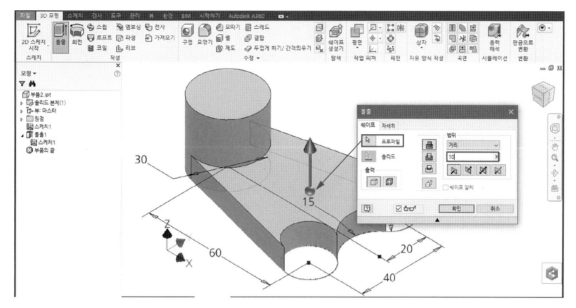

두 번째 필요한 피처의 프로파일을 선택한 후, 돌출 거리 10을 입력하여 피처 생성을 마무리한다.

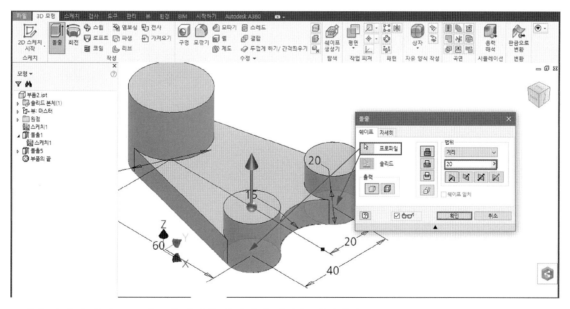

그림과 같이 순차적으로 필요한 피처를 생성하여 부품을 완성한다.

(5) 공유된 스케치 숨기기

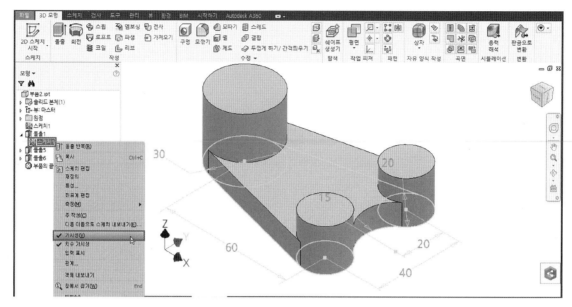

공유된 스케치는 일반적인 가시성과 동일하게 스케치를 화면상에 보이도록 하기 때문에 스케치가 열려 있는 경우, 다른 스케치 및 피처 생성 시 스케치 프로파일이 공통적으로 선택되는 현상이 발생한다.

그래서 공유된 스케치 사용이 끝났다면, 좌측 검색기에서 스케치를 선택하고 마우스 오른쪽 클릭하여 나타나는 메뉴에서 체크되어 있는 가시성을 끄고 작업을 완료한다.

5. 돌출 따라하기 – 새 스케치

지금까지 배운 스케치 및 돌출 피처를 이용하여 주어진 도면을 따라하면서 전반적인 사용방법을 익힌다.

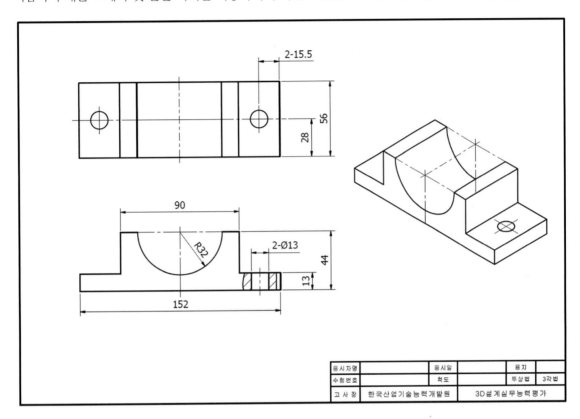

응시자명		응시일		용지	
수험번호		척도		투상법	3각법
고 사 장	한국산업기술능력개발원		3D설계실무능력평가		

(1) 기준 스케치 평면 선택

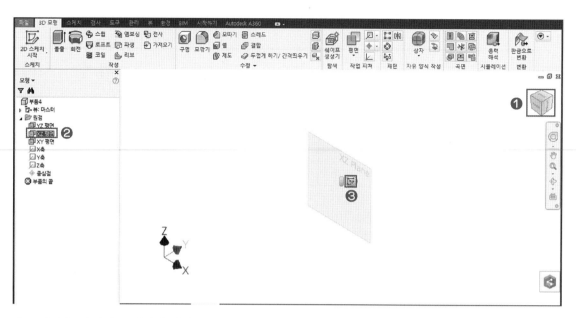

기준 형상을 작성할 스케치의 평면을 선택하고, 새 스케치 작성 환경으로 들어간다.

❶ 작업화면 우측 상단에 있는 큐브 아이콘에서 홈 아이콘(단축키 : F6)을 선택하여 등각화면으로 뷰 방향을 변환한다.

❷ 좌측 검색기 원점에서 XZ 평면을 선택한다.

❸ 작업화면에 나타난 평면을 평면방향을 확인하고, 새 스케치 아이콘을 선택하여 스케치 작성 환경으로 전환한다.

※ 원점 평면 또는 작업 평면을 선택할 때, 정투상 뷰에서는 정확한 작성 방향을 파악하기 어렵기 때문에 가급적이면 등각 뷰에서 평면을 선택한다.

(2) 기준 프로파일 스케치 작성

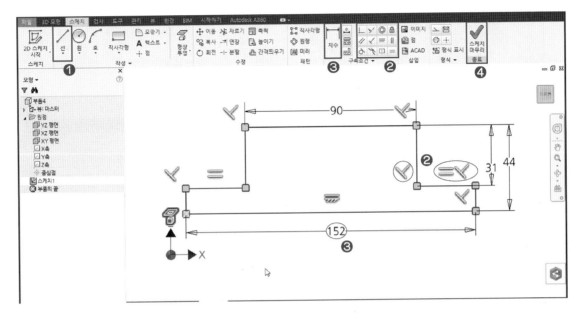

도면을 참고하여, 모델링 할 형상의 기초가 될 수 있는 방향으로 스케치를 작성한다.

❶ 스케치 리본메뉴에서 도면의 치수와 형상을 참고로 선으로 스케치한다.

❷ 형상 구속조건을 이용하여 스케치 선분의 자세를 구속한다.

❸ 도면의 치수에 맞게 치수 구속하여 스케치를 완전 구속한다.

❹ 스케치 리본메뉴에서 스케치 마무리를 클릭하여 스케치를 마친다.

※ 치수 구속은 도면에서 제공하는 치수의 적용 위치와 내용을 똑같이 맞출 필요는 없으며 형상 구속과 치수 구속을 적절하
게 사용하여 완전 구속 상태로 표현한다.

(3) 기준 돌출 피처 생성

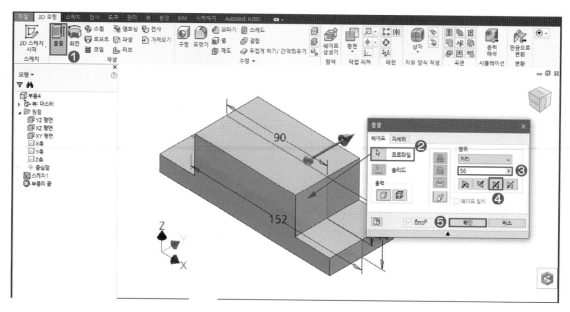

스케치 작성이 완성된 후, 3D 모형에서 돌출 피처를 이용하여 형상을 작성한다.

❶ **3D 모형** 리본 탭에서 돌출 명령을 실행한다.

❷ 나타난 **돌출** 대화상자에서 프로파일을 스케치한 단면을 선택한다.

　※ 하나의 단면으로 이루어진 스케치는 돌출 프로파일이 자동으로 선택한다.

❸ 돌출 범위는 거리 값으로 56을 입력한다.

❹ 돌출 방향은 대칭 돌출로 스케치 평면을 중간에 두고 돌출한다.

❺ **확인** 또는 Enter↵ 를 눌러 돌출 피처를 완성한다.

(4) 추가 피처 생성을 위한 스케치 평면

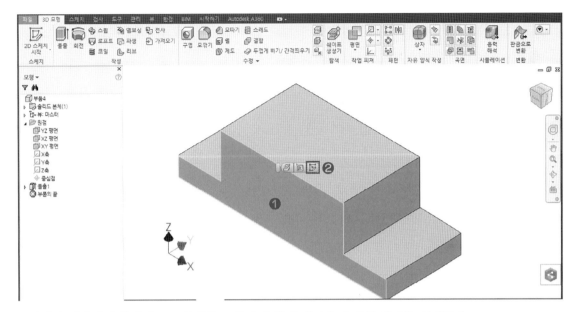

모델링된 형상에서 추가적으로 형태를 표현하기 위해 새로운 스케치 평면을 선택한다.

❶ 새로운 스케치가 작성될 평면을 선택한다.

❷ 나타나는 작업 아이콘에서 새 스케치 아이콘을 선택하여 새 스케치 작성 환경으로 전환한다.

(5) 형상 편집에 필요한 스케치 작성

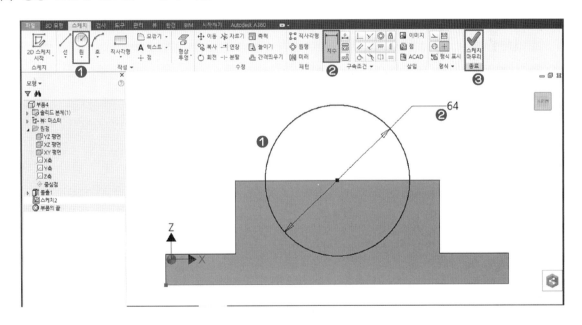

새롭게 시작된 스케치에서 형상을 편집할 스케치를 작성한다.

❶ **스케치** 리본 탭에서 원을 이용하여 위 그림과 같이 스케치한다.

　　※ 원 중심점은 기존에 생성된 피처의 가장자리 중간점을 선택하고 임의의 크기로 원을 생성한다.

❷ 치수 구속을 이용하여 지름 64mm 크기의 원을 구속한다.

❸ 스케치 마무리를 클릭하여 스케치 작성을 마친다.

(6) 돌출 피처를 이용한 형상 편집

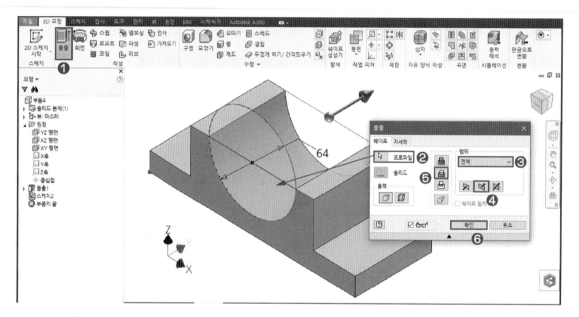

작성된 스케치를 돌출 피처를 이용하여, 도면 형상과 같이 차집합하여 모델링한다.

❶ **3D 모형** 리본 탭에서 돌출 명령을 실행한다.

❷ 나타난 **돌출** 대화상자에서 프로파일을 작성한 단면 영역을 선택한다.

❸ 돌출 범위는 전체로 선택하여 기존 형상을 전부 포함할 수 있도록 선택한다.

❹ 돌출 방향은 차집합이 가능할 수 있도록 변경한다.

　　※ 돌출 방향은 선택한 평면의 법선 방향에 따라 달라질 수 있다.

❺ 작업 오퍼레이션에서 제거(차집합)를 선택하여 선택된 단면이 공유하는 부분을 제거한다.

❻ **확인** 또는 [Enter↵]를 눌러 돌출 피처를 완성한다.

(7) 새로운 구멍 작성을 위한 스케치 평면 선택

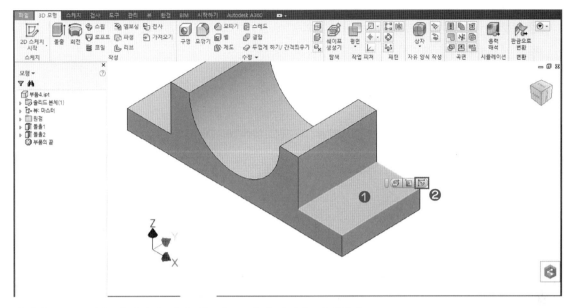

마지막으로 구멍을 작성하기 위한 새로운 스케치 평면을 선택한다.

❶ 새로운 스케치가 작성될 평면을 선택한다.

❷ 나타나는 작업 아이콘에서 새 스케치 아이콘을 선택하여 새 스케치 작성 환경으로 전환한다.

(8) 원 스케치 작성

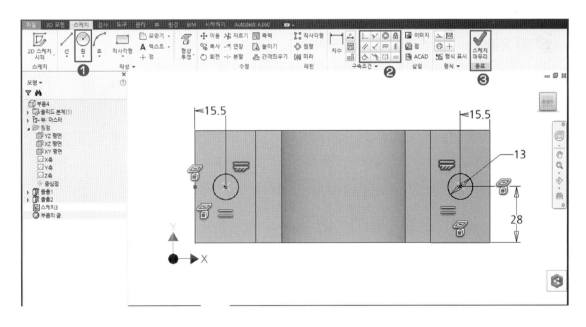

도면을 참고하여 위 그림과 같이 원을 스케치하고 완전 정의한다.

❶ **스케치** 리본 탭에서 원을 이용하여 임의의 위치에 스케치한다.

❷ 형상 구속과 치수 구속을 이용하여 도면과 같이 크기와 위치를 구속한다.

❸ 스케치 마무리를 클릭하여 스케치 작성을 마친다.

(9) 돌출 구멍 작성

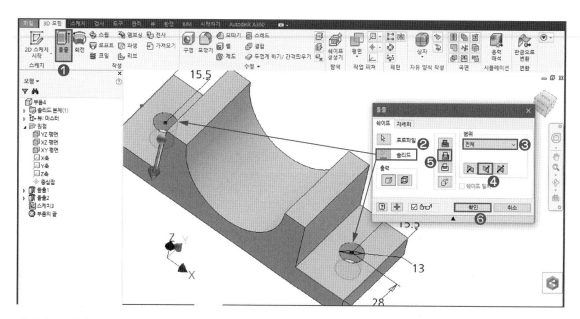

작성된 스케치를 돌출 피처를 이용하여 도면 형상과 같게 차집합하여 모델링한다.

❶ **3D 모형** 리본 탭에서 돌출 명령을 실행한다.

❷ 나타난 **돌출** 대화상자에서 프로파일을 작성한 두 개의 단면 영역을 선택한다.

❸ 돌출 범위는 전체로 선택하여 기존 형상을 전부 포함할 수 있도록 선택한다.

❹ 돌출 방향은 차집합이 가능할 수 있도록 변경한다.

❺ 작업 오퍼레이션에서 제거(차집합)를 선택하여 선택된 단면이 공유하는 부분을 제거한다.

❻ 확인 또는 Enter↵ 를 눌러 최종적인 부품 모델링을 완료한다.

6. 돌출 따라하기 – 스케치 공유

지금까지 배운 스케치 및 돌출 피처를 이용하여 주어진 도면을 따라하면서 전반적인 사용방법을 익힌다.

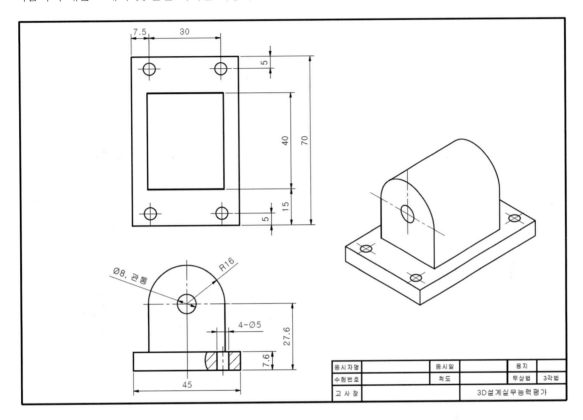

응시자명		응시일		용지	
수험번호		척도		투상법	3각법
고 사 장				3D설계실무능력평가	

(1) 기준 스케치 평면

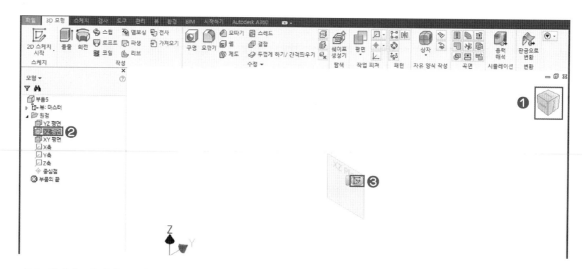

기준 형상을 작성할 스케치의 평면을 선택한다.

❶ 작업화면 우측 상단에 있는 큐브 아이콘에서 홈 아이콘(단축키 : F6)을 선택하여, 등각화면으로 뷰 방향을 변환한다.

❷ 좌측 검색기 원점에서 XZ 평면을 선택한다.

❸ 작업화면에 나타난 평면을 평면방향을 확인하고 새 스케치 아이콘을 선택하여 스케치 작성환경으로 전환한다.

(2) 기준 스케치 작성

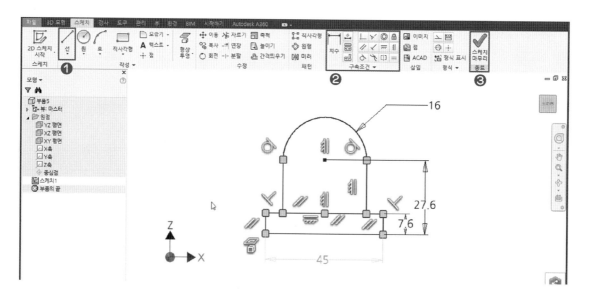

도면을 참고하여, 스케치 작성도구 및 형상 구속, 치수 구속을 이용하여 기준 스케치를 작성한다.

❶ **스케치** 리본 탭에서 선을 이용하여 모델링할 기준 단면을 스케치한다.

❷ 형상 구속과 치수 구속을 이용하여 도면과 같이 크기와 위치를 구속한다.

❸ 스케치 마무리를 클릭하여 스케치 작성을 마친다.

※ 하나의 스케치에 모델링에 필요한 두 개의 스케치 영역을 작성한다.

(3) 기준 돌출 피처 작성

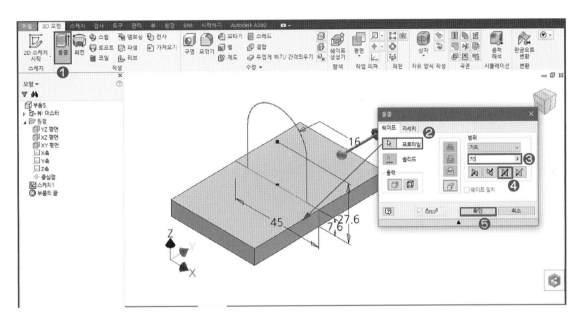

스케치 작성이 완성된 후, 3D 모형에서 돌출 피처를 이용하여 형상을 작성한다.

❶ **3D 모형** 리본 탭에서 돌출 명령을 실행한다.

❷ 나타난 **돌출** 대화상자에서 프로파일을 형상의 기준이 되는 하단 단면 영역을 선택한다.

❸ 돌출 범위는 거리 값으로 70을 입력한다.

❹ 돌출 방향은 대칭 돌출로 스케치 평면을 중간에 두고 돌출한다.

❺ **확인** 또는 Enter↵ 를 눌러 돌출 피처를 완성한다.

(4) 기존 스케치 재활용을 위한 스케치 공유

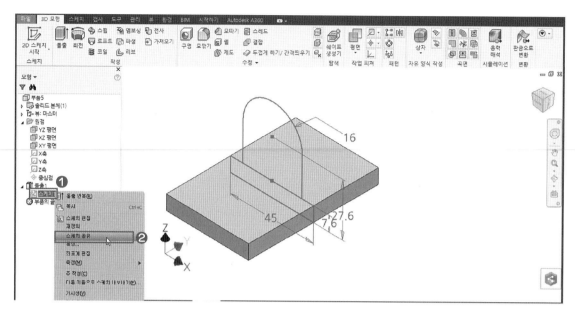

이미 생성된 피처의 스케치를 다시 사용하기 위해서 스케치 공유를 적용한다.

❶ 좌측 검색기에서 처음 생성된 피처 하위 탭을 클릭하여 나타나는 스케치를 선택하고, 마우스 오른쪽 버튼을 클릭하여 팝업 메뉴를 나타낸다.

❷ 팝업 메뉴에서 스케치 공유를 선택한다.

(5) 추가 돌출 피처 작성

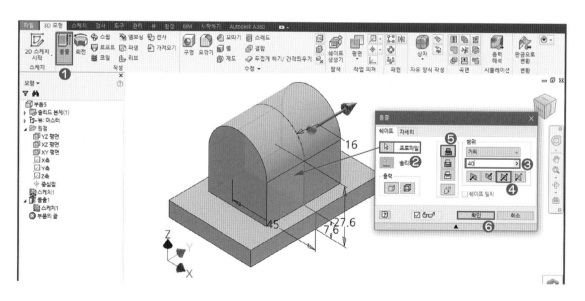

공유된 스케치를 통해 새로운 돌출 피처를 생성한다.

❶ **3D 모형** 리본 탭에서 돌출 명령을 실행한다.

❷ 나타난 **돌출** 대화상자 프로파일에서 추가로 생성할 스케치 단면을 선택한다.

❸ 처음 생성한 피처와 마찬가지로 대칭 돌출 방향을 선택하여 앞뒤로 돌출 되도록 한다.

❹ 돌출 거리 값은 도면에 기입된 40mm를 입력한다.

❺ 기존의 피처와 하나의 객체를 만들기 위해서 추가(합집합)를 선택한다.

❻ 확인 또는 Enter↵ 를 눌러 돌출 피처를 완성한다.

(6) 돌출 구멍 생성용 스케치 평면 선택

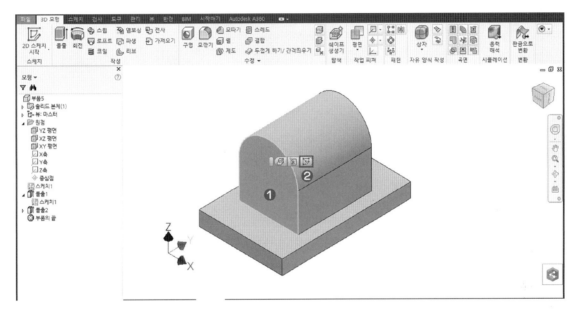

구멍을 생성하기 위해서 새로운 스케치를 작성한다.

❶ 구멍이 생성될 객체 평면을 선택한다.

❷ 나타난 작업 아이콘에서 새 스케치를 선택하여, 새 스케치 환경으로 넘어간다.

(7) 돌출 구멍 생성용 스케치 작성

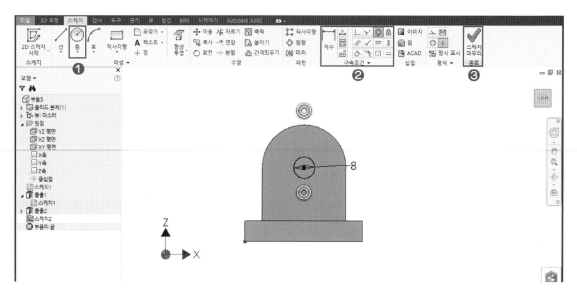

도면을 참고하여, 위 그림과 같이 원을 스케치하고 완전 구속한다.

❶ **스케치** 리본 탭에서 원을 이용하여 임의의 위치에 스케치한다.

❷ 형상 구속과 치수 구속을 이용하여 도면과 같이 크기와 위치를 구속한다.

❸ 스케치 마무리를 클릭하여 스케치 작성을 마친다.

(8) 구멍 돌출 피처 생성-1

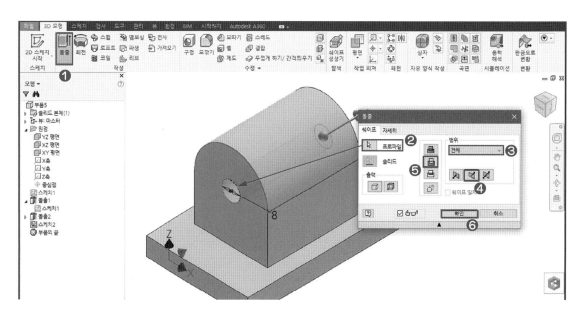

작성된 스케치를 돌출 피처를 이용하여 도면 형상과 같이 차집합하여 모델링한다.

❶ **3D 모형** 리본 탭에서 돌출 명령을 실행한다.

❷ 나타난 **돌출** 대화상자에서 프로파일을 작성한 단면 영역을 선택한다.

❸ 돌출 범위는 전체로 선택하여 기존 형상을 전부 포함할 수 있도록 선택한다.

❹ 돌출 방향은 차집합이 가능할 수 있도록 변경한다.

❺ 작업 오퍼레이션 제거(차집합)를 선택하여 선택된 단면이 공유하는 부분을 제거한다.

❻ 확인 또는 [Enter↵]를 눌러 최종적인 부품 모델링을 완료한다.

(9) 구멍 돌출 피처 생성-2

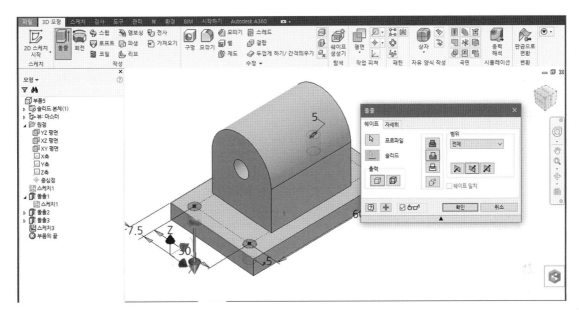

마지막으로 바닥 객체에 (6), (7)과 동일한 방법으로 스케치 평면과 도면을 참고한 스케치를 완성하고 (6), (8)과 같이 돌출 피처를 이용하여 도면 형상과 같게 차집합하여 모델링한다.

※ 돌출 또는 이후에 익히게 되는 구멍 피처를 이용한 구멍 생성은 모델링 작성 순서 상, 가능하면 후순위로 작업하는 것을 추천한다. 이는 이후 발생하는 각종 피처들의 간섭을 최소화 하고, 자주 발생하는 피처 편집 및 스케치 편집에서 작업을 원활하게 하기 위한 파라메트릭 모델링 방식의 3D 캐드 프로그램의 기본적인 작업 공통 사항이다.

7. 돌출 따라하기 – 구멍 및 모깎기 피처

주어진 도면을 참조하여 따라하면서 지금까지 배운 스케치 및 돌출 피처와 구멍 및 모깎기 피처를 추가하여 효과적으로 모델링하는 방법을 따라해 보자.

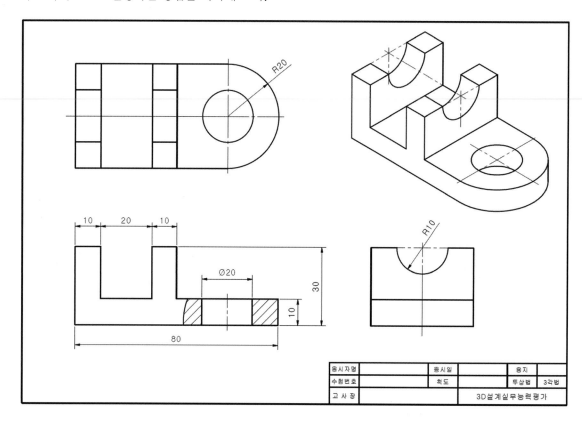

(1) 기준 스케치 평면 선택

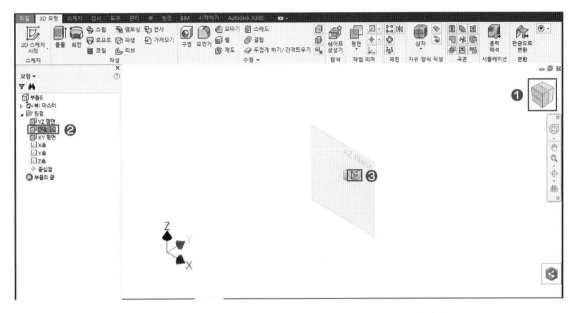

기준 형상을 작성할 스케치의 평면을 선택하고 새 스케치 작성 환경으로 들어간다.

❶ 작업화면 우측 상단에 있는 큐브 아이콘에서 홈 아이콘(단축키 : F6)을 선택하여, 등각화면으로 뷰 방향을 변환한다.

❷ 좌측 검색기 원점에서 XZ 평면을 선택한다.

❸ 작업화면에 나타난 평면을 평면방향을 확인하고 새 스케치 아이콘을 선택하여 스케치 작성환경으로 전환한다.

  ※ 원점 평면 또는 작업 평면을 선택할 때, 정투상 뷰에서는 정확한 작성 방향을 파악하기 어렵기 때문에 가급적이면 등각 뷰에서 평면을 선택한다.

(2) 기준 프로파일 스케치 작성

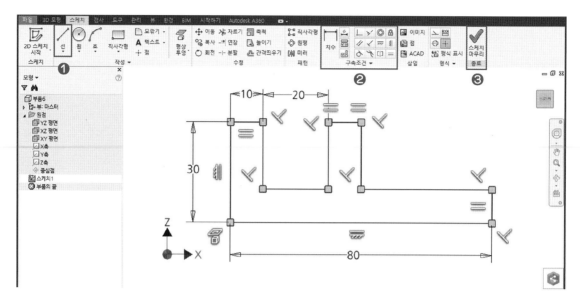

도면을 참고하여, 스케치 작성도구 및 형상 구속, 치수 구속을 이용하여 기준 스케치를 작성한다.

❶ **스케치** 리본 탭에서 선을 이용하여, 모델링할 기준 단면을 스케치한다.

❷ 형상 구속과 치수 구속을 이용하여 도면과 같이 크기와 위치를 구속한다.

❸ 스케치 마무리를 클릭하여 스케치 작성을 마친다.

(3) 기준 돌출 피처 생성

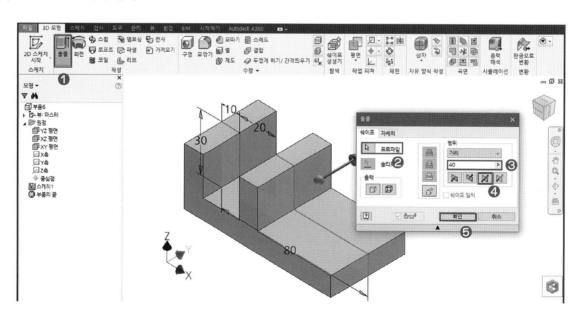

스케치 작성이 완성된 후, 3D 모형에서 돌출 피처를 이용하여 형상을 작성한다.

❶ **3D 모형** 리본 탭에서 돌출 명령을 실행한다.

❷ 나타난 **돌출** 대화상자에서 프로파일을 스케치한 단면을 선택한다.

　　※ 하나의 단면으로 이루어진 스케치는 돌출 프로파일이 자동으로 선택된다.

❸ 돌출 범위는 거리 값으로 56을 입력한다.

❹ 돌출 방향은 대칭 돌출로 스케치 평면을 중간에 두고 돌출한다.

❺ 확인 또는 Enter↵를 눌러 돌출 피처를 완성한다.

(4) 스케치된 피처 모깎기를 이용한 객체 편집

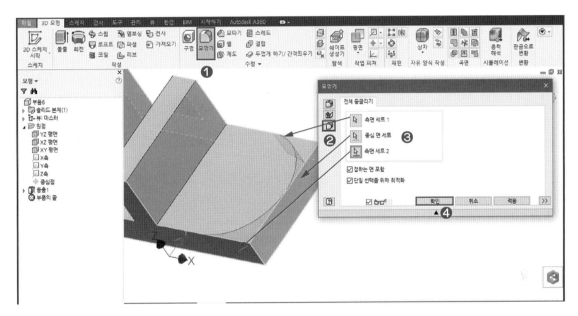

스케치된 피처 명령에서 모깎기를 이용하여 도면과 같이 객체 앞쪽에 생성된 반 원호를 작성한다.

❶ **3D 모형** 리본 탭 수정에 있는 모깎기 명령을 실행한다.

❷ 나타나는 **모깎기** 대화상자에서 전체 둥근 모깎기를 선택한다.

❸ 전체 둥글리기 영역에 있는 선택을 이용하여 첫 번째 측면, 중심면, 두 번째 측면을 순차적으로 선택한다.

❹ **확인** 또는 Enter↵를 눌러 둥근 모깎기 피처를 완성한다.

(5) 돌출 구멍 생성용 스케치 평면 선택

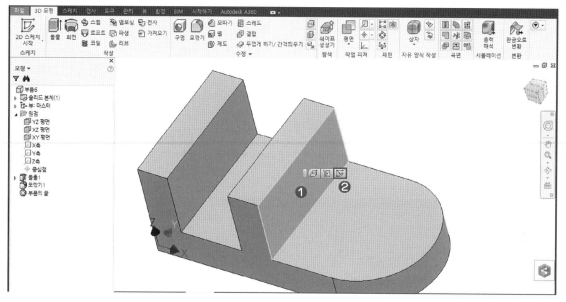

구멍을 생성하기 위해서 새로운 스케치를 작성한다.

❶ 반 호로 이루어진 구멍이 생성될 객체 평면을 선택한다.

❷ 나타난 작업 아이콘에서 새 스케치를 선택하여 새 스케치 환경으로 넘어간다.

(6) 돌출 구멍 생성용 스케치 작성

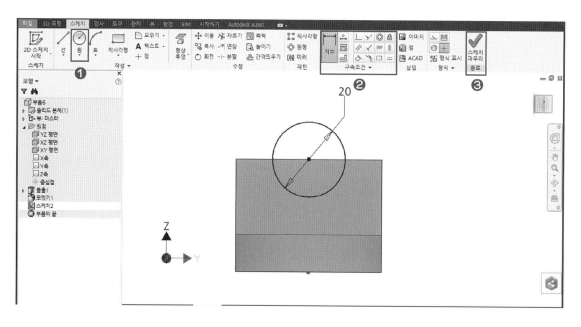

도면을 참고하여 위 그림과 같이 원을 스케치하고 완전 구속한다.

❶ **스케치** 리본 탭에서 원을 이용하여 중심점은 이전에 생성된 피처의 가장자리 중간점 위에 배치하고 원을 스케치한다.

❷ 형상 구속과 치수 구속을 이용하여 도면과 같이 크기와 위치를 구속한다.

❸ 스케치 마무리를 클릭하여 스케치 작성을 마친다.

(7) 돌출 구멍 작성

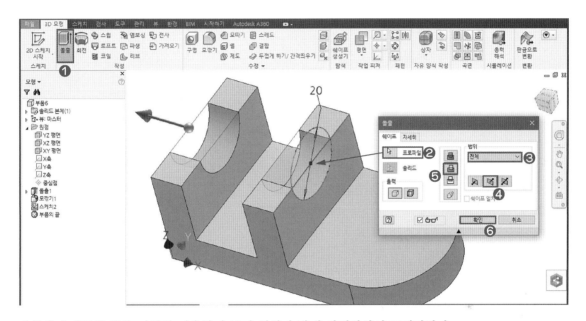

작성된 스케치를 돌출 피처를 이용하여 도면 형상과 같게 차집합하여 모델링한다.

❶ **3D 모형** 리본 탭에서 돌출 명령을 실행한다.

❷ 나타난 **돌출** 대화상자에서 프로파일을 작성한 단면영역을 선택한다.

❸ 돌출 범위는 전체로 선택하여 기존 형상을 전부 포함할 수 있도록 선택한다.

❹ 돌출 방향은 차집합이 가능하도록 변경한다.

❺ 작업 오퍼레이션에서 제거(차집합)를 선택하여 선택된 단면이 공유하는 부분을 제거한다.

❻ **확인** 또는 [Enter↵]를 눌러 최종적인 부품 모델링을 완료한다.

(8) 스케치된 피처 구멍을 이용한 구멍 작성

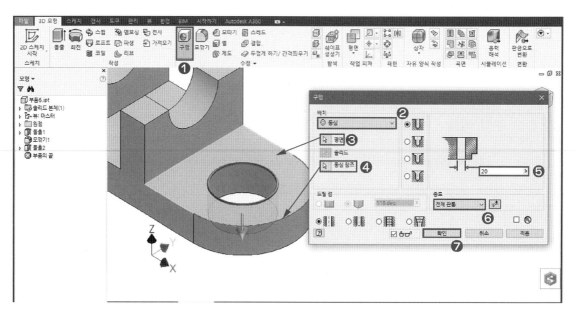

스케치된 피처 명령에서 구멍을 이용하여 도면과 같이 객체 앞쪽에 생성된 구멍을 작성한다.

❶ 3D 모형 리본 탭 수정에 있는 구멍 명령을 실행한다.

❷ 나타나는 구멍 대화상자 배치에서 동심을 선택한다.

❸ 구멍이 위치할 평면을 선택하고, 동심구속이 적용될 참조 원, 호를 선택한다.

❹ 구멍 유형은 일반 구멍으로 선택한다.

❺ 구멍의 지름 값은 도면과 같이 20mm로 지정한다.

❻ 기존의 피처에 대해서 관통될 수 있도록 종료를 전체 관통으로 선택한다.

❼ 확인 또는 [Enter↵]를 눌러 구멍 피처를 완성한다.

    ※ 구멍과 모깎기와 같은 스케치된 피처 기능은 별도의 스케치를 작성하지 않은 상태에서 이미 생성된 피처에 수정할 수
       있는 명령이다.

    ※ 별도의 스케치를 작성하지 않기 때문에 차후 편집과 피처 수정에 수월하다.

3 작업 평면(사용자 평면) (Work Plan)

3D 모형 리본 탭 작업 피처는 사용자가 직접 작업 평면, 축, 점 등을 생성하여 모델링 및 편집 등에 사용하는 보조 피처로 3D 모델링에 있어서 중요한 요소로 사용되고 있다.

특히, 평면은 새로운 스케치 및 각종 편집을 위해 필수로 사용되는 사용자 평면을 생성하는 기능으로, 3D 설계실무능력평가 및 각종 부품 모델링에 가장 많이 사용되는 작업 보조 피처이다.

작업 피처 평면은 모델링요소의 원점이 가지고 있는 평면, 축과 기존 객체의 평면, 축, 점을 기준으로, 사용자가 원하는 위치에 생성한다.

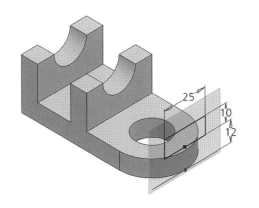

스케치를 위한 사용자 평면 생성

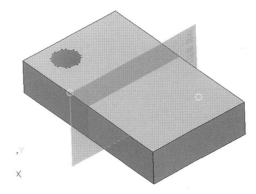

피처 편집을 위한 사용자 평면 생성

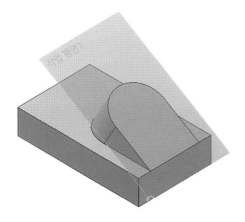

기존의 요소로 작업이 어려운 형상 모델링

1. 작업 피쳐 – 사용자 평면 생성

앞에서도 언급했듯이 작업 피처 평면은 기존 요소 [점, 선(축), 면(평면, 곡면)]의 선택 수준 및 방식에 따라 매우 다양한 형태로 평면을 생성할 수 있다. 그 중 가장 많이 사용되고 기본적으로 알아야 하는 평면 생성 방법을 알아보자.

※ 작업 평면은 특별히 대화상자가 나타나지 않으며, 직접적으로 기존의 요소를 선택함과 동시에 평면이 생성되거나, 필요에 따라 선택 후, 드래그 정도의 작업으로 충분히 작업 피처 요소를 생성할 수 있다.

(1) 원점 평면에서 간격띄우기

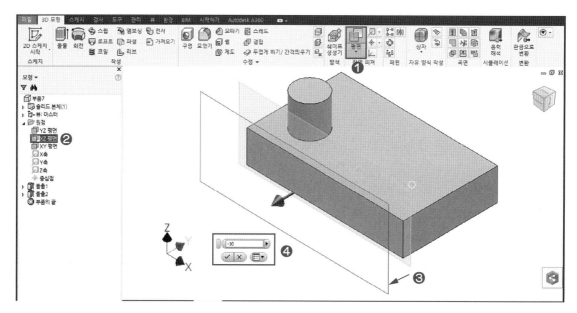

원점 평면 간격띄우기는 인벤터가 기본적으로 제공하는 원점 요소에서 YZ 평면, XZ 평면, XY 평면 중, 사용자가 기준으로 선택한 평면을 기준으로 간격띄우기 하여 새로운 작업 평면을 생성한다.

❶ **3D 모형** 리본 탭에서 작업 피처 평면을 선택한다.

❷ 좌측 검색기 원점에서 기준이 될 평면을 선택한다.

❸ 작업화면에서 선택된 평면을 마우스 왼쪽 버튼을 눌러 원하는 방향으로 드래그한다.

❹ 나타나는 파라메트릭 입력창에 원하는 간격띄우기 거리 값을 지정하고 **확인** 또는 Enter⏎ 를 눌러 작성 평면을 완성한다.

※ 파라메트릭 거리 값은 돌출 피처처럼 방향을 조절할 수 있는 기능이 존재하지 않으며, 간격띄우기 방향은 값 입력 시 음수(–) 또는 양수(+) 값으로 방향을 변경할 수 있다.

※ 기본적인 평면의 양수 방향은 선택된 기준 평면의 법선 방향에 따라 달라진다.

(2) 객체 평면에서 간격띄우기

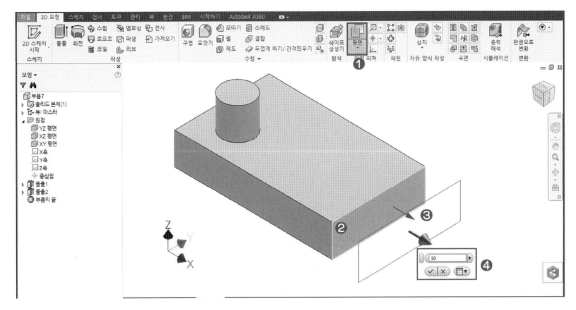

원점 평면과 달리, 객체 평면 간격띄우기는 이미 생성된 객체의 임의의 선택된 면을 기준으로 간격띄우기 하여 평면을 생성한다.

❶ **3D 모형** 리본 탭에서 작업 피처 평면을 선택한다.

❷ 기준이 될 기존 객체의 평면을 선택한다.

❸ 마우스 왼쪽 버튼을 눌러 원하는 방향으로 드래그한다.

❹ 나타나는 파라메트릭 입력창에 원하는 간격띄우기 거리 값을 지정하고 확인 또는 [Enter↵]를 눌러 작성 평면을 완성한다.

(3) 두 평면 사이의 중간 평면

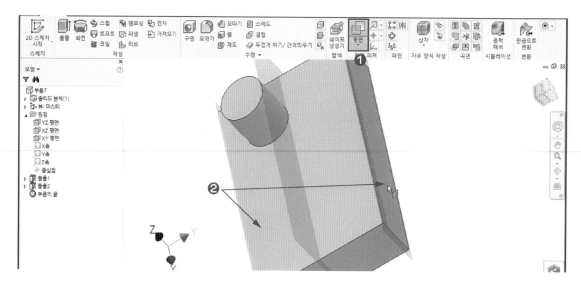

두 평면 사이의 중간 평면은 선택한 기준면과 기준면 사이 중간 위치에 작업 평면을 생성한다.

❶ **3D 모형** 리본 탭에서 작업 피처 평면을 선택한다.

❷ 중간에 평면을 위치할 기준 평면을 각각 선택하면 작업화면상에 자동으로 평면이 생성된다.

  ※ 두 평면 사이의 중간 평면은 평행하는 평행 유무 상관없이 평면과 평면 사이에 작업 평면이 생성된다.

  ※ 중간 평면은 최초 스케치의 원점 위치가 객체의 중간에서 시작하지 않고, 한 쪽으로 치우쳐 있는 경우, 형상의 중간에
    평면을 생성하거나 모델링에서 많이 사용되는 대칭복사의 기준면을 생성하고자 할 때 많이 사용한다.

(4) 곡면에 접하고, 평면에 평행하는 작업 평면

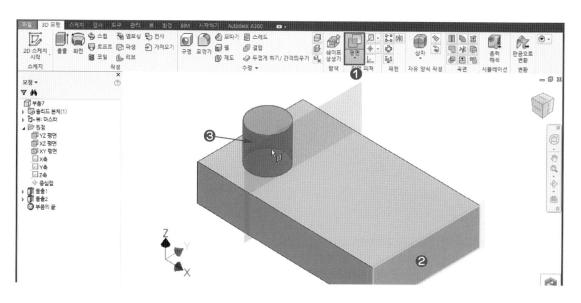

곡면에 접하고, 평면에 평행하는 작업 평면은 원/호로 이루어진 면 또는 자유곡선으로 이루어진 곡면에 선택한 기준면과 평행하고 곡면에 접하는 평면을 만들 때 사용한다.

보통, 2차원 스케치를 원, 호로 이루어진 면에 작성하고자 하는 경우 주로 많이 사용한다.

❶ **3D 모형** 리본 탭에서 작업 피처 평면을 선택한다.

❷ 기준이 될 기존 객체의 평면 또는 원점 평면을 선택한다.

❸ 평면이 접할 위치에 있는 곡면(원통면)을 생성하고자 하는 방향으로 선택하면, 작업 화면에 자동으로 평면이 생성된다.

> ※ 기준면과 평행하는 방향으로 접하는 평면을 만들기 때문에, 원통면 또는 곡면에 접하는 평면이 특정한 각도나 기울기가 존재 해야 하는 경우, 처음 선택될 기준 평면이 이미 각도나 기울기가 적용되어 있어야 한다.
>
> ※ 접하는 평면은 접하는 객체와 직각이거나 터무니없는 방향으로 선택된 기준면은 생성되지 않는다.

(5) 모서리를 중심으로 한 평면에 각도를 부여한 작업 평면

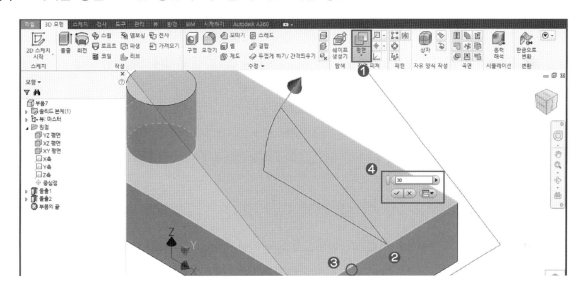

모서리를 중심으로 한 평면에 각도 작업 평면은 선택한 모서리(원점 축, 객체 모서리, 스케치 선분)를 기준으로 평면에 각도를 부여하여 방향을 변경할 수 있는 작업 평면을 생성한다.

❶ **3D 모형** 리본 탭에서 작업 피처 평면을 선택한다.

❷ 기준이 될 기존 객체의 평면 또는 원점 평면을 선택한다.

❸ 평면이 위치하고 각도가 부여될 모서리를 선택한다.

❹ 나타나는 파라메트릭 입력창에 원하는 각도 값을 입력하고, 확인 또는 Enter↵ 를 눌러 작성 평면을 완성한다.

> ※ 모서리로 선택할 수 있는 객체 요소는 원점이 가지고 있는 축, 작업 피처에서 생성된 사용자 축, 객체의 모서리 선, 스케치된 선으로 인벤터에서 생성될 수 있는 모든 선 또는 모서리, 축을 기준으로 각도 평면을 작성할 수 있다.
>
> ※ 선택될 축과 직각이 이루어지는 선택 기준 평면은 각도를 부여할 수 없는 평면이기 때문에 생성되지 않는다.

(6) 3점 작업 평면

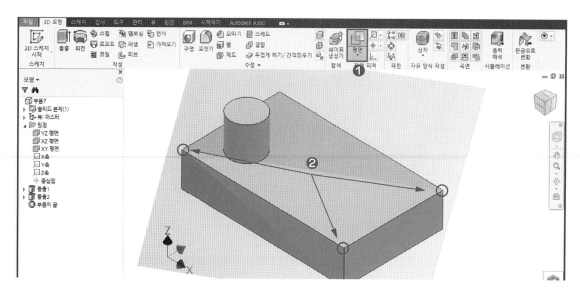

3점 작업 평면은 객체가 가지고 있는 모서리 점, 스케치된 점, 작업 피처에서 생성된 작업 점 등, 선택된 3개의 점을 모두 통과하는 평면을 생성한다.

❶ **3D 모형** 리본 탭에서 작업 피처 평면을 선택한다.

❷ 작업 평면을 생성할 기준 점 3개를 순차적으로 선택하면 작업화면상에 자동으로 평면이 생성된다.

   ※ 객체가 가지고 있는 모서리 점을 제외한 스케치로 생성된 점, 작업 피처에서 생성된 작업 점 등은 3점 평면을 사용하기
   전 이미 생성되어 있어야 한다.

(7) 기타 평면

평면 하위 탭을 클릭하면 위에 설명한 평면을 포함하여 다양하게 생성할 수 있고 활용할 수 있는 평면 작성 명령이 있으며, 사용자의 작업 요구조건에 따라 필요한 평면 작성 명령을 선택해서 기준 객체와 작업 객체를 선택하여 생성할 수 있다.

• **점을 통과하여 평면에 평행** : 기준 평면과 점을 선택하여, 점 위치에 평면을 생성한다.
• **원환의 중간 평면** : 링과 같은 형태의 중간에 평면을 생성한다.
• **두 개의 동일 평면상 모서리** : 평행하는 두 모서리를 선택하여 평면을 생성한다.
• **모서리를 통과하며 곡면에 접함** : 모서리와 곡면을 선택하여 모서리를 기준으로 접하는 기울어진 면을 생성한다.
• **점을 통과하여 곡면에 접함** : 평면이 곡면에 접하고, 위치를 점으로 지정함으로써 기울어진 평면을 생성한다. 점은 곡면에 스케치 점, 작업 점으로 곡면에 같이 접한 상태에서 생성이 가능하다.

- **점을 통과하여 축에 수직** : 선택한 축의 직각하는 평면을 선택한 점 위치에 생성한다.
- **점에서 곡선에 수직** : 스케치에서 생성된 선분, 곡선, 자유곡선의 임의의 끝점과 선의 방향을 선택하여, 선분 방향으로 직각하는 평면을 끝점위치에 생성한다.

2. 사용자 평면을 포함한 모델링 따라하기

지금까지 배운 돌출과 평면을 이용하여 아래 도면을 참고해 부품을 모델링 하는 과정을 알아보자.

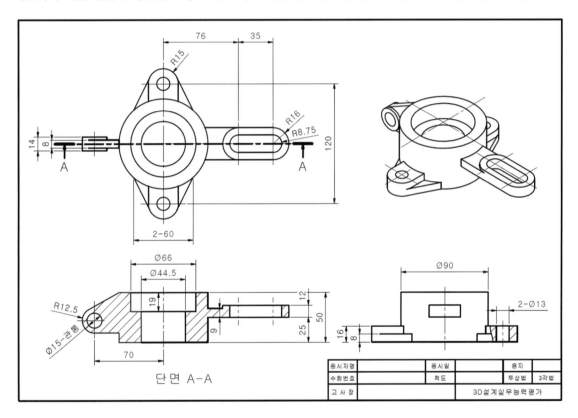

(1) 기준 스케치 평면 선택

기준 형상을 작성할 스케치의 평면을 선택하고 새 스케치 작성 환경으로 들어간다.

❶ 작업화면 우측 상단에 있는 큐브 아이콘에서 홈 아이콘(단축키 : F6)을 선택하여, 등각화면으로 뷰 방향을 변환한다.

❷ 좌측 검색기 원점에서 XY 평면을 선택한다.

❸ 작업화면에 나타난 평면을 평면방향을 확인하고, 새 스케치 아이콘을 선택하여 스케치 작성환경으로 전환한다.

(2) 기준 프로파일(단면) 스케치 작성

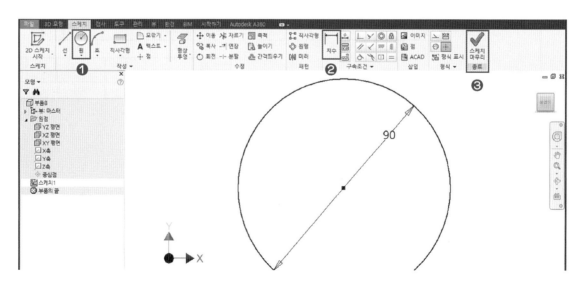

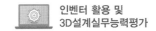
도면을 참고하여 모델링 할 형상의 기초가 될 수 있는 방향으로 스케치를 작성한다.

❶ **스케치** 리본 탭에서 도면의 치수와 형상을 참고로 원으로 스케치하며, 중심점은 스케치 원점을 지정하여 원을 그린다.

❷ 도면의 치수에 맞게 치수 구속하여 스케치를 완전 구속한다.

❸ 스케치 리본메뉴에서 **스케치 마무**리를 클릭하여 스케치를 마친다.

(3) 기준 돌출 피처 생성

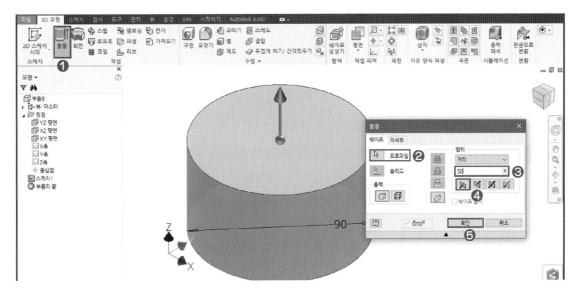

스케치 작성이 완성된 후, 3D 모형에서 돌출 피처를 이용하여 형상을 작성한다.

❶ **3D 모형** 리본 탭에서 돌출 명령을 실행한다.

❷ 나타난 **돌출** 대화상자에서 프로파일을 스케치한 단면을 선택한다.

　※ 하나의 단면으로 이루어진 스케치는 돌출 프로파일이 자동으로 선택한다.

❸ 돌출 범위는 거리 값으로 50을 입력한다.

❹ 돌출 방향은 방향1로 돌출한다.

❺ **확인** 또는 Enter↵ 를 눌러 돌출 피처를 완성한다.

(4) 추가 피처 생성을 위한 스케치 평면

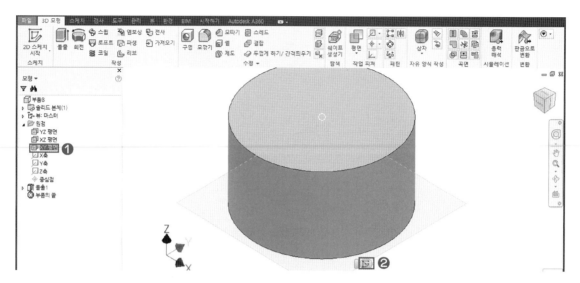

모델링된 형상에서 추가적으로 형태를 표현하기 위해서 새로운 스케치 평면을 선택한다.

❶ 새로운 스케치가 작성될 평면을 좌측 검색기 원점에서 XY 평면을 선택한다.

❷ 나타나는 작업 아이콘에서 새 스케치 아이콘을 선택하여 새 스케치 작성 환경으로 전환한다.

(5) 형상 투영 작성

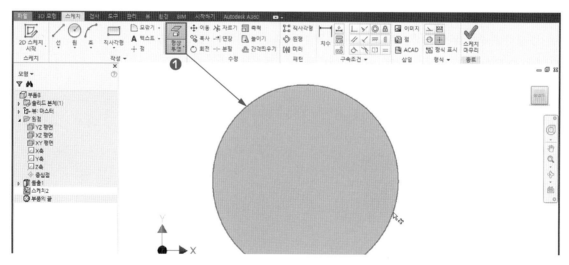

원활한 스케치를 위해 기존 객체의 가장자리 선분을 형상 투영한다.

❶ 추가될 스케치를 원활하게 작성하기 위해 **스케치** 리본 탭에서 형상 투영을 선택하고, 기존 객체의 가장자리 원을 선택하여 현재 스케치 위치에 가져온다.

(6) 형상 투영된 스케치를 기준으로 한 스케치

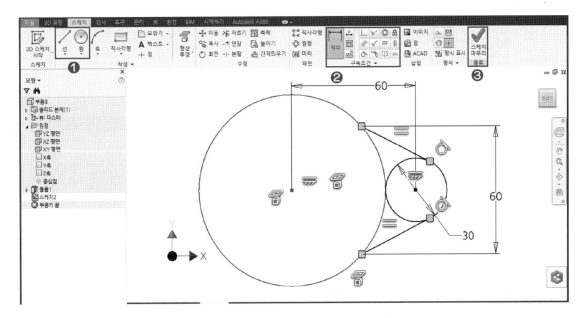

도면을 참고하여 위 그림과 같이 원과 선을 스케치하고 완전 정의한다.

❶ **스케치** 리본 탭 작성에서 원과 선을 이용하여 임의의 위치에 스케치한다.

❷ 형상 구속과 치수 구속을 이용하여 도면과 같이 크기와 위치를 구속한다.

  ※ 형상 투영된 원호에 연결되어 있는 선분에는 접선구속을 하지 않는다. 접선구속으로 적용된 경우, 위 그림과 같이 세로
    60mm에 대한 치수 구속을 적용할 수 없다.

❸ 스케치 마무리를 클릭하여 스케치 작성을 마친다.

  ※ 현재 작성하는 스케치는 대칭 객체임으로 차후 대칭복사를 위해 한쪽만 스케치하고 형상을 모델링한다.

  ※ 인벤터에서 추가된 스케치 작성 시 기존에 생성된 객체로 인해 새롭게 작성되어지는 스케치가 가려져서 보이지 않는
    경우, 상단 메뉴 뷰 탭에서 그래픽 슬라이스(단축키 : F7)를 선택하면 현재 스케치 평면까지 잘려서 보이게 할 수 있다.

(7) 추가 돌출 피처 작성

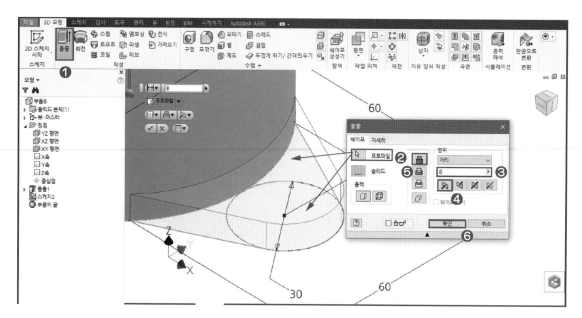

작성된 스케치를 돌출 피처를 이용하여 도면 형상과 같게 합집합하여 모델링한다.

❶ **3D 모형** 리본 탭에서 돌출 명령을 실행한다.

❷ 나타난 **돌출** 대화상자에서 프로파일을 작성한 두 영역을 선택한다.

❸ 돌출 거리는 도면과 같이 8mm를 입력한다.

❹ 돌출 방향은 방향 1로 지정하여 돌출한다.

❺ 작업 오퍼레이션을 합침(합집합)을 선택하여 하나의 객체로 생성한다.

❻ **확인** 또는 Enter↵를 눌러 돌출 피처를 생성한다.

(8) 추가 스케치를 위한 평면 선택

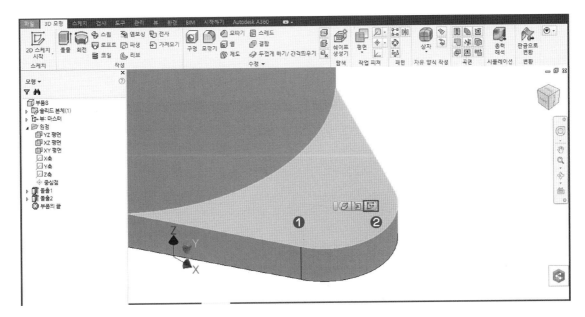

추가적인 돌출 피처를 위한 새로운 스케치 평면을 선택한다.

❶ 새로운 스케치가 작성될 평면을 선택한다.

❷ 나타나는 작업 아이콘에서 새 스케치 아이콘을 선택하여 새 스케치 작성 환경으로 전환한다.

(9) 추가 스케치 작성

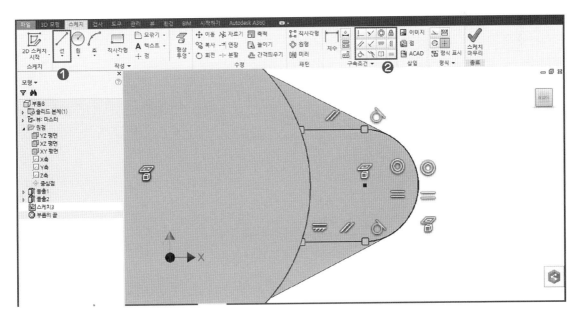

(4), (5)와 동일한 방법을 이용하여 도면과 같이 스케치한다.

※ 새롭게 스케치된 원, 호를 이미 생성된 피처의 가장자리 원, 호와 위치와 크기를 형상구속으로 맞추고자 한다면, 생성된 스케치 원, 호와 피처의 원, 호를 동심과 동일 구속하면 위치와 크기를 똑같이 맞출 수 있다.

(10) 추가 돌출 피처 작성

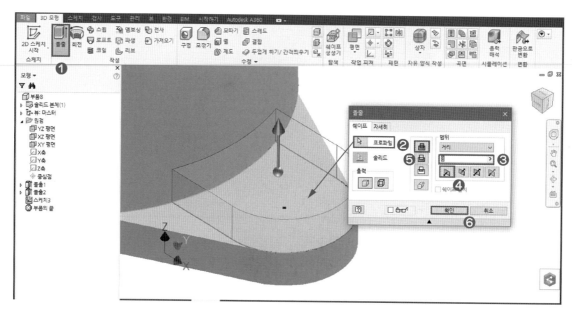

작성된 스케치를 돌출 피처를 이용하여 도면 형상과 같게 합집합하여 모델링한다.

❶ **3D 모형** 리본 탭에서 돌출 명령을 실행한다.

❷ 나타난 **돌출** 대화상자에서 프로파일을 작성한 스케치 영역을 선택한다.

❸ 돌출 거리는 도면과 같이 8mm를 입력한다.

❹ 돌출 방향은 방향 1로 지정하여 돌출한다.

❺ 작업 오퍼레이션을 합침(합집합)을 선택하여 하나의 객체로 생성한다.

❻ **확인** 또는 Enter↵ 를 눌러 돌출 피처를 생성한다.

(11) 단순 구멍 피처 작성

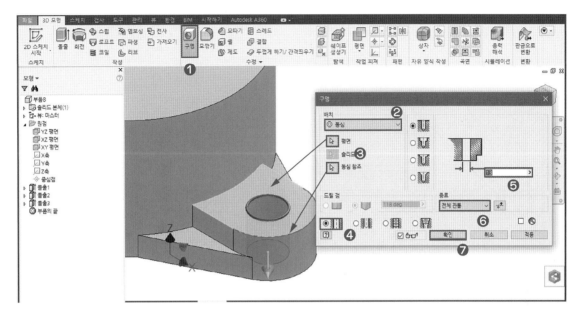

배치된 피처(수정) 명령에서 구멍을 이용하여 도면과 같이 객체 앞쪽에 생성된 구멍을 작성한다.

❶ **3D 모형** 리본 탭 수정에 있는 구멍 명령을 실행한다.

❷ 나타나는 **구멍** 대화상자 배치에서 동심을 선택한다.

❸ 구멍이 위치할 평면을 선택하고 동심구속이 적용될 참조 원, 호를 선택한다.

❹ 구멍 유형은 일반 구멍으로 선택한다.

❺ 구멍의 지름 값은 도면과 같이 13mm로 지정한다.

❻ 기존의 피처에 대해서 관통이 될 수 있도록 종료를 전체 관통으로 선택한다.

❼ **확인** 또는 `Enter↵`를 눌러 구멍 피처를 완성한다.

(12) 객체 대칭 복사

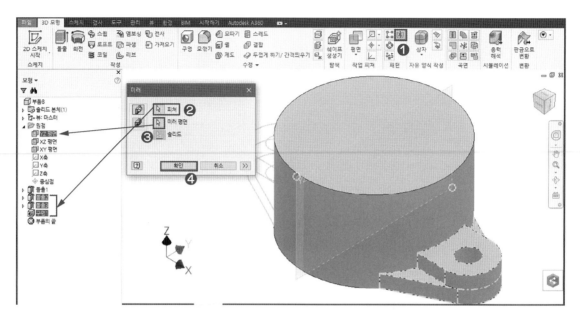

도면과 같이 좌우 대칭이 되는 객체는 대칭 복사(미러)를 이용하면, 보다 편리하게 모델링할 수 있다.

❶ **3D 모형** 리본 탭, 패턴에서 대칭복사(미러) 명령을 실행한다.

❷ 나타나는 대화상자에서 피처를 (6)에서부터 (10)까지 작성된 피처를 한꺼번에 선택한다.

> ※ 피처 선택 추가는 작업창에서 해당 피처를 선택할 수 있으며, 직접 선택이 어려운 경우 좌측 검색기를 통해서 해당 피처를 선택할 수 있다.

❸ 미러 평면은 좌측 검색기 원점에서 YZ 평면을 선택하여, 대칭 복사 기준 평면을 선택한다.

❹ **확인** 또는 Enter↵ 를 눌러 대칭복사(미러) 피처를 완성한다.

> ※ 3D 모형에서의 대칭복사(미러)는 2차원과 달리 대칭 평면이 필요하며, 최초 스케치 위치에 따라 원점 평면을 사용하거나, 작업 평면(사용자 평면)을 생성하여 대칭 평면으로 사용할 수 있다.

(13) 새로운 스케치를 위한 작업 평면(사용자 평면) 작성

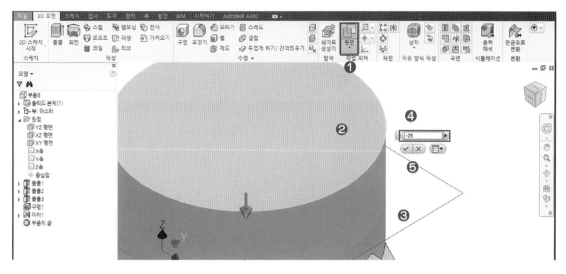

도면에서 중간에 떠 있는 객체를 작성하기 위해 작업 평면(사용자 평면)을 생성한다.

❶ **3D 모형** 리본 탭, 작업 피처에서 평면을 실행한다.

❷ 작업 평면의 기준이 되는 평면을 선택한다.

❸ 마우스 왼쪽 버튼으로 해당 평면을 드래그 하여 원하는 곳에 위치시킨다.

❹ **평면** 간격띄우기 파라미터 값을 도면과 같이 −25mm 입력한다.

❺ **확인** 또는 Enter↵ 를 눌러 평면 피처를 생성한다.

(14) 추가 스케치를 위한 작업 평면 선택

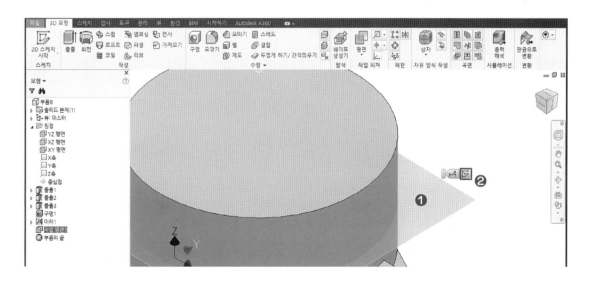

새로운 피처를 생성하기 위해서 새 스케치를 작성한다.

❶ 새 스케치를 위해 앞에서 생성된 작업 평면을 선택한다.

❷ 나타난 작업 아이콘에서 새 스케치를 선택하여 새 스케치 환경으로 넘어간다.

(15) 기준 가장자리 형상 투영 후, 스케치 작성

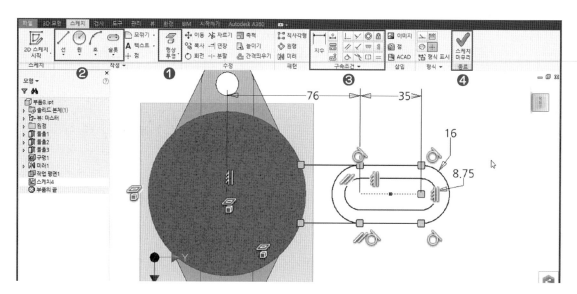

도면을 참고하여 위 그림과 같이 선, 호를 스케치하고 완전 구속한다.

❶ **스케치** 리본 탭, 수정에서 형상 투영으로 기준 가장자리를 선택하여 스케치를 가져온다.

❷ **스케치** 리본 탭, 작성에서 선과 호를 이용하여 임의의 위치에 스케치한다.

❸ 형상 구속과 치수 구속을 이용하여 도면과 같이 크기와 위치를 구속한다.

❹ 스케치 마무리를 클릭하여 스케치 작성을 마친다.

(16) 돌출 피처 추가

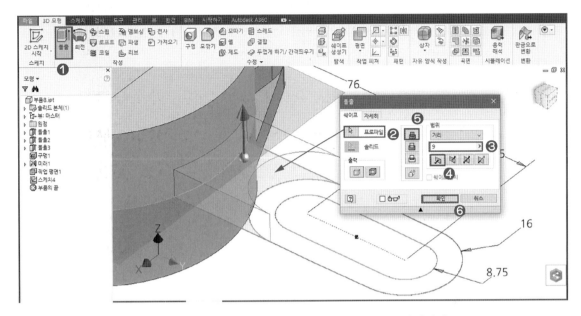

작성된 스케치를 돌출 피처를 이용하여 도면 형상과 같게 합집합하여 모델링한다.

❶ **3D 모형** 리본 탭에서 돌출 명령을 실행한다.

❷ 나타난 **돌출** 대화상자에서 프로파일을 작성한 영역에서 기준 객체에 연결될 영역을 선택한다.

❸ 돌출 거리는 도면과 같이 9mm를 입력한다.

❹ 돌출 방향은 방향 1로 지정하여 돌출한다.

❺ 작업 오퍼레이션을 합침(합집합)을 선택하여 하나의 객체로 생성한다.

❻ **확인** 또는 Enter⏎를 눌러 돌출 피처를 생성한다.

(17) 스케치 재활용을 위한 스케치 공유

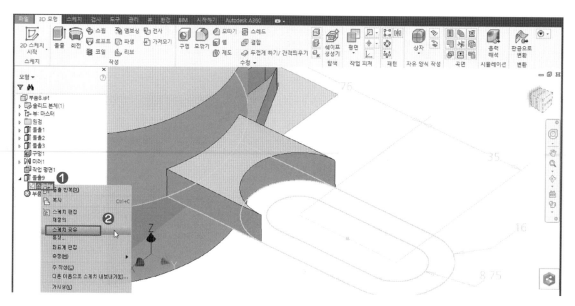

이미 생성된 피처의 스케치를 다시 사용하기 위해서 스케치 공유를 적용한다.

❶ 좌측 검색기에서 처음 생성된 피처 하위 탭을 클릭하여 나타나는 스케치를 선택하고, 마우스 오른쪽 버튼을 클릭하여 팝업 메뉴를 나타낸다.

❷ 팝업 메뉴에서 스케치 공유를 선택한다.

(18) 공유된 스케치를 이용한 돌출 피처 추가

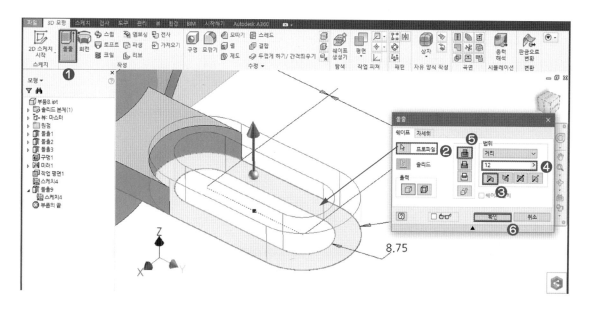

공유된 스케치를 통해 새로운 돌출 피처를 생성한다.

❶ **3D 모형** 리본 탭에서 돌출 명령을 실행한다.

❷ 나타난 **돌출** 대화상자 프로파일에서 추가로 생성할 스케치 단면을 선택한다.

❸ 처음 생성한 피처와 마찬가지로, 방향1로 돌출되도록 한다.

❹ 돌출 거리 값은 도면에 기입된 12mm를 입력한다.

❺ 기존의 피처와 하나의 객체를 만들기 위해서 추가(합집합)를 선택한다.

❻ **확인** 또는 Enter↵ 를 눌러 돌출 피처를 완성한다.

(19) 새로운 돌출 피처 생성을 위한 스케치 평면

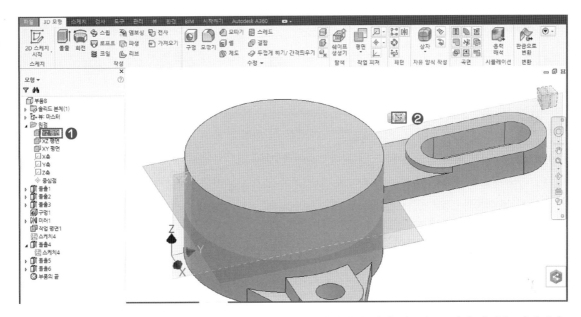

도면과 같이 부품의 앞에 생성되어 있는 리브 및 구멍을 생성하기 위한 새로운 스케치 평면을 선택한다.

❶ 새로운 스케치가 작성될 평면을 원점 YZ 평면으로 선택한다.

❷ 나타난 작업 아이콘에서 새 스케치를 선택하여 새 스케치 환경으로 넘어간다.

(20) 리브 및 원통 스케치 작성

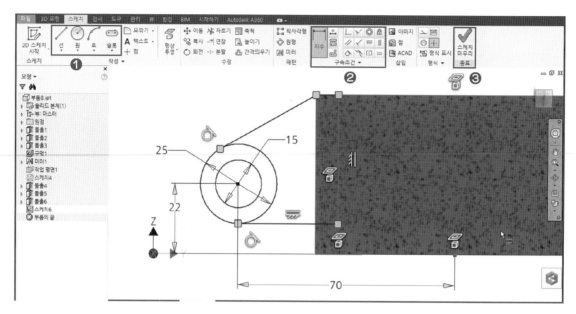

도면을 참고하여, 리브와 원통을 생성할 스케치를 위 그림과 같이 원과 선을 작성하고, 완전 정의한다.

❶ **스케치** 리본 탭 작성에서 원과 선을 이용하여 임의의 위치에 스케치한다.

❷ 형상 구속과 치수 구속을 이용하여 도면과 같이 크기와 위치를 구속한다.

　※ 기존 객체와 원통을 연결하는 리브(보강대)의 단면 스케치 선 스케치는 기존 객체의 가장자리에 맞춰서 작성하게 되면
　　 돌출 후, 원통면에 접한 상태로 모델링되므로 스케치 영역을 기존 객체 안쪽으로 조금 넣어 스케치한다.

❸ 스케치 마무리를 클릭하여 스케치 작성을 마친다.

(21) 리브 객체 돌출 피처 생성

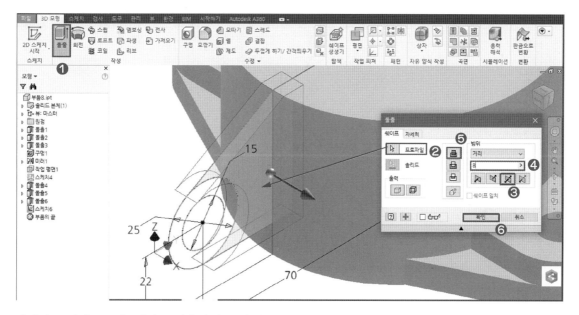

작성된 스케치를 돌출 피처를 이용하여 도면 형상과 같게 합집합하여 모델링한다.

❶ 3D 모형 리본 탭에서 돌출 명령을 실행한다.

❷ 돌출 대화상자에서 프로파일을 기준 객체에 연결될 리브 영역을 선택한다.

❸ 스케치 평면에서 대칭 돌출 방향을 선택하여 앞뒤로 돌출 되도록 한다.

❹ 돌출 거리 값은 도면에 기입된 8mm를 입력한다.

❺ 기존의 피처와 하나의 객체를 만들기 위해서 추가(합집합)을 선택한다.

❻ 확인 또는 Enter↵ 를 눌러 돌출 피처를 완성한다.

(22) 스케치 재활용을 위한 스케치 공유

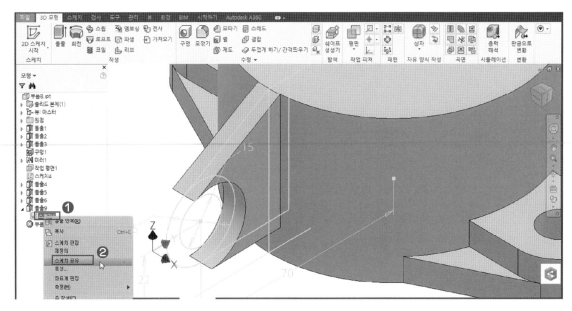

이미 생성된 피처의 스케치를 다시 사용하기 위해서 스케치 공유를 적용한다.

❶ 좌측 검색기에서 처음 생성된 피처 하위 탭을 클릭하여 나타나는 스케치를 선택하고, 마우스 오른쪽 버튼을 클릭하여 팝업 메뉴를 나타낸다.

❷ 팝업 메뉴에서 스케치 공유를 선택한다.

(23) 공유된 스케치를 이용한 돌출 피처 추가

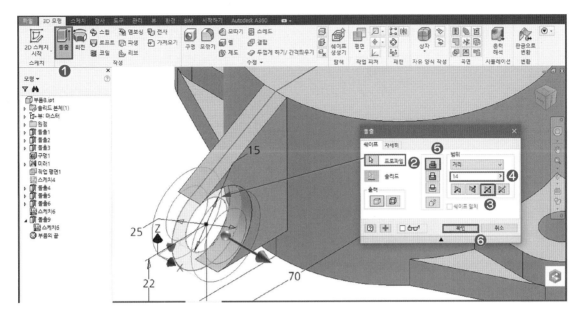

공유된 스케치를 통해 새로운 돌출 피처를 생성한다.

❶ **3D 모형** 리본 탭에서 돌출 명령을 실행한다.

❷ 나타난 **돌출** 대화상자 프로파일에서 추가로 생성할 스케치 단면을 선택한다.

❸ 앞에서 생성한 피처와 마찬가지로, 대칭방향으로 돌출 되도록 한다.

❹ 돌출 거리 값은 도면에 기입된 14mm를 입력한다.

❺ 기존의 피처와 하나의 객체를 만들기 위해서 추가(합집합)를 선택한다.

❻ **확인** 또는 Enter↲ 를 눌러 돌출 피처를 완성한다.

※ (17)과 (22)에서의 스케치 작성 시 닫힌 스케치 내부에 또 다른 닫혀 있는 형상을 스케치하고, 피처 생성 프로파일 선택 시 내부에 존재하는 스케치는 비어있는 영역으로 선택됨으로, 추가되는 피처가 존재하지 않는 경우, 스케치 작성 시 한 번에 작성하면 모델링이 편리하다.

(24) 마지막으로 카운터보어 구멍 피처 작성

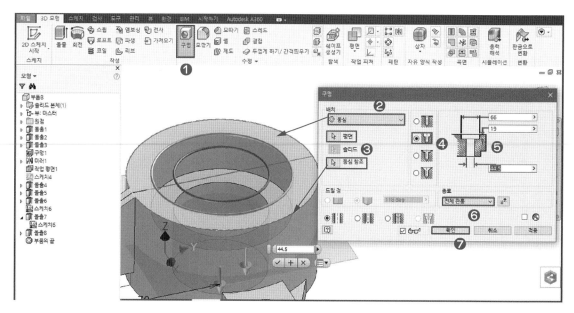

스케치된 피처(수정) 명령에서 구멍을 이용하여 도면과 같이 카운터보어로 구멍을 작성한다.

❶ **3D 모형** 리본 탭, 수정에 있는 구멍 명령을 실행한다.

❷ 나타나는 **구멍** 대화상자 배치에서 동심을 선택한다.

❸ 구멍이 위치할 평면을 선택하고, 동심구속이 적용될 참조 원, 호를 선택한다.

❹ 구멍 유형은 카운터보어 구멍으로 선택한다.

❺ 구멍은 도면과 같이, 카운터보어 66mm, 깊이 19mm, 드릴 구멍 44.5mm로 지정한다.

❻ 기존의 피처에 대해서 관통이 될 수 있도록 종료를 전체 관통으로 선택한다.

❼ **확인** 또는 Enter↵를 눌러 구멍 피처를 완성한다.

(25) 부품 완성

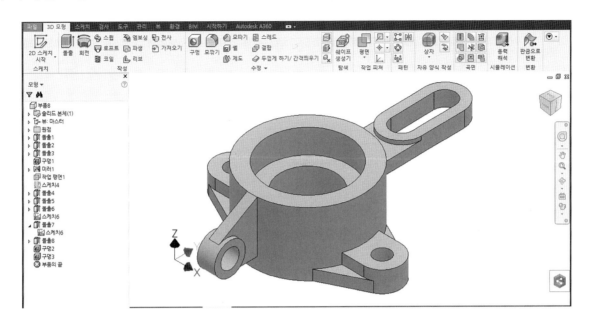

회전 피처는 작성된 스케치 프로파일을 선택된 축을 기준으로 회전하여 형상을 모델링하는 작성 피처 명령으로 돌출과 함께 많이 사용된다.

보통의 축, 샤프트, 풀리와 같이 선반(공작기계)으로 가공이 되는 형태를 모델링하거나 병, 컵과 같이 원형태를 가진 형상을 모델링할 때 주로 사용할 수 있다.

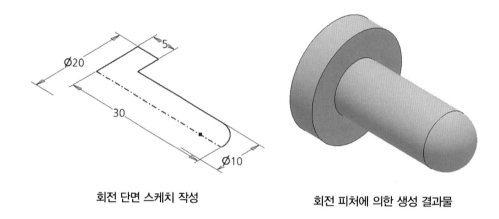

회전 단면 스케치 작성　　　　　　회전 피처에 의한 생성 결과물

1. 회전 피처 대화상자 옵션

❶ **프로파일** : 회전시킬 스케치 단면을 선택한다.

❷ **축** : 회전의 기준이 될 축 선을 선택한다.

❸ **솔리드** : 하나 이상의 솔리드 객체가 있는 경우, 작업 대상을 선택한다.

❹ **출력** : 선택된 스케치를 회전할 때, 솔리드로 생성할 것인지, 곡면으로 생성할 것인지를 결정한다.

❺ **작업(오퍼레이션)** : 회전될 객체의 작업 형태를 결정한다.(돌출 피처 참고)

❻ **범위** : 회전에 대한 각도를 지정한다.

　※ 범위에 따라 회전 방향을 변경할 수 있는 아이콘이 나타날 수 있다.

2. 프로파일 및 축

돌출과 달리 회전은 회전해서 형상이 만들어지는 단면(프로파일)과 축으로 구성요소가 이루어져 있어야 한다. 직선을 포함하고 있는 단면 스케치는 직선을 축으로 선택할 수 있지만, 구와 링 같은 원, 호로 이루어진 형상의 경우, 꼭 축을 포함 상태로 스케치를 작성한다.

또한, 스케치 리본 탭, 형식에 있는 중심선을 사용하는 경우, 스케치 치수 구속에서는 지름 값으로 치수 구속할 수 있으며, 회전 피처 대화상자에서 축 선택 없이 바로 중심선으로 된 선분을 축으로 자동 지정한다. 단, 한 스케치상에 하나 이상의 중심선이 존재하는 경우, 사용자가 직접 축을 지정해야 한다.

(1) 축선이 중심선으로 변경 방법

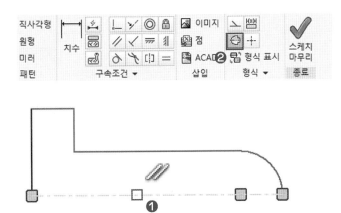

일반적인 스케치 작성 도구에서 선을 이용하여 축선을 작성한 후, 중심선으로 변경한다.

❶ 스케치된 축 선을 먼저 선택한다.

❷ **스케치** 리본 탭, 형식에서 중심선을 클릭하면 선택된 선분이 중심선으로 변경된다.

　※ 변경된 중심선은 구성선과 달리 닫힌 단면으로 인식한다.

　※ 먼저 중심선부터 선택된 경우, 이후 작성되는 선분은 전부 중심선으로 스케치된다.

　※ 회전 단면 스케치 시 축선을 제일 먼저 스케치하고 단면을 작성하면 편리하다.

(2) 축선을 이용한 지름 치수 구속 방법

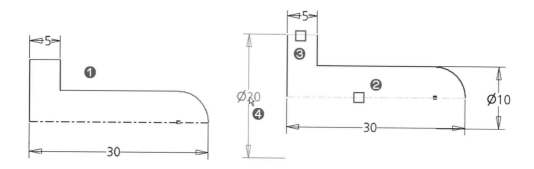

작성된 스케치 단면에서 축으로 사용될 선분을 중심선으로 변경 후, 지름으로 치수 구속하는 경우 직관적인 치수 구속이 용이하다.

❶ 치수 구속 시, 회전 단면의 가로 치수를 먼저 기입한다.

❷ 지름 치수 구속은 중심선으로 변경된 선분을 먼저 선택한다.

❸ 치수 구속할 대상 선분 또는 점을 선택한다.

❹ 임의의 위치에 치수선을 배치하고 지름 치수 파라미터 값을 입력한다.

　　※ 중심선 객체 선택 시, 점을 선택하면, 지름 치수 구속이 안 되므로, 꼭 중심선분을 선택한다.

(3) 축선이 중심선인 경우 작동 축 선택

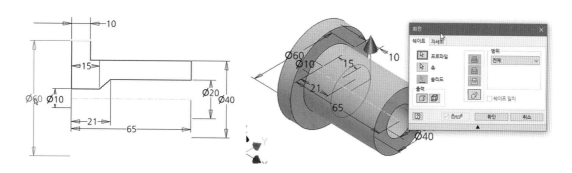

단일 프로파일(단면)과 단일 축선을 중심선으로 변경 후, 스케치를 완료하고 회전 피처를 생성하면 별도의 프로파일과 축 선택 없이 바로 회전 형상이 만들어지는 것을 볼 수 있다.

3. 회전 범위

회전 범위는 선택된 단면이 몇 도 또는 어디까지 회전되어 형상을 만들 것인지를 지정하는 회전 한계를 지정한다.

(1) 전체

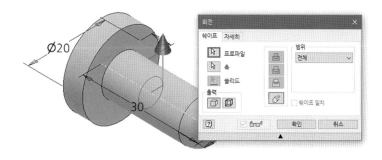

일반적으로 가장 많이 사용되는 범위로 선택된 단면이 축을 기준으로 360도 회전하여 형상을 모델링한다.

(2) 각도

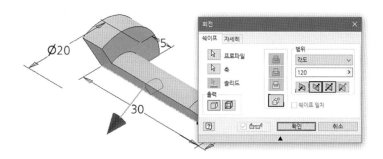

각도는 회전 모델링할 단면을 지정한 각도 만큼 형상을 모델링할 때 사용하며 각도 값은 양수로 입력되며, 방향은 돌출과 동일하게 방향1, 방향2, 대칭, 비대칭으로 나눠져 있다.
기본적으로 방향에 대한 사용방법은 돌출을 참고한다.

(3) 기타 지정면 및 사이면

일반적으로 범위는 전체와 각도 위주의 작업이 거의 대부분이며 기타 지정면과 사이면 같은 경우, 기존에 생성된 피처에서 회전으로 피처를 추가할 경우 선택한 면까지 또는 선택한 면과 면 사이에 회전 피처를 생성할 수 있는 범위를 제공하고 있다.

4. 회전 객체 모델링 따라하기 – 동력 축(샤프트)

대체적으로 간단한 회전 피처 명령을 이용하여 동력에 많이 사용되는 축(샤프트)을 아래 도면을 참고하여 모델링 작업을 따라 해본다.

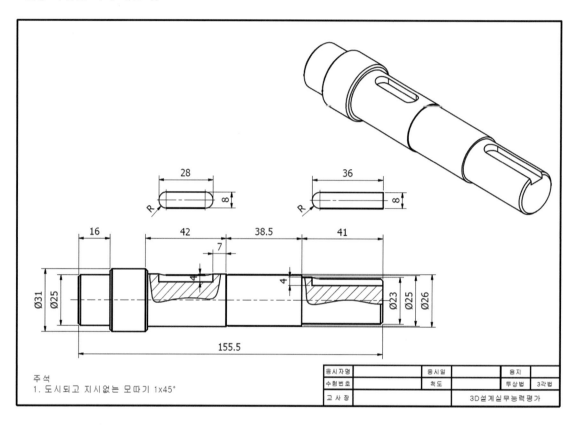

주석
1. 도시되고 지시없는 모따기 1x45°

응시자명		응시일		용지	
수험번호		척도		투상법	3각법
고사장				3D설계실무능력평가	

(1) 기준 스케치 평면 선택

회전 형상을 작성할 스케치의 평면을 선택하고 새 스케치 작성 환경으로 들어간다.

❶ 작업화면 우측 상단에 있는 큐브 아이콘에서 홈 아이콘(단축키 : F6)을 선택하여, 등각화면으로 뷰 방향을 변환한다.

❷ 좌측 검색기 원점에서 XY 평면을 선택한다.

❸ 작업화면에 나타난 평면의 방향을 확인하고 새 스케치 아이콘을 선택하여 스케치 작성환경으로 전환한다.

(2) 회전 축선 및 중심선 변경

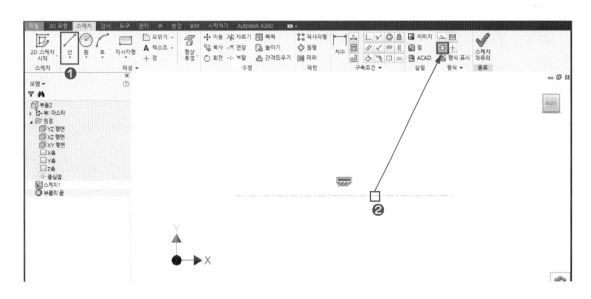

회전 기준이 되는 축선을 스케치 작성도구 선을 이용하여 작성하고 중심선으로 변경한다.

❶ **스케치** 리본 탭, 작성에서 선에서 축선으로 사용한 선분을 작성한다.

❷ 스케치된 축선을 선택하고 **스케치** 리본 탭, 형식에서 중심선 아이콘을 클릭하여 선택한 선분을 중심선으로 변경한다.

(3) 기준 프로파일(단면) 스케치 작성 및 가로 치수구속

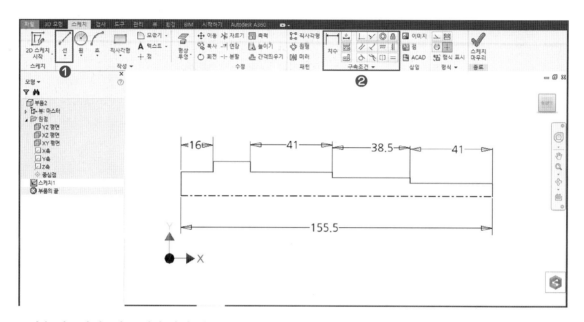

도면을 참고하여, 위 그림과 같이 선으로 스케치하고 가로 치수를 구속한다.

❶ **스케치** 리본 탭, 작성에서 선을 이용하여 대략적으로 단면을 스케치한다.

❷ 형상 구속과 치수 구속을 이용하여 도면과 같이 가로에 대한 크기와 위치를 구속한다.

(4) 기준 프로파일(단면) 스케치 작성 및 지름 치수구속

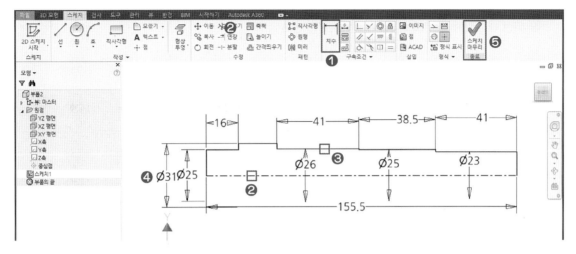

도면을 참고하여 위 그림과 누락된 지름을 치수 구속한다.

❶ **스케치** 리본 탭, 구속에서 치수를 선택한다.

❷ 중심선으로 변경된 축선을 선택한다.

❸ 치수 구속할 객체 선분 또는 점을 선택한다.

❹ 치수선은 임의의 위치에 배치하고 지름 파라미터 값을 입력하여 지름으로 구속한다.

　※ 가로 치수를 먼저 구속 후, 지름 치수를 구속하면 지름 치수 구속이 편리하다.

❺ 스케치 마무리를 클릭하여 스케치 작성을 마친다.

(5) 회전 피처 생성 – 축 작성

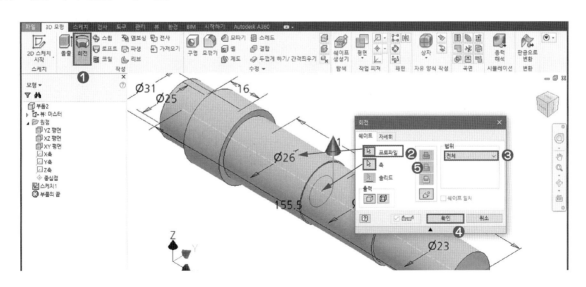

작성된 스케치를 회전 피처를 이용하여 형상을 완성한다.

❶ **3D 모형** 리본 탭에서 회전 명령을 실행한다.

❷ **회전** 대화상자에서 **프로파일** 및 **축**을 선택한다.

※ 단일 단면, 단일 축선인 경우, 별도의 선택 없이 자동으로 회전 객체가 생성된다.

❸ 회전 범위는 전체로 360도 회전하는 객체를 생성한다.

❹ **확인** 또는 Enter↵를 눌러 돌출 피처를 생성한다.

(6) 키 흠 모델링을 위한 작업 평면 생성

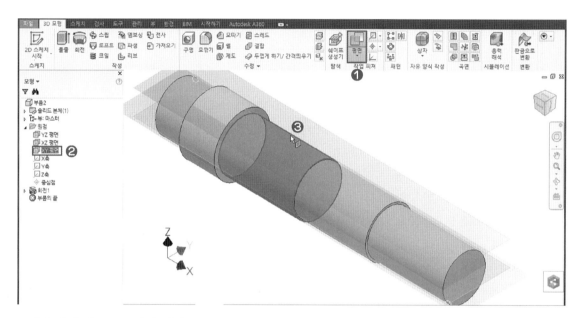

도면과 같이 샤프트 중간에 위치한 키 홈을 작성하기 위해 작업 평면(사용자 평면)을 생성한다.

❶ **3D 모형** 리본 탭, 작업 피처에서 평면을 실행한다.

❷ 작업 평면의 기준을 원점 평면 XY 평면을 선택한다.

❸ 원통면에 생성하고자 하는 방향으로 선택하여, 곡면에 접하고 평면에 평행하는 작업 평면을 생성한다.

(7) 스케치를 위한 작업 평면 선택

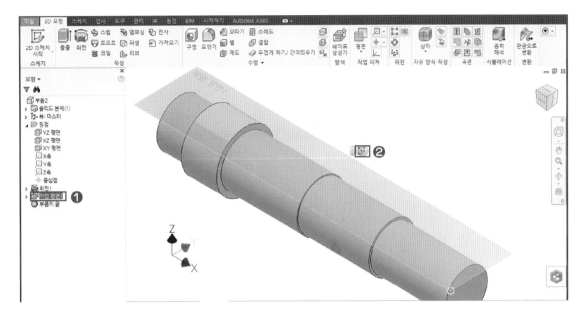

키 홈을 생성하기 위해서 새 스케치를 작성한다.

❶ 새 스케치를 위해 앞에서 생성된 작업 평면을 선택한다.

❷ 나타난 작업 아이콘에서 새 스케치를 선택하여 새 스케치 환경으로 넘어간다.

(8) 키 홈 스케치 작성

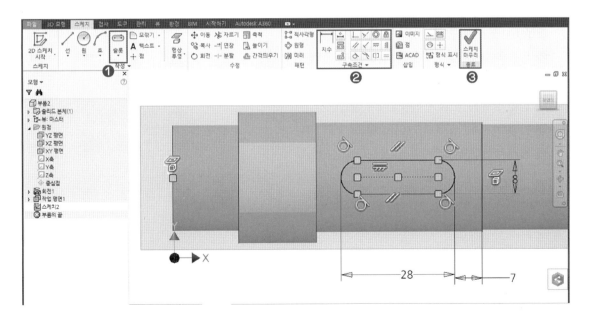

도면을 참고하여, 키 홈을 모델링할 스케치를 작성한다.

❶ **스케치** 리본 탭, 작성에서 사각형 하위 탭에 있는 슬롯을 이용하여 장공을 스케치한다.

❷ 도면의 치수에 맞게 치수 구속하여 스케치를 완전 구속한다.

❸ 스케치 리본 메뉴에서 스케치 마무리를 클릭하여 스케치를 마친다.

(9) 돌출 피처를 이용한 키 홈 만들기

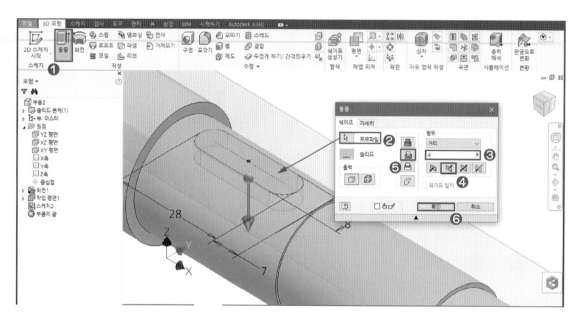

작성된 스케치를 돌출 피처를 이용하여 도면 형상과 같이 차집합하여 모델링한다.

❶ **3D 모형** 리본 탭에서 돌출 명령을 실행한다.

❷ **돌출** 대화상자에서 프로파일 영역을 선택한다.

❸ 돌출 거리는 도면과 같이 4mm를 입력한다.

❹ 돌출 방향은 방향 2로 지정하여 돌출한다.

❺ 작업 오퍼레이션을 제거(차집합)를 선택하여 샤프트에서 키 홈을 생성한다.

❻ **확인** 또는 Enter↵ 를 눌러 돌출 피처를 생성한다.

(10) 돌출 피처를 이용한 키 홈 만들기

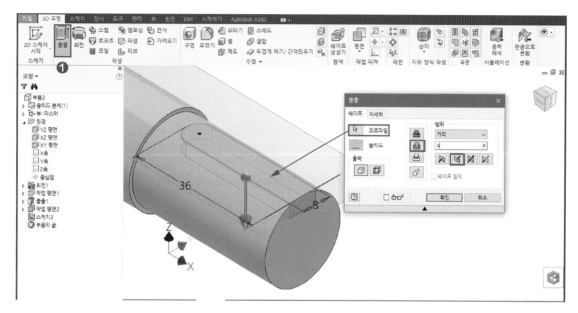

(5)에서부터 (8)까지의 작업 형태와 동일한 방법으로 샤프트 끝에 있는 키 홈도 작성한다.

다만, 스케치 평면은 기존의 작업 평면과 차이가 발생함으로 새롭게 작업 평면을 생성한 상태에서 스케치하고 돌출 제거하여 형상을 모델링한다.

(11) 형상에 모따기

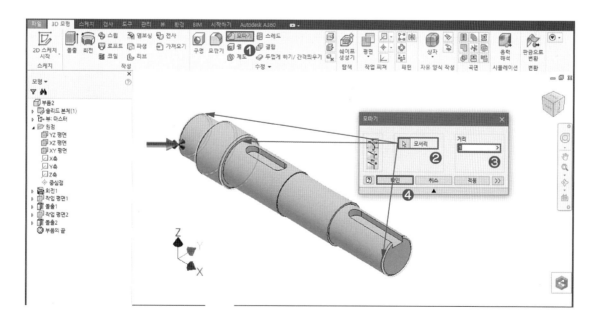

회전과 돌출 제거를 통해 모델링 후, 결합되어지는 부분에 또는 손 다침을 방지하기 위해서 모서리에 모따기를 적용한다.

❶ **3D 모형** 리본 탭, 수정에서 모따기 명령을 실행한다.

❷ **모따기** 대화상자에서 모따기 적용할 모서리를 전부 선택한다.

❸ 모따기 거리 값은 1로 입력한다.

❹ **확인** 또는 Enter↵ 를 눌러 모따기 피처를 생성한다.

(12) 축(샤프트)완성

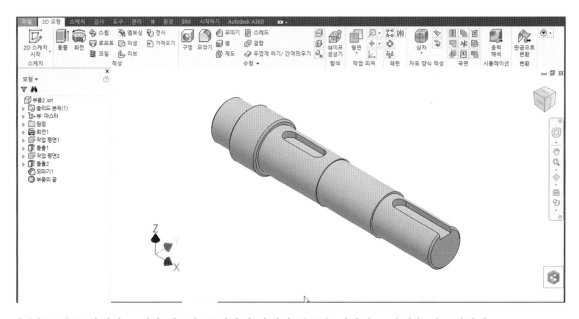

축(샤프트)를 완성하고 저장 버튼을 클릭하여 완성한 부품을 저장하고 작업을 마무리한다.

5. 회전 객체 모델링 – V벨트풀리 따라하기

회전 피처 명령을 이용하여 동력에 많이 사용되는 V벨트풀리를 아래 도면을 참고하여 모델링 작업을 따라
해본다.

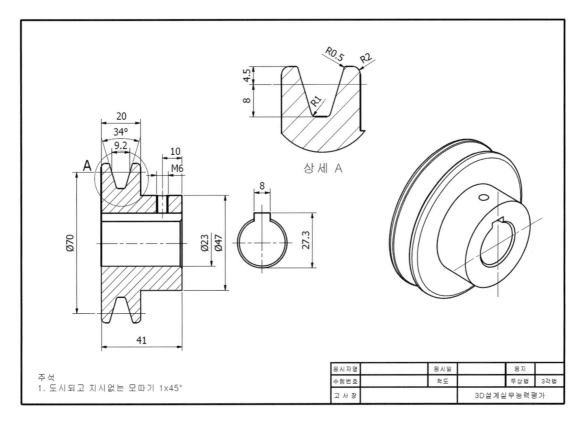

상 세 A

주 석
1. 도시되고 지시없는 모따기 1x45°

응시자명		응시일		용지	
수험번호		척도		투상법	3각법
고 사 장			3D설계실무능력평가		

(1) 기준 스케치 평면 선택

회전 형상을 작성할 스케치의 평면을 선택하고, 새 스케치 작성 환경으로 들어간다.

❶ 작업화면 우측 상단에 있는 큐브 아이콘에서 홈 아이콘(단축키 : F6)을 선택하여, 등각화면으로 뷰 방향을 변환한다.

❷ 좌측 검색기 원점에서 XY 평면을 선택한다.

❸ 작업화면에 나타난 평면을 평면 방향을 확인하고 새 스케치 아이콘을 선택하여 스케치 작성환경으로 전환한다.

(2) 회전 축선 및 중심선 변경

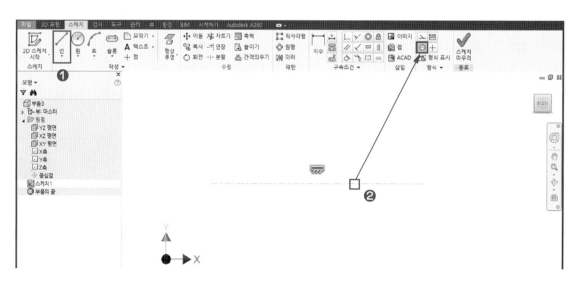

회전 기준이 되는 축선을 스케치 작성 도구, 선을 이용하여 작성하고 중심선으로 변경한다.

❶ **스케치** 리본 탭, 작성에서 축선으로 사용한 선분을 작성한다.

❷ 스케치된 축선을 선택하고 **스케치** 리본 탭, 형식에서 중심선 아이콘을 클릭하여 선택한 선분을 중심선
으로 변경한다.

(3) 기준 프로파일(단면) 스케치 작성

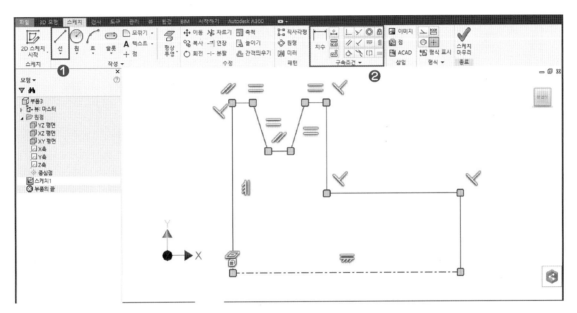

도면을 참고하여 위 그림과 같이 선으로 스케치한다.

❶ **스케치** 리본 탭, 작성에서 선을 이용하여 대략적으로 단면을 스케치한다.

❷ 형상 구속을 이용하여 도면과 같이 자세와 위치를 구속한다.

(4) 풀리 규격 정의를 위한 구성선 작업

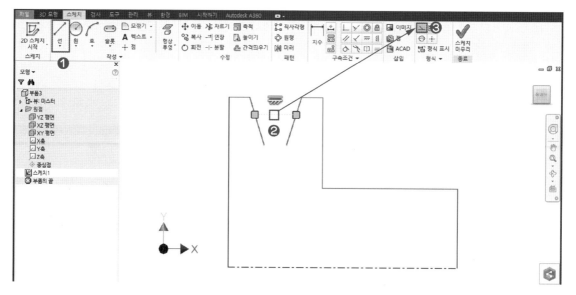

풀리의 크기를 규격과 맞추기 위해서 PCD 위치에 구성선을 작성한다.

❶ **스케치** 리본 탭, 작성에서 선으로 PCD 위치에 그림과 같이 선을 작성한다.

❷ 작성된 스케치 선을 선택한다.

❸ **스케치** 리본 탭, 형식에서 구성 아이콘을 선택하여 참조선인 구성선으로 변경한다.

(5) 풀리에 대한 치수 구속

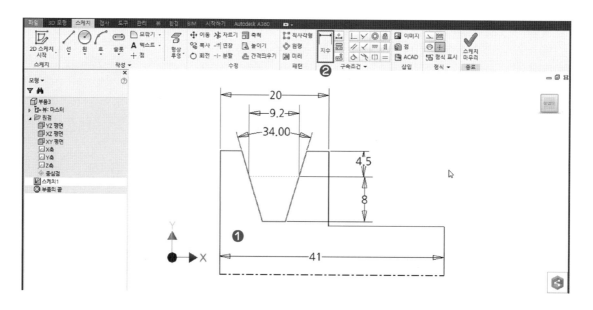

도면을 참고하여 가로 치수 및 풀리에 대한 크기를 치수로 구속한다.

❶ **스케치** 리본 탭, 작성에서 선을 이용하여 대략적으로 단면을 스케치한다.

❷ 치수 구속을 이용하여 도면과 같이 풀리 및 가로에 대한 크기를 구속한다.

(6) 풀리에 대한 지름 치수 구속

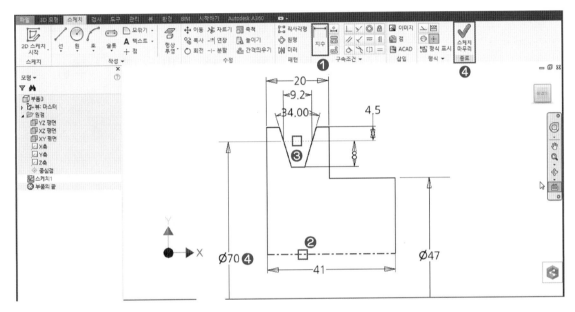

도면을 참고하여 위 그림과 누락된 지름을 치수 구속한다.

❶ **스케치** 리본 탭, 구속에서 치수를 선택한다.

❷ 중심선으로 변경된 축선을 선택한다.

❸ 우선, 전체적인 크기를 지정할 PCD 위치에 있는 구성선을 선택하여, V벨트풀리의 전체적인 PCD를 구속한다.

❹ 기타 지름 치수가 필요한 객체를 선택하여 나머지를 치수 구속한다.

❺ 스케치 마무리를 클릭하여 스케치 작성을 마친다.

(7) 회전 피처 생성 – V벨트풀리 작성

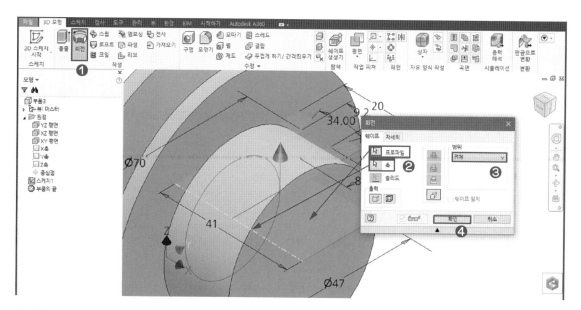

작성된 스케치를 회전 피처를 이용하여 형상을 완성한다.

❶ **3D 모형** 리본 탭에서 회전 명령을 실행한다.

❷ **회전** 대화상자에서 프로파일 및 축을 선택한다.

❸ 회전 범위는 전체로 360도 회전하는 객체를 생성한다.

❹ **확인** 또는 [Enter↵]를 눌러 돌출 피처를 생성한다.

(8) 축 구멍 및 키 허브 작성을 위한 평면 선택

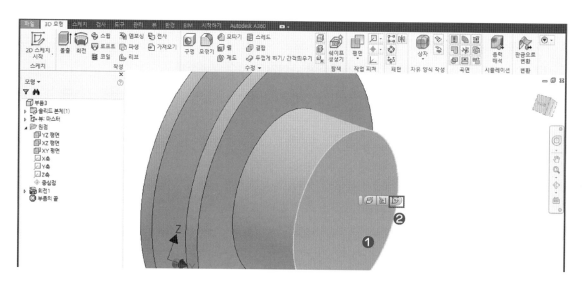

작성된 풀리에 결합될 축과 키 자리를 만들기 위해 새로운 스케치 평면을 선택한다.

❶ 새로운 스케치가 작성될 평면을 선택한다.

❷ 나타나는 작업 아이콘에서 새 스케치 아이콘을 선택하여, 새 스케치 작성 환경으로 전환한다.

(9) 축 구멍 및 키 허브 작성 스케치

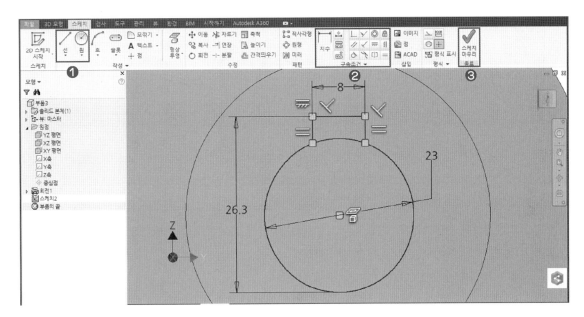

도면을 참고하여 위 그림과 같이 원과 선을 스케치하고 완전 정의한다.

❶ **스케치** 리본 탭 작성에서 원과 선을 이용하여 임의의 위치에 스케치한다.

❷ 형상 구속과 치수 구속을 이용하여 도면과 같이 크기와 위치를 구속한다.

❸ 스케치 마무리를 클릭하여 스케치 작성을 마친다.

(10) 돌출 피처를 이용한 구멍 및 키 허브 작성

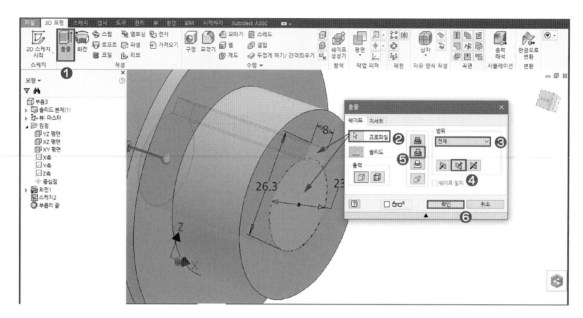

작성된 스케치를 돌출 피처를 이용하여 도면 형상과 같게 차집합하여 모델링한다.

❶ **3D 모형** 리본 탭에서 돌출 명령을 실행한다.

❷ **돌출** 대화상자에서 프로파일 영역을 전부 선택한다.

❸ 돌출 범위는 전체로 선택하여 기존 형상을 전부 포함할 수 있도록 한다.

❹ 돌출 방향은 차집합이 가능할 수 있도록 변경한다.

　　※ 돌출 방향은 선택한 평면의 법선 방향에 따라 달라질 수 있다.

❺ 작업 오퍼레이션을 제거(차집합)를 선택하여 선택된 단면이 공유하는 부분을 제거한다.

❻ **확인** 또는 Enter↵를 눌러 돌출 피처를 완성한다.

(11) 탭 구멍을 작성하기 위한 작업 평면 작성

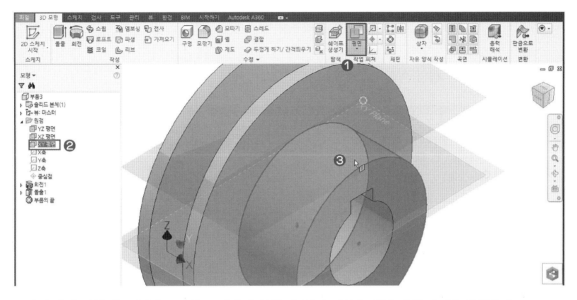

도면과 같이 결합되는 축(샤프트)를 고정하기 위한 탭 구멍 작성을 위한 작업 평면을 생성한다.

❶ **3D 모형** 리본 탭, 작업 피처에서 평면을 실행한다.

❷ 작업 평면의 기준을 원점 평면 XY 평면을 선택한다.

❸ 원통면에 생성하고자 하는 방향으로 선택하여, 곡면에 접하고 평면에 평행하는 작업 평면을 생성한다.

(12) 스케치을 위한 작업 평면 선택

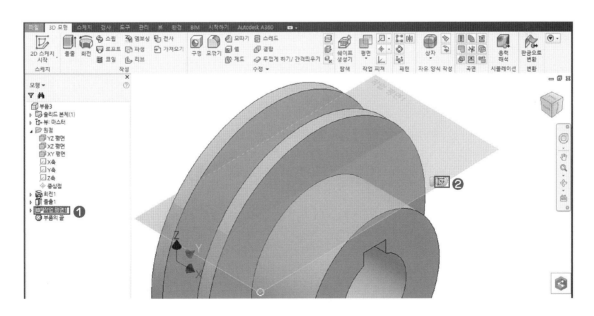

구멍이 정확하게 위치할 새 스케치를 작성한다.

❶ 새 스케치를 위해 앞에서 생성된 작업 평면을 선택한다.

❷ 나타난 작업 아이콘에서 새 스케치를 선택하여 새 스케치 환경으로 넘어간다.

(13) 구멍 위치용 스케치 작성

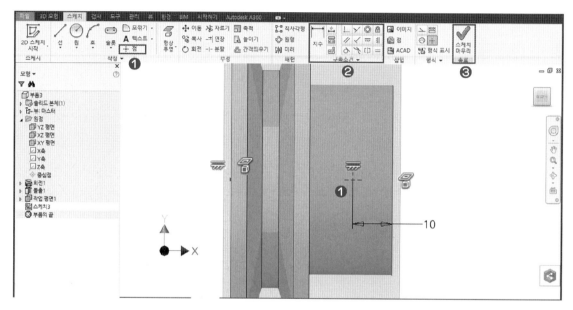

도면을 참고하여 구멍이 위치할 점을 스케치한다.

❶ **스케치** 리본 탭, 작성에서 점을 스케치한다.

❷ 도면의 치수에 맞게, 치수 구속하여 스케치를 완전 구속한다.

❸ 스케치 리본메뉴에서 스케치 마무리를 클릭하여 스케치를 마친다.

(14) 구멍 피처 – 탭 구멍 생성

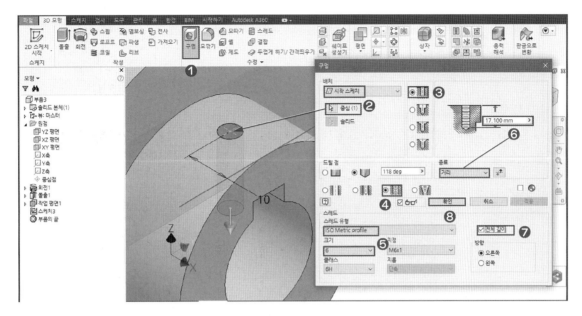

스케치된 피처 명령에서 구멍을 이용하여 도면과 같이 객체 앞쪽에 생성된 구멍을 작성한다.

❶ **3D 모형** 리본 탭, 수정에 있는 구멍 명령을 실행한다.

❷ **구멍** 대화상자 배치에서 시작 스케치를 선택하고 중심점을 스케치된 점을 선택한다.

> ※ 스케치를 점으로만 작성한 경우, 구멍의 배치는 자동으로 시작 스케치로 점을 기준으로 구멍이 자동으로 선택된다.

❸ 구멍 유형은 일반 구멍으로 선택한다.

❹ 구멍 형식을 탭으로 선택한다.

❺ **스레드 유형**에서 보통 나사규격인 ISO Metric profile를 선택하고, 도면을 참고하여 크기를 6으로 지정
한다.

> ※ KS 규격에서 일반 나사의 호칭을 M으로 표시하고 있으며, 인벤터에서는 나사에 대한 KS 규격을 제공하지 않는 관계로
> ISO 규격을 이용하며, 크기는 도면에 기입된 나사 호칭에서 M을 제외한 값으로 선택한다.

❻ V벨트풀리 축 보스의 일부분만 가공함으로 범위를 거리로 지정하고, 값은 대략적인 임의의 값을 부여
한다.

❼ 나사산은 구멍 깊이 만큼 전체에 대해서 스레드를 생성함으로 전체 길이를 선택한다.

❽ **확인** 또는 [Enter↵]를 눌러 구멍 피처를 완성한다.

(15) V벨트풀리 모깎기 적용

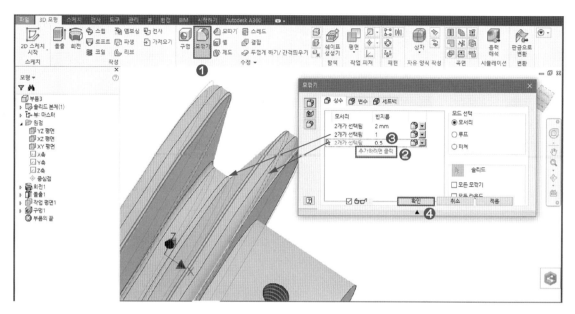

도면 또는 규격을 참고하여 생성된 풀리에 모깎기를 적용한다.

❶ **3D 모형** 리본 탭, 수정에 있는 모깎기 명령을 실행한다.

❷ **모깎기** 대화상자에서 다양한 값의 반지름을 가진 모서리에 모깎기 적용을 위해 "추가하려면 클릭"을 클릭하여 추가 리스트를 생성한다.

❸ 각각 생성된 모깎기 리스트에 반지름 값을 지정하고, 해당 모서리를 선택하여 필요한 모깎기를 하나의 피처로 작성한다.

❹ **확인** 또는 Enter↵ 를 눌러 모깎기 피처를 완성한다.

(16) 구멍 허브에 모따기 적용

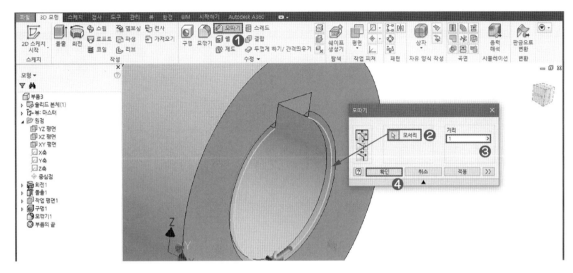

축과 결합되는 구멍 모서리에 모따기를 적용한다.

❶ **3D 모형** 리본 탭, 수정에서 모따기 명령을 실행한다.

❷ **모따기** 대화상자에서 모서리를 모따기 적용할 모서리를 선택한다.

❸ 모따기 거리 값은 1로 입력한다.

❹ **확인** 또는 Enter↵ 를 눌러 모따기 피처를 생성한다.

(17) V벨트풀리 완성

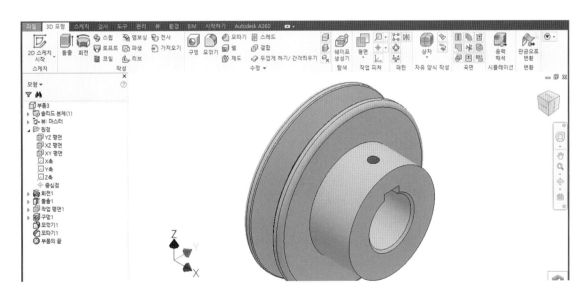

V벨트풀리를 완성하고 저장 버튼을 클릭하여 완성한 부품을 저장하고 작업을 마무리한다.

구멍 피처는 배치된 피처 명령으로, 스케치를 토대로 작성된 모델링 피처에 각종 구멍을 손쉽게 생성한다. 돌출이나 회전은 스케치를 사용하는 반면, 구멍은 스케치 작성 없이 배치된 피처로 형상에 바로 구멍을 작성할 수 있다.

구멍은 대부분 부품 조립 목적으로 작성함으로 규격을 토대로 작성하는 내용을 많이 담고 있다.

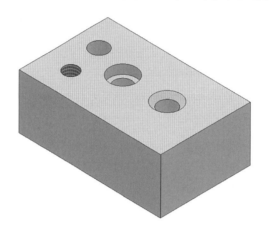

구멍 피처에 의한 생성된 각종 구멍 형태

1. 구멍 대화상자 기본 옵션

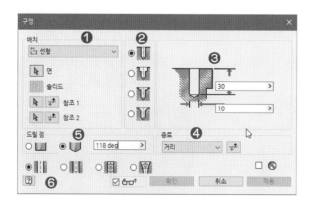

❶ **배치** : 구멍을 배치하는 방법 및 위치를 지정한다.

❷ **구멍 유형** : 생성할 구멍의 유형을 선택한다. (드릴, 카운터보어, 카운트싱크 등)

❸ **구멍 파라미터** : 선택한 구멍 유형에 대한 구멍 크기를 지정한다.

❹ **종료** : 생성할 구멍의 깊이를 지정한다. (돌출 피처 참고)

❺ **드릴 점** : 구멍의 깊이가 전체가 아닌 경우, 드릴 날 끝의 형태를 지정한다.

❻ **구멍 형식** : 구멍 유형에 따른 형식을 변경할 수 있다.(단순 구멍, 탭 구멍 등)

2. 구멍 배치 형식

구멍 배치는 스케치를 통한 배치와 직접적인 배치, 크게 두가지 형식을 제공하고 있으며, 작업 상태에 따라 적절하게 변경하여 사용할 수 있다.

(1) 구멍 배치에 따른 대화상자 옵션 – 선형

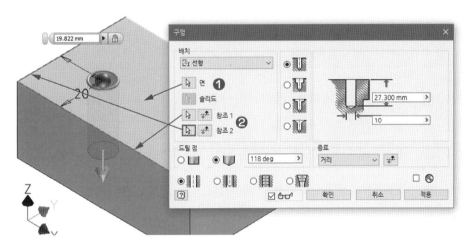

구멍 선형 배치는 지정된 평면에 직접적으로 구멍을 배치하고 참조 객체를 선택하여 위치를 구속한다.

❶ 구멍이 위치할 평면을 지정한다.

❷ 참조 1과 참조 2를 기존 객체의 가장자리를 선택하여 구멍의 위치를 거리로 구속한다.

※ 참조 1과 2 선택은 모서리 및 스케치 선분만 가능함으로, 기준을 정할 수 없는 형상인 경우 별도의 스케치나 축을 생성한 후 사용할 수 있다.

※ 구멍은 한 번에 하나만 생성할 수 있으며, 다중으로 구멍을 생성하고자 한다면 시작 스케치를 이용하여 구멍을 생 성한다.

(2) 구멍 배치에 따른 대화상자 옵션 - 시작 스케치

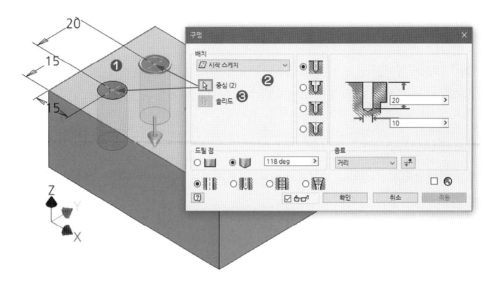

시작 스케치는 일반적으로 구멍을 생성하기 위해서 가장 많이 사용하는 배치 방법으로 구멍을 작성하기 전에 스케치를 통해 구멍이 생성될 위치에 스케치 점을 작성하고, 형상 구속 및 치수 구속으로 위치를 잡은후, 구멍을 생성한다.

❶ 구멍을 작성할 평면에 새 스케치 후, 스케치 작성 도구, 점을 이용하여 구멍이 생성될 위치를 스케치한다.

❷ **구멍** 대화상자가 활성화 되면, 배치는 자동으로 시작 스케치로 변경되며, 구멍은 자동으로 점의 위치에배치된다.

❸ 중심 선택은 스케치된 점에 배치된 구멍을 제거하거나 추가할 때 사용할 수 있다.

  ※ 스케치 점은 자동으로 구멍이 생성되며, 형상 투영에 의해서 생성되는 중심점 같은 경우, 중심 선택 기능을 이용하여
    수동으로 구멍 위치를 지정할 수 있다.

(3) 구멍 배치에 따른 대화상자 옵션 – 동심

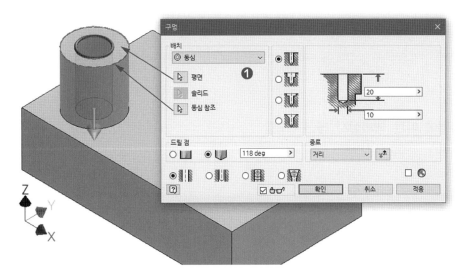

동심 배치는 구멍 적용 대상이 원통이나 한쪽 모서리가 모깎기 된 형상 등, 중심을 가지고 있는 형상에 직접
적으로 구멍을 작성할 때 사용한다.

❶ 구멍이 위치할 평면을 선택한다.

❷ 구멍의 위치를 기존의 객체와 동심 구속될 가장자리 객체를 선택하면, 자동으로 동심 구속되어 중심위
치에 배치가 된다.

   ※ 동심 배치도 선형과 동일하게 한 번에 하나의 구멍만 생성할 수 있으며, 다중으로 동심 구속된 구멍을 생성하고자 한다
   면, 시작 스케치를 통해 동심 위치에 맞게 스케치한 후 이용한다.

3. 구멍 유형

구멍 유형은 각종 가공기계(공작기계)에 의해서 생성될 수 있는 다양한 구멍의 형태를 변경하여 손쉽게 구멍을 생성할 수 있도록 하고 있다.

조립을 위한 구멍은 대부분 규격을 토대로 작성됨으로, KS 규격을 이용한 구멍 작성 방법에 익숙해 있어야 한다.

(1) 구멍 유형에 따른 대화상자 옵션 – 드릴

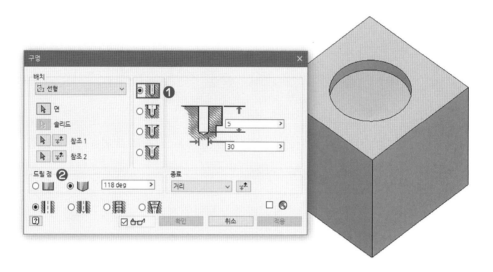

드릴은 일반적인 구멍을 작성하기 위해서 많이 사용하는 유형으로 돌출 대신 많이 사용한다.

탁상 드릴링 머신 또는 선반, 밀링 등에 의해서 드릴로 구멍을 내는 형식이다.

❶ 드릴에 대한 크기는 드릴 직경과 깊이로 구성되어 있으며, 종료에 따라 무한 깊이와 유한 깊이로 구멍을 생성할 수 있다.

❷ 구멍 깊이가 관통이 아닌 경우, 드릴 점을 이용하여 드릴 끝날의 형태를 조정할 수 있다.

• 플랫 : 엔드밀과 동일한 드릴 날 끝이 평평한 구멍 생성

• 각도 : 일반 드릴 날 끝과 같이 각도를 지정하여 구멍 생성

※ 일반적인 드릴 날 끝 각도는 118도이며, 보통 2D 도면에서는 작도를 쉽게 하기 위해서 120도로 표현하기도 한다.

(2) 구멍 유형에 따른 대화상자 옵션 – 카운터보어

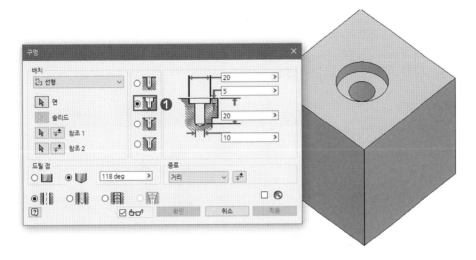

카운터보어는 규격 명칭으로는 자리파기 구멍으로, 일반적으로 6각 홈붙이 볼트가 들어가서 체결이 되는 구멍을 표현할 때 많이 사용하며, 경우에 따라서는 베어링 자리를 표현하기 위해서도 많이 사용된다.

❶ 카운터보어에 대한 크기는 자리파기 직경과 깊이, 드릴 직경으로 이루어져 있으며 카운터보어 성격상 조립/체결을 목적으로 하는 경우가 많아 드릴 깊이는 거리보다는 관통으로 주로 사용한다.

(3) 구멍 유형에 따른 대화상자 옵션 – 카운터싱크

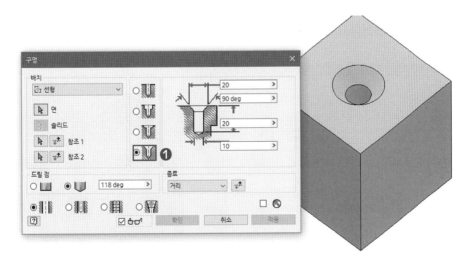

카운터싱크도 카운터보어와 마찬가지로 조립/체결을 목적으로 하는 구멍으로, 일반적으로 접시머리 나사 또는 납작머리 나사와 같이 체결 후, 나사머리가 튀어나오지 않도록 하기 위해서 구멍 입구 쪽을 지정한 각도로 깎아서 표현하는 구멍이다.

❶ 카운터싱크에 대한 크기는 카운터싱크 직격과 직경에서 부여되는 각도, 드릴 직경으로 이루어져 있으며, 카운터싱크 성격상 조립/체결을 목적으로 하는 경우가 많아 드릴 깊이는 거리보다는 관통으로 주로 사용한다.

(4) 구멍 형식에 따른 대화상자 옵션 – 단순 구멍

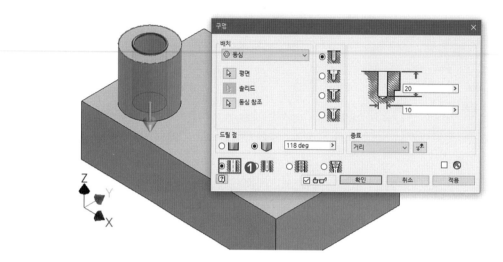

구멍 형식에서 단순 구멍은 일반적으로 구멍에 아무런 표현을 하지 않은 상태로 드릴링하여 구멍을 작성하는 형식으로 드릴 구멍, 카운터보어, 카운터싱크로 깨끗하게 구멍을 작성할 때 사용한다.

(5) 구멍 형식에 따른 대화상자 옵션 – 탭 구멍

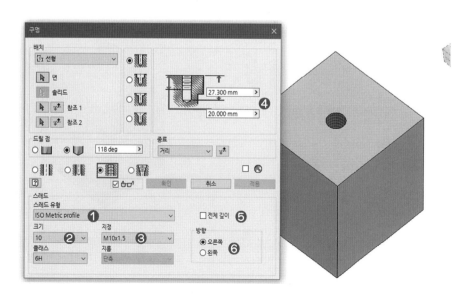

탭 구멍은 쉽게 암나사를 표현할 때 사용하는 구멍 형식으로, 일반적인 볼트(나사)가 체결되는 구멍을 작성할 때 사용하며, KS 규격을 토대로 작성되므로 규격을 참고하여 작업을 진행해야 한다.

체결을 위한 암나사 부분은 무조건 탭 구멍을 이용해서 작성할 수 있도록 한다.

❶ 스레드 유형은 탭 구멍의 나사산 규격을 크게 영국식과 미터법 중 하나의 규격을 정할 수 있으며, 우리나라에서 사용되는 일반 미터나사 규격이 존재하지 않으므로, KS 규격을 대체하여 ISO Metric profile를 사용하여, 미터나사를 표현한다.

❷ 크기는 나사 구멍의 호칭 크기를 지정하는 곳으로, ISO Metric profile 규격에서 제공하는 표준 크기의 나사 구멍을 작성한다.

  ※ 도면상에 표준 미터나사의 호칭 기호는 "M"이고, 뒤에 있는 숫자는 골지름을 뜻하며, 스레드에 있는 크기는 바로 골지름 리스트이다.

❸ 지정은 나사산의 피치를 나타내는 것으로, 보통나사 또는 가는나사를 피치로 지정할 수 있다.

❹ 탭 구멍의 깊이는 종료가 거리로 지정되어 있는 경우, 드릴 깊이와 탭 깊이로 되어 있으며, 규격에 따라 탭 깊이에 따른 드릴 깊이를 지정할 수 있도록 한다.

  ※ 탭 깊이는 드릴 깊이보다 클 수 없으며, 드릴 깊이가 존재하는 경우 드릴 깊이 전체를 스레드로 표현할 수 없다.
  ※ 탭 깊이에 따른 드릴 깊이의 간격은 탭 구멍의 호칭 크기를 변경하면 일차적으로 자동으로 변경되며, 사용자가 탭 깊이를 부여하는 경우, 드릴 깊이는 규격을 참고하여 깊이를 작성한다.

❺ 전체 깊이는 드릴 깊이가 관통인 경우, 구멍 전체에 나사산을 작성한다.

❻ 방향은 나사산의 방향을 정하며 특별한 사유가 발생하지 않은 한, 오른쪽 나사로 생성한다.

  ※ 왼쪽 나사가 많이 사용되는 위치는 일반적으로 선풍기, 자전거, 자동차의 왼쪽 바퀴 등 회전 방향으로 풀리지 않게 하기 위해서 사용한다.

4. 모델링 따라하기

돌출이나 회전을 이용하여 구멍을 생성하는 것보다, 편리하고 관리하기 쉬운 구멍 피처 명령을 이용한 부품을 아래 도면을 참고하여 모델링 작업을 따라해 보자.

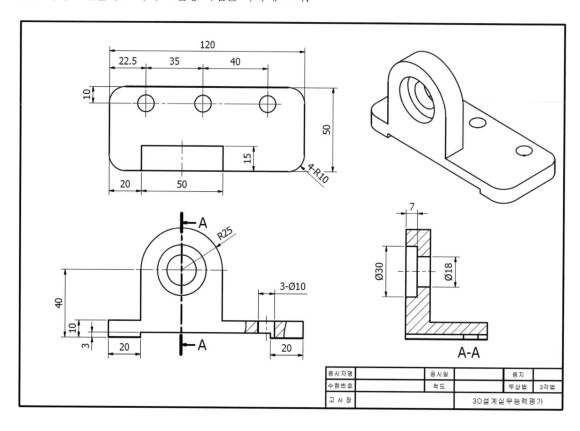

(1) 기준 스케치 평면 선택

회전 형상을 작성할 스케치의 평면을 선택하고, 새 스케치 작성 환경으로 들어간다.

❶ 작업화면 우측 상단에 있는 큐브 아이콘에서 홈 아이콘(단축키 : F6)을 선택하여, 등각화면으로 뷰 방향을 변환한다.

❷ 좌측 검색기 원점에서 XY 평면을 선택한다.

❸ 작업화면에 나타난 평면을 평면 방향을 확인하고, 새 스케치 아이콘을 선택하여 스케치 작성환경으로 전환한다.

(2) 기준 프로파일 스케치 작성

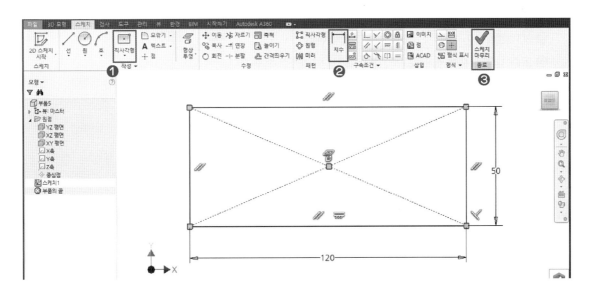

도면을 참고하여, 모델링할 형상의 기초가 될 수 있는 방향으로 스케치를 작성한다.

❶ 스케치 리본메뉴, 작성에서 도면의 치수와 형상을 참고로 사각형 하위 탭에 있는 중심 사각형으로 중심의 위치는 원점에 두고 사각형을 스케치한다.

❷ 도면의 치수에 맞게, 치수 구속하여 스케치를 완전 구속한다.

❸ 스케치 리본메뉴에서 스케치 마무리를 클릭하여 스케치를 마친다.

(3) 기준 돌출 피처 생성

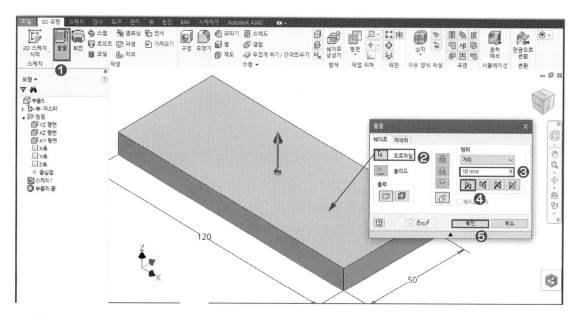

스케치 작성이 완성된 후, 3D 모형에서 돌출 피처를 이용하여 형상을 작성한다.

❶ **3D 모형** 리본 탭에서 돌출 명령을 실행한다.

❷ **돌출** 대화상자에서 프로파일을 스케치한 단면을 선택한다.

  ※ 하나의 단면으로 이루어진 스케치는 돌출 프로파일을 자동으로 선택한다.

❸ 돌출 범위는 거리 값으로 10mm을 입력한다.

❹ 돌출 방향은 방향 1로 지정하여 돌출한다.

❺ **확인** 또는 [Enter↵]를 눌러 돌출 피처를 생성한다.

(4) 추가 스케치를 위한 평면 선택

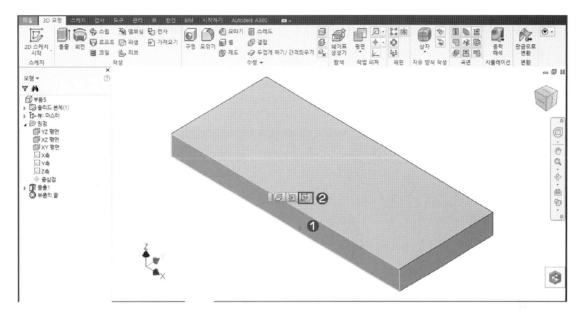

추가적인 돌출 피처를 위한 새로운 스케치 평면을 선택한다.

❶ 새로운 스케치가 작성될 평면을 선택한다.

❷ 나타나는 작업 아이콘에서 새 스케치 아이콘을 선택하여 새 스케치 작성 환경으로 전환한다.

(5) 추가 스케치 작성

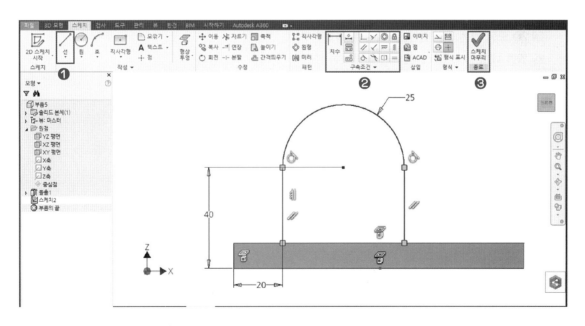

도면을 참고하여, 위 그림과 같이 선, 호를 스케치하고 완전 구속한다.

❶ **스케치** 리본 탭, 작성에서 선과 호를 이용하여 임의의 위치에 스케치한다.

❷ 형상 구속과 치수 구속을 이용하여 도면과 같이 크기와 위치를 구속한다.

❸ 스케치 마무리를 클릭하여 스케치 작성을 마친다.

(6) 돌출 피처 추가

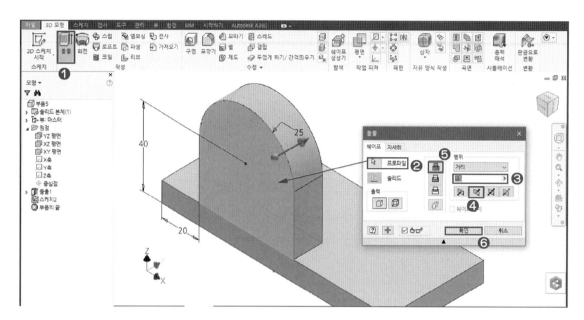

작성된 스케치를 돌출 피처를 이용하여 도면 형상과 같이 합집합 하여 모델링한다.

❶ **3D 모형** 리본 탭에서 돌출 명령을 실행한다.

❷ **돌출** 대화상자에서 프로파일을 작성한 스케치 영역을 선택한다.

❸ 돌출 거리는 도면과 같이 15mm를 입력한다.

❹ 돌출 방향은 방향 2로 지정하여 돌출한다.

❺ 작업 오퍼레이션을 접합(합집합)을 선택하여 하나의 객체로 생성한다.

❻ **확인** 또는 Enter↵ 를 눌러 돌출 피처를 생성한다.

(7) 객체 편집을 위한 스케치 평면

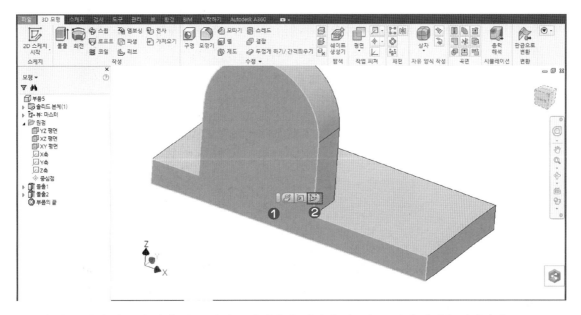

도면과 같이 객체 하부에 깎여 있는 형태를 작성하기 위해서 새로운 스케치 평면을 선택한다.

❶ 새로운 스케치가 작성될 평면을 선택한다.

❷ 나타나는 작업 아이콘에서 새 스케치 아이콘을 선택하여 새 스케치 작성 환경으로 전환한다.

(8) 추가 스케치 작성

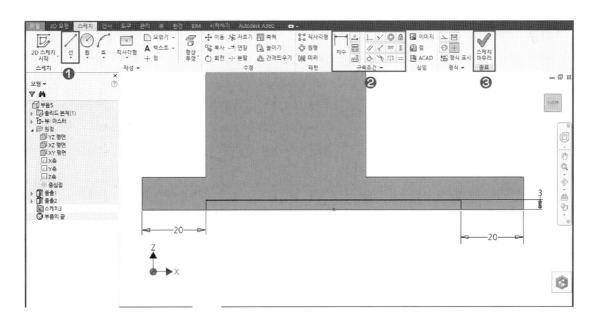

도면을 참고하여 위 그림과 같이 선을 스케치하고 완전 구속한다.

❶ **스케치** 리본 탭, 작성에서 위 그림과 같이 선을 이용하여 임의의 위치에 스케치한다.

❷ 형상 구속과 치수 구속을 이용하여 도면과 같이 크기와 위치를 구속한다.

❸ 스케치 마무리를 클릭하여 스케치 작성을 마친다.

(9) 편집을 위한 돌출 피처 추가

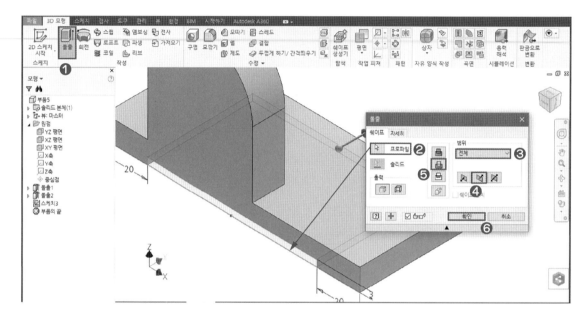

작성된 스케치를 돌출 피처를 이용하여 도면 형상과 같게 차집합하여 모델링한다.

❶ **3D 모형** 리본 탭에서 돌출 명령을 실행한다.

❷ **돌출** 대화상자에서 프로파일을 작성한 스케치 영역을 선택한다.

❸ 돌출 거리는 기존 형상 전부 제거될 수 있도록 전체를 선택한다.

❹ 돌출 방향은 방향 2로 지정하여 객체가 공유할 수 있도록 돌출한다.

❺ 작업 오퍼레이션을 절단(차집합)을 선택하여 기존 객체에서 공유된 만큼 제거한다.

❻ **확인** 또는 Enter↵ 를 눌러 돌출 피처를 생성한다.

(10) 카운터보어(자리파기) 구멍 생성

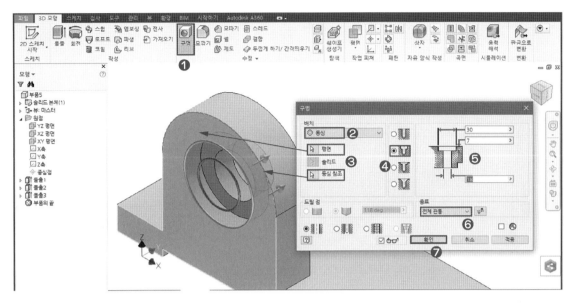

스케치된 피처(수정) 명령에서 구멍을 이용하여 도면과 같이 카운터보어로 구멍을 작성한다.

❶ **3D 모형** 리본 탭, 수정에 있는 구멍 명령을 실행한다.

❷ 나타나는 **구멍** 대화상자 배치에서 동심을 선택한다.

❸ 구멍이 위치할 평면을 선택하고, 동심구속이 적용될 참조 원, 호를 선택한다.

❹ 구멍 유형은 카운터보어 구멍으로 선택한다.

❺ 구멍은 도면과 같이 카운터보어 지름 30mm, 깊이 7mm, 드릴 지름 18mm로 지정한다.

❻ 기존의 피처에 대해서 관통이 될 수 있도록 종료를 전체 관통으로 선택한다.

❼ **확인** 또는 Enter↲를 눌러 구멍 피처를 완성한다.

(11) 드릴 구멍을 작성하기 위한 스케치 평면

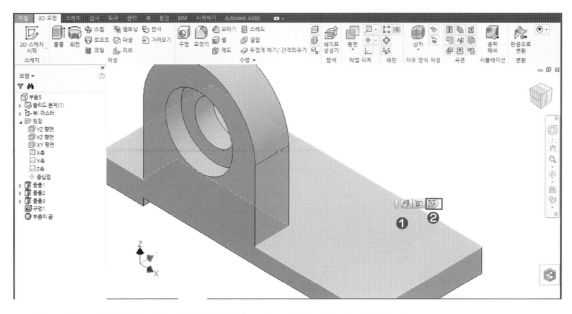

도면과 같이 드릴 구멍을 작성하기 위해서 새로운 스케치 평면을 선택한다.

❶ 새로운 스케치가 작성될 평면을 선택한다.

❷ 나타나는 작업 아이콘에서 새 스케치 아이콘을 선택하여, 새 스케치 작성 환경으로 전환한다.

(12) 드릴 구멍을 위치하기 위한 스케치 작성

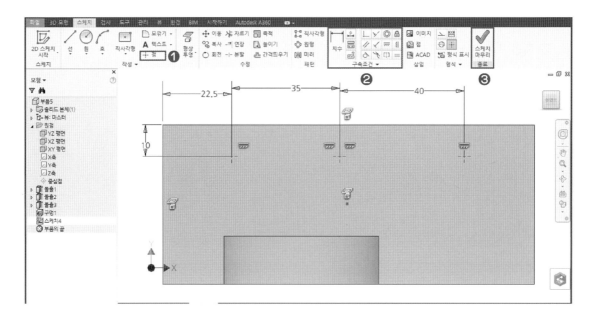

도면을 참고하여 구멍이 위치할 지점에 점으로 스케치를 작성하고 완전 구속한다.

❶ **스케치** 리본 탭, 작성에서 위 그림과 같이 점을 이용하여 임의의 위치에 배치한다.

❷ 형상 구속과 치수 구속을 이용하여 도면과 같이 크기와 위치를 구속한다.

❸ 스케치 마무리를 클릭하여 스케치 작성을 마친다.

(13) 드릴 구멍 작성

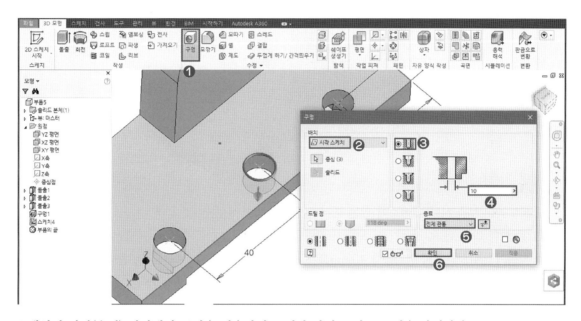

스케치된 피처(수정) 명령에서 구멍을 이용하여 도면과 같이 드릴로 구멍을 작성한다.

❶ **3D 모형** 리본 탭 수정에 있는 구멍 명령을 실행한다.

❷ 나타나는 **구멍** 대화상자 배치에서 시작 스케치로 선택하고, 중심은 스케치한 점을 선택한다.

> ※ 바로 이전에 점을 포함하고 있는 스케치가 작성된 경우, 구멍 배치는 자동으로 시작 스케치로 변경되며 점의 위치에 자
> 동으로 구멍이 배치된다.

❸ 구멍 유형은 드릴 구멍으로 선택한다.

❹ 구멍은 도면과 같이 드릴 지름 10mm로 지정한다.

❺ 기존의 피처에 대해서 관통이 될 수 있도록 종료를 전체 관통으로 선택한다.

❻ **확인** 또는 Enter↵ 를 눌러 구멍 피처를 완성한다.

(14) 모서리 모깎기

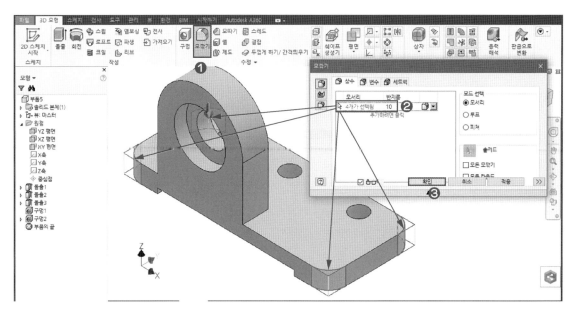

도면과 같이 부품 하단 베이스에 있는 모서리에 모깎기를 적용한다.

❶ 3D 모형 리본 탭, 수정에 있는 모깎기 명령을 실행한다.

❷ 모깎기 대화상자에서 반지름을 10mm로 지정하고, 모깎기될 모서리를 선택한다.

❸ 확인 또는 Enter↵ 를 눌러 모깎기 피처를 완료하고 부품 모델링을 완성한다.

6 리브(Rib)

리브는 우리말로 보강대 또는 힘살(덧살)이라는 명칭으로 통용되고 있는 모델링 보조 피처로 제작되어지는 부품의 두께가 얇은 부분 또는 가늘게 생성되어지는 부분을 보강하기 위하여 덧붙이는 뼈대를 말한다. 또한, 강한 힘이 작용하는 부분에도 주로 많이 사용하며, 일반 기계가공, 금형, 용접 등 다양한 방법으로 제작할 수 있다. 리브는 돌출 피처와 기능은 비슷하지만, 돌출과 회전 같이 닫힌 단면이 아닌 리브가 생성될 방향과 형태로 열려져 있는 스케치로 작성한다.

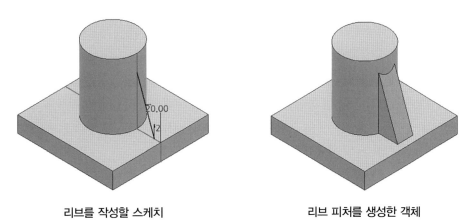

리브를 작성할 스케치   리브 피처를 생성한 객체

1. 리브 대화상자 기본옵션

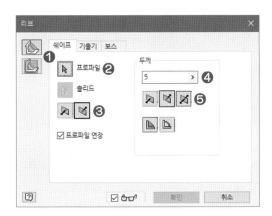

❶ 리브의 생성 방향을 지정한다.
  스케치 평면에 수직은 리브의 스케치가 생성된 평면에 직각하는 방향으로 생성한다.
  스케치 평면에 평행은 리브의 스케치가 생성된 평면 방향으로 생성한다.
❷ 프로파일은 리브를 생성할 열린 스케치를 선택한다.
  ※ 닫혀 있는 스케치로 리브를 생성할 수 없다.
❸ 리브가 생성될 방향을 지정한다.
  ※ 리브는 생성 방향을 표시하지 않는다.
  ※ 리브의 생성 미리보기가 되지 않는다면 방향이 반대로 되어져 있어, 방향 1과 방향 2의 방향을 바꿔서 미리보기가 되는
    방향을 선택한다.
❹ 두께는 스케치된 단면을 기준으로 생성할 리브 두께를 입력한다.
❺ 스케치를 기준으로 리브를 생성할 위치를 지정한다.
  ※ 보강대로 사용하는 리브는 스케치를 기준으로 대칭 생성되는 것이 대부분이다.

2. 리브 생성 위치에 따른 방향 변경

리브는 다양한 형태의 보강대를 표현할 수 있다.

일반적으로 기둥이나 판과 같은 얇고 가는 부위를 보강하기 위해서도 사용되며, 사출로 생성되는 케이스(통)와 같이 바깥쪽에서 안쪽으로 힘이 가해지는 형태를 보강하기 위해서도 사용하기 때문에, 어떤 목적으로 사용할 것인가에 따라 리브 생성 방향을 변경해서 적용한다.

(1) 스케치 평면에 수직하는 리브

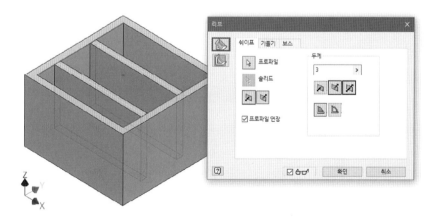

케이스나 통과 같이 외부에서 힘이 가해지는 형상으로 리브를 작성할 때, 수평으로 이루어진 스케치 평면에 스케치를 작성하고 스케치 평면에 수직하는 리브를 생성한다.

(2) 스케치 평면에 평행하는 리브

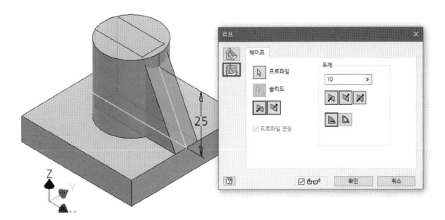

기둥이나 판에 직접적으로 힘이 가해지는 형상에 리브를 작성할 때, 수직으로 이루어진 스케치 평면에 스케치를 작성하고 스케치 평면 방향과 평행하게 리브를 생성한다.

※ 무한 리브는 방향과 상관없이 리브가 진행하는 방향의 종료되는 부분이 모두 막혀 있는 형상에서만 작성된다.
※ 무한 리브는 돌출 범위 옵션 중에서 다음 면까지 기능을 가지고 있어, 원통면이나 면의 위치가 다른 형상에서도 정확하게 리브를 생성할 수 있다.

3. 모델링 따라하기

지금까지 익힌 돌출과 구멍, 그리고 리브를 이용하여 아래 도면을 참고해서 모델링 작업을 따라해 보자.

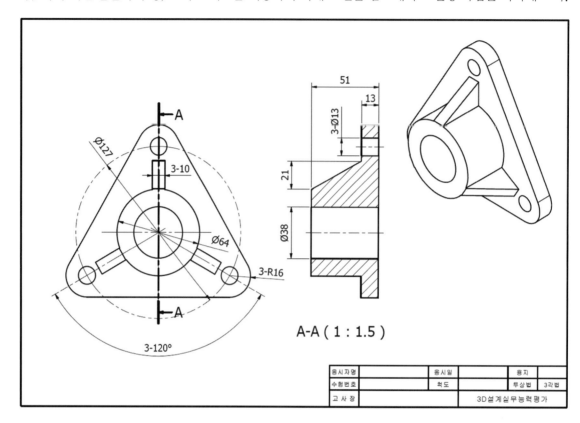

(1) 기준 스케치 평면 선택

기준 형상을 작성할 스케치의 평면을 선택하고, 새 스케치 작성 환경으로 들어간다.

❶ 작업화면 우측 상단에 있는 큐브 아이콘에서 홈 아이콘(단축키 : F6)을 선택하여, 등각화면으로 뷰 방향을 변환한다.

❷ 좌측 검색기 원점에서 XY 평면을 선택한다.

❸ 작업화면에 나타난 평면을 평면 방향을 확인하고, 새 스케치 아이콘을 선택하여 스케치 작성환경으로 전환한다.

(2) 기준 프로파일 스케치 작성

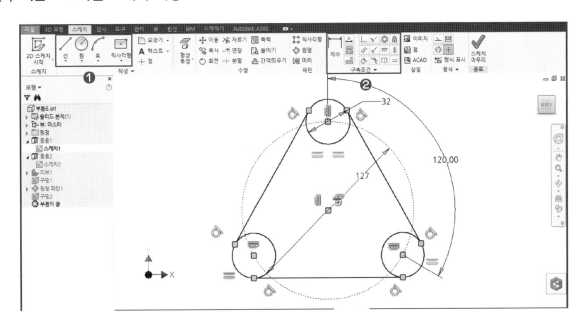

도면을 참고하여 모델링할 형상의 기초가 될 수 있는 방향으로 스케치를 작성한다.

❶ 스케치 리본메뉴, 작성에서 도면의 치수와 형상을 참고로 선과 원으로 스케치한다.

　　※ 지름 127mm 원을 제일 먼저 작성하며 중심점은 원점을 기준으로 스케치하고 구성선으로 변경한다.

❷ 도면의 치수에 맞게, 치수 구속하여 스케치를 완전 구속하고, 스케치 마무리를 클릭하여 스케치를 마친다.

(3) 베이스 돌출 피처 생성

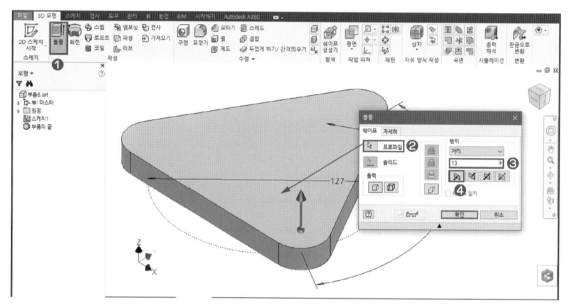

스케치 작성이 완성된 후, 3D 모형에서 돌출 피처를 이용하여 형상을 작성한다.

❶ **3D 모형** 리본 탭에서 돌출 명령을 실행한다.

❷ **돌출** 대화상자에서 프로파일을 스케치한 단면을 모두 선택한다.

❸ 돌출 범위는 거리 값으로 13mm를 입력한다.

❹ 돌출 방향은 방향 1로 지정하고 **확인** 또는 Enter↵를 눌러 돌출 피처를 생성한다.

(4) 추가 스케치를 위한 평면 선택

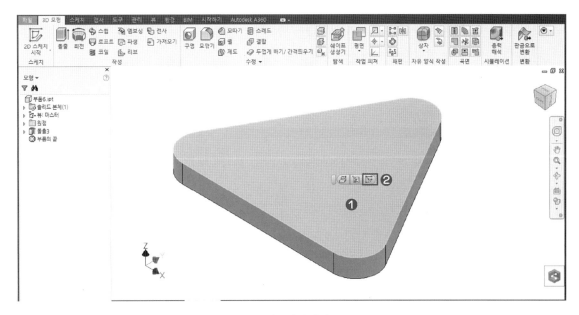

추가적인 돌출 피처를 위한 새로운 스케치 평면을 선택한다.

❶ 새로운 스케치가 작성될 평면을 선택한다.

❷ 작업 아이콘에서 새 스케치 아이콘을 선택하여, 새 스케치 작성 환경으로 전환한다.

(5) 추가 스케치 작성

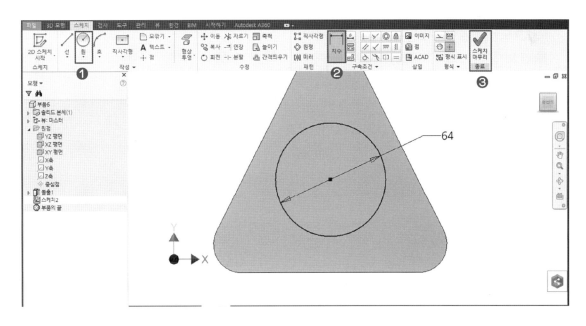

도면을 참고하여 위 그림과 같이 원을 스케치하고 완전 구속한다.

❶ **스케치** 리본 탭, 작성에서 원을 이용하여 중심점을 원점에 지정하고 스케치한다.

❷ 치수 구속을 이용하여 도면과 같이 크기를 구속한다.

❸ 스케치 마무리를 클릭하여 스케치 작성을 마친다.

(6) 돌출 피처 추가

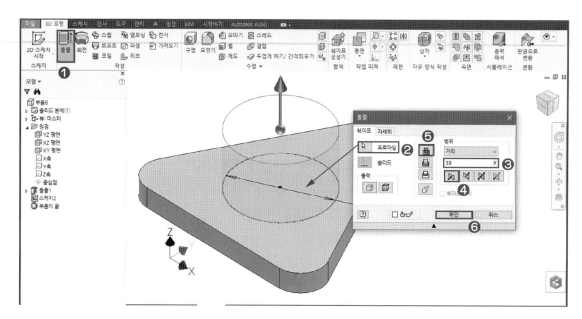

작성된 스케치를 돌출 피처를 이용하여 도면 형상과 같게 합집합 하여 모델링한다.

❶ **3D 모형** 리본 탭에서 돌출 명령을 실행한다.

❷ **돌출** 대화상자에서 프로파일을 작성한 스케치 영역을 선택한다.

❸ 돌출 거리는 도면과 같이 38mm를 입력한다.

❹ 돌출 방향은 방향 1로 지정하여 돌출한다.

❺ 작업 오퍼레이션을 접합(합집합)을 선택하여 하나의 객체로 생성한다.

❻ **확인** 또는 Enter↵ 를 눌러 돌출 피처를 생성한다.

(7) 리브를 작성할 스케치 평면 선택

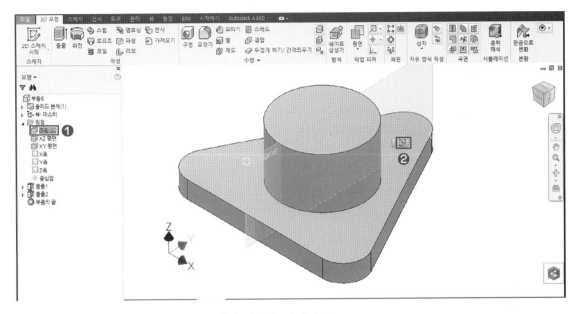

도면과 같이 리브를 작성할 새로운 스케치 평면을 선택한다.

❶ 새로운 스케치가 작성될 평면을 선택한다.

❷ 작업 아이콘에서 새 스케치 아이콘을 선택, 새 스케치 작성 환경으로 전환한다.

(8) 리브 스케치 작성

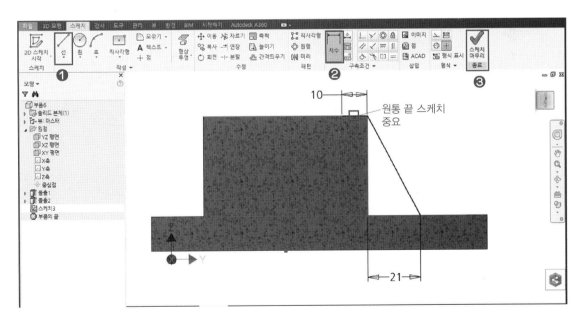

도면을 참고하여, 위 그림과 같이 선을 스케치하고 완전 구속한다.

❶ **스케치** 리본 탭, 작성에서 위 그림과 같이 선을 이용하여 임의의 위치에 스케치한다.

❷ 형상 구속과 치수 구속을 이용하여 도면과 같이 크기와 위치를 구속한다.

❸ 스케치 마무리를 클릭하여 스케치 작성을 마친다.

  ※ 이미 생성된 객체를 참고로 스케치하는 경우, 상단 메뉴 뷰 리본 탭에서 그래픽 슬라이스(단축키 : F7)를 사용하여 단면
   상태에서 스케치한다.

  ※ 원통 끝 부분까지 리브가 생성되어야 하는 경우, 리브 스케치 선을 원통 끝 부분에서 안쪽으로 선을 더 연장하여 스케치
   해야만, 정확하게 원통 끝 면까지 리브를 생성할 수 있다.

  ※ 원통 안쪽으로 이어지는 선의 길이는 임의로 작성한다.

  ※ 리브 선을 스케치하면서 자동으로 형상 투영되는 선으로 인해 닫혀 있는 단면이 만들어지는 경우, 형상 투영된 선분을
   선택하여 구성선으로 변경한 상태에서 스케치를 마친다.

(9) 리브 피처 생성

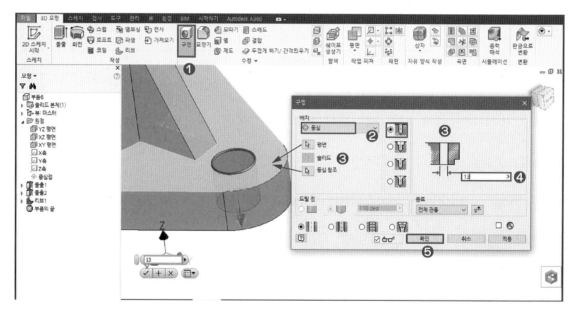

작성된 스케치를 리브 피처를 이용하여 도면 형상과 같게 작성한다.

❶ **3D 모형** 리본 탭에서 리브 명령을 실행한다.

❷ **리브** 대화상자에서 프로파일을 작성한 스케치 선을 선택한다.

❸ 리브 방향은 스케치 평면에 평행을 선택한다.

❹ 리브 진행 방향을 방향 2로 선택하여 화면상에 미리보기가 되도록 한다.

❺ 두께는 도면과 같이 10mm로 지정하고, 대칭방향으로 리브가 생성되도록 한다.

❻ **확인** 또는 Enter↵ 를 눌러 리브 피처를 생성한다.

(10) 바닥 구멍 작성

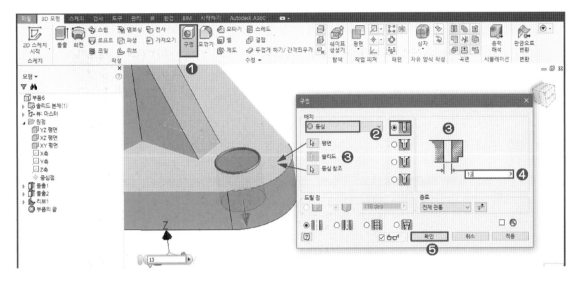

도면과 같이 베이스에 열려 있는 구멍을 구멍 피처를 이용하여 작성한다.

❶ **3D 모형** 리본 탭에서 구멍 명령을 실행한다.

❷ **구멍** 대화상자 배치에서 동심을 선택하고, 구멍이 위치할 평면과 동심 참조할 가장자리 객체를 선택한다.

❸ 구멍 형식은 드릴로 선택하고, 구멍의 지름을 13mm로 지정한다.

❹ 종료를 전체 관통으로 변경하여, 기존 피처 전부를 관통시킨다.

❺ **확인** 또는 [Enter↵]를 눌러 구멍 피처를 생성한다.

(11) 리브 및 구멍 원형 패턴

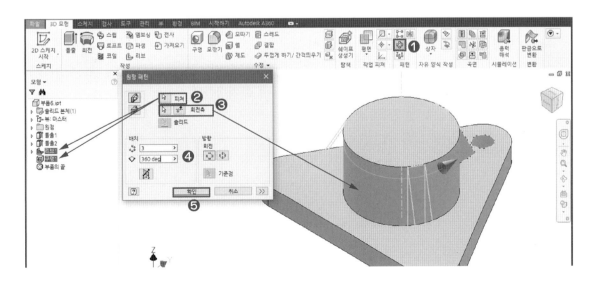

도면과 같이 등각도로 이루어진 리브와 구멍을 원형 패턴을 이용하여 배치한다.

❶ **3D 모형** 리본 탭, 패턴에서 원형 패턴을 실행한다.

❷ **원형 패턴** 대화상자에서 패턴할 피처를 좌측 검색기 또는 작업화면에서 선택한다.

❸ 패턴 회전축을 기준이 되는 원통면을 선택한다.

❹ 패턴 되는 개수를 3으로 입력하고 회전 각도는 360도를 확인한다.

❺ **확인** 또는 Enter⏎ 를 눌러 구멍 피처를 생성한다.

(12) 원통 구멍 작성

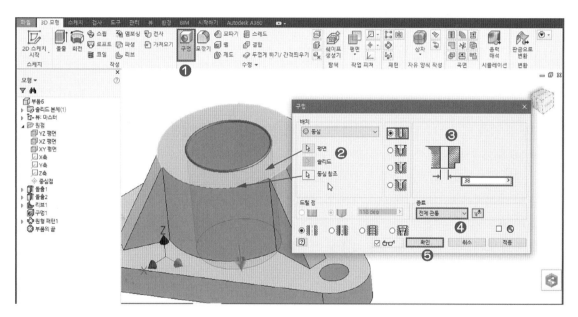

도면과 같이 원통에 열려있는 구멍을 구멍 피처를 이용하여 작성한다.

❶ **3D 모형** 리본 탭에서 구멍 명령을 실행한다.

❷ **구멍** 대화상자 배치에서 동심을 선택하고, 구멍이 위치할 평면과 동심 참조할 가장자리 객체를 선택한다.

❸ 구멍 형식은 드릴로 선택하고, 구멍의 지름을 38mm로 지정한다.

❹ 종료를 전체 관통으로 변경하여 기존 피처 전부를 관통시킨다.

❺ **확인** 또는 Enter⏎ 를 눌러 구멍 피처를 생성한다.

(13) 모델링 작업 완료

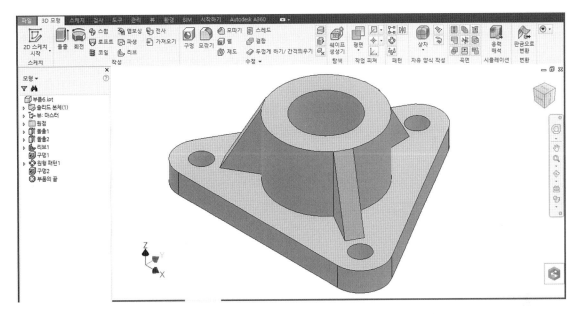

위와 같이 모델링이 종료되었다면 저장 버튼을 클릭하여 작업 부품을 저장한다.

7 모깎기(Fillet)

모깎기 피처는 배치된 피처 명령으로, 3D 모형 작성 도구에 의해서 생성된 형상의 모서리에 모깎기를 생성한다. 대부분 금형이나 제품 디자인 및 일반 기계가공에서 모서리 처리에 가장 많이 사용하고 있다. 그리고, 형상 구소에 식섭석인 영향을 수지 않는 모깎기(내/외부) 같은 경우, 작업의 마지막에 부여하면 차후 형상 수정과 편집에 상당히 편리한 작업을 수행할 수 있다.

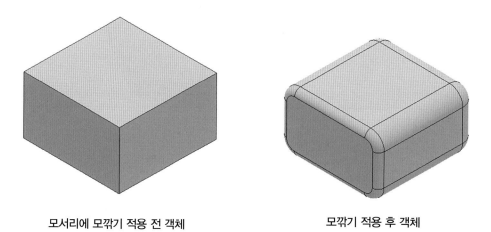

모서리에 모깎기 적용 전 객체　　　　　　　모깎기 적용 후 객체

1. 모깎기 대화상자 기본 옵션

❶ • **모깎기 유형** : 모서리를 어떤 식으로 모깎기 할 것인지 결정한다.

　• **모서리 모깎기** : 동일 반지름으로 선택된 모서리에 모깎기를 적용하며, 일반적으로 가장 많이 사용
　　한다.

　• **면 모깎기** : 선택한 두 면에 지정한 반지름 값으로 모깎기를 적용한다.

　• **전체 둥근 모깎기** : 연결되어 있는 3면을 선택하여 전체를 둥글게 모깎기 적용한다.

❷ **모서리 및 반지름** : 모서리 모깎기인 경우, 모깎기가 적용될 모서리를 선택할 수 있으며, 선택된 모서리
　에 반지름 값을 입력하여 모깎기한다.

❸ **추가하려면 클릭** : 한 번의 모깎기 명령으로 다른 반지름을 가진 모서리를 다중으로 선택하여 모깎기를
　적용할 때 모서리 및 반지름 리스트를 추가할 수 있다.

2. 모서리 모깎기 적용

모서리 모깎기는 일반적으로 가장 많이 사용하는 기능으로, 적용한 반지름을 선택한 모서리에 동일하게 적
용하여 모깎기 처리한다.

(1) 모서리 모깎기 적용 방법 – 단일 반지름 적용

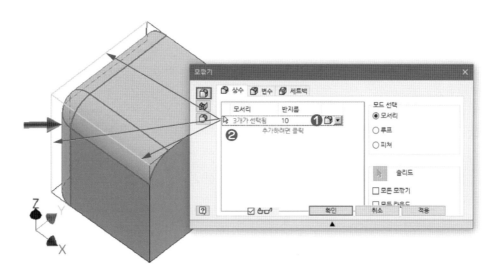

선택된 모서리에 동일한 반지름을 적용하여 모깎기 할 때 사용한다.

❶ 반지름 값을 입력한다.

❷ 모깎기 할 모서리를 선택한다.

　※ 반지름과 모서리 선택의 순서는 구분하지 않는다.

　※ 동일한 반지름이 적용될 모서리는 연결 구분 없이 모든 모서리로 선택할 수 있다.

(2) 모서리 모깎기 적용 방법 - 다중 반지름 적용

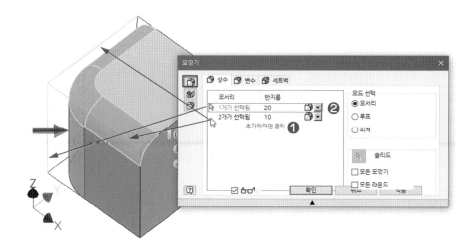

객체에 다중의 반지름을 가진 모서리는 개별 피처로 각각 생성하는 것이 아니라, 하나의 피처에서 반지름을 적용할 리스트를 다중으로 생성하고 해당 리스트의 반지름이 적용될 모서리를 선택하여 모깎기 할 때 사용한다.

❶ "추가하려면 클릭"을 클릭하여 모깎기 리스트를 생성한다.

❷ 각 리스트에 해당 반지름을 입력하고 적용될 모서리를 선택한다.

　※ 해당 반지름을 적용할 리스트를 선택한 후, 모서리를 선택한다.

　※ 불필요한 리스트는 해당 리스트를 선택하고 키보드 Del 를 눌러 삭제할 수 있으며, 삭제 시 선택된 모서리도 같이 선택해
　　제 된다.

(3) 전체 둥근 모깎기 적용 방법

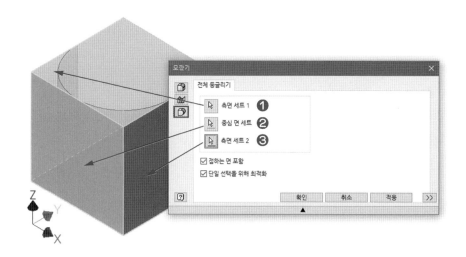

전체 둥근 모깎기는 특정한 반지름을 지정할 수 없는 경우나 균일한 두께의 피처 전체에 둥근 모깎기를 적용할 때 사용한다.

❶ 측면 세트 1은 연결된 면에서 첫 번째 사이드 면을 선택한다.

❷ 중심 면 세트는 두 사이면 중간에 있는 면을 선택한다.

❸ 측면 세트 2는 측면 세트1에 선택된 면의 반대쪽 면을 선택한다.

> ※ 측면 세트 1, 중심 면 세트, 측면 세트 2를 순차적으로 선택하며 해당 면을 선택하면 자동으로 다음 면을 선택될 수 있도록 넘어간다.

3. 모서리 선택에 따른 모깎기 적용 형태

모깎기 피처는 보이는 기능과 달리 매우 복잡하고, 신중하게 작업을 진행해야 되는 요소들이, 작업 곳곳에 존재하고 있다.

모든 모서리를 선택할 것인지, 어떤 모서리를 먼저 적용하고, 나중에 적용할 것인지 등 모서리 선택 수준과 순서에 따라 생성되는 모깎기의 적용 형식이 조금씩 다르므로 많은 연습이 필요한 부분이다.

(1) 적용할 모든 모서리 선택(단일, 다중 반지름)

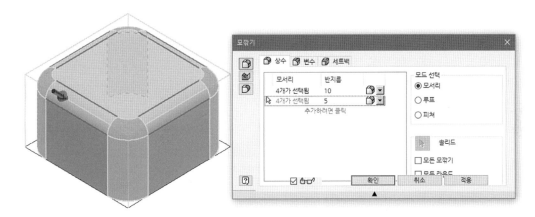

단일 반지름 또는 다중 반지름으로 적용될 모서리를 한 번에 적용하고자 한다면, 적용할 모서리를 하나씩 전부 선택해야 한다.

즉, 반지름 10mm가 적용될 모서리 4개소, 반지름 5mm가 적용될 모서리 4개소 이렇게 총 8개의 모서리를 선택해야 객체에 모깎기를 적용할 수 있다.

> 장점　1. 생성되는 모깎기 피처를 최소화 하여 모서리에 모깎기를 할 수 있다.
> 　　　2. 피처 편집 시, 해당 피처 선택이 수월하다.

단점 1. 선택해야 되는 모서리 수량이 많아지고 선택이 복잡해진다.

2. 부정확한 모깎기가 적용될 수 있다.

3. 모깎기 대화상자 취소 시, 선택된 모든 모서리도 선택해제 된다.

(2) 모깎기를 개별 모깎기 피처로 모서리 선택

• 접선을 유지하기 위한 세로 모서리 선택

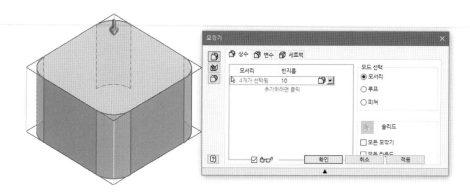

모깎기를 개별 피처로 해당 반지름이 적용될 모서리만 우선 선택한다.

개별 모서리를 선택할 때, 모깎기 적용 후 만들어지는 선분이 접선 형태를 유지할 수 있도록 모서리를 선택한다.

※ 접선을 유지한 상태로 모깎기를 적용하기 위해서는 세로 모서리를 먼저 선택하여 모깎기를 적용한다.

• 접선으로 이루어진 모서리 선택

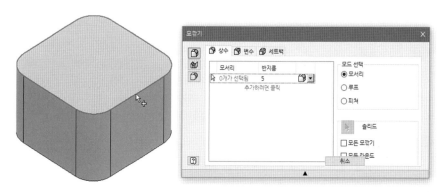

처음 세로로 이루어진 모서리를 먼저 모깎기 한 후, 새롭게 모깎기 명령을 실행하여, 두 번째 필요한 모서리를 선택한다.

접선으로 이루어진 모서리는 개별로 선택할 필요 없이 바로 전체 모서리 선택되는 것을 볼 수 있다.

• **접선 모서리 선택 후, 적용**

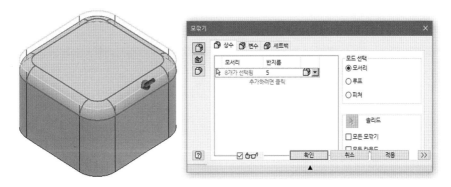

접선 모서리 선택은 하나로 선택되지만, 선택된 후, 모깎기 대화상자의 모서리 선택에서는 선택된 모서리가 개별 모서리 개수로 표시된다.

장점 1. 부정확한 모깎기를 방지할 수 있다.
　　　2. 모서리의 선택 횟수를 많이 줄일 수 있다.
　　　3. 모깎기 실패 시, 해당 피처만 취소할 수 있다.

단점 피처 리스트에 동일한 피처가 많이 생성되며, 수정 시 해당 피처를 찾아서 수정해야 한다.

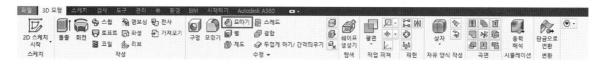

모따기 피처는 모깎기 피처와 비슷하게 모서리 처리 명령으로, 3D 모형 작성 도구에 의해서 생성된 형상의 모서리에 모따기를 생성한다.

대부분 일반 기계가공에 의해서 만들어지는 형태에 적용되어, 가공에 의해서 생성되는 버(찌꺼기), 날카로운 모서리 면취에 많이 사용하고 있다.

또한, 축과 구멍 등 조립/체결을 수행하는 부품의 조립이 수월할 수 있도록 구멍 입구와 축의 각진 경계부분에 모따기를 수행한다.

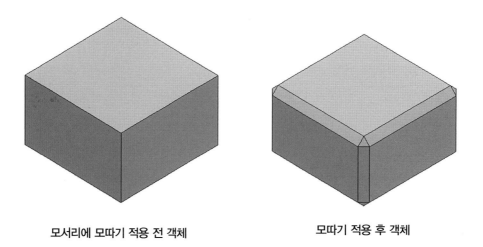

모서리에 모따기 적용 전 객체   **모따기 적용 후 객체**

1. 모따기 대화상자 기본옵션

❶ • **모따기 유형** : 모서리를 어떤 식으로 모따기 할 것인지 결정한다.
    • **거리** : 선택된 모서리에 동일한 거리의 모따기를 적용한다.
    • **거리 및 각도** : 선택한 모서리와 면을 기준으로 거리와 각도로 모따기를 적용한다.
    • **두 거리** : 선택된 모서리의 각 방향으로 다른 거리로 모따기를 적용한다.
❷ • **모서리** : 모따기 적용할 모서리를 선택한다.
    • **면** : 거리 및 각도에서 거리가 지정될 면을 선택한다.
    • **반전** : 두 거리에서 입력된 거리 값을 바꿔 적용한다.
❸ • **거리** : 모따기 거리를 입력한다.
    • **각도** : 거리 및 각도에서 기울어질 각도를 입력한다.

2. 모따기 유형에 따른 모서리 적용

일반적으로 거리를 이용한 모따기가 가장 많이 사용되고 있으며, 설계 및 도면에서 지시하는 상태에 따라 필요한 모따기 방법을 변경해서 적용한다.

(1) 거리를 적용한 모따기

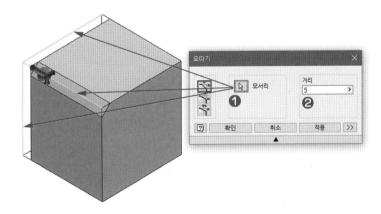

거리를 이용한 모따기는 도면상의 기호로 C와 직각인 경우 n×45°로 지시되는 모서리를 표현할 때 주로 사용하고 있으며, 선택된 모서리를 기준으로 지정된 거리가 동일하게 적용된다.
❶ 모따기를 적용할 모서리를 선택한다.
❷ 모따기 거리를 입력한다.
   ※ 거리를 이용하는 경우, 적용할 모서리는 다중으로 한 번에 선택하여 모따기 할 수 있다.

(2) 거리 및 각도로 적용한 모따기

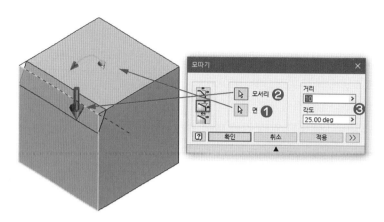

도면상 거리와 각도로 지시되는 모서리를 표현할 때 사용하며 선택 면과 모서리로 거리와 각도가 적용된다.

❶ 거리가 적용될 면을 선택한다.

❷ 각도가 적용될 모서리를 선택한다.

❸ 적용할 거리와 각도를 입력한다.

> ※ 거리 및 각도는 선택된 면과 모서리만 적용할 수 있으며 다중 선택을 통한 모따기는 적용할 수 없다.

(3) 두 거리로 적용한 모따기

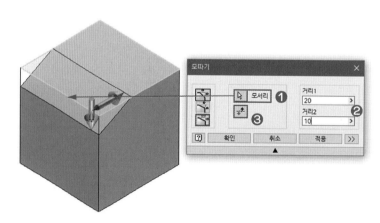

두 거리는 선택한 모서리의 면취 되는 거리를 다르게 적용할 때 사용하며 도면상에 가로, 세로 선형으로 지시하는 모서리에 적용할 수 있다.

❶ 두 거리를 적용할 모서리를 선택한다.

❷ 적용할 두 면에 대한 거리를 지정한다.

❸ 두 거리의 값의 적용방향을 변경한다.

9 쉘 (Shell)

쉘은 생성된 지정한 두께를 벽으로 만들고, 부품의 내부를 제거하여 케이스(통)와 같은 일정한 두께의 형상을 모델링 할 때 사용한다.

일반적으로, 플라스틱 케이스나 판금/절곡품과 같이 일정한 두께를 가지고 있는 형상을 모델링한다.

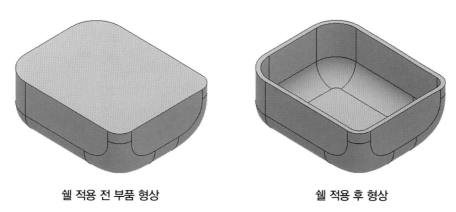

쉘 적용 전 부품 형상   **쉘 적용 후 형상**

1. 모따기 대화상자 기본옵션

❶ • **쉘 방향** : 쉘에 의해 생성되는 벽의 생성 방향을 지정한다.
  • **내부** : 가장자리 면을 기준으로 쉘 안쪽으로 벽을 생성한다.
  • **외부** : 가장자리 면을 기준으로 쉘 바깥쪽으로 벽을 생성한다.
  • **양쪽** : 가장자리 면을 기준으로 안쪽과 바깥쪽 모두 벽을 생성한다.

  ※ 이미 생성되어 있는 가장자리 면이 치수의 기준으로 작성되어 있기 때문에 쉘 생성방향은 내부로 작성되는 경우가 대부분이다.

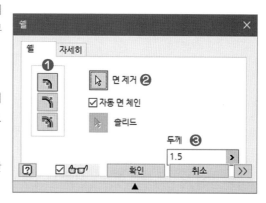

❷ **면 제거** : 개구부를 작성을 면을 선택한다.

  ※ 자동 면 체인은 모깎기 되어 있는 면을 개구부로 선택할 때 연결되어 있는 면을 전부 선택할 것인지의 여부를 지정한다.

❸ **두께** : 쉘로 생성할 벽의 두께를 지정한다.

  ※ 면 제거를 통해 개구부를 선택하지 않는 경우, 부품 내부만 비워진다.

미러 피처는 중간 평면을 기준으로, 이미 생성된 피처 또는 바디를 대칭복사하여 형상을 모델링하는 패턴 편집명령으로 좌우 또는 상하의 대칭 객체를 생성한다.

대칭 원본 피처를 수정하면 대칭 적용된 피처도 자동으로 수정이 반영된다.

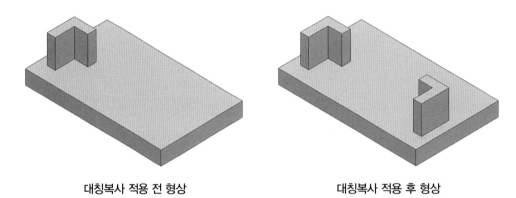

대칭복사 적용 전 형상   **대칭복사 적용 후 형상**

1. 리브 대화상자 기본옵션

❶ • 대칭복사될 원본 형식을 선택한다.
   • 개별 피처 패턴은 원본 객체를 피처 단위로 선택하여 대칭복사한다.
   • 솔리드 패턴화는 원본 객체를 바디 단위로 선택하여 대칭복사한다.
❷ 피처는 대칭복사할 개별 피처를 선택한다.
❸ 미러 평면은 피처 또는 바디를 대칭복사 할 기준 평면을 선택한다.

11 원형 패턴(Mirror)

원형 패턴은 회전 축을 기준으로 선택된 피처 또는 바디 객체를 등각도로 배열복사여 피처를 배치하는 패턴 명령이다. 원본 피처를 수정하면 패턴 적용된 피처도 자동으로 수정이 반영된다.

원형 패턴 적용 전 형상

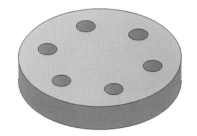

원형 패턴 적용 후 형상

1. 원형 패턴 대화상자 기본옵션

❶ • 원형 패턴 할 원본 형식을 선택한다.
 • 개별 피처 패턴은 원본 객체를 피처 단위로 선택하여 원형 패턴한다.
 • 솔리드 패턴화는 원본 객체를 바디 단위로 선택하여 원형 패턴한다.

❷ 피처 : 원형 패턴할 개별 피처를 선택한다.

❸ 회전축 : 원형 패턴의 기준이 될 축 또는 원통면을 선택한다.

❹ 배치 : 원형 패턴될 피처의 개수를 입력하고 패턴이 채워지는 각도를 입력한다.

 ※ 채울 각도에 따라 등 각도로 패턴된다.
 ※ 원형 패턴은 기본적으로 개별 각도를 입력하여 배치할 수 없다.

❺ • 방향 : 선택된 피처의 회전 배치 여부를 결정한다.
 • 회전 : 패턴 각도에 따라 자동으로 피처가 회전되어 배치된다.
 • 고정 : 패턴 각도와 상관없이 처음 생성된 피처의 방향에 고정되어 배치된다.

직사각형 패턴은 선택된 축 방향으로 피처를 등 간격으로 배열 복사하여 피처를 배치하는 패턴 명령이다. 원본 피처를 수정하면 패턴 적용된 피치도 자동으로 수정이 반영된다.

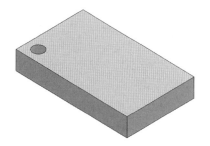

직사각형 패턴 적용 전 형상

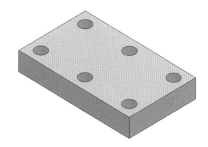

직사각형 패턴 적용 후 형상

1. 직사각형 패턴 대화상자 기본옵션

❶ • 직사각형 패턴 할 원본 형식을 선택한다.
  • 개별 피처 패턴은 원본 객체를 피처 단위로 선택하여 직사각형 패턴한다.
  • 솔리드 패턴화는 원본 객체를 바디 단위로 선택하여 직사각형 패턴한다.

❷ **피처** : 직사각형 패턴 할 개별 피처를 선택한다.

❸ **방향 1, 2** : 패턴 되는 방향을 축 또는 객체 모서리, 스케치 선 등으로 선택하고 패턴 개수 및 간격 또는 거리를 입력하여 패턴한다.

　※ 패턴 되는 방향이 한 방향이면 방향 1만 선택하며, 두 방향일 때 방향 1과 2 모두 선택한다.

　※ 직사각형 패턴의 방향은 축, 모서리, 스케치 선(직선, 곡선 모두 가능) 등으로 선택할 수 있으며, 선택된 경로의 방향으로 패턴이 진행한다.

❹ • **간격** : 패턴할 피처의 간격을 지정한다.
  • **간격** : 피처와 피처 사이의 개별 간격으로 배치한다.
  • **거리** : 패턴될 전체 거리를 입력하면, 피처는 개수만큼 등 간격으로 배치된다.
  • **곡선 길이** : 선택된 패턴 경로의 길이로 배치한다.

13 스윕 피쳐 (Sweep) - 솔리드 형상

스윕 피쳐는 경로(Path) 스케치와 단면(Profile) 스케치, 두 개의 스케치를 이용하여 형상을 모델링하는 기능으로, 단면이 경로에 따라 형상을 만드는 작성 피쳐 명령이다.

주로, 배관이나 철사와 같은 와이어 형상을 모델링하거나, 제품디자인에서 주로 많이 보이는 2중 곡면을 생성할 때 주로 사용되어진다.

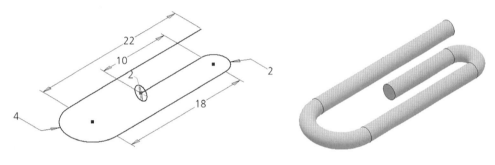

단면과 경로 스케치 작성   스윕 피쳐에 의해 생성된 결과물

1. 스윕 피쳐 대화상자 옵션

❶ **프로파일** : 스윕에 사용될 단면 스케치를 선택한다.

❷ **경로** : 선택된 단면을 진행시킬 경로(Path)를 선택한다.

❸ **출력** : 생성될 스윕 피쳐의 결과물을 솔리드로 생성할 것인지, 곡면으로 생성할 것인지를 결정한다.

　　　※ 일반적으로 돌출이나 회전 피쳐와는 달리, 스윕 피쳐는 솔리드 뿐만 아니라, 곡면 생성도 많이 사용된다.

❹ **작업** : 스윕될 객체의 작업 형태를 결정한다.

❺ **유형(경로)** : 스윕 객체의 생성 유형을 선택한다.

2. 단면과 경로 스케치

일반적인 작성 피쳐 기능과 달리 스윕은 경로 스케치와 단면 스케치, 두 개의 스케치가 있어야만, 기능이 활성화될 수 있다.

경로는 닫힌 경로와 열린 경로 중에서 하나의 형식으로 스케치가 이루어져야 하며, 하나의 경로 스케치에 한 개 이상의 경로를 포함할 수 없다. 단면 스케치보다 먼저 생성되어야 한다.

단면 스케치는 스케치된 경로의 임의 시작위치(닫힌 경우) 또는 끝점(열린 경우)에 직각하는 평면을 생성한 후, 단면 스케치를 작성한다.

경우에 따라 단면의 위치를 경로의 위치에 정확하게 일치시켜 생성할 필요는 없다.

(1) 경로(Path) 스케치 작성

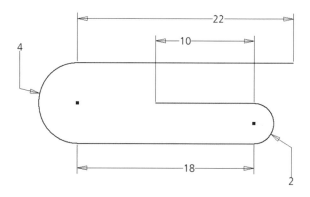

경로 스케치는 일반적인 스케치 기능을 이용하여 경로를 작성한다.

경로 작성 시, 하나로 이어지는 경로여야 하며, 모델링해야 하는 형상에 따라 닫혀 있거나, 열린 경로로 스케치한다.

(2) 경로 스케치 후, 경로에 직각하는 평면 생성

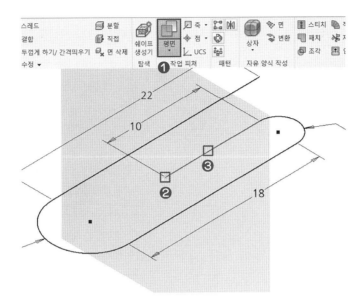

경로에 직각하는 단면을 생성하기 위해서 작업 피쳐 평면을 통해 경로에 직작하는 평면을 생성한다.

❶ 3D 모형 리본에서 작업 피쳐 평면 명령을 클릭한다.

❷ 스케치가 생성될 위치가 될 경로의 끝점 또는 임의의 점을 선택한다.

❸ 직각하는 방향을 가지고 있는 경로 선분을 선택하여 평면을 생성한다.

(3) 단면 스케치 작성

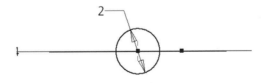

생성된 평면에 새로운 단면 스케치를 작성한다.

(4) 스윕 피쳐 생성

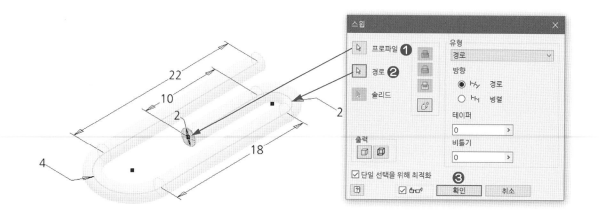

스윕 명령을 이용하여 단면을 경로에 따라가는 형상을 모델링한다.

❶ 나타난 스윕 대화상자에서 프로파일을 작성한 단면 스케치로 선택한다.

❷ 경로는 처음 스케치된 경로 스케치로 선택한다.

❸ 확인 또는 Enter↵를 눌러 스윕 형상을 완성한다.

3. 유형(경로) 옵션

(1) 방향 – 경로

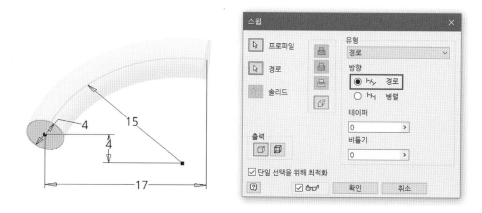

경로 유형에서 경로 방향은 단면 스케치가 경로에 직각한 상태로 단면의 방향을 조절하면서 객체를 모델링
하는 옵션이다.

(2) 방향 – 병렬

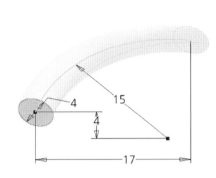

스케치된 단면의 방향을 경로의 변화에 따라 변화지 않고, 현재의 방향 그대로 경로에 맞춰 형상을 모델링한다.

※ 단면의 방향에 따라 90도 이하 또는 직선 방향으로 이루어진 경로에서만 생성될 수 있다.

(3) 테이퍼

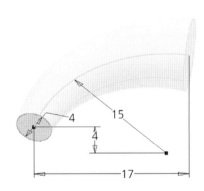
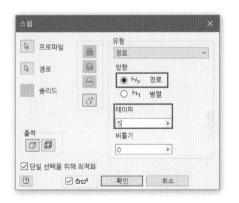

경로 옵션에서 활성화 되며, 경로 따라 진행하는 단면에 면의 기울기 각도로 지정하여 넓게 또는 좁게 모델링한다. 양수 값은 벌어지며, 음수 값은 좁아진다.

(4) 비틀기

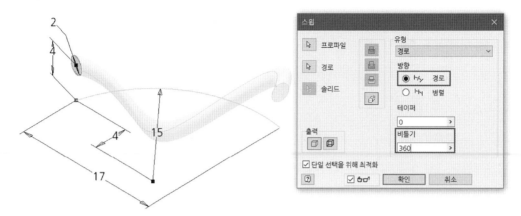

경로와 단면의 시작 위치가 다른 경우, 스프링이나 코일 같이 스윕 경로에 따라 단면을 꼬아서 형상을 모델링한다.

4. 스윕을 이용한 케이스 모델링 따라하기

아래 도면을 참고하여, 앞에서 배웠던, 회전과 쉘로 기본 형상을 모델링하고, 스윕 피쳐를 이용하여 하단에 생성해야 할 형태에 대해서 모델링하는 방법을 알아보자.

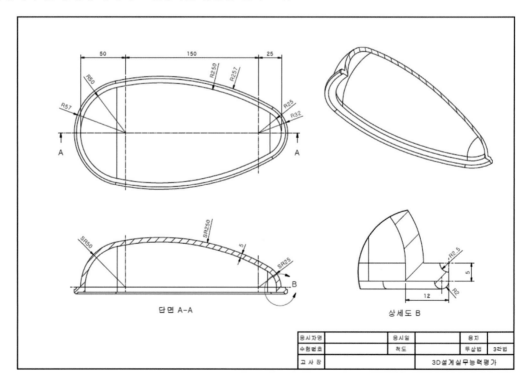

(1) 기준 스케치 평면 선택

모델링의 기준이 되는 회전 형상을 작성할 스케치의 평면을 선택하고, 새 스케치 작성 환경으로 들어간다.

❶ 작업화면에서 큐브 홈 아이콘(단축키 : F6)을 선택하여, 등각화면으로 뷰 방향을 변환한다.

❷ 좌측 검색기 원점에서 XY 평면을 선택한다.

❸ 작업 화면에 나타난 평면의 방향을 확인하고, 새 스케치 아이콘을 선택하여 스케치 작성 환경으로 전환한다.

(2) 회전 단면 스케치 및 중심선 변경

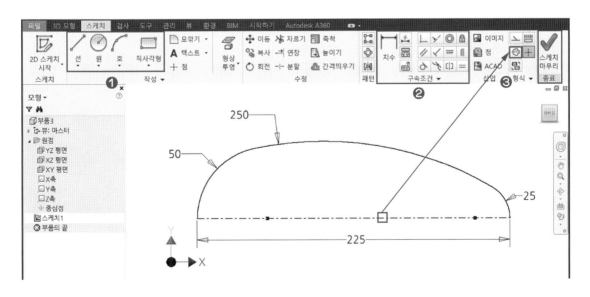

도면을 참고하여, 위 그림과 같이 선과 호로 스케치하고 치수로 구속한다.

❶ 스케치 리본 탭, 작성에서 선과 호를 이용하여 대략적으로 단면을 스케치한다.

❷ 형상 구속과 치수 구속을 이용하여 도면과 같이 가로에 대한 크기와 위치를 구속한다.

❸ 스케치된 축선을 선택하고 스케치 리본 탭, 형식에서 중심선 아이콘을 클릭하여 선택한 선분을 중심선으로 변경하고, 스케치를 마무리한다.

(3) 회전 피쳐 생성

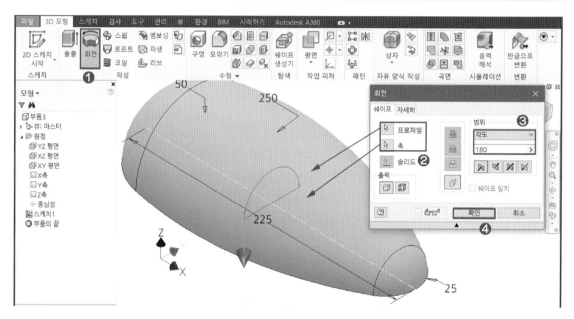

작성된 스케치를 회전 피쳐를 이용하여 도면과 같이 180도 형상을 완성한다.

❶ 3D 모형 리본 탭에서 회전 명령을 실행한다.

❷ 회전 대화상자에서 프로파일 및 축을 선택한다.

   ※ 단일 단면, 단일 축선인 경우, 별도의 선택 없이 자동으로 회전 객체가 생성된다.

❸ 회전 범위는 각도 변경하고 180도 회전하는 객체를 생성한다.

❹ 확인 또는 Enter↵를 눌러 돌출 피쳐를 생성한다.

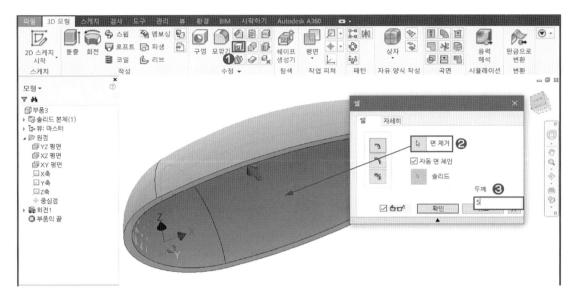

(4) 쉘을 이용한 내부 속 파기

회전 피처에 의해서 생성된 형상의 아래 부분을 일정한 두께로 속을 파낸다.

❶ 3D 모형 리본 탭에서 쉘 명령을 실행한다.

❷ 제거할 면을 생성한 객체 아래면을 선택한다.

❸ 쉘 두께 5mm를 입력하고, 확인 또는 Enter⏎를 눌러 도면과 같이 형상을 작성한다.

(5) 스윕 경로 작성을 위한 스케치 평면

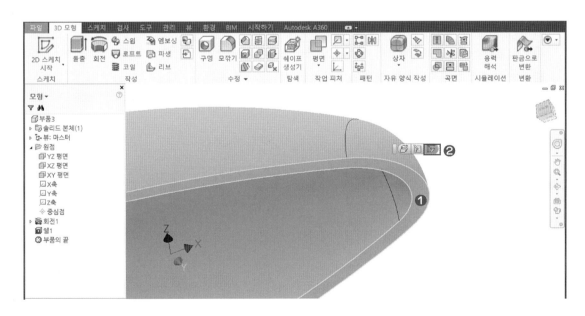

스윕에 필요한 경로를 작성하기 위한 스케치 평면을 선택한다.

❶ 쉘에 의해 생성된 아래 면을 선택한다.

❷ 나타나는 작업 아이콘에서 새 스케치를 클릭하여 스케치 작성 환경으로 전환한다.

(6) 기존 형상의 가장자리를 경로 생성

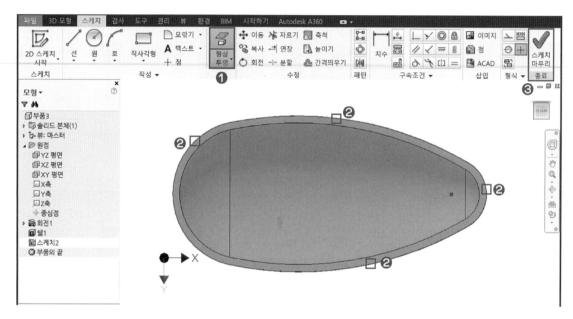

스윕 경로는 새롭게 스케치하여 작성할 수 있으며, 기존 객체의 가장자리를 이용하여 경로를 생성할 수도 있다.

❶ 스케치 탭, 수정 리본에서 형상 투영 명령을 실행한다.

❷ 경로로 사용할 객체 가강자리를 모두 선택한다.

❸ 스케치 마무리를 클릭하여 경로 스케치를 완성한다.

(7) 단면 스케치를 위한 평면 생성

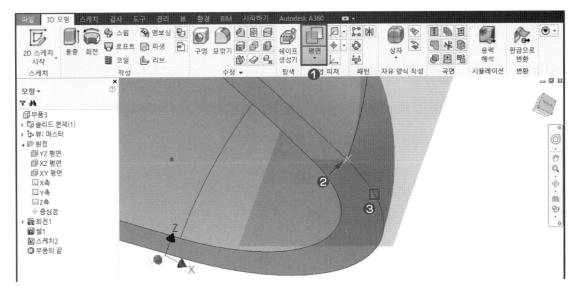

경로에 직각하는 스케치를 작성하기 위해서, 새로운 평면을 생성한다.

❶ 3D 모형 탭, 작업 피처 리본에서 평면 명령을 실행한다.

❷ 평면이 위치할 임의의 점을 선택한다.

❸ 작성한 경로 스케치 또는 객체 외형선을 선택하여 선택한 선분에 직각하는 평면을 생성한다.

(8) 사용자 평면 선택

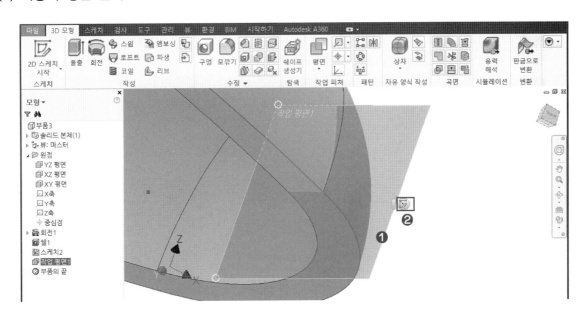

스윕에 필요한 단면을 작성하기 위한 생성한 스케치 평면을 선택한다.

❶ 평면에서서 생성된 작업 평면을 선택한다.

❷ 나타나는 작업 아이콘에서 새 스케치를 클릭하여 스케치 작성 환경으로 전환한다.

(9) 기준 생성을 위한 형상 투영

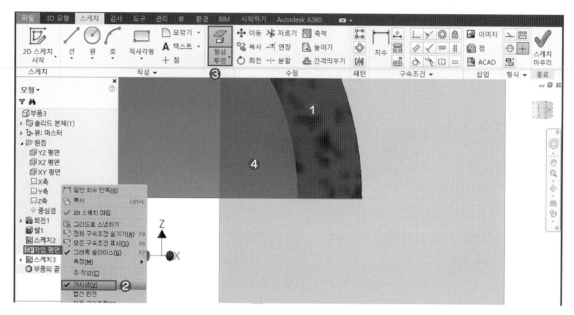

스케치 원점이 아닌, 임의의 위치에서 스케치하기 위해서 기존의 객체에서 필요한 기준 선분을 생성한다.

❶ 키보드 F7키를 눌러 그래픽슬라이스 상태로 변경하여, 현재 스케치 내용이 보이도록 한다.

❷ 좌측 검색기에서 생성한 작업 평면을 마우스 오른쪽 클릭하여, 작업 평면을 숨긴다.

❸ 스케치 탭, 수정 리본에서 형상 투영 명령을 실행한다.

❹ 투영할 가장자리가 있는 면을 선택하여 선택 면 가장자리를 투영시킨다.

(10) 스윕 단면 스케치 작성

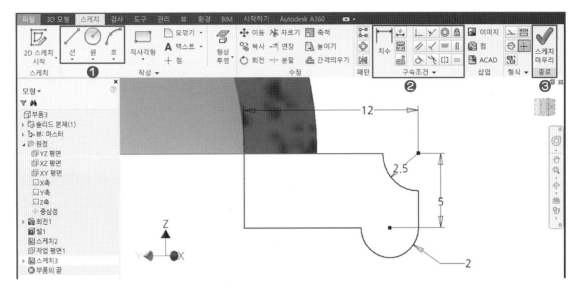

도면을 참고하여, 스윕에 필요한 단면을 스케치한다.

❶ (9)에서 생성한 투영 선분을 기준으로, 선과 원 또는 호를 이용하여 대략적으로 스케치를 작성한다.

❷ 치수 구속 및 형상 구속을 이용하여 도면과 같이 크기와 자세를 구속한다.

❸ 스케치 마무리를 클릭하여 스케치 작성을 종료한다.

(11) 스윕 피쳐 생성

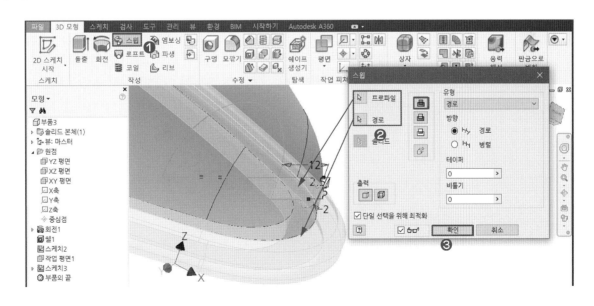

경로 및 단면 스케치가 완료 되었다면, 스윕 피쳐를 생성한다.

❶ 3D 모형 탭, 작성 리본에서 스윕 명령을 실행한다.

❷ 나타난 스윕 대화상자에서 프로파일은 (10)에서 작성한 단면 스케치를 선택하고, 경로는 (6)에서 생성한 경로 스케치를 선택한다.

❸ 기존의 객체 형상과 합쳐야 됨으로, 작업은 합집합을 선택하고, 확인 또는 [Enter↵]를 눌러 스윕 피쳐를 생성한다.

(12) 모델링 완성

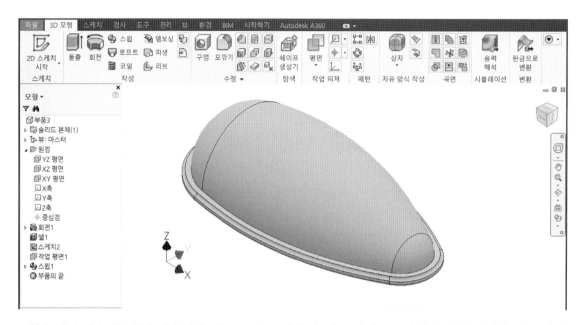

스윕은 많이 사용되는 돌출이나 회전 기능으로는 표현할 수 없는 형태를 모델링 할 때 많이 사용되고, 하나의 단면과 하나의 경로로 이루어지는 것이기 때문에 도면과 같은 형상을 모델링하거나, 2중 곡면으로 이루어진 제품의 형상에 많이 사용된다.

14 　스윕 피쳐(Sweep) – 곡면 형상

인벤터 3D 모형 탭, 작성 리본에 있는 돌출, 회전, 스윕, 로프트는 기본적으로 지금까지와 같이 솔리드 객체로 형상을 생성할 수도 있지만, 곡면으로도 형상을 모델링할 수 있는 기능을 제공한다.

일반적으로 기계관련 분야에서는 거의 대부분이 솔리드 모델링으로 이루어지는 반면, 산업디자인 관련 분야에서는 추가적으로 스윕과 로프트의 내용도 많이 포함하고 있다.

특히, 3D설계실무능력자격 2급에서는 기계과 제품 형식의 답안을 요구하고 있기 때문에, 스윕 곡면(Surface)을 활용해서 답안을 작성할 수 있도록 해야 한다.

스윕 솔리드(Solid) 피쳐와 곡면(Surface) 피쳐의 기능적인 부분은 동일하며, 생성되는 결과물만 다르게 출력된다.

1. 곡면 스윕 스케치 형태

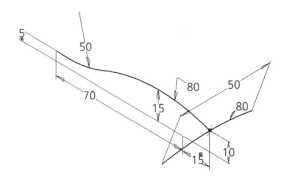

곡면을 생성하기 위한 스케치에서 경로 스케치는 솔리드 객체와 동일한 방법과 내용으로 스케치하며, 단면 스케치에서 조금 달라질 수 있다.

단면 스케치 시, 닫친 스케치는 솔리드와 곡면을 선택적으로 생성할 수 있지만, 열린 단면 스케치는 오직 곡면으로만 출력이 된다.

2. 곡면(Surface) 스윕 생성 형태

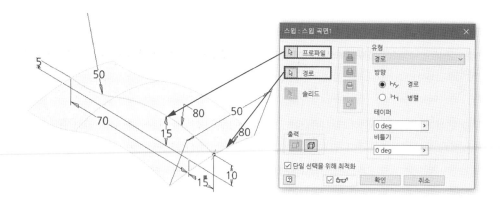

경로 스케치와 단면 스케치 모두 열려있는 스케치 상태에서는 프로파일과 경로 스케치를 개별로 선택해 주어야 한다.

❶ **프로파일** : 단면 스케치를 선택한다.

❷ **경로** : 경로 스케치를 선택한다.

❸ **출력** : 열려진 단면 스케치를 선택하면, 기본적으로 곡면만 활성화 되는 것을 볼 수 있다.

솔리드(Solid)와 곡면(Surface)의 차이점

• 솔리드(Solid) : 사전적 의미는 고체로 속이 찬 입체 물체를 뜻하는 단어로, 주로 3D캐드 소프트웨어에서 생성되는 형상으로, 물성치(재료부여, 밀도, 질량, 체적(부피) 등)를 부여할 수 있어, 3D형상을 이용하여 가공, 해석 등에 있어서 솔리드 객체는 중요한 모델링 방법이다.

• 곡면(Surface) : 표면이라는 의미로, 솔리드와 달리 형상의 표면만 존재하는 형식의 모델링 방식으로, 주로 3D그래픽 소프트웨어에서의 모델링에서 많이 사용된다.

특히, 3D캐드에서는 산업디자인 관련 한 분야에서 직접적으로 솔리드 모델링으로 표현하기 어려운 기하곡면을 가지고 있는 형상 같은 경우, 곡면으로 형상 모델링 후, 솔리드로 변환 하거나, 솔리드와 곡면을 같이 모델링하는 방법으로도 활용할 수 있다.

곡면으로만 이루어진 3D형상은 물성치(재료부여, 밀도, 질량, 체적(부피) 등) 정보를 가지고 있지 않으며, 이 곡면 형상을 가지고 직접적으로 활용할 수 있는 방법은 극히 제한적이다.

인벤터는 솔리드와 곡면을 같이 생성하여, 상호 부족한 부분을 보완하면서 모델링할 수 있는 하이브리드 모델링 방법을 제공하고 있어, 솔리드 모델링 시 곡면이 필요한 부분은 곡면으로 생성해 놓고, 솔리드 형상을 곡면으로 편집할 수 있는 기능을 제공하고 있다.

솔리드와 곡면을 이용한 하이브리드 모델링의 예

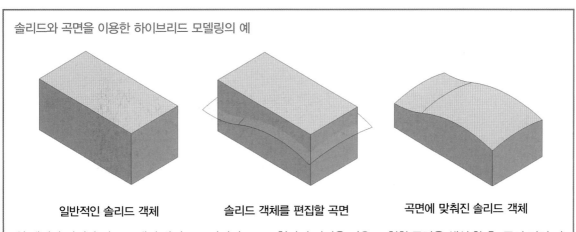

| 일반적인 솔리드 객체 | 솔리드 객체를 편집할 곡면 | 곡면에 맞춰진 솔리드 객체 |

위 예시와 같이 솔리드 모델링 방법으로 직접적으로 표현하기 어려운 경우, 표현할 곡면을 생성 한 후, 곡면 편집 기능을 이용하여 솔리드 객체를 수정할 수 있으며, 3D실무능력평가 2급에서는 이러한 형식으로 이루어진 문제가 출제된다.

3. 곡면을 이용한 솔리드 모델링 따라하기

지금까지 배웠던, 돌출, 스윕 곡면, 모깎기, 쉘을 이용하여 제품 형상을 아래 도면을 참고하여 모델링 해보자.

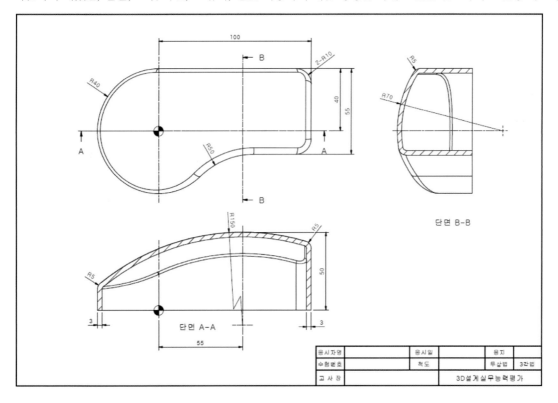

(1) 기준 스케치 평면 선택

모델링의 기준이 되는 돌출 형상을 작성할 스케치의 평면을 선택하고 새 스케치 작성 환경으로 들어간다.

❶ 작업 화면에서 큐브 홈 아이콘(단축키 : F6)을 선택하여, 등각화면으로 뷰 방향을 변환한다.

❷ 좌측 검색기 원점에서 XY 평면을 선택한다.

❸ 작업 화면에 나타난 평면의 방향을 확인하고, 새 스케치 아이콘을 선택하여 스케치 작성 환경으로 전환한다.

(2) 돌출 단면 스케치 작성

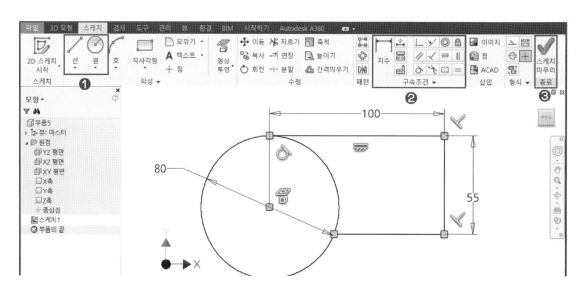

도면을 참고하여, 위 그림과 같이 선과 원으로 스케치하고 치수로 구속한다.

❶ 스케치 리본 탭, 작성에서 선과 호를 이용하여 대략적으로 단면을 스케치한다.

❷ 형상 구속과 치수 구속을 이용하여 도면과 같이 가로에 대한 크기와 위치를 구속한다.

❸ 기본적인 스케치가 완료되면, 스케치 마무리를 선택하여 종료한다.

(3) 돌출 피처 생성

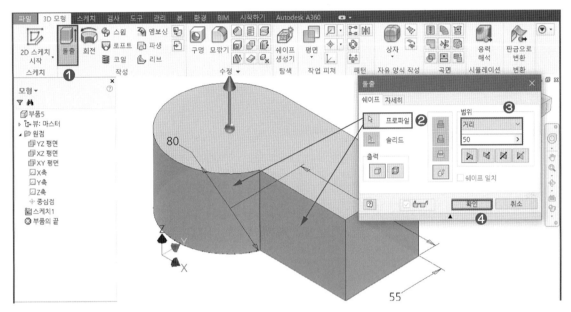

작성된 스케치를 돌출 피처를 이용하여 도면과 같은 치수로 형상을 완성한다.

❶ 3D 모형 리본 탭에서 돌출 명령을 실행한다.

❷ 돌출 대화상자에서 프로파일을 스케치한 두 영역을 모두 선택한다.

❸ 거리 값을 50으로 입력하고, 방향1로 객체를 생성한다.

❹ 확인 또는 Enter↵를 눌러 돌출 피처를 생성한다.

(4) 스윕 경로 스케치를 위한 평면 선택

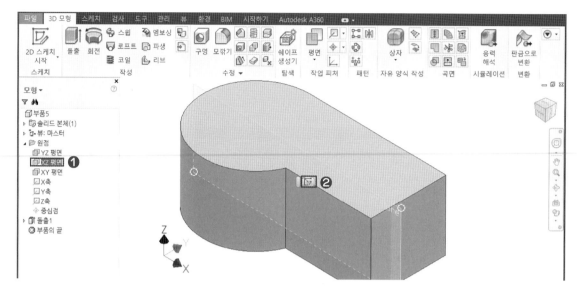

스윕 경로를 스케치하기 위해 스케치의 평면을 선택하고 새 스케치 작성 환경으로 들어간다.

❶ 좌측 검색기 원점에서 XZ 평면을 선택한다.

❷ 작업 화면에 나타난 평면의 방향을 확인하고, 새 스케치 아이콘을 선택하여 스케치 작성 환경으로 전환한다.

(5) 경로 스케치 작성

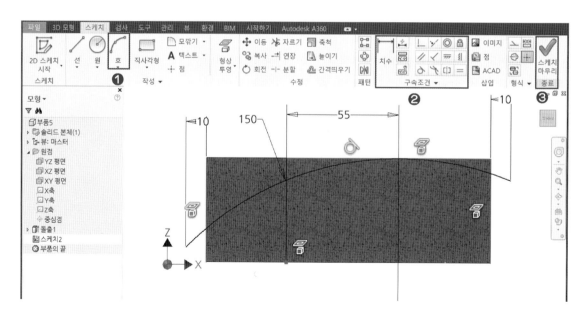

도면과 같이 경로를 호로 스케치하고, 구속조건을 이용하여 마무리한다.

❶ 스케치 리본 탭, 작성에서 3점 호를 이용하여 대략적으로 단면을 스케치한다.

❷ 형상 구속과 치수 구속을 이용하여 도면과 같이 가로에 대한 크기와 위치를 구속한다.

❸ 스케치가 완료되면, 스케치 마무리를 선택하여 종료한다.

※ 열린 스윕 경로 같은 경우, 기존의 형상보다 조금 더 크게 작성하여, 기존 형상과 교차되지 않는 부분이 없도록 한다.

(6) 스윕 단면 스케치를 위한 작업 평면 생성 및 새 스케치 작성

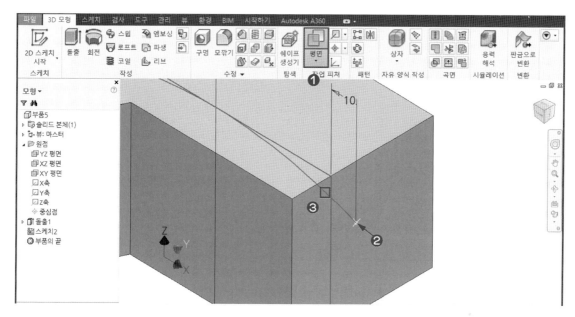

단면 스케치를 위해 경로에 직각하는 새로운 평면을 생성한다.

❶ 3D 모형 탭, 작업 피쳐 리본에서 평면 명령을 실행한다.

❷ 평면이 위치할 경로의 끝점 점을 선택한다.

❸ 작성한 경로 스케치를 선택하여 선분에 직각하는 평면을 생성한다.

❹ 생성된 평면을 선택하여 나타나는 작업 아이콘에서 새 스케치를 클릭한다.

(7) 단면 스케치 1 – 스케치 기준점 생성

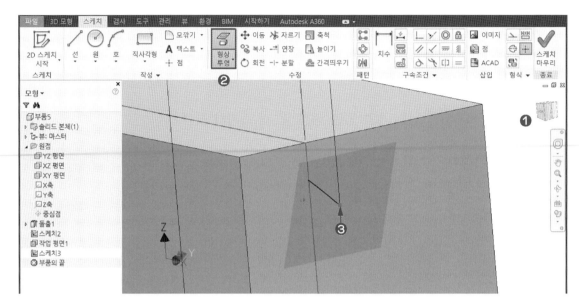

스케치될 단면을 생성된 경로 스케치에 정확하게 위치를 맞추기 위해서 기준점을 생성한다.

❶ Shift +중간버튼 또는 키보드 F4키를 눌러 3차원 화면으로 변경한다.

❷ 스케치 탭, 수정 리본에서 형상 투영을 클릭한다.

❸ 기준점을 생성할 경로 스케치의 끝점을 선택하여, 형상 투영 점을 생성한다.

(8) 단면 스케치 2 – 단면 스케치 및 기준 구속

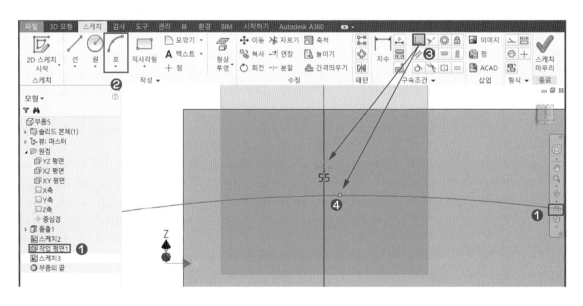

작성한 단면 스케치를 기준점에 일치 구속을 이용하여 위치를 정확하게 맞춘다.

❶ 우측 탐색 막대에서 평면 보기를 클릭하고, 생성된 평면을 선택하여, 작업 화면을 평면으로 설정한다.

❷ 스케치 탭, 작성 리본에서 3점 호를 이용하여, 도면과 같이 단면이 되는 호를 작성한다.

❸ 스케치 탭, 구속조건 리본에서 일치 구속을 선택한다.

❹ 생성한 기준 형상 투영 점과 작성한 호의 중간점을 선택하여 일치 시킨다.

(9) 단면 스케치 3 – 치수 구속 및 형상 구속 적용

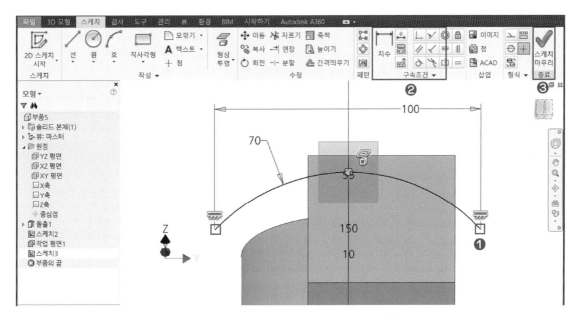

치수 구속과 자세를 맞추기 위한 형상 구속을 적용하여 스케치를 마무리한다.

❶ 수평(수직) 구속조건을 이용해서 작성된 호의 양 끝점을 구속한다.

❷ 도면과 같이 치수 구속을 이용하여 크기를 지정한다.

❸ 스케치 및 구속조건 부여가 완료되면, 스케치 마무리를 클릭하여 종료한다.

※ 경로와 마찬가지로, 스윕 곡면으로 생성될 단면도 기존의 형상보다 크게 작성한다.

(10) 스윕 곡면 생성

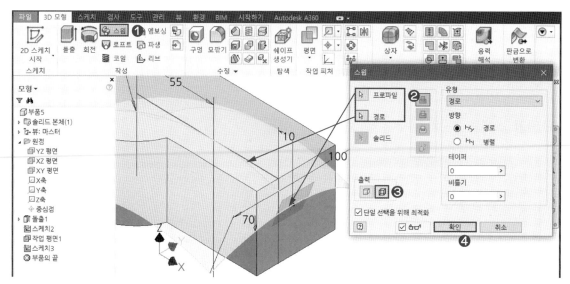

스윕 명령을 이용하여 작성한 경로와 단면 스케치를 이용하여 곡면을 생성한다.

❶ 3D 모형 탭, 작성 리본에서 스윕 명령을 실행한다.

❷ 스윕 대화상자에서, 프로파일(단면)과 경로를 각각 선택한다.

❸ 출력에서 곡면으로 변경된 내용을 확인한다.

❹ 미리보기를 통해서 생성 정도를 확인하고, 확인 또는 Enter↵를 눌러 완료한다.

(11) 솔리드 객체를 면 대체를 이용하여 곡면에 맞춤

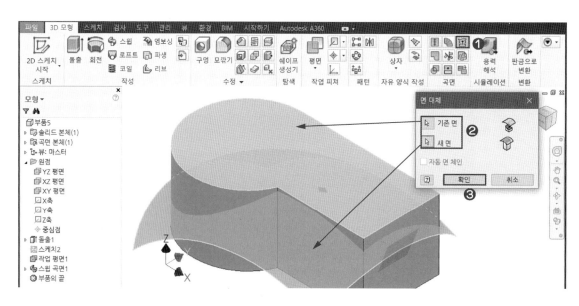

솔리드 객체와 곡면 객체를 이용하여 형상을 수정하는 방법 중에서 면 대체 기능을 이용하여 솔리드 기준 면을 곡면 형태로 변경한다.

❶ 3D 모형 탭, 곡면 리본에서 면 대체 명령을 실행한다.

❷ 면 대체 대화상자에서, 기준 면을 솔리드 객체의 윗면으로 선택하고, 새 면은 생성한 스윕 곡면으로 선택한다.

❸ 정상적으로 선택되었다면, 확인 또는 Enter↵를 클릭하여 솔리드 면을 수정한다.

(12) 불필요한 곡면 객체 숨기기

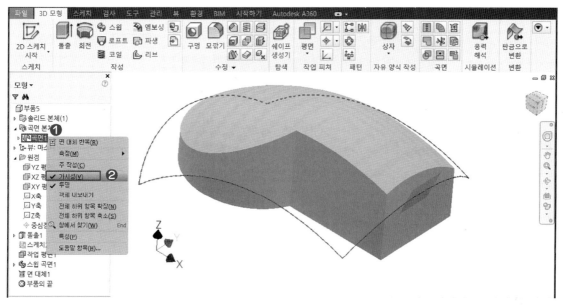

원할 한, 작업을 위해서 사용하지 않는 평면, 곡면 등 피쳐를 숨긴다.

❶ 숨기고자 하는 해당 피쳐를 선택하고, 마우스 오른쪽 버튼을 클릭한다.

❷ 나타나는 팝업메뉴에서 가시성을 체크 Off시켜 화면상에서 숨긴다.

(13) 형상에 모깎기 적용 – 1

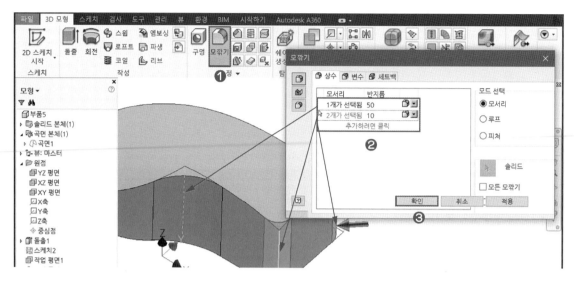

도면과 같이 생성된 피쳐 객체에 필요한 모깎기를 적용한다.

❶ 3D 모형 탭, 수정 리본에서 모깎기 명령을 실행한다.

❷ 모깎기 대화상자에서 반지름 50를 입력하고, 50mm 작용될 객체 모서리를 선택하고, 다른 크기의 모깎기를 적용하기 위해서 "추가하려면 클릭"을 선택하고, 반지름 10을 입력하고, 10mm가 적용될 모서리를 각각 선택한다.

❸ 확인 또는 Enter↵를 눌러 모깎기 적용이 완료한다.

(14) 형상에 모깎기 적용 – 2

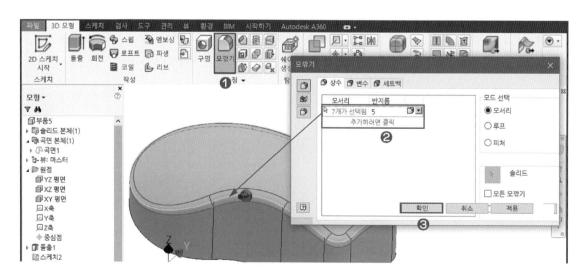

최초 모깎기 적용 후, 나머지 모깎기를 적용한다.

❶ 3D 모형 탭, 수정 리본에서 모깎기 명령을 실행한다.

❷ 모깎기 대화상자에서 반지름 5를 입력하고, 5mm 작용될 객체 모서리를 선택한다.

❸ 확인 또는 Enter↵를 눌러 모깎기 적용이 완료한다.

> ※ 모깎기 적용 시, 모깎기가 적용되는 모든 모서리를 한 번에 적용하는 것이 아니라, 모서리 접선을 염두 해두고, 먼저 적용
> 할 부분과 나중에 적용할 부분을 나눠 적용하면 편리하다.

(15) 쉘을 이용한 내부 속 파기

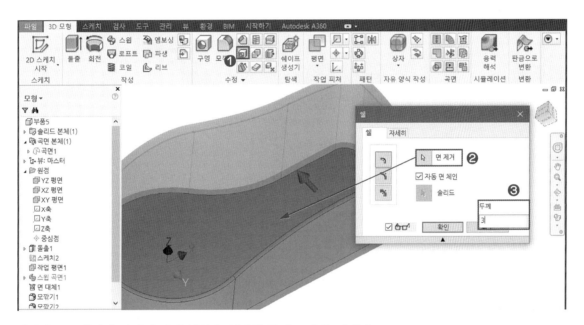

마지막으로 생성된 형상의 아래 부분을 일정한 두께로 속을 파낸다.

❶ 3D 모형 리본 탭에서 쉘 명령을 실행한다.

❷ 쉘 대화상자에서 제거할 면을 생성한 객체 아래 면을 선택한다.

❸ 쉘 두께 3mm를 입력하고, 확인 또는 Enter↵를 눌러 도면과 같이 형상을 작성한다.

(16) 모델링 완성

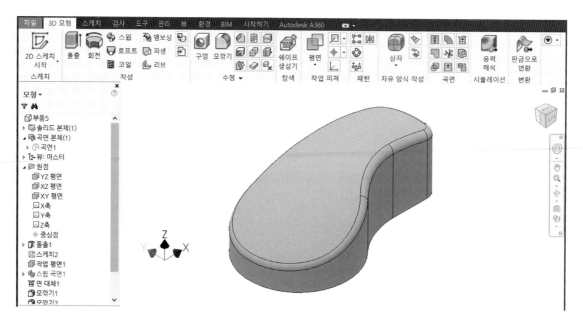

이와 같이 스윕 곡면을 이용하여 솔리드 객체를 수정하는 것이, 처음부터 스윕 솔리드를 이용하여 편집하는 것 보다, 훨씬 유연할 수 있으며, 각종 추가적인 형상 작업에서도 편리한 이점을 가지고 있다.

산업디자인, 제품디자인 분야에서 곡면 활용은 디자인된 내용을 3D형상으로 만들 수 있는 여러 가지 이점과 편리성을 가지고 있다.

15 　로프트 피쳐 (Loft)

로프트(Loft) 피쳐는 일반적인 돌출, 회전, 스윕 등과 같이 단일 단면 스케치로 이루어지는 형상이 아닌, 두 개 이상의 단면으로 이루어진 형상을 모델링하기 위해서 필요한 기능으로, 복합 단면 구조를 가지고 있는 제품 및 기계 형상을 모델링할 때 유용하게 사용하는 작성 피쳐 명령이다.

단일 단면 스케치를 가지고 있는 스윕과 달리 거의 대부분 산업디자인, 제품디자인 분야에서 주로 많이 사용되어지고, 기계 분야에서도 주조 및 사출금형 분야에서 많이 사용되어지고 있다.

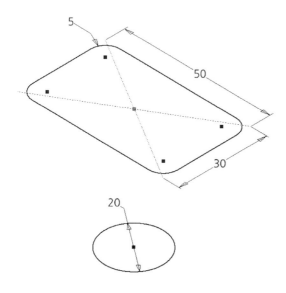

하나 이상 생성된 다른 형태의 스케치

로프트(Loft) 피쳐에 의해 생성된 결과물

1. 로프트(Loft) 피쳐 대화상자 옵션

❶ **단면** : 두 개 이상 작성된 단면 스케치를 순차적으로 선택한다.

❷ **안내선 유형** : 안내 레일 또는 중심선 등을 선택할 수 있는 옵션으로 사용할 안내선 유형에 따라 설정을 변경한다.

❸ **레일** : 선택된 안내선 유형에 따라 안내 곡선을 선택한다.

❹ **작업(오퍼레이션)** : 생성되어지는 로프트 객체의 작업(합집합, 차집합, 교집합) 유형을 선택한다.

❺ **출력** : 생성될 로프트 피쳐의 결과물을 솔리드 또는 곡면으로 생성할 것인지를 결정한다.

※ 스윕과 마찬가지로, 솔리드 뿐만 아니라, 곡면 생성도 많이 사용된다.

2. 로프트(Loft) 단면 선택 – 단면이 2개인 경우

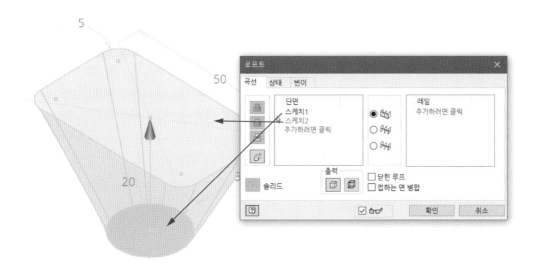

생성된 단면 스케치가 서로 다른 높이를 가지고 있고, 단면의 모양이나 크기 등이 다른 두 개의 스케치를 이용하여 로프트 피쳐를 생성할 경우. 단면 선택 상자에서 순서 상관없이 두 단면 스케치를 선택하여 객체를 생성 할 수 있다.

※ 로프트 단면 스케치 시, 주의할 사항은 로프트는 다른 작성 피쳐와 달리 한 스케치에 하나의 단면만 선택할 수 있음으로, 로프트로 생성할 단면은 각종 스케치 편집 기능을 이용하여, 하나의 영역으로 수정된 상태에서만 가능하다.

※ 일반적인 형상 모델링 시, 모깎기나 모따기 등과 같은 모서리 처리 기능은 스케치보다는 생성된 형상에 피쳐 명령으로 적용하는 경우가 대부분이지만, 로프트로 모델링할 경우, 해당 단면에 필요한 모깎기나 모따기는 스케치에 먼저 적용한 후, 모델링을 생성한다.

3. 로프트(Loft) 단면 선택 – 단면이 2개 이상인 경우

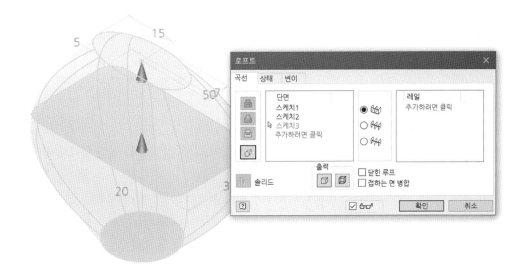

로프트는 단면과 단면이 이어지면서 형상이 생성되는 기능으로, 생성할 로프트 피쳐의 단면이 세 개 이상 존재하는 경우, 단면은 면이 생성되는 순서대로 순차적으로 선택해야 한다.

만약, 순서가 바뀐 경우, 형상이 만들어지지 않거나, 뒤틀어지는 형상이 만들어질 수 있다.

※ 단면 선택 시, 선택 순서가 잘못된 경우, 로프트 단면 리스트에서 해당 스케치를 선택하여 마우스로 위치를 변경 할 수 있다.

※ 두 개의 단면인 경우, 두 단면이 직선으로 면이 이루어지며, 세 개 이상의 단면이 선택된 경우, 중간에 존재하는 단면에서 Spline 자유 곡면 형식으로 기하곡면이 자동으로 생성된다.

4. 로프트(Loft) 단면 간 표면 곡률 조정

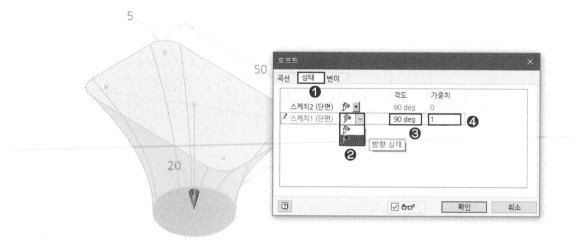

별도의 안내 레일이 없는 경우, 로프트의 시작 단면과 끝 단면에 곡률을 조정할 수 있는 기능을 인벤터는 제공하고 있다.

❶ 로프트 대화상자에서 단면 선택 후, 상태 탭을 클릭한다.

❷ 상태 리스트에 나타난 단면의 곡면 상태 아이콘을 클릭하여, 자유 상태 또는 방향 상태로 아이콘을 전환하여 곡률을 조정한다.

※ 자유 상태는 선택된 단면의 면이 직선 형식으로 진행되며, 방향 상태는 해당 당면에 기하곡률을 포함하고 있는 곡면으로 변경이 된다.

❸ 각도는 방향 상태에서 곡면의 진향 방향을 변경할 수 있으며, 90도를 기준으로 이하의 각도는 좁게, 이상의 각도는 넓게 생성된다.

❹ 가중치는 곡면에 가해지는 힘의 정도를 나타내는 것으로, 기하곡면이 생성되는 곡률의 정도를 변경할 수 있다.

기본 값 1을 기준으로, 이하 값은 밋밋한 곡면이, 이상 값은 곡면의 적용이 크게 작용된다.

※ 로프트 상태에서의 곡률 조정은 단면의 개수와 상관없이 시작 단면과 끝 단면에서만 조절된다.

5. 안내 레일이 있는 경우

안내 레일이란, 로프트 단면과 단면사이에 생성되는 면의 형상을 안내하는 선분으로 하나 이상, 필요한 만큼 2차원 및 3차원 스케치로 작성할 수 있으며, 일반 스케치 요소를 이용하여 형상과 치수 구속을 포함할 수 있으며, 자유곡선 등을 이용하여 표현할 수도 있다.

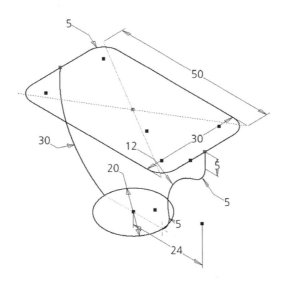

안내 레일 스케치는 먼저 단면이 스케치가 완성된 이후, 안내 레일을 작성해야 하며, 안내 레일 작성에 있어서 몇 가지 제약조건을 가지고 있다.

❶ 하나 이상의 안내 레일이 필요한 경우, 위 그림과 같이 같은 평면상에서 생성되는 레일 스케치는 한 평면상에서 같이 작성한다.

❷ 레일 작성 시, 레일의 끝점이 무조건 작성된 단면선 일부분에 일치되어 있어야 한다.

❸ 각각의 레일은 열린 스케치 객체로 이루어져 있어야 하며, 스케치 시 생성한 형상 투영 요소는 모두 구성 선으로 변경하여야 한다.

(1) 로프트에 안내 레일 선택 방법

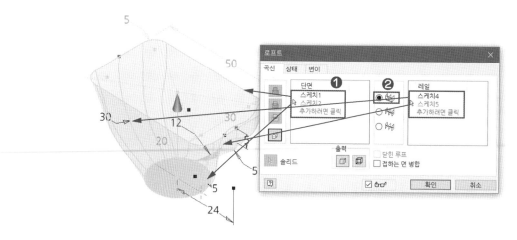

단면 사이에 안내 레일을 포함하고 있는 경우, 단면 선택은 이전 방식과 동일하게 먼저 선택한 이후, 레일 스케치를 개별로 선택한다.

❶ 단면 스케치를 순차적으로 개별 선택한다.

❷ 안내선 유형을 안내 레일로 선택한다.

❸ 레일에서 선택할 레일을 순서와 상관없이 필요한 만큼 선택한다.

6. 중심선이 있는 경우

안내선 유형에서 중심선은 스윕 피쳐 명령과 비슷하게 생성된 단면이 경로 스케치 선을 따라 형상을 모델링하는 기능으로, 스윕에서는 표현할 수 없는, 하나의 경로에 두 개 이상의 단면을 포함하고 있는 형상을 모델링 할 때 사용한다.

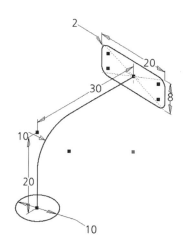

중심선을 이용한 로프트 모델링에서 스윕과 마찬가지로, 경로를 먼저 스케치한 이후, 작성된 경로의 시작점 위치와 끝점 위치에 직각하는 평면을 통해서 단면을 스케치해야 하며, 중심선(경로)스케치 및 단면 스케치 시 몇몇 가지 주의 사항이 있다.

중심선(경로) 스케치 시, 열려 있어야 하며, 하나로 연결되어진 스케치로 작성한다.

스윕의 단면 생성과 마찬가지로, 특별한 경우가 아니면 경로에 직각하는 평면을 생성해서 단면을 스케치한다.

스윕과 마찬가지로 중심선은 하나만 선택할 수 있다. 중심선이라고 해서, 단면의 중간에 위치할 필요는 없으며, 필요와 상황에 따라 단면의 위치 변경이 가능하다.

(1) 로프트에 중심선 선택 방법

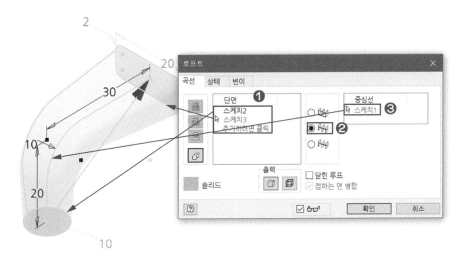

스케치된 중심선(경로)에 두 개 이상의 단면을 포함하고 있는 경우, 일반적인 로프트 단면 선택과 동일하게 단면을 먼저 선택 후, 중심선을 선택한다.

❶ 단면 스케치를 순서에 맞게 순차적으로 개별 선택한다.

❷ 안내선 유형을 중심선으로 선택한다.

❸ 중심선에서 처음 스케치한 경로 스케치를 선택한다.

　※ 중심선 로프트에서는 단면과 중심선의 선택 순서는 크게 관여하지 않는다.

7. 로프트를 이용한 모델링 따라하기

앞에서 이해한 로프트의 기본적인 기능과 안내 레일을 이용하여 아래 도면을 참고로 모델링 방법에 대해서 알아보자.

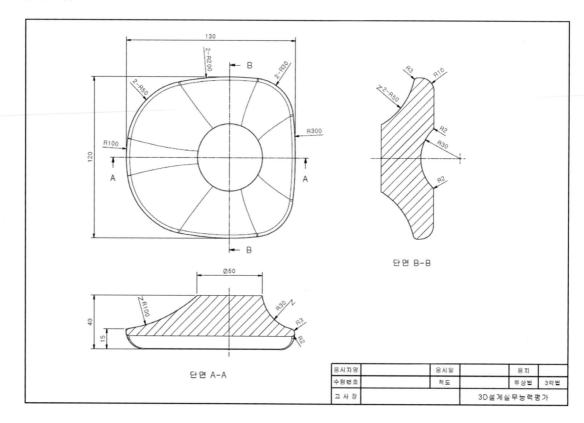

(1) 기준 스케치 평면 선택

모델링의 기준이 되는 돌출 형상을 작성할 스케치의 평면을 선택하고 새 스케치 작성 환경으로 들어간다.

❶ 작업 화면에서 큐브 홈 아이콘(단축키 : F6)을 선택하여, 등각화면으로 뷰 방향을 변환한다.

❷ 좌측 검색기 원점에서 XY 평면을 선택한다.

❸ 작업 화면에 나타난 평면의 방향을 확인하고, 새 스케치 아이콘을 선택하여 스케치 작성 환경으로 전환
   한다.

(2) 단면 스케치를 위한 베이스 작성

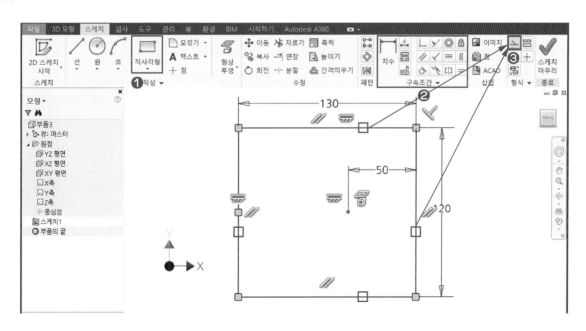

도면을 참고하여, 위 그림과 같이 선 또는 사각형으로 스케치하고 형상 및 치수로 구속한다.

❶ 스케치 리본 탭, 작성에서 선 또는 사각형을 이용하여 대략적으로 단면을 스케치한다.

❷ 형상 및 치수 구속을 이용하여 도면과 같이 중심점을 기준으로 크기와 위치를 구속한다.

❸ 작성한 사각형 스케치를 모두 선택하고, 구성선분으로 변경한다.

(3) 기준 스케치 작성

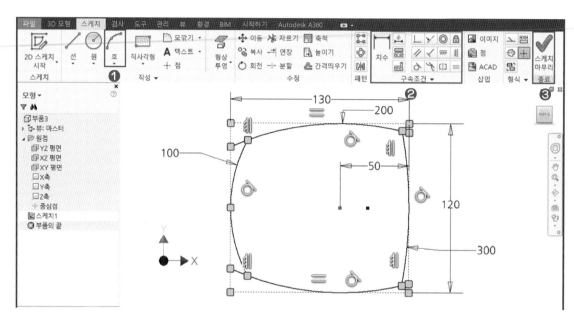

도면에서 제시하는 형상과 치수를 참고하여 호를 이용하여 스케치를 작성한다.

❶ 스케치 리본 탭, 작성에서 3점호를 이용하여 대략적으로 단면을 스케치한다.

❷ 형상 구속과 치수 구속을 이용하여 도면과 같이 가로에 대한 크기와 위치를 구속한다.

> ※ 최초 스케치한 구성선분에 맞춰 3점호를 작성하고, R100과 R300 호의 양 끝점을 각각 수직(수평)구속하고, R200 호의
> 중심점은 스케치 중심점과 수직(수평)구속하여 자세를 맞춘다.

❸ 기본적인 스케치가 완료되면, 스케치 마무리를 선택하여 종료한다.

(4) 돌출 피처 생성

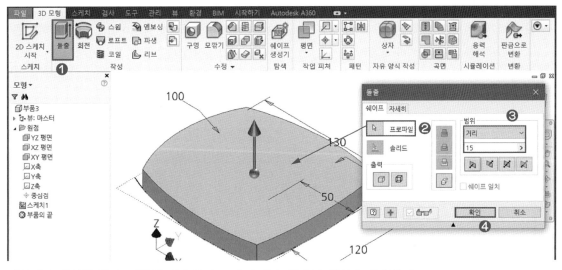

작성된 스케치를 돌출 피처를 이용하여 도면과 같은 치수로 형상을 완성한다.

❶ 3D 모형 리본 탭에서 돌출 명령을 실행한다.

❷ 돌출 대화상자에서 프로파일을 스케치한 영역을 선택한다.

❸ 거리 값을 15를 입력하고, 방향1로 객체를 생성한다.

❹ 확인 또는 Enter↵를 눌러 돌출 피처를 생성한다.

(5) 모깎기 적용

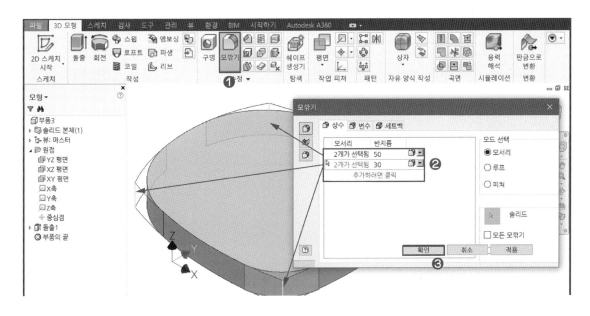

형상에 직접적으로 영향을 주는 모서리에 대한 모깎기는 먼저 적용한다.

❶ 3D 모형 리본 탭에서 모깎기 명령을 실행한다.

❷ 모깎기 대화상자에서 반지름 50을 정하고, 50mm가 적용될 모서리를 선택하고, "추가하려면 클릭" 후, 반지름 30을 입력하고, 30mm 적용될 모서리를 각각 선택한다.

❸ 확인 또는 [Enter↵]를 눌러 모깎기 피처를 생성한다.

(6) 시작 단면 스케치 평면 선택

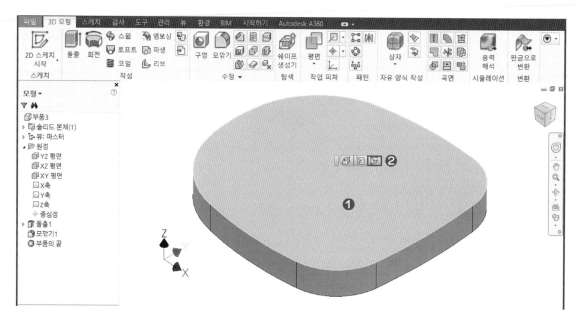

로프트 단면으로 사용되고, 안내 곡선의 위치를 정하기 위해서 객체 면을 선택하여 스케치를 시작한다.

❶ 돌출로 생성된 객체 윗면을 선택한다.

❷ 나타나는 작업 아이콘에서 새 스케치 아이콘을 선택하여, 새 스케치 영역으로 전환한다.

(7) 형상 투영을 이용한 단면 스케치 작성

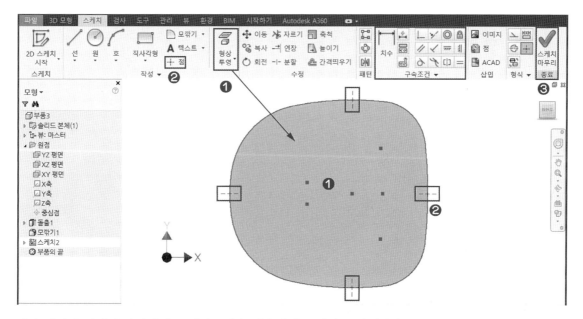

이미 생성된 객체의 가장자리를 형상투영을 이용하여 스케치를 작성한다.

❶ 스케치 탭, 작성 리본에서 형상투영 명령을 클릭하고, 이미 작성된 객체의 면을 선택하여 가장자리를 형상 투영 선분으로 추출한다.

❷ 안내 곡선이 생성될 위치에 점을 이용하여, 위치시키고, 점과 스케치 중심점을 수평과 수직구속으로 자세를 구속한다.

❸ 기본적인 스케치가 완료되면, 스케치 마무리를 선택하여 종료한다.

(8) 스케치를 위한 작업 평면 생성

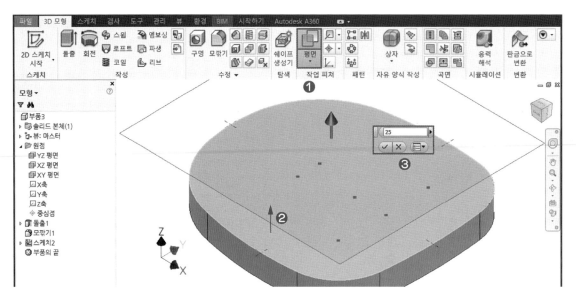

새로운 단면을 생성하기 위해서, 작업 평면을 도면의 치수를 참고로 작성한다.

❶ 3D 모형 탭, 작업피쳐 리본에서 평면 명령을 실행한다.

❷ 기준면이 되는 돌출 객체의 윗면을 선택하고, 위쪽으로 드래그 하여 평면 간격띄우기한다.

❸ 간격띄우기 값 25를 입력하고 확인 또는 [Enter↵]를 눌러 작업 평면을 생성한다.

(9) 마지막 단면 스케치 평면 선택

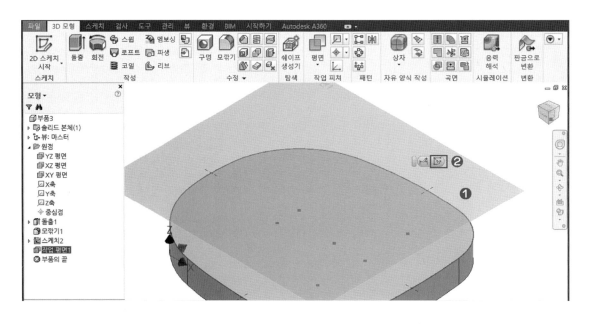

로프트 단면 및 안내 곡선의 위치를 정하기 위해서 스케치 평면을 선택한다.

❶ 생성한 작업 평면을 선택한다.

❷ 나타나는 작업 아이콘에서 새 스케치 아이콘을 선택하여, 새 스케치 영역으로 전환한다.

(10) 단면 스케치 작성

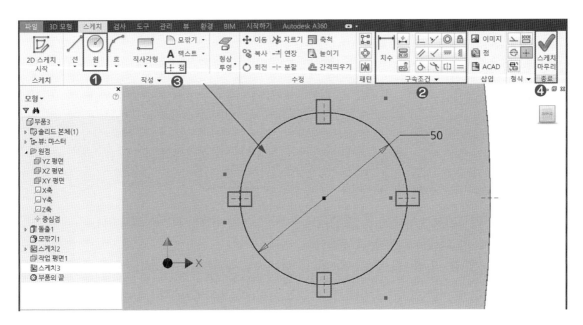

도면에서 제시하는 형상과 치수를 참고하여 스케치를 작성한다.

❶ 스케치 탭, 작성 리본에서 원을 이용하여 중심점을 기준으로 대략적으로 스케치한다.

❷ 치수 구속을 이용하여 도면과 같이 크기를 구속한다.

❸ 안내 곡선이 생성될 위치에 점을 위치시키고, 점과 스케치 중심점을 수평과 수직구속으로 자세를 구속
한다.

❹ 스케치가 완료되면, 스케치 마무리를 선택하여 종료한다.

(11) 첫 번째 안내 레일 스케치 평면

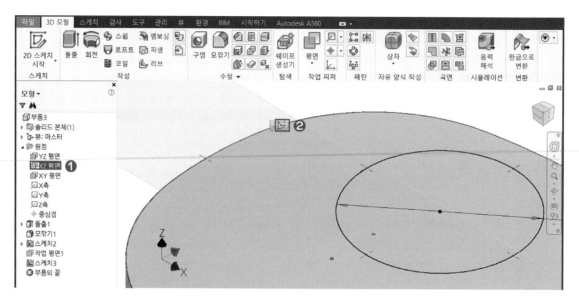

로프트 단면의 스케치가 완료된 후, 안내 레일을 스케치하기 위해서 평면을 선택한다.

❶ 좌측 검색기 원점에서 XZ 평면을 선택한다.

❷ 작업 화면에 나타난 평면의 방향을 확인하고, 새 스케치 아이콘을 선택하여 스케치 작성 환경으로 전환
한다.

(12) 안내 레일 스케치 작성

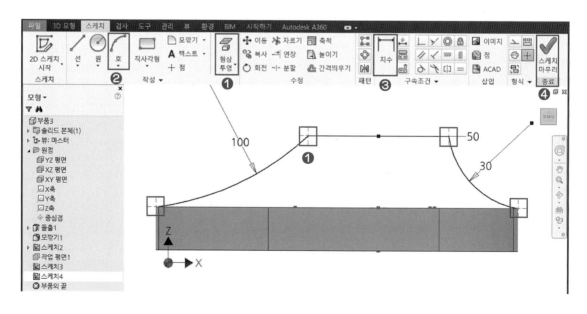

도면과 같이 로프트의 앞뒤 면을 구성하기 위해 그림과 같이 스케치를 작성한다.

❶ 스케치 탭, 작성 리본에서 형상 투영 명령을 실행한 후, 단면 스케치에 작성해 둔, 점을 각각 선택하여 형상 투영 점으로 현재 스케치에 생성한다.

❷ 작성 리본에서 호를 이용하여 형상 투영한 점에 맞게 위 그림과 같이 스케치한다.

❸ 치수 구속을 이용하여, 도면을 참고로 치수 구속한다.

❹ 스케치가 완료되면, 스케치 마무리를 클릭하여 종료한다.

(13) 두 번째 안내 레일 스케치 평면

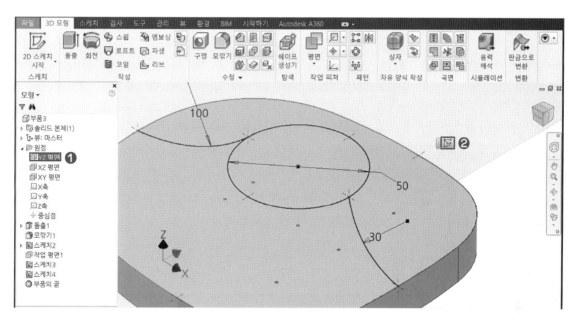

마찬가지로, 두 번째 안내 레일을 스케치하기 위한 평면을 선택한다.

❶ 좌측 검색기 원점에서 YZ 평면을 선택한다.

❷ 작업 화면에 나타난 평면의 방향을 확인하고, 새 스케치 아이콘을 선택하여 스케치 작성 환경으로 전환한다.

(14) 안내 레일 스케치 작성

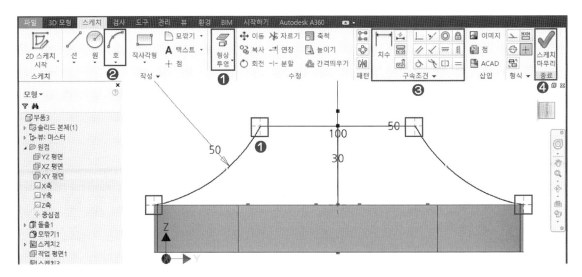

도면과 같이 로프트의 좌우 면을 구성하기 위해 그림과 같이 스케치를 작성한다.

❶ (12)와 같이 형상 투영을 이용하여 단면 스케치에 작성해 두었던 점을 작성한다.

❷ 작성 리본에서 호를 이용하여 형상 투영한 점에 맞게 위 그림과 같이 스케치한다.

❸ 치수 구속을 이용하여, 도면을 참고로 치수 구속한다.

❹ 스케치가 완료되면, 스케치 마무리를 클릭하여 종료한다.

(15) 로프트 피쳐 생성

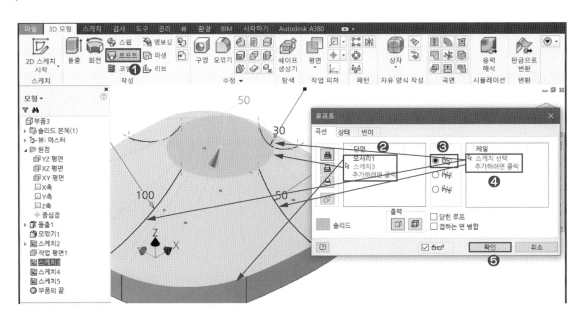

스케치한 단면과 안내 레일을 이용하여 도면과 같이 로프트로 피쳐를 생성한다.

❶ 3D 모형 탭, 작성 리본에서 로프트 명령을 실행한다.

❷ 로프트 대화상자에서 위, 아래 단면을 순차적으로 선택한다.

❸ 안내선 유형이 안내 레일인지 확인한다.

❹ 레일 영역에서 "추가하려면 클릭"을 누르고 스케치한 안내 레일을 각각 선택한다.

❺ 확인 또는 Enter⏎를 눌러 로프트 피쳐를 완성한다.

(16) 형상 모깎기 적용

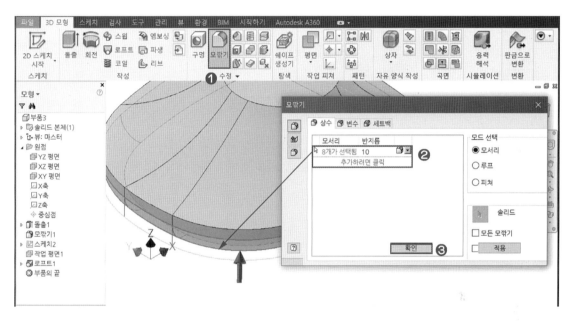

도면과 같이 아래 부분을 작성하기 전에, 해당 모서리에 모깎기를 적용한다.

❶ 3D 모형 탭, 수정 리본에서 모깎기 명령을 실행한다.

❷ 모깎기 대화상자에서 반지름 10을 입력하고, 모깎기를 적용할 모서리를 선택한다.

❸ 확인 또는 Enter⏎를 눌러 모깎기를 완성한다.

(17) 마지막 형상을 작성하기 위한 스케치 평면

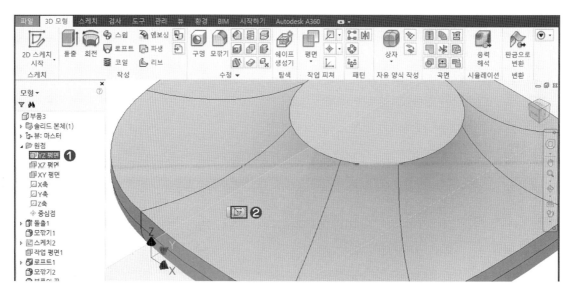

도면에서 제시하고 있는 형상을 표현하기 위해서 새로운 스케치 평면을 선택한다.

❶ 모델링된 형상에는 객체 평면이 없기 때문에, 좌측 검색기 원점에서 XZ 평면을 선택한다.

❷ 작업 화면에 나타난 평면의 방향을 확인하고, 새 스케치 아이콘을 선택하여 스케치 작성 환경으로 전환
한다.

(18) 형상 스케치 작성

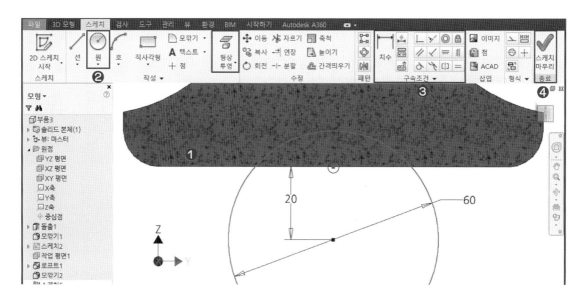

도면을 참고로, 형상을 표현할 스케치를 작성한다.

❶ 본체 중간에서 작성 스케치로 키보드 F7키를 눌러 그래픽슬라이스로 화면을 전환한다.

❷ 스케치 탭, 작성 리본에서 원을 이용하여 그림과 같이 대략적으로 생성한다.

❸ 형상 및 치수 구속을 이용하여, 도면을 참고로 치수 구속한다.

❹ 스케치가 완료되면, 스케치 마무리를 클릭하여 종료한다.

(19) 돌출 차집합을 통해 형상 편집

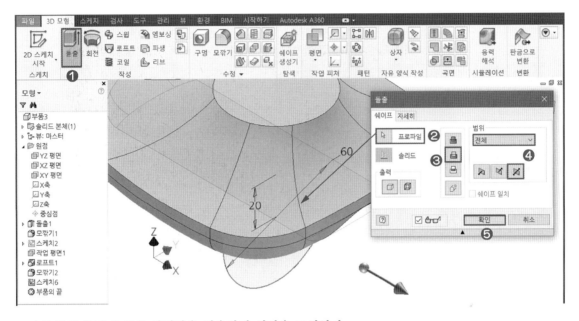

도면의 형상에 맞게 돌출 차집합을 이용하여 형상을 표현한다.

❶ 3D 모형 탭, 작성 리본에서 돌출 명령을 실행한다.

❷ 돌출 대화상자에서 프로파일로 작성한 스케치를 선택한다.

❸ 작업(오퍼레이션)에서 차집합으로 변경한다.

❹ 범위는 전체로 변경하고, 돌출 방향은 양방향으로 선택하여, 현재 스케치에서 앞뒤로 모두 차집합해서
형상의 일부분을 제거한다.

❺ 확인 또는 Enter↵를 눌러 형상을 마무리한다.

(20) 최종 마무리 모깎기 적용

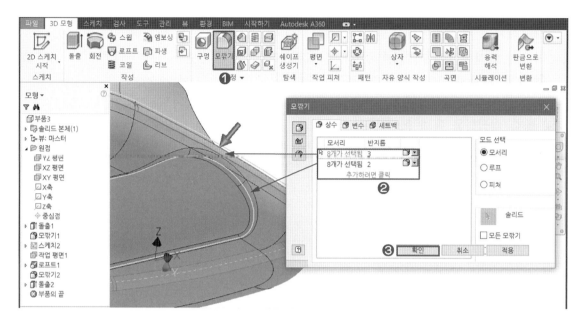

모델링 제일 마지막으로, 처리되지 않은 모서리에 도면과 같이 모깎기를 적용한다.

❶ 3D 모형 탭, 수정 리본에서 모깎기 명령을 실행한다.

❷ 모깎기 대화상자에서 반지름 3을 입력 후, 3mm가 적용될 모서리를 선택하고, "추가하려면 클릭"을 눌러 반지름 2를 입력 후, 2mm가 적용될 모서리를 각각 선택한다.

❸ 확인 또는 Enter↵를 눌러 모깎기를 완성한다.

16 곡면과 관련한 유용한 기능

돌출, 회전, 스윕, 로프트와 같이 솔리드 객체뿐만 아니라, 곡면으로도 생성한 되는 피쳐를 이용해서 곡면을 생성한 후, 생성된 곡면을 모델링에 적용하기 위해서 알아 두어야 하는 유용한 기능에 대해서 알아본다.

1. 면 대체

면 대체 기능은 3D 모형 탭, 곡면 리본에 위치하고 있으며, 생성될 솔리드 객체에 직접적으로 형상을 표현할 수 없거나, 작업이 불편할 때 사용 할 수 있는 기능으로, 선택한 솔리드의 면을 생성한 곡면의 곡률에 맞게 면을 변경해주는 기능이다.

일반적으로, 3D설계실무능력자격 2급과 비슷한 유형을 가지고 있는, 각종 국가기술자격시험 및 산업디자인에 포함되어져 있는 제품 분야의 형상을 모델링할 때 유용하게 적용될 수 있다.

변경 전 솔리드 객체   면 대체 적용된 솔리드 객체

(1) 면 대체 대화상자 기본 옵션

❶ **기존 면** : 생성된 솔리드 객체에서 대체 되어질 면을 선택한다.

❷ **새 면** : 선택된 솔리드 면이 변경될 곡면을 선택한다.

❸ **자동 면 체인** : 기존 면 또는 새 면이 하나 이상의 면으로 이루어진 경우, 연결되어진 면을 모두 선택한다.

　　※ 면 대체에서 여러 조각으로 생성된 곡면이나 솔리드 면이 있는 경우, 자동 면 체인 기능을 적절하게 하면 편리하게 면 선택이 가능하다.

　　※ 자동 면 체인의 사용 유무는 기존 면 선택 전에 먼저 설정한다.

(2) 면 대체 기능 적용

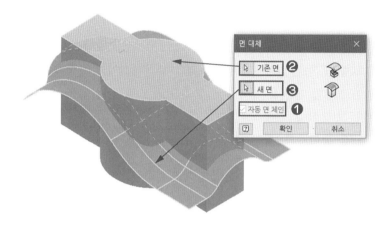

먼저, 솔리드 객체와 스윕 또는 각종 곡면 생성 피쳐를 이용해서 곡면을 생성한 상태에서 면 대체 기능을 적용한다.

❶ 면의 자동 다중 선택을 위해 자동 면 체인을 체크한다.

❷ 기존 면으로 변경될 솔리드 면을 선택한다.

❸ 변경될 곡면을 새 면으로 선택한다.

2. 분할

분할 기능은 3D 모형 탭, 수정 리본에 위치하고 있으며, 생성한 곡면을 기준으로 솔리드 객체의 선택한 면 또는 솔리드 본체에 면을 조각(면 분리)을 내거나, 곡면을 기준으로 솔리드 객체의 한쪽 방향을 잘라낼 수 있으며, 금형 몰드와 같은 형태로 만들기 위해서 하나의 솔리드 객체를 다중 솔리드 본체로 분리할 수 있는 기능을 제공한다.

분할 기능도 면 대체와 비슷한 유형으로 많이 사용되고 있으며, 특히, 금형관련된 분야에서 많이 사용할 수 있다.

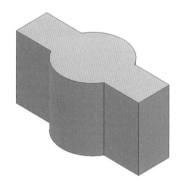
변경 전, 솔리드 객체

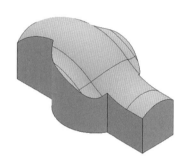
솔리드 자르기 적용된 상태

(1) 분할 대화상자 기본 옵션

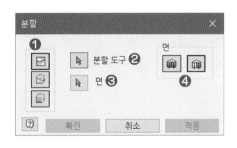

❶ 분할 유형

- **면 분할** : 선택된 면 또는 솔리드 전체를 곡면과 교차하는 면을 분할(조각)한다.
- **솔리드 자르기** : 곡면을 기준으로, 솔리드를 지정한 방향으로 잘라낸다.
- **솔리드 분할** : 곡면을 기준으로 하나의 솔리드 본체를 다중 솔리드 본체로 분할한다.

❷ **분할 도구** : 분할에 기준이 되는 곡면을 선택한다.

❸ **선택 면-면 분할** : 분할 유형이 면 분할인 경우, 분할 할 면(다중선택) 또는 솔리드 전체를 선택한다.

❸ **선택 솔리드-솔리드 자르기와 분할** : 분할 유형이 솔리드 자르기와 솔리드 분할인 경우, 자르기 또는 분할 할 솔리드 본체를 선택한다.

❹ **면**-분할 유형이 면 분할인 경우, 선택할 분할 면을 개별 면인지, 솔리드 전체 인지를 변경한다.

❹ **제거**-분할 유형이 솔리드 자르기인 경우, 분할 도구를 기준으로 어떤 방향으로 잘라낼 것인지를 결정한다.

(2) 분할 기능 적용

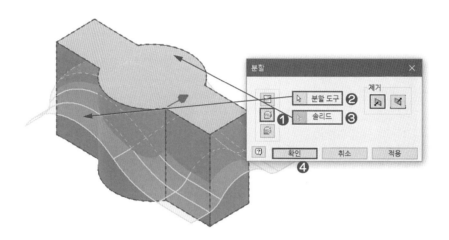

면 대체와 마찬가지로 먼저, 솔리드 객체와 스윕 또는 각종 곡면 생성 피쳐를 이용해서 곡면을 생성한 상태에서 분할 기능을 적용한다.

❶ 분할 대화상자에서 분할 유형을 솔리드 자르기를 선택한다.

❷ 분할 도구로 생성된 곡면을 선택한다.

❸ 솔리드로 분할 도구로 잘려질 솔리드 본체를 선택한다.

   ※ 현재 작업중인 파트에서 단일 솔리드 본체만 있는 경우, 별도로 솔리드는 선택하지 않는다.

❹ 분할 도구를 기준으로 잘려질 방향을 결정한다.

3. 엠보싱

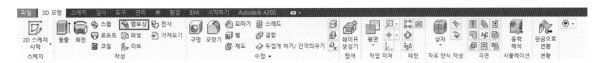

엠보싱 기능은 3D 모형 탭, 작성 리본에 위치하고 있으며, 이미 생성된 솔리드 객체 표면에 동일한 간격과 곡률로 형상의 일부분을 파내거나 덧붙여서 형상을 표현할 수 있는 기능이다.

엠보싱 기능은 말 그대로 올록볼록한 형상을 작성하는 기능으로, 곡면 기능과 함께 사용하는 명령은 아니지만, 곡면과 같이 이용할 경우 불편한 작업 내용을 편리하게 활용할 수 있는 부분을 포함하고 있다.

일반적으로, 솔리드 객체 표면에 문자를 각인하거나, 위에서 언급하였듯이 솔리드 표면에 일정한 간격으로 파거나 덧붙이는 작업을 수행할 수 있다.

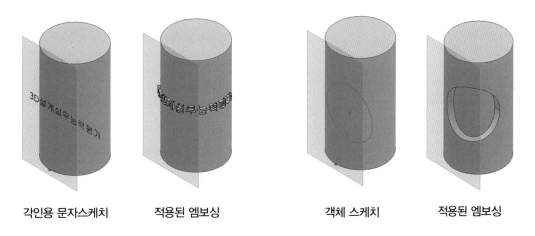

| 각인용 문자스케치 | 적용된 엠보싱 | 객체 스케치 | 적용된 엠보싱 |

(1) 엠보싱 대화상자 기본 옵션

❶ **프로파일** : 엠보싱 적용할 스케치를 선택한다.

❷ **솔리드** : 현재 작업 중인 부품 환경에서 다중 솔리드 본체를 가지고 있는 경우, 작업할 솔리드 본체를 선택한다.

❸ **깊이** : 엠보싱이 적용될 깊이를 양수로 입력한다.

❹ **엠보싱 유형**

- **면으로부터 엠보싱** : 선택한 프로파일을 솔리드 표면에 볼록한 형상으로 덧붙인다.
- **면으로부터 오목** : 선택한 프로파일을 솔리드 포면에 오목한 형상으로 파낸다.
- **평면으로부터 볼록/오목** : 평면을 기준으로 올록/오목한 형상으로 만든다.

❺ **엠보싱 방향** : 엠보싱이 적용될 솔리드 표면의 방향을 결정한다.

❻ **면에 감싸기** : 적용될 엠보싱이 솔리드 표면에 어떻게 표현할 것인지를 결정한다.

- 면에 감싸기를 선택한 경우, 엠보싱은 선택한 면을 감싸면서 표현한다.
- 면에 감싸기를 사용하지 않는 경우, 돌출과 같이 스케치에 직각하는 방향으로 지정한 깊이만큼 표면에 간격띄우기 형식으로 표현한다.

※ 면에 감싸기 기능이 적용되는 솔리드 형상은 원통형, 원추형(원뿔형태)에 국한되어져 있으며, 구면과 같은 2중 곡면이나, 기하 곡면 같은 경우, 면에 감싸기 기능을 사용할 수 없다.

※ 엠보싱 기능은 일정한 깊이로 파여있는 기하곡면의 일부분을 표현할 때 주로 사용할 수 있으며, 3D설계실무능력평가 문제에서 자주 나타나는 형상을 표현할 때 사용할 수 있다.

(2) 엠보싱 기능 적용

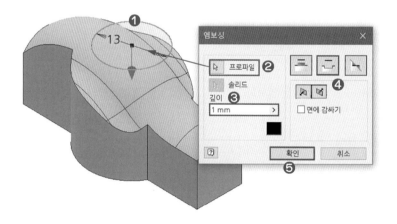

기하곡면을 가지고 있는 솔리드 객체 표면에 일정한 깊이로 홈을 파낸다.

❶ 임의의 평면에 파낼 프로파일을 먼저 작성한다.

❷ 엠보싱 대화상자 프로파일로 작성한 스케치를 선택한다.

❸ 엠보싱이 적용될 깊이 값을 입력한다.

❹ 엠보싱 유형을 "면에서 오목"을 선택한다.

❺ 진행할 방향을 결정하고 확인한다.

4. 두껍게 하기/간격띄우기

두껍게 하기/간격띄우기 기능은 3D 모형 탭, 수정 리본에 위치하고 있으며, 이미 생성된 솔리드 객체 표면 또는 곡면을 선택하여, 선택된 솔리드 면 또는 곡면에 곡면으로 간격띄우기 또는 솔리드로 표현할 수 있는 기능이다.

일반적으로 두껍게 하기/간격띄우기는 솔리드 객체 보다는 곡면 객체에 주로 많이 사용되며, 두께가 없는 곡면에 두께 값을 부여하여 솔리드 본체로 생성하거나, 선택된 곡면 자체를 간격띄우기 하여 오프세트 곡면을 표현할 수 있다.

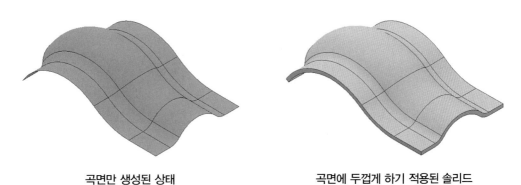

곡면만 생성된 상태   곡면에 두껍게 하기 적용된 솔리드

(1) 두껍게 하기/간격띄우기 대화상자 기본 옵션

❶ **선택** : 두껍게 하기/간격띄우기 적용할 곡면 또는 솔리드 표면을 선택한다.

❷ **솔리드** : 하나 이상의 다중 솔리드로 작업이 된 경우, 두껍게 하기 적용 시, 작업(오퍼레이션 : 합집합, 차집합, 교집합)할 솔리드 본체를 선택한다.

❸ **출력** : 선택된 면을 솔리드 객체로 만들 것인지, 곡면 객체로 만들 것인지 결정한다.

　• **솔리드** : 두껍게 하기로 적용되며, 선택된 곡면 또는 솔리드 표면을 거리 값만큼 솔리드로 생성한다.

　• **곡면** : 간격띄우기로 적용되며, 선택된 곡면 또는 솔리드 표면을 거리 값 만큼 곡면으로 생성한다.

❹ **작업 유형** : 두껍게 하기 적용 시, 적용할 작업 유형(합집합, 차집합, 교집합, 새 솔리드)를 선택한다.

❺ **면/퀼트** : 두껍게 하기/간격띄우기를 적용할 면의 선택 형태를 결정한다.

　• **면** : 여러 조각으로 나눠있는 면을 개별로 선택한다.

　• **퀼트** : 여러 조각의 면을 하나의 면으로 선택한다.

❻ **거리** : 두껍게 하기/간격띄우기에 적용될 거리 값을 입력한다.

❼ **방향** : 두껍게 하기/간격띄우기의 거리 값이 적용될 방향을 결정한다.

(2) 두껍게 하기/간격띄우기 기능 적용

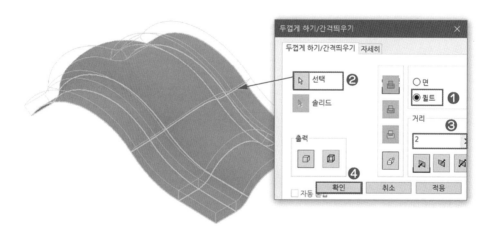

생성된 곡면에 두껍게 하기/간격띄우기를 적용하여 솔리드 객체로 생성한다.

❶ 면/퀼트 선택 유형에서 퀼트를 선택한다.

❷ 면 선택에서 생성된 곡면을 선택한다.

❸ 거리 값을 2로 입력하고, 원하는 방향을 선택한다.

❹ 출력은 솔리드로 객체를 생성시킨다.

1 단일 모델링 따라하기

지금까지 배우고 익힌 스케치, 돌출, 회전, 구멍, 모깎기, 모따기, 패턴 등 기본적인 모델링 작성 및 편집 기능을 이용하여 아래의 도면을 참고로 전반적인 모델링 과정을 따라하면서 기능과 작업 형태를 익힌다.

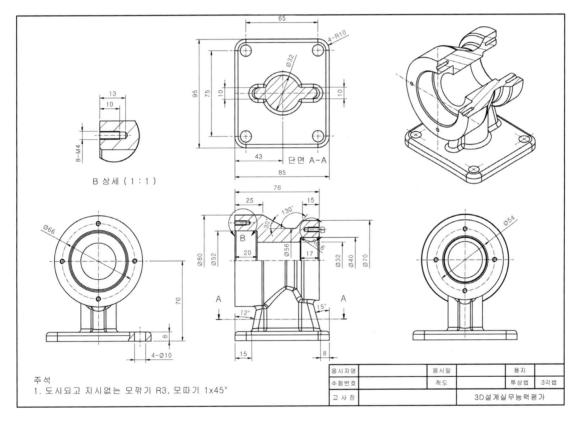

[기본적인 모델링 순서]

- 위 면에서 보이는 가로 85, 세로 95로 이루어진 바닥을 돌출로 먼저 생성한다.
- 정면에서 보이는 원형 형태를 회전으로 생성한다.
- 바닥 객체와 회전 객체를 연결하는 원기둥과 리브를 작성한다.
- 회전된 객체에 열려있는 베어링 자리를 구멍으로 작성한다.

- 탭 구멍을 작성한다.
- 모서리에 모깎기 및 모따기를 적용하여 모델링을 완성한다.
- 도면을 참고하여 모델링하는 경우, 도면을 충분히 파악하고 분석하여 일차적인 모델링 순서를 정한 후, 작업하면 훨씬 더 이해하기 쉽다.

1. 기준 스케치 평면 선택

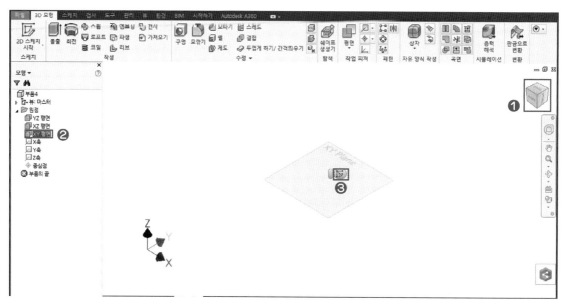

기준 형상을 작성할 스케치의 평면을 선택하고 새 스케치 작성 환경으로 들어간다.

❶ 작업화면 우측 상단에 있는 큐브 아이콘에서 홈 아이콘(단축키 : F6)을 선택하여, 등각화면으로 뷰 방향을 변환한다.

❷ 좌측 검색기 원점에서 XY 평면을 선택한다.

❸ 새 스케치 아이콘을 선택하여 스케치 작성환경으로 전환한다.

2. 기준 프로파일 스케치 작성

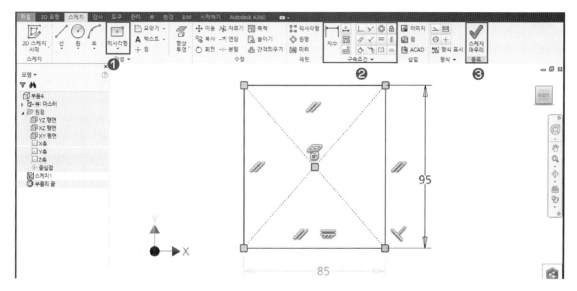

도면을 참고하여 모델링할 형상의 기초가 될 수 있는 방향으로 스케치를 작성한다.

❶ **스케치** 리본 탭, 작성에서 중심 사각형을 선택하고, 스케치 원점에 사각형 중심점을 지정하고 임의의 크기로 사각형을 스케치한다.

❷ 도면의 치수에 맞게 치수 구속하여 스케치를 완전 구속한다.

❸ 스케치 리본메뉴에서 스케치 마무리를 클릭하여 스케치를 마친다.

3. 기준 돌출 피처 생성

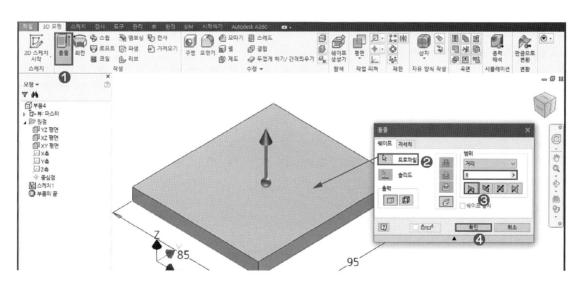

스케치 작성이 완성된 후, 3D 모형에서 돌출 피처를 이용하여 형상을 작성한다.

❶ **3D 모형** 리본 탭에서 돌출 명령을 실행한다.

❷ 나타난 **돌출** 대화상자에서 프로파일을 스케치한 단면을 선택한다.

❸ 도면과 같이 돌출 범위는 거리 값으로 8mm를 입력하고 방향 1로 돌출한다.

❹ **확인** 또는 [Enter↵] 를 눌러 돌출 피처를 완성한다.

4. 추가 피처 생성을 위한 스케치 평면

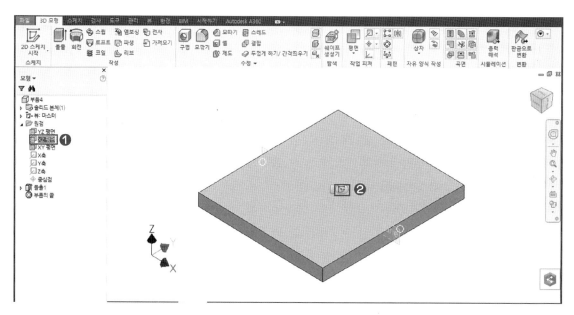

모델링된 형상에서 추가적으로 형태를 표현하기 위해서 새로운 스케치 평면을 선택한다.

❶ 새로운 스케치가 작성될 평면을 좌측 검색기 원점에서 XZ 평면을 선택한다.

❷ 새 스케치 아이콘을 선택하여 새 스케치 작성 환경으로 전환한다.

5. 상단 회전 형상 모델링을 위한 스케치 작성

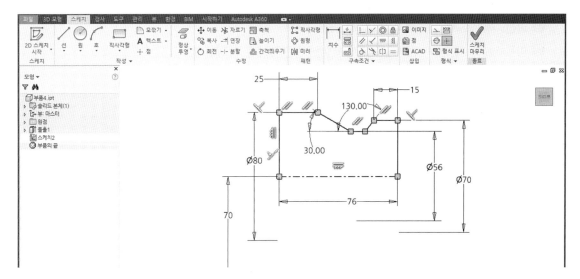

도면을 참고하여 위 그림과 같이 회전을 위한 반단면을 선으로 스케치하고 완전 정의한다.

❶ 스케치 리본 탭, 작성에서 선을 이용하여 임의의 위치에 스케치한다.

❷ 회전의 중심 축이 될 선을 선택하여 중심선으로 변경한다.

❸ 형상 구속과 치수 구속을 이용하여 도면과 같은 크기와 위치를 구속한다.

❹ 스케치 마무리를 클릭하여 스케치를 완성한다.

6. 회전 피처 추가 작성

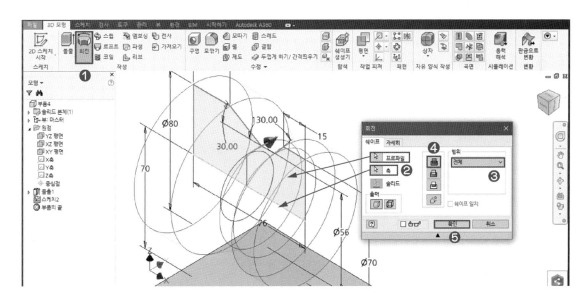

작성된 스케치를 회전 피처를 이용하여 형상을 완성한다.

❶ **3D 모형** 리본 탭에서 회전 명령을 실행한다.

❷ **회전** 대화상자에서 프로파일 및 축을 선택한다.

❸ 회전 범위는 전체로 선택하여 360도 회전하는 객체를 생성한다.

❹ 작업 오퍼레이션 접합(합집합)을 선택하여 하나의 객체로 생성한다.

❺ **확인** 또는 Enter↵ 를 눌러 돌출 피처를 생성한다.

7. 연결 기둥 작성을 위한 스케치 평면

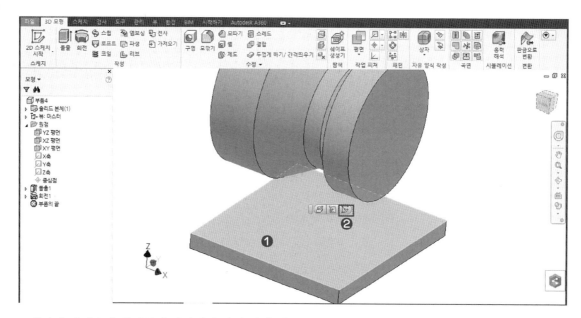

모델링된 베이스와 회전형상 사이에 추가될 연결 기둥을 생성하기 위해 새로운 스케치 평면을 선택한다.

❶ 새로운 스케치가 작성될 평면을 선택한다.

❷ 새 스케치 아이콘을 선택하여 새 스케치 작성 환경으로 전환한다.

8. 기둥 스케치 작성

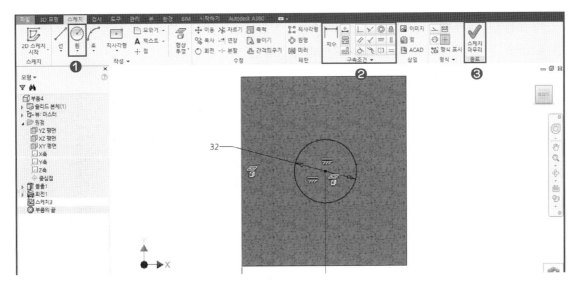

도면을 참고하여 위 그림과 같이 호를 스케치하고, 완전 구속한다.

❶ **스케치** 리본 탭, 작성에서 원을 이용하여 임의의 위치에 스케치한다.

※ 단축키 F7번 키를 눌러 현재 스케치 위치까지 단면을 슬라이싱 하여 내부를 표시한다.

❷ 형상 구속과 치수 구속을 이용하여 도면과 같이 크기와 위치를 구속한다.

❸ 스케치 마무리를 클릭하여 스케치 작성을 마친다.

9. 돌출 피처 추가

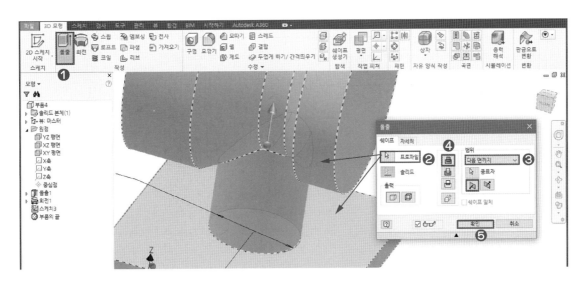

작성된 스케치를 돌출 피처를 이용하여 도면 형상과 같이 합집합하여 모델링한다.

❶ **3D 모형** 리본 탭에서 돌출 명령을 실행한다.

❷ **돌출** 대화상자에서 프로파일을 작성한 스케치 영역을 선택한다.

❸ 돌출 진행 방향은 방향 1로 지정하고 돌출 범위를 다음 면까지로 지정한다.

　　※ 다음 면까지는 돌출 진행 방향으로 보이는 모든 면에 자동으로 연장되어 붙는다.

❹ 작업 오퍼레이션 접합(합집합)을 선택하여 하나의 객체로 생성한다.

❺ 확인 또는 [Enter↵] 를 눌러 돌출 피처를 생성한다.

10. 리브 작성을 위한 스케치 평면

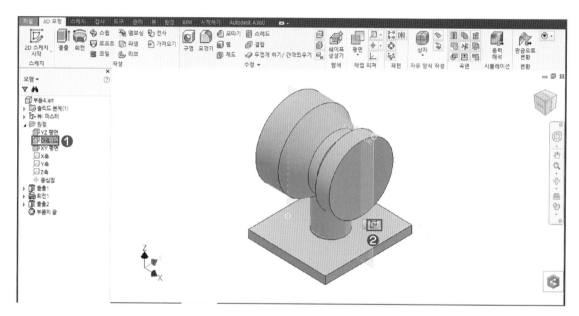

모델링된 형상에 리브를 생성하기 위해서 새로운 스케치 평면을 선택한다.

❶ 새로운 스케치가 작성될 평면을 좌측 검색기 원점에서 XZ 평면을 선택한다.

❷ 새 스케치 아이콘을 선택하여 새 스케치 작성 환경으로 전환한다.

11. 리브 스케치 평면

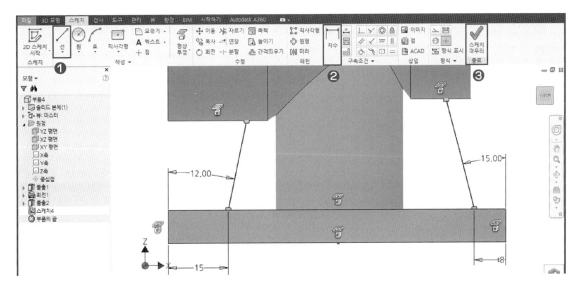

도면을 참고하여 위 그림과 같이 선으로 리브 위치에 각각 스케치하고 완전 구속한다.

❶ **스케치** 리본 탭, 작성에서 선을 이용하여 임의의 위치에 각각 스케치한다.

❷ 형상 구속과 치수 구속을 이용하여 도면과 같이 크기와 위치를 구속한다.

❸ 스케치 마무리를 클릭하여 스케치 작성을 마친다.

12. 첫 번째 리브 작성

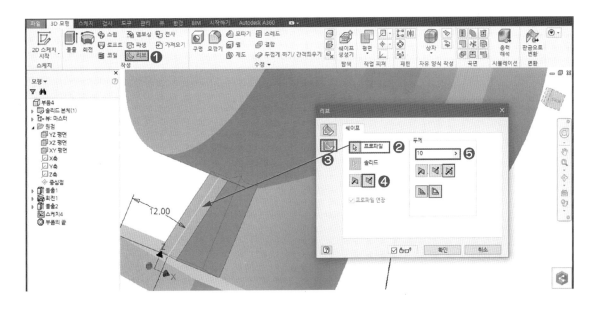

작성된 스케치를 리브 피처를 이용하여 형상을 완성한다.

❶ **3D 모형** 리본 탭, 작성에서 리브 명령을 실행한다.

❷ **리브** 대화상자에서 프로파일을 먼저 생성할 스케치 선을 선택한다.

❸ 스케치 평면에 평행으로 리브 방향을 선택한다.

❹ 방향 2를 선택하여 리브의 진행 방향을 안쪽으로 변경한다.

❺ 리브의 두께를 10mm로 지정하고 **확인** 또는 Enter↵ 를 눌러 리브를 생성한다.

13. 두 번째 리브 작성을 위한 스케치 공유

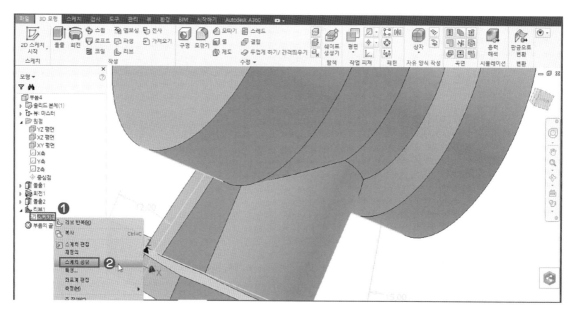

이미 생성된 리브의 스케치를 다시 사용하기 위해서 스케치 공유를 적용한다.

❶ 좌측 검색기에서 처음 생성된 리브 피처 하위 탭을 클릭하여 나타나는 스케치를 선택하고 마우스 오른쪽 버튼을 클릭하여 팝업 메뉴를 나타낸다.

❷ 팝업 메뉴에서 스케치 공유를 선택한다.

14. 두 번째 리브 작성

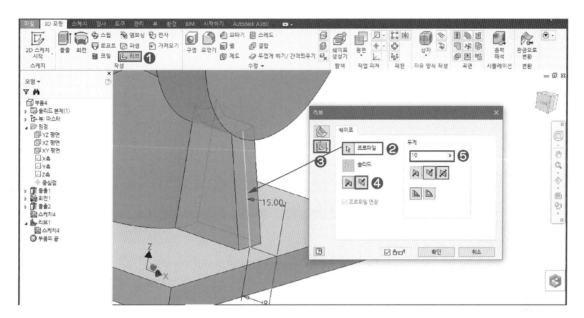

13.에서 생성된 리브와 동일 방법으로 두 번째 생성될 리브 스케치 선을 선택하고 방향 1로 리브를 생성한다.

15. 첫 번째 베어링 구멍(카운터보어) 작성

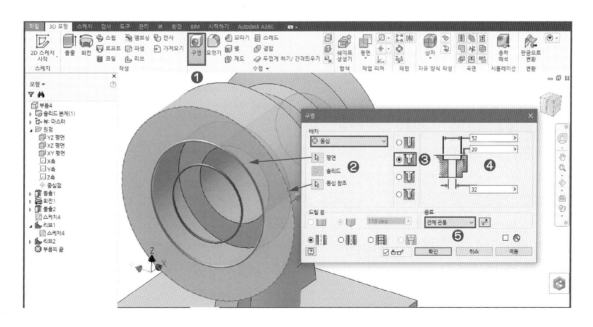

베어링이 들어가는 첫 번째 자리를 구멍 피처에서 카운터보어를 이용해 작성한다.

❶ **3D 모형** 리본 탭, 수정에서 구멍 명령을 실행한다.

❷ **구멍** 대화상자 배치에서 동심을 선택하고 위치할 평면과 동심 참조할 원을 선택한다.

❸ 구멍 유형은 카운터보어 구멍으로 선택한다.

❹ 도면과 같이 카운터보어 지름 52mm, 깊이 20mm, 드릴 지름 32mm로 지정한다.

❺ 기존의 피처에 대해서 관통이 될 수 있도록 종료를 전체 관통으로 선택하고 **확인** 또는 Enter↵ 를 눌러 구멍 피처를 완성한다.

16. 두 번째 베어링 구멍(드릴) 작성

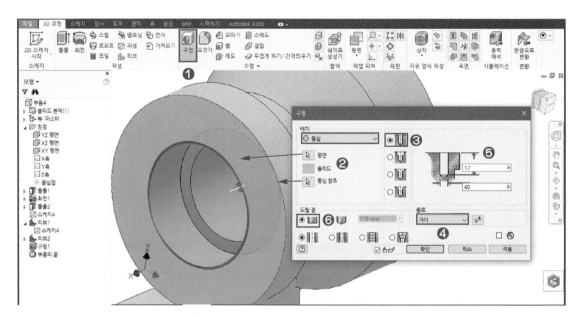

베어링이 들어가는 두 번째 자리를 구멍 피처에서 드릴을 이용해 작성한다.

❶ **3D 모형** 리본 탭, 수정에서 구멍 명령을 실행한다.

❷ **구멍** 대화상자 배치에서 동심을 선택하고 위치할 평면과 동심 참조할 원을 선택한다.

❸ 구멍 유형은 드릴 구멍으로 선택한다.

❹ 깊이가 존재하는 구멍이므로 종료 거리로 선택한다.

❺ 도면과 같이 깊이 17mm, 드릴 지름 40mm로 지정한다.

❻ 구멍의 끝을 평평하게 깎을 수 있도록, 드릴 점을 플랫으로 선택하고 **확인** 또는 Enter↵ 를 눌러 구멍 피처를 완성한다.

17. 탭 구멍 작성을 위한 스케치 평면

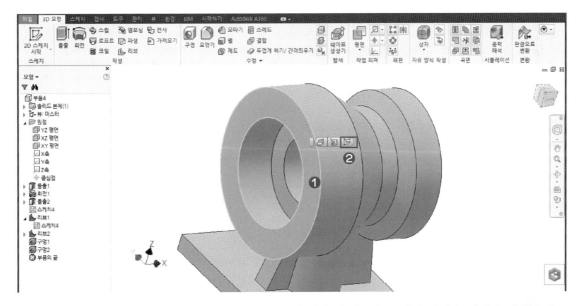

탭 구멍을 원활하게 작성하기 위해서 기존에 모델링된 형상에 새로운 스케치 평면을 위치를 선택한다.

❶ 새로운 스케치가 작성될 평면을 선택한다.

❷ 새 스케치 아이콘을 선택하여 새 스케치 작성 환경으로 전환한다.

18. 탭 구멍을 위치할 점 스케치 작성

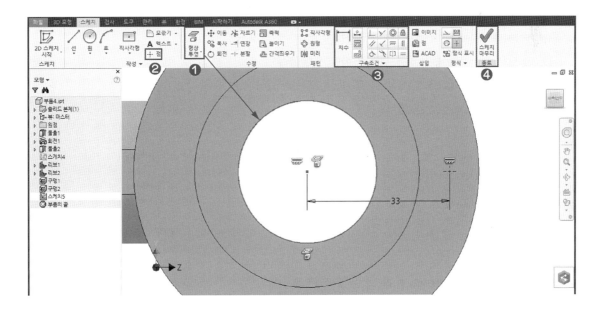

도면을 참고하여, 탭 구멍이 위치할 자리에 위 그림과 점을 스케치하고 완전 구속한다.

❶ **스케치** 리본 탭, 작성에서 형상 투영으로 기준이 될 형상 가장자리 원을 선택한다.

❷ **스케치** 리본 탭, 작성에서 점을 임의의 위치에 스케치한다.

❷ 형상 구속과 치수 구속을 이용하여 도면과 같이 크기와 위치를 구속한다.

❸ 스케치 마무리를 클릭하여 스케치 작성을 마친다.

19. 첫 번째 탭 구멍 작성

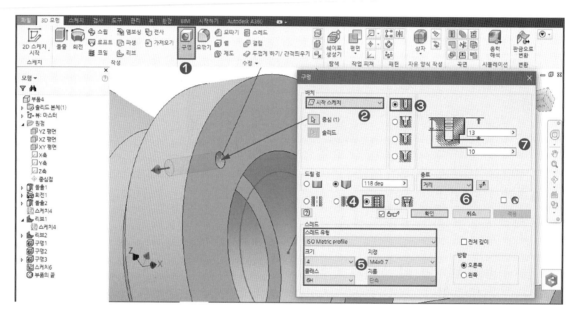

구멍 피처를 이용하여 탭 구멍을 작성한다.

❶ **3D 모형** 리본 탭, 수정에서 구멍 명령을 실행한다.

❷ **구멍** 대화상자 **배치**에서 시작 스케치를 선택하고 중심 스케치 한 점을 선택한다.

❸ 구멍 유형은 드릴로 선택한다.

❹ 구멍 형식을 탭 구멍으로 선택한다.

❺ 탭 구멍의 **스레드 유형**을 ISO Metric profile로 선택하고 **크기**는 4로 설정한다.

❻ 깊이가 있는 탭 구멍으로 종료 거리로 선택한다.

❼ 도면과 같이 탭 깊이 10mm, 드릴 깊이 13mm로 지정하고 탭 구멍을 완성한다.

20. 두 번째 탭 구멍 작성

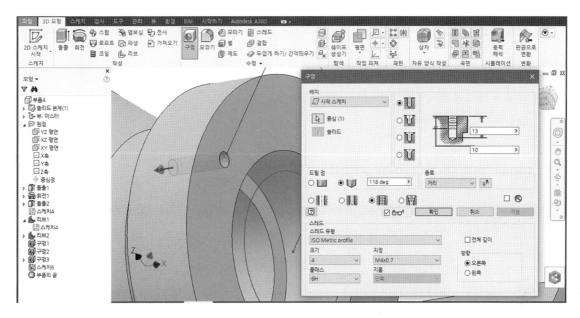

18.에서부터 19.까지의 과정과 동일하게 부품 뒤편에 있는 탭 구멍이 도면과 같이, 위치할 자리를 스케치하고, 20.과 동일하게 구멍을 이용하여 탭 구멍을 작성한다.

21. 탭 구멍 원형 패턴 작성

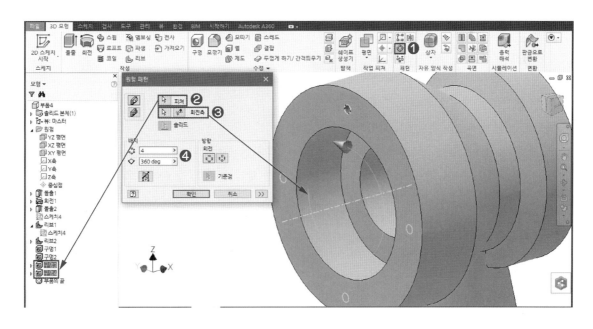

앞에서 작성된 탭 구멍을 원형 패턴으로 도면과 같은 개수로 생성한다.

❶ **3D 모형** 리본 탭, 패턴에서 원형 패턴을 실행한다.

❷ **원형 패턴** 대화상자에서 피처를 작성된 두 개의 구멍을 좌측 검색기에서 선택하거나, 작업화면에서 직접 선택한다.

❸ 회전축은 본체 형상의 원통면을 선택하여 축을 지정한다.

❹ 도면과 같이 복사 개수를 4로 지정하고, 360도 등각도로 배치될 수 있도록 하여 **확인** 또는 Enter↵ 를 눌러 구멍 피처를 완성한다.

22. 리브에 전체 둥근 모깎기 적용

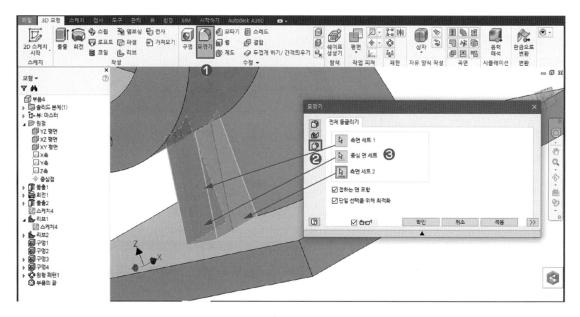

도면과 같이 생성된 리브에 둥근 모깎기를 적용한다.

❶ **3D 모형** 리본 탭, 수정에서 모깎기를 실행한다.

❷ **모깎기** 대화상자에서 모깎기 형식을 전체 둥근 모깎기를 선택한다.

❸ 측면 세트1, 중심 면 세트, 측면 세트 2를, 모깎기 할 리브의 면을 순차적으로 선택하고 **확인** 또는 Enter↵ 를 눌러 모깎기를 완성한다.

※ 반대편에 작성된 리브도 위와 동일한 방법으로 전체 둥근 모깎기를 적용한다.

23. 하단 돌출 객체 모서리 모깎기 적용

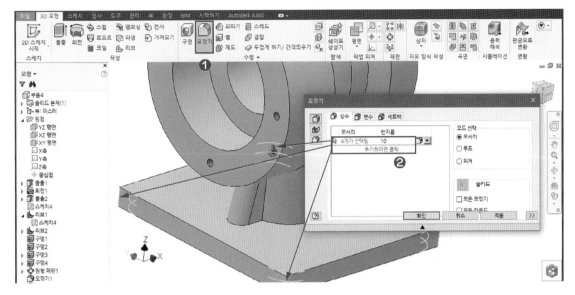

하단에 모델링된 판의 모서리에 도면과 같이 모깎기를 먼저 적용한다.

❶ **3D 모형** 리본 탭, 수정에서 모깎기를 실행한다.

❷ **모깎기** 대화상자에서 반지름 10mm를 입력하고 모깎기가 적용될 모서리를 선택하고 **확인** 또는 Enter↵ 를 눌러 모깎기를 완성한다.

※ 모깎기 객체 선택을 수월하게 지정하기 위해서 하단 모깎기를 먼저 적용한다.

24. 도시되지 않고 지시 없는 모깎기 작성

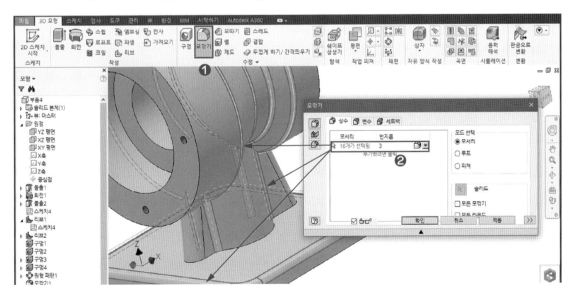

도면 주서에 도시되고 지시 없는 모깎기 R3을 1차적으로 적용할 모서리에 모깎기를 적용한다.

❶ **3D 모형** 리본 탭, 수정에서 모깎기를 다시 실행(단축키 : Enter↵)한다.

❷ **모깎기** 대화상자에서 반지름 3mm를 입력하고, 상/하단의 연결되는 원기둥 목 부분을 제외하고 R3이 적용될 모서리를 모두 선택하고 **확인** 또는 Enter↵ 를 눌러 모깎기를 완성한다.

※ 리브와 원기둥이 연결된 모서리도 같이 모깎기 하면, 연결되는 부분이 접선으로 생성되어 차후 선택을 수월히 할 수 있다.

25. 연결되는 부분 모깎기

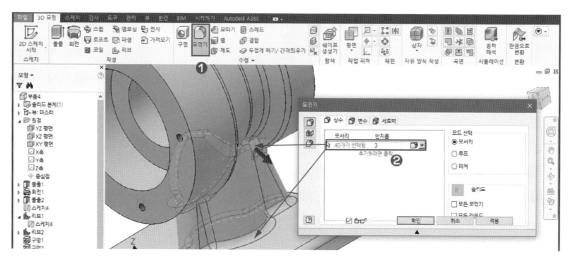

위 작업에서 1차적으로 모깎기 작성 후, 남아 있는 연결부분을 모깎기한다.

❶ **3D 모형** 리본 탭, 수정에서 모깎기를 다시 실행(단축키 : Enter↵)한다.

❷ **모깎기** 대화상자에서 반지름 3mm를 입력하고, 상/하단의 연결되는 원기둥 목 부분만 선택하고 **확인** 또는 Enter↵ 를 눌러 모깎기를 완성한다.

※ 이와 같이 모깎기를 별도로 작성하는 이유는 복잡한 부품 상태에서 한 번에 적용할 모서리를 선택하는 것이 많이 힘들기도 하며, 인벤터 특성상 2중, 3중으로 라운드가 발생하는 경우 한 번에 모깎기가 적용되지 않는 오류가 발생할 수 있기 때문에 복잡한 형상에 모깎기를 할 때 분리하여 적용한다.

26. 구석 코너 모깎기 적용

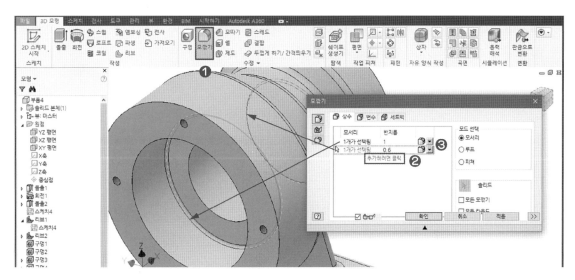

도면과 같이 베어링이 들어가는 자리에 구석 라운드가 적용되어 있는 부분을 모깎기 적용한다.

❶ **3D 모형** 리본 탭, 수정에서 모깎기를 다시 실행(단축키 : Enter↵)한다.

❷ **모깎기** 대화상자에서 "추가하려면 클릭"을 클릭하여 모깎기 리스트를 하나 더 생성한다.

❸ 첫 번째 리스트에 반지름 1mm를 입력하고, 적용될 모서리를 선택하여 두 번째 리스트에 반지름
0.6mm를 입력한 후, 적용될 모서리를 선택하고 **확인** 또는 Enter↵를 눌러 모깎기를 완성한다.

27. 도시되고 지시 없는 모따기 적용

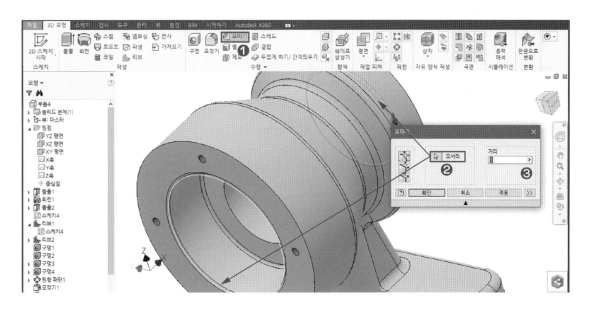

도시되고 지시 없는 베어링 구멍 모서리에 모따기한다.

❶ **3D 모형** 리본 탭, 수정에서 모따기를 실행한다.

❷ **모따기** 대화상자에서 거리 옵션으로 모따기가 적용될 모서리를 모두 선택한다.

❸ 모따기 거리는 1mm로 입력하고, **확인** 또는 Enter↵ 를 눌러 모깎기를 완성한다.

28. 하단 객체에 체결 구멍 작성

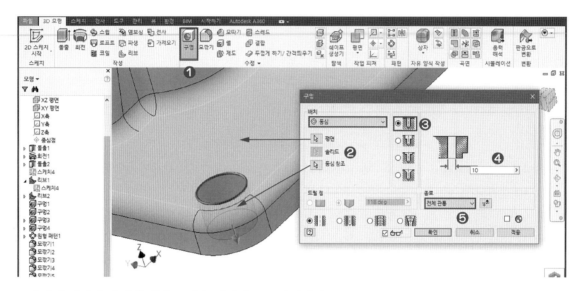

모델링된 부품의 하단에 체결 구멍을 마지막으로 작성한다.

❶ **3D 모형** 리본 탭, 수정에서 구멍 명령을 실행한다.

❷ **구멍** 대화상자 배치에서 동심을 선택하고 위치할 평면과 동심 참조할 호를 선택한다.

❸ 구멍 유형은 드릴로 선택한다.

❹ 도면과 같이, 드릴 지름 10mm로 지정한다.

❺ 종료를 전체 관통으로 선택하고 **확인** 또는 Enter↵ 를 눌러 구멍 피처를 완성한다.

29. 체결 구멍 직사각형 패턴

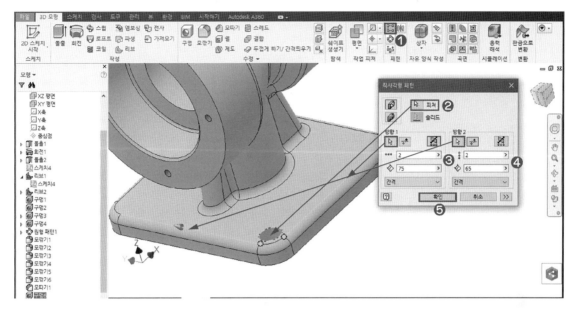

작성된 구멍은 구멍 간 중심거리로 복사하기 위해서 직사각형 패턴을 사용하여 배열복사한다.

❶ **3D 모형** 리본 탭, 패턴에서 직사각형 패턴을 실행한다.

❷ **직사각형 패턴** 대화상자에서 개별 피처 패턴으로 피처를 작성한 구멍을 선택한다.

❸ **방향 1**의 패턴 방향은 중심거리 75mm 적용된 선을 선택하고, 패턴 개수 2, 간격은 75로 입력한다.

❹ **방향 2**의 패턴 방향은 중심거리 65mm 적용된 선을 선택하고, 패턴 개수 2, 간격은 65로 입력한다.

※ 방향 1과 2의 패턴 진행방향이 도면과 다른 경우, 해당 방향에 있는 반전 아이콘을 클릭하여 패턴 방향을 변경할 수
있다.

❺ 미리보기 되는 패턴을 확인하고 **확인** 또는 Enter↵ 를 눌러 직사각형 패턴을 완성한다.

30. 최종 완성

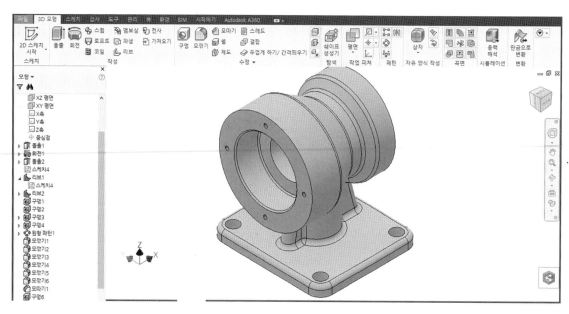

부품 모델링이 끝나면 저장 버튼을 클릭하여 부품을 저장하고, 차후 변경이나 수정이 발생할 경우 해당 피처나 스케치를 수정하여 보완할 수 있다.

2 조립 부품 모델링 따라하기

지금까지 단일 부품을 모델링하는 명령과 작업방법에 대해서 연습하고 공부하였다. 이번에는 조립품으로
이루어진 각각의 부품을 모델링하고 다음 챕터에서 진행되는 조립품 생성에서 모델링한 부품을 이용하여
조립하는 방식을 설명하도록 하겠다.

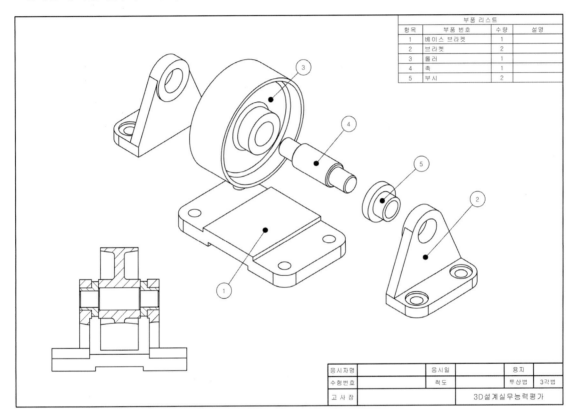

부품 리스트			
항목	부품 번호	수량	설명
1	베이스 브라켓	1	
2	브라켓	2	
3	롤러	1	
4	축	1	
5	부시	2	

응시자명		응시일		용지	
수험번호		척도		투상법	3각법
고사장				3D설계실무능력평가	

캐스터는 일반적으로, 책상이나 의자 및 각종 장비 하부에 달려있는 바퀴를 뜻하는 것으로, 일반적으로 3D
모델링 및 조립품 구성에 대해서 기초적인 작업형상이다.

1. 1번 부품 – 베이스 브라켓 모델링

베이스 브라켓은 캐스터가 본체에 연결하고 캐스터의 각종 부품이 조립되어지는 기준 부품으로 사용된다. 아래 도면을 참고하여, 지금까지 배웠던, 스케치, 돌출, 모깎기, 구멍, 대칭 복사 등의 명령으로 작성해보자.

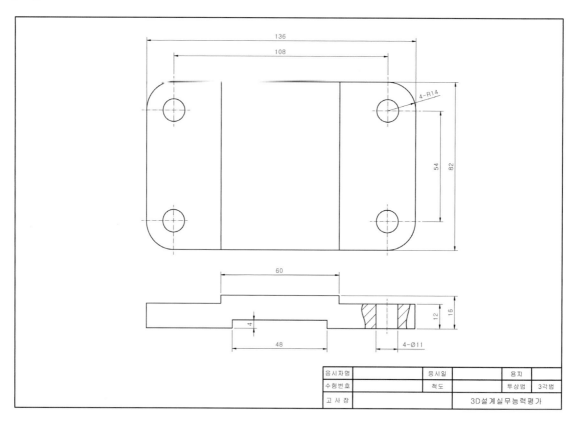

응시자명		응시일		용지	
수험번호		척도		투상법	3각법
고 사 장				3D설계실무능력평가	

[기본적인 작업 순서]

- 기준 스케치를 작성한다.
- 돌출을 이용하여 전체적인 형상을 모델링한다.
- 모깎기를 이용하여 코너 모서리를 라운드 처리한다.
- 구멍으로 본체와 연결된 체결 구멍을 작성한다.

(1) 기준 스케치 평면 선택

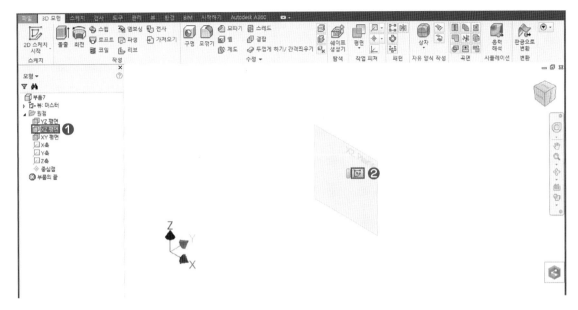

기준 형상을 작성할 스케치의 평면을 선택하고 새 스케치 작성 환경으로 들어간다.

❶ 화면을 등각 뷰(단축키 : F6)로 변경하고 좌측 검색기 원점에서 XZ 평면을 선택한다.

❷ 새 스케치 아이콘을 선택하여 스케치 작성환경으로 전환한다.

(2) 기준 프로파일 스케치 작성

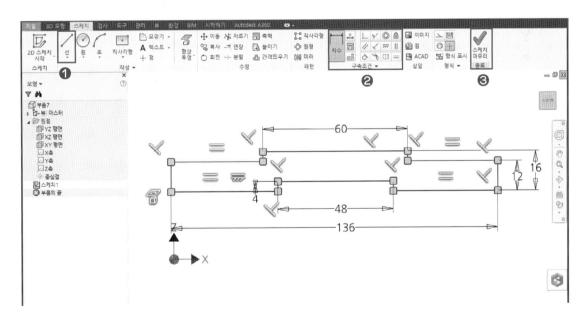

도면을 참고하여 모델링 할 형상의 기초가 될 수 있는 방향으로 스케치를 작성한다.

❶ 스케치 리본 탭, 작성에서 선을 이용하여 대략적인 부품의 단면을 스케치한다.

❷ 도면의 치수에 맞게 형상 및 치수 구속하여 스케치를 완전 구속한다.

❸ 스케치 리본메뉴에서 스케치 마무리를 클릭하여 스케치를 마친다.

(3) 기준 베이스 브라켓 부품 작성

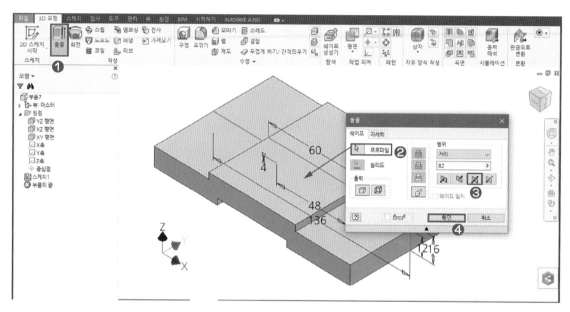

스케치 작성 후, 3D 모형에서 돌출 피처를 이용하여 형상을 작성한다.

❶ **3D 모형** 리본 탭, 작성에서 돌출을 실행한다.

❷ **돌출** 대화상자에서 프로파일을 스케치한 단면을 선택한다.

❸ 도면과 같이 돌출 범위는 거리 값으로 82mm를 입력하고 방향은 대칭으로 돌출한다.

❹ **확인** 또는 Enter↵ 를 눌러 돌출 피처를 완성한다.

(4) 기준 부품 모깎기 적용

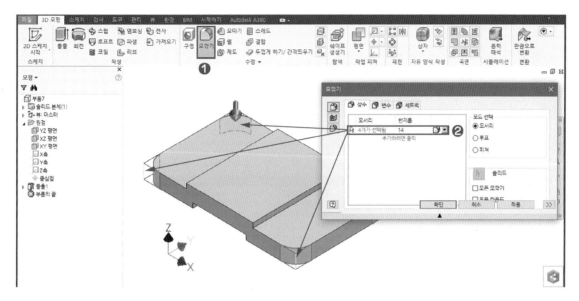

모델링된 브라켓의 코너 모서리에 도면과 같이 모깎기를 먼저 적용한다.

❶ **3D 모형** 리본 탭, 수정에서 모깎기를 클릭한다.

❷ **모깎기** 대화상자에서 반지름 14mm를 입력하고, 모깎기가 적용될 코너 모서리를 선택하고 **확인** 또는
   Enter↵ 를 눌러 모깎기를 완성한다.

(5) 체결 구멍 작성

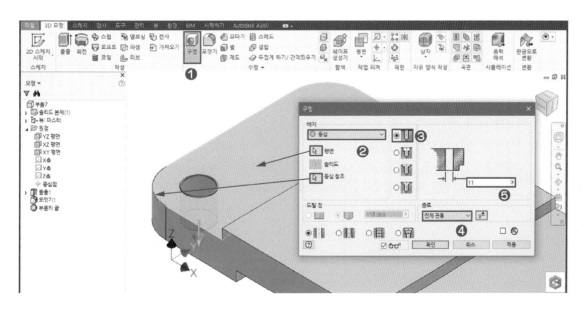

미리 편집된 모깎기의 라운드를 기준으로 한 개의 구멍을 도면과 같이 작성한다.

❶ **3D 모형** 리본 탭, 수정에서 구멍을 실행한다.

❷ **구멍** 대화상자 배치에서 동심을 선택하고 위치할 평면과 동심 참조할 원을 선택한다.

❸ 구멍 유형은 드릴 구멍으로 선택한다.

❹ 구멍의 종료는 전체 관통으로 선택한다.

❺ 도면과 같이 드릴 지름 11mm로 지정하고 **확인** 또는 [Enter↵]를 눌러 구멍을 완성한다.

(6) 구멍 대칭 복사

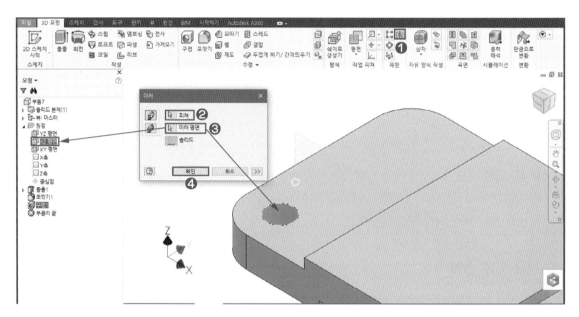

작성된 구멍을 미러를 이용하여 반대편으로 대칭 복사해서 배치한다.

❶ **3D 모형** 리본 탭, 패턴에서 미러를 클릭한다.

❷ **미러** 대화상자에서 개별 피처 패턴으로 피처를 작성한 구멍을 선택한다.

❸ 대칭복사 기준이 되는 미러 평면을 좌측 검색기 원점에서 XZ 평면을 선택한다.

❹ 미리보기 되는 패턴을 확인하고 **확인** 또는 [Enter↵]를 눌러 대칭복사를 완성한다.

  ※ 대칭 복사는 한 번에 가로/세로로 다중 복사가 되지 않는다.

  ※ 부품을 생성할 때 스케치 평면에서 대칭으로 돌출하였기 때문에 검색기 원점에서 미러 평면을 직접 선택해 사용할 수
    있다.

(7) 대칭 복사를 위한 작업 평면 생성

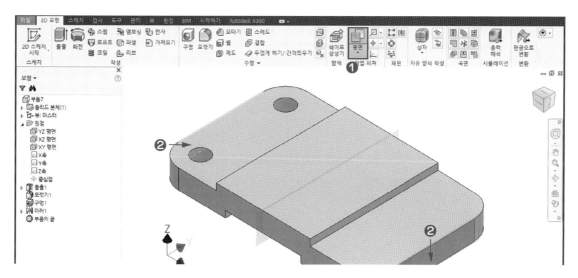

검색기 원점에서 기준 평면을 사용할 수 없는 경우, 작업 평면을 이용하여 객체 중간에 사용자 평면을 생성한다.

❶ 3D 모형 리본 탭, 작업 피처에서 평면을 클릭한다.

❷ 중간 평면을 생성할 대칭되는 두 평면을 이미 생성된 객체의 면을 선택해서 생성한다.

※ 최초 스케치 작성 시, 원점 기준으로 스케치의 시작 위치가 어떤 부분이든 객체의 중간 위치에 따라서 차후, 객체의 원점
평면의 위치가 달라진다.

(8) 미러 피처 대칭복사

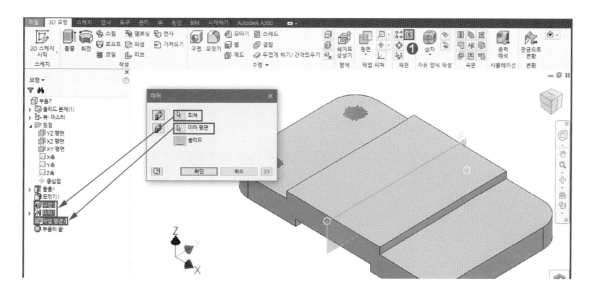

앞에서 작성된 대칭 구멍을 생성한 중간 평면을 기준으로 최종적으로 구멍을 배치한다.

❶ **3D 모형** 리본 탭, 패턴에서 미러를 클릭한다.

❷ **미러** 대화상자에서 개별 피처 패턴으로 피처를 작성한 구멍을 선택한다.

❸ 대칭복사 기준이 되는 미러 평면을 생성한 작업 평면으로 선택한다.

❹ 미리보기 되는 패턴을 확인하고, **확인** 또는 Enter↵ 를 눌러 대칭복사를 완성한다.

(9) 베이스 브라켓 부품 완성

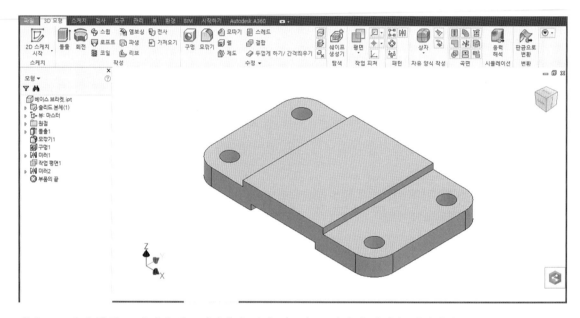

베이스 브라켓 부품 모델링이 완료되었다면 저장 버튼을 클릭하여 파일을 저장한다.

2. 2번 부품 – 브라켓 모델링

브라켓은 캐스터가 본체와 롤러를 연결하는 부품으로, 베이스 브라켓과 부시, 축이 조립된다.

아래 도면을 참고하여 지금까지 배웠던, 스케치, 돌출, 모깎기, 구멍, 대칭 복사 등의 명령으로 작성해 보자.

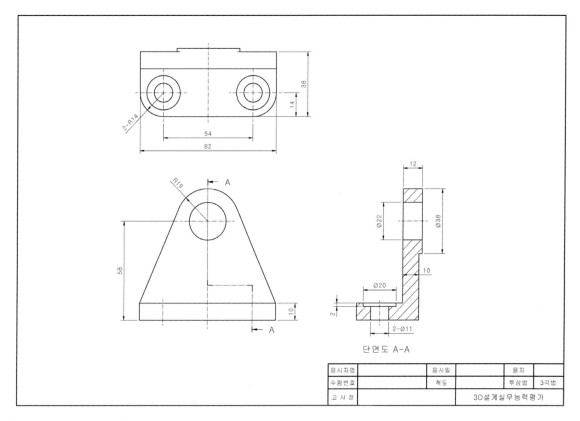

단면도 A-A

응시자명		응시일		용지	
수험번호		척도		투상법	3각법
고 사 장				3D설계실무능력평가	

[기본적인 작업 순서]

• 기준 스케치를 작성한다.

• 돌출을 이용하여 하부 형상을 모델링한다.

• 축이 연결될 부분을 스케치하고 돌출로 형상을 모델링한다.

• 모깎기를 이용하여 코너 모서리를 라운드 처리한다.

• 구멍으로 본체와 연결될 체결 구멍을 작성한다.

(1) 기준 스케치 평면 선택

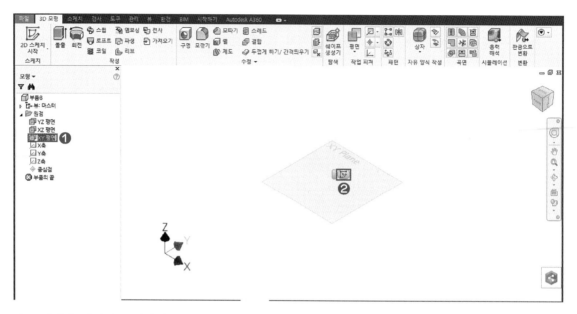

기준 형상을 작성할 스케치의 평면을 선택하고 새 스케치 작성 환경으로 들어간다.

❶ 화면을 등각 뷰(단축키 : F6)로 변경하고 좌측 검색기 원점에서 XY 평면을 선택한다.

❷ 새 스케치 아이콘을 선택하여 스케치 작성환경으로 전환한다.

(2) 기준 프로파일 스케치 작성

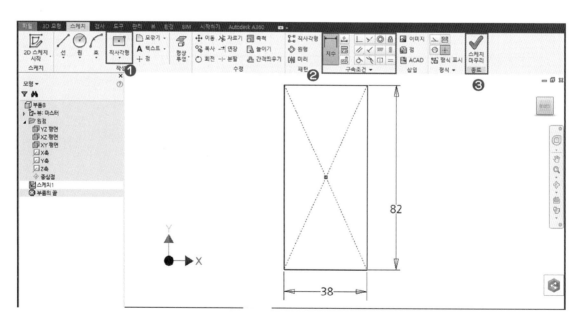

도면을 참고하여 모델링할 형상의 기초가 될 수 있는 방향으로 스케치를 작성한다.

❶ **스케치** 리본 탭, 작성에서 중심 사각형으로 중심점은 원점에 두고 스케치한다.

❷ 도면의 치수에 맞게, 치수 구속하여 스케치를 완전 구속한다.

❸ 스케치 리본메뉴에서 스케치 마무리를 클릭하여 스케치를 마친다.

(3) 브라켓 하부 형상 모델링

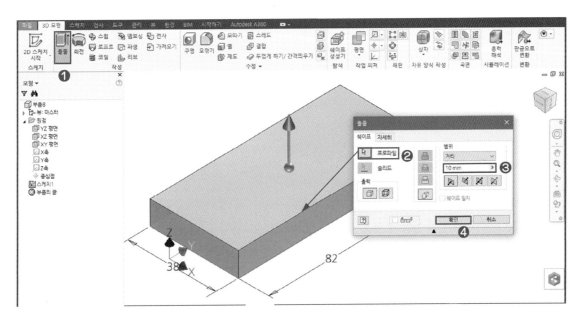

스케치 작성 후, 3D 모형에서 돌출을 이용하여 형상을 작성한다.

❶ **3D 모형** 리본 탭, 작성에서 돌출을 실행한다.

❷ **돌출** 대화상자에서 프로파일을 스케치한 단면을 선택한다.

❸ 도면과 같이 돌출 범위는 거리 값으로 10mm를 입력하고, 방향 1로 돌출한다.

❹ **확인** 또는 Enter↵ 를 눌러 돌출을 완성한다.

(4) 축과 연결부분 스케치를 위한 평면 선택

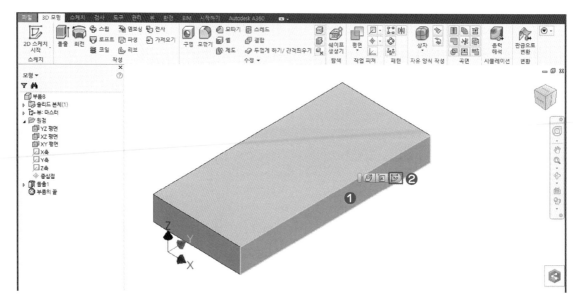

모델링된 베이스에 축과 연결되는 형상을 생성하기 위해서 새로운 스케치 평면을 선택한다.

❶ 새로운 스케치가 작성될 평면을 객체의 뒷면으로 선택한다. (Shift +중간 버튼)

❷ 새 스케치 아이콘을 선택하여 새 스케치 작성 환경으로 전환한다.

(5) 축과 연결부분 형상 스케치

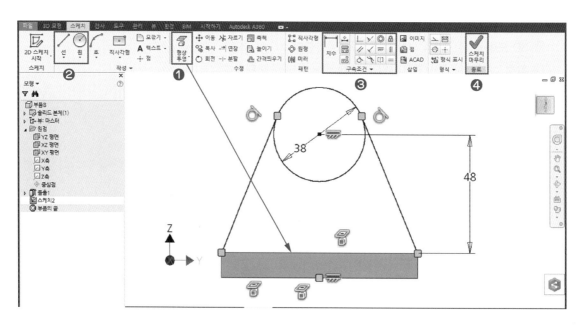

도면을 참고하여 위 그림과 같이 원과 선으로 스케치하고 완전 구속한다.

❶ 스케치 리본 탭, 작성에서 형상 투영으로 스케치 기준인 객체 가장자리를 투영한다.

❷ 원과 선을 이용하여 위치에 대략적으로 스케치한다.

❷ 형상 구속과 치수 구속을 이용하여 도면과 같이 크기와 위치를 구속한다.

❸ 스케치 마무리를 클릭하여 스케치 작성을 마친다.

(6) 연결부분 형상 모델링

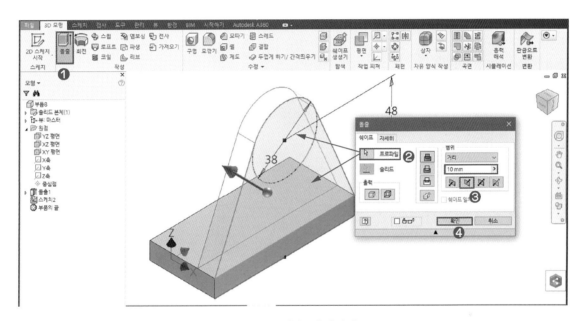

스케치 작성 후, 3D 모형에서 돌출을 이용하여 형상을 작성한다.

❶ 3D 모형 리본 탭, 작성에서 돌출을 실행한다.

❷ 돌출 대화상자에서 프로파일을 스케치한 단면을 모두 선택한다.

❸ 도면과 같이 돌출 범위는 거리 값으로 10mm를 입력하고 방향 2로 돌출한다.

❹ 확인 또는 Enter↵ 를 눌러 돌출 피처를 완성한다.

(7) 스케치 재사용을 위한 공유

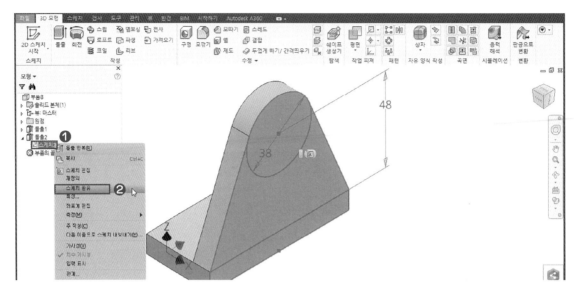

이미 생성된 연결부분 스케치를 다시 사용하기 위해서 스케치 공유를 적용한다.

❶ 좌측 검색기에서 생성된 연결부분 피처 하위 탭을 열어, 스케치를 선택하고 마우스 오른쪽 버튼을 클릭하여 팝업 메뉴를 나타낸다.

❷ 팝업 메뉴에서 스케치 공유를 선택한다.

(8) 연결부분 추가되는 형상 모델링

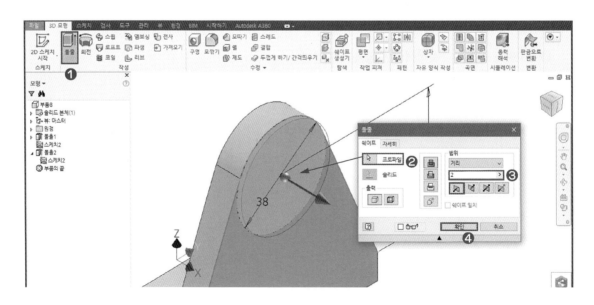

공유된 스케치에 3D 모형에서 돌출을 이용하여 추가 형상을 작성한다.

❶ **3D 모형** 리본 탭, 작성에서 돌출을 실행한다.

❷ **돌출** 대화상자에서 프로파일을 공유된 스케치의 원을 선택한다.

❸ 도면과 같이 돌출 범위는 거리 값으로 2mm를 입력하고, 방향 1로 돌출한다.

❹ **확인** 또는 Enter↵를 눌러 돌출을 완성한다.

(9) 부품 코너 모서리 모깎기 적용

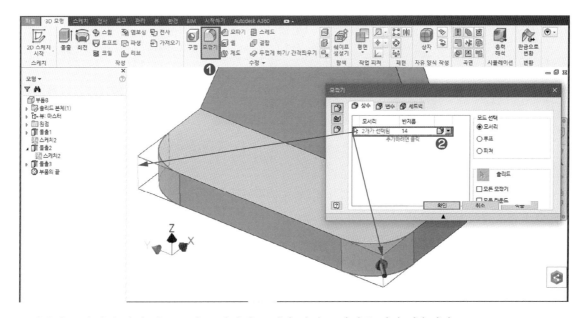

모델링된 브라켓의 앞에 있는 코너 모서리에 도면과 같이 모깎기를 먼저 적용한다.

❶ **3D 모형** 리본 탭, 수정에서 모깎기를 클릭한다.

❷ **모깎기** 대화상자에서 반지름 14mm를 입력하고 모깎기가 적용될 코너 모서리를 선택하여 **확인** 또는
Enter↵를 눌러 모깎기를 완성한다.

(10) 부시와 조립되는 구멍 생성

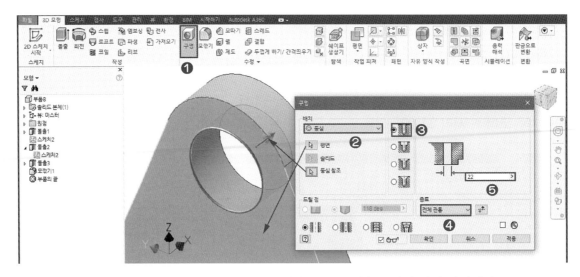

모델링된 부품의 라운드를 기준으로 한, 부시와 조립이 되는 구멍을 도면과 같이 작성한다.

❶ **3D 모형** 리본 탭, 수정에서 구멍을 실행한다.

❷ **구멍** 대화상자 배치에서 동심을 선택하고, 위치할 평면과 동심 참조할 원을 선택한다.

❸ 구멍 유형은 드릴 구멍으로 선택한다.

❹ 구멍의 종료는 전체 관통으로 선택한다.

❺ 도면과 같이 드릴 지름 22mm로 지정하고 **확인** 또는 Enter↵를 눌러 구멍을 완성한다.

(11) 볼트 자리파기 구멍 생성

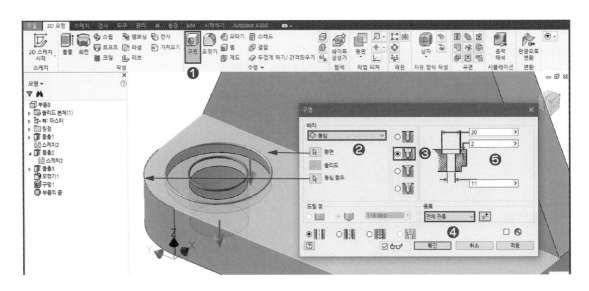

이미 작성된 부품의 모깎기의 라운드를 기준으로 볼트 자리파기 구멍을 작성한다.

❶ **3D 모형** 리본 탭, 수정에서 구멍을 실행한다.

❷ **구멍** 대화상자 배치에서 동심을 선택하고 위치할 평면과 동심 참조할 원을 선택한다.

❸ 구멍 유형은 카운터보어 구멍으로 선택한다.

❹ 구멍의 종료는 전체 관통으로 선택한다.

❺ 도면과 같이, 카운터보어 지름 20mm, 깊이 2mm, 드릴 지름 11mm로 지정하고 **확인** 또는 Enter↵ 를 눌러 구멍을 완성한다.

(12) 자리파기 구멍 대칭복사

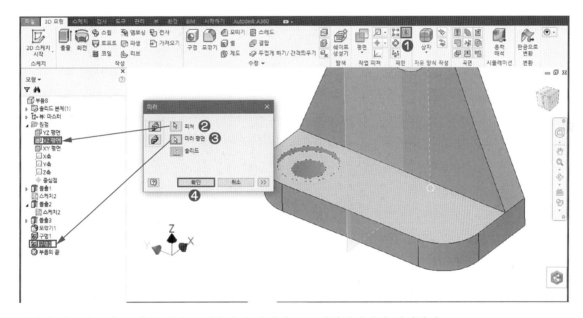

작성된 카운터보어 구멍을 미러를 이용하여 반대편으로 대칭복사하여 배치한다.

❶ **3D 모형** 리본 탭, 패턴에서 미러를 클릭한다.

❷ **미러** 대화상자에서 개별 피처 패턴으로 피처를 작성한 카운터보어 구멍을 선택한다.

❸ 대칭복사 기준이 되는 미러 평면을 좌측 검색기 원점에서 XZ 평면을 선택한다.

❹ 미리보기 되는 패턴을 확인하고, **확인** 또는 Enter↵ 를 눌러 대칭복사를 완성한다.

　※ 대칭복사는 한 번에 가로/세로로 다중 복사가 되지 않는다.

　※ 부품을 생성할 때 스케치 평면에서 대칭으로 돌출하였기 때문에 검색기 원점에서 미러 평면을 직접 선택해서 사용할 수 있다.

(13) 브라켓 부품 모델링 완성

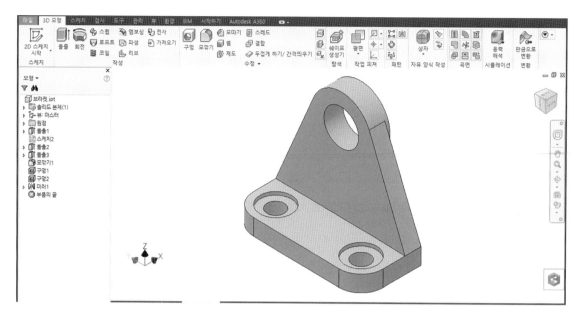

브라켓 부품 모델링이 완료되었다면 저장 버튼을 클릭하여 파일을 저장한다.

3. 3번 부품 – 롤러(바퀴)

캐스터가 굴러갈 수 있는 롤러를 모델링하며 차후 작성되는 축에 조립된다.

아래 도면을 참고하여 지금까지 배웠던, 스케치, 회전, 모깎기, 구멍 등의 명령으로 작성해 보자.

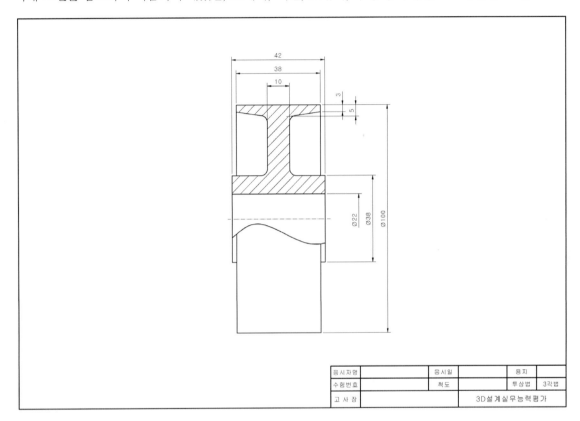

[기본적인 작업 순서]

- 기준 스케치를 작성한다.
- 회전을 이용하여 바퀴 형상을 모델링한다.
- 축과 조립되는 부분을 구멍으로 모델링한다.

(1) 기준 스케치 평면 선택

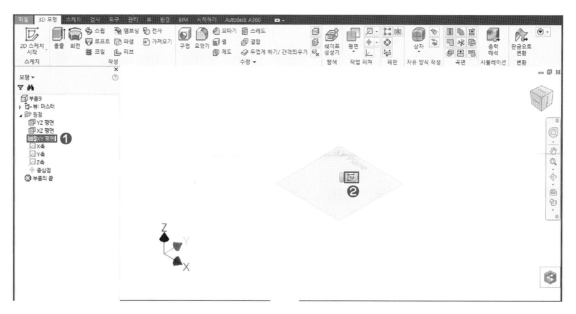

기준 형상을 작성할 스케치의 평면을 선택하고, 새 스케치 작성 환경으로 들어간다.

❶ 화면을 등각 뷰(단축키 : F6)로 변경하고 좌측 검색기 원점에서 XY 평면을 선택한다.

❷ 새 스케치 아이콘을 선택하여 스케치 작성환경으로 전환한다.

(2) 회전 프로파일 스케치 작성

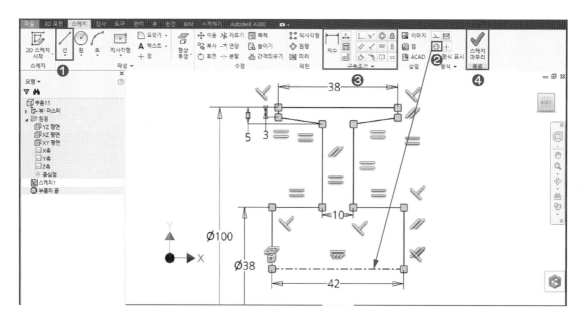

도면을 참고하여, 모델링할 형상의 기초가 될 수 있는 방향으로 스케치를 작성한다.

❶ 스케치 리본 탭, 작성에서 선으로 도면과 같이 스케치한다.

❷ 회전의 중심 축이 될 선을 선택하여 중심선으로 변경한다.

❸ 도면의 치수에 맞게, 형상 구속과 치수 구속하여 스케치를 완전 구속한다.

❹ 스케치 리본메뉴에서 스케치 마무리를 클릭하여 스케치를 마친다.

(3) 롤러 회전 형상 모델링

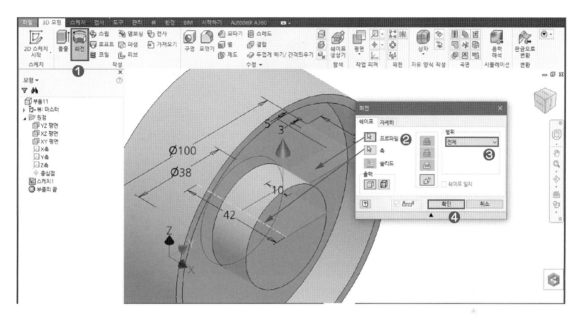

스케치 작성 후, 3D 모형에서 회전을 이용하여 형상을 작성한다.

❶ **3D 모형** 리본 탭, 작성에서 회전을 실행한다.

❷ **회전** 대화상자에서 하나의 스케치 프로파일과 하나의 축으로 이루어진 경우 자동으로 선택된다.

❸ 회전의 범위는 전체로 하여 360도 회전이 될 수 있도록 한다.

❹ **확인** 또는 Enter↵ 를 눌러 돌출을 완성한다.

(4) 축과 연결부분 스케치를 위한 평면 선택

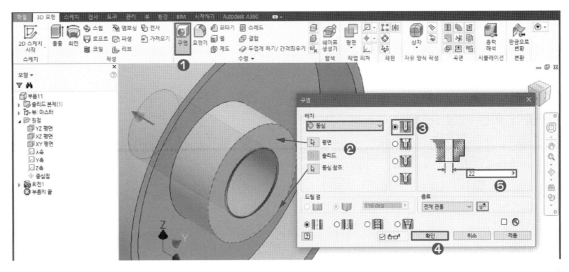

모델링된 원통을 기준으로 축과 조립되는 구멍을 도면과 같이 작성한다.

❶ **3D 모형** 리본 탭, 수정에서 구멍을 실행한다.

❷ **구멍** 대화상자 배치에서 동심을 선택하고 위치할 평면과 동심 참조할 원을 선택한다.

❸ 구멍 유형은 드릴 구멍으로 선택한다.

❹ 구멍의 종료는 전체 관통으로 선택한다.

❺ 도면과 같이 드릴 지름 22mm로 지정하고 **확인** 또는 Enter↵ 를 눌러 구멍을 완성한다.

(5) 롤러에 모깎기 적용

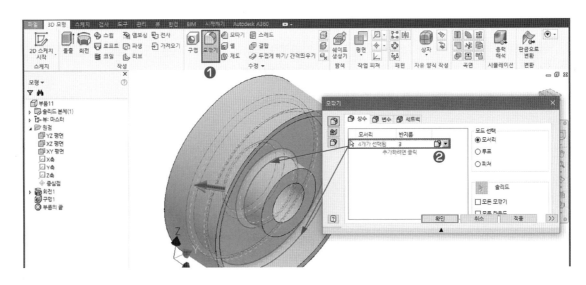

모델링된 롤러의 내부 코너 모서리에 도면과 같이 모깎기를 먼저 적용한다.

❶ **3D 모형** 리본 탭, 수정에서 모깎기를 클릭한다.

❷ **모깎기** 대화상자에서 반지름 3mm를 입력하고 모깎기가 적용될 내부 코너 모서리를 전부 선택하여 **확인** 또는 [Enter↵]를 눌러 모깎기를 완성한다.

(6) 롤러 부품 모델링 완성

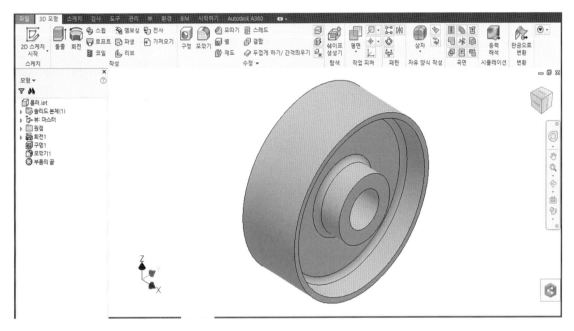

롤러 부품 모델링이 완료되었다면 저장 버튼을 클릭하여 파일을 저장한다.

4. 4번 부품 – 축

캐스터의 롤러와 브라켓을 이어주는 축을 모델링하여, 이미 작성된 캐스터의 롤러와 부시가 조립된다.
아래 도면을 참고하여, 지금까지 배웠던, 스케치, 회전, 모따기 등의 명령으로 작성해 보자.

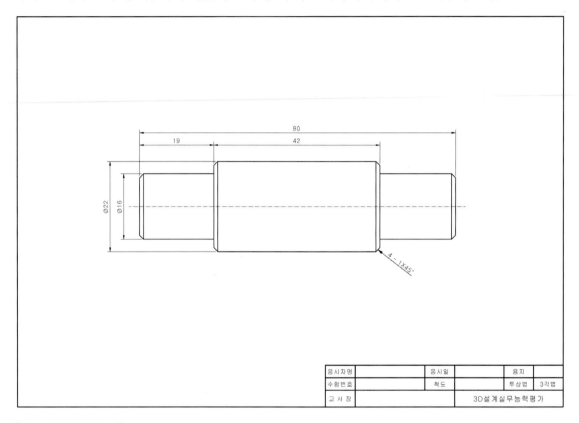

응시자명		응시일		용지	
수험번호		척도		투상법	3각법
고 사 장			3D설계실무능력평가		

[기본적인 작업 순서]

• 기준 스케치를 작성한다.
• 회전을 이용하여 바퀴 형상을 모델링한다.
• 삽입되어지는 부분에 모따기를 적용한다.

(1) 기준 스케치 평면 선택

기준 형상을 작성할 스케치의 평면을 선택하고, 새 스케치 작성 환경으로 들어간다.

❶ 화면을 등각 뷰(단축키 : F6)로 변경하고 좌측 검색기 원점에서 XY 평면을 선택한다.

❷ 새 스케치 아이콘을 선택하여 스케치 작성환경으로 전환한다.

(2) 축 프로파일 스케치 작성

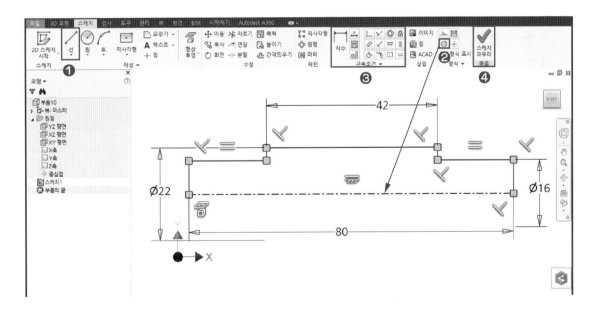

도면을 참고하여 모델링할 형상의 기초가 될 수 있는 방향으로 스케치를 작성한다.

❶ 스케치 리본 탭, 작성에서 선으로 도면과 같이 스케치한다.

❷ 회전의 중심 축이 될 선을 선택하여 중심선으로 변경한다.

❸ 도면의 치수에 맞게, 형상 구속과 치수 구속하여 스케치를 완전 구속한다.

❹ 스케치 리본메뉴에서 스케치 마무리를 클릭하여 스케치를 마친다.

(3) 축 회전 형상 모델링

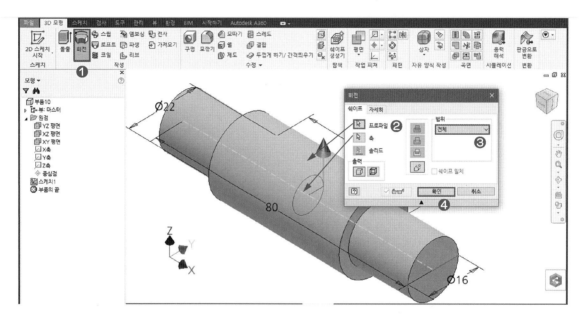

스케치 작성 후, 3D 모형에서 회전을 이용하여 형상을 작성한다.

❶ **3D 모형** 리본 탭, 작성에서 회전을 실행한다.

❷ **회전** 대화상자에서 하나의 스케치 프로파일과 하나의 축으로 이루어진 경우 자동으로 선택된다.

❸ 회전의 범위는 전체로 하여 360도 회전이 될 수 있도록 한다.

❹ **확인** 또는 Enter↵를 눌러 돌출을 완성한다.

(4) 삽입되는 부분 모따기 적용

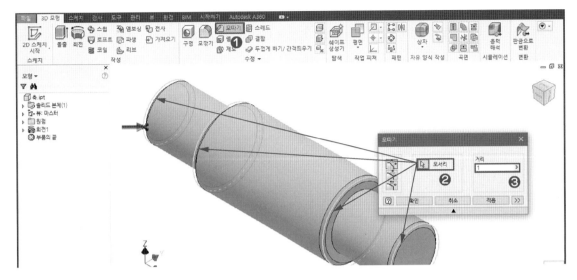

조립 시 삽입되는 모서리 부분에 도면과 같이 모따기를 작성한다.

❶ **3D 모형** 리본 탭, 수정에서 모따기를 실행한다.

❷ **모따기** 대화상자에서 거리를 이용하여 모따기가 적용될 모서리를 전부 선택한다.

❸ 거리를 1로 입력하고 **확인** 또는 Enter↵를 눌러 구멍을 완성한다.

(5) 축 부품 모델링 완성

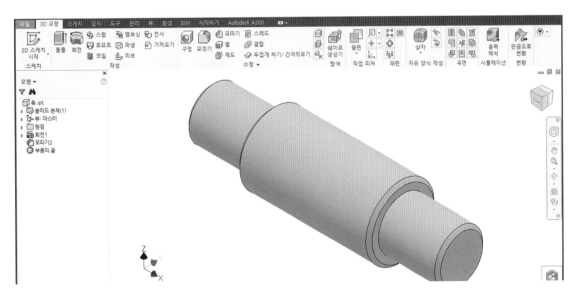

축 부품 모델링이 완료되었다면 저장 버튼을 클릭하여 파일을 저장한다.

5. 5번 부품 – 부시

부시는 베어링 대신해서 회전하는 부품을 원활하게 움직이도록 만들어주는 부품으로 이미 모델링된 브라켓과 축이 조립된다. 아래 도면을 참고하여, 지금까지 배웠던, 스케치, 회전, 구멍, 모따기 등의 명령으로 작성해 보자.

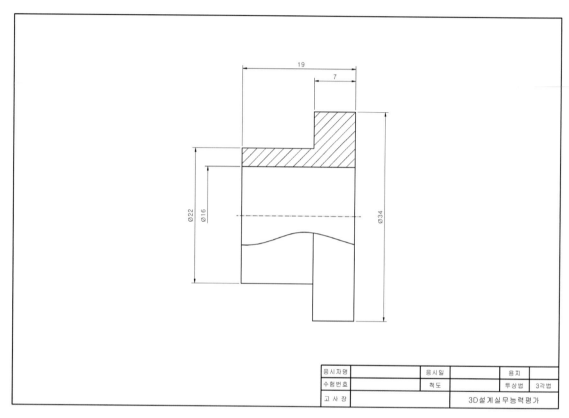

[기본적인 작업 순서]

- 기준 스케치를 작성한다.
- 회전을 이용하여 바퀴 형상을 모델링한다.
- 축이 조립될 구멍을 작성한다.

(1) 기준 스케치 평면 선택

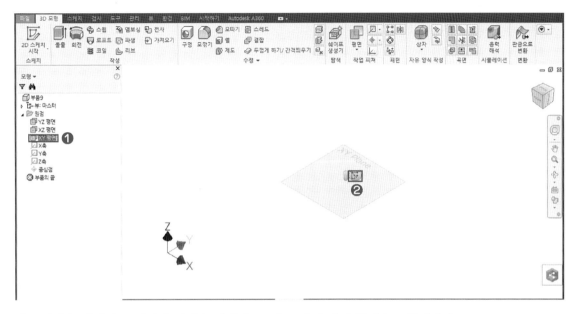

기준 형상을 작성할 스케치의 평면을 선택하고, 새 스케치 작성 환경으로 들어간다.

❶ 화면을 등각 뷰(단축키 : F6)로 변경하고 좌측 검색기 원점에서 XY 평면을 선택한다.

❷ 새 스케치 아이콘을 선택하여 스케치 작성환경으로 전환한다.

(2) 부시 프로파일 스케치 작성

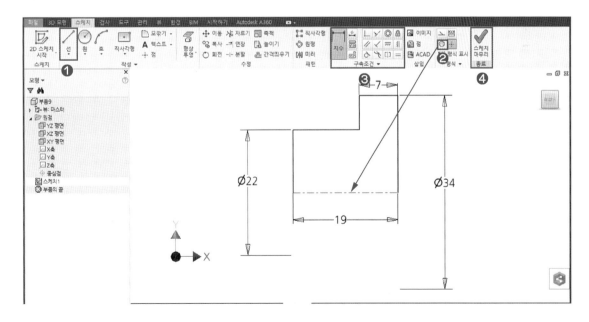

도면을 참고하여 모델링할 형상의 기초가 될 수 있는 방향으로 스케치를 작성한다.

❶ 스케치 리본 탭, 작성에서 선으로 도면과 같이 스케치한다.

❷ 회전의 중심 축이 될 선을 선택하여 중심선으로 변경한다.

❸ 도면의 치수에 맞게 형상 구속과 치수 구속하여 스케치를 완전 구속한다.

❹ 스케치 리본메뉴에서 스케치 마무리를 클릭하여 스케치를 마친다.

(3) 부시 회전 형상 모델링

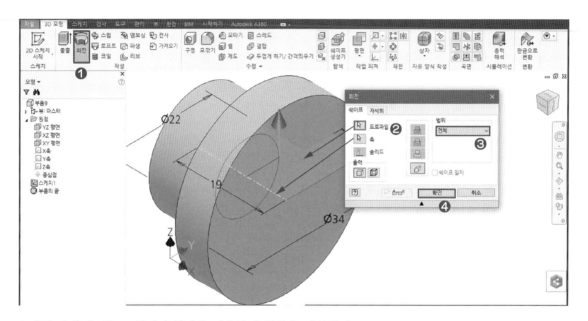

스케치 작성 후 3D 모형에서 회전을 이용하여 형상을 작성한다.

❶ **3D 모형** 리본 탭, 작성에서 회전을 실행한다.

❷ **회전** 대화상자에서 하나의 스케치 프로파일과 하나의 축으로 이루어진 경우 자동으로 선택된다.

❸ 회전의 범위는 전체로 하여 360도 회전될 수 있도록 한다.

❹ **확인** 또는 Enter↲ 를 눌러 돌출을 완성한다.

(4) 축이 조립될 구멍 생성

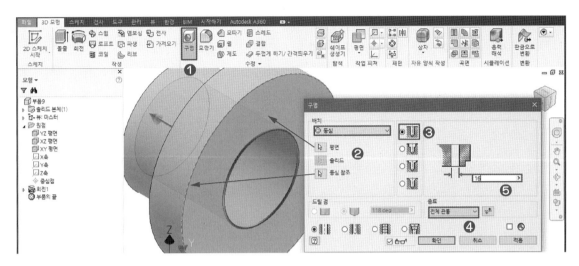

모델링된 부시에 축과 조립이 되는 구멍을 도면과 같이 작성한다.

❶ 3D 모형 리본 탭, 수정에서 구멍을 실행한다.

❷ 구멍 대화상자 배치에서 동심을 선택하고 위치할 평면과 동심 참조할 원을 선택한다.

❸ 구멍 유형은 드릴 구멍으로 선택한다.

❹ 구멍의 종료는 전체 관통으로 선택한다.

❺ 도면과 같이 드릴 지름 16mm로 지정하고 확인 또는 Enter↵ 를 눌러 구멍을 완성한다.

(5) 부시 부품 모델링 완성

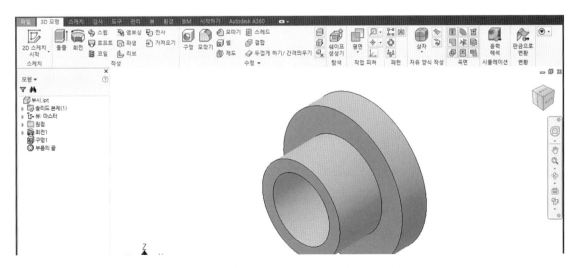

부시 부품 모델링이 완료되었다면 저장 버튼을 클릭하여 파일을 저장한다.

곡면을 이용한 하이브리드 모델링 따라하기

지금까지는 돌출, 회전 등 일반적인 작성명령과 편집명령을 이용하여 기계 관련한 부품을 모델링하였다. 이번에는 솔리드 객체와 스윕 곡면을 이용한 하이브리드 모델링 방법에 대해서 알아보고, 인벤터가 기계분야 뿐만 아니라, 산업디자인, 제품디자인 분야까지 적용될 수 있도록 연습해보자.

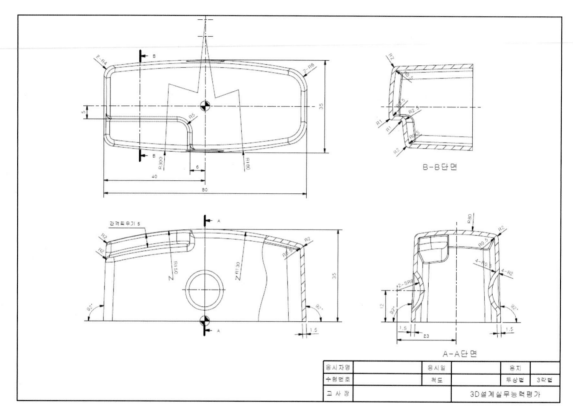

위 도면은 일반적으로 프라스틱 사출 등에서 사용되고 있는 도면으로, 우리가 사용하는 제품 및 산업디자인 범주에 있는 형상을 지금까지 배웠던, 기본 작성 명령과 스윕 곡면 및 곡면 편집 명령을 이용하여 모델링한다.

1. 기초 스케치 평면 선택

기준 형상을 작성할 스케치의 평면을 선택하고 새 스케치 작성 환경으로 들어간다.

❶ 작업화면 우측 상단에 있는 큐브 아이콘에서 홈 아이콘(단축키 : F6)을 선택하여, 등각화면으로 뷰 방향을 변환한다.

❷ 좌측 검색기 원점에서 XY 평면을 선택한다.

❸ 새 스케치 아이콘을 선택하여 스케치 작성환경으로 전환한다.

2. 기초 스케치 작성

(1) 가이드 스케치 작성

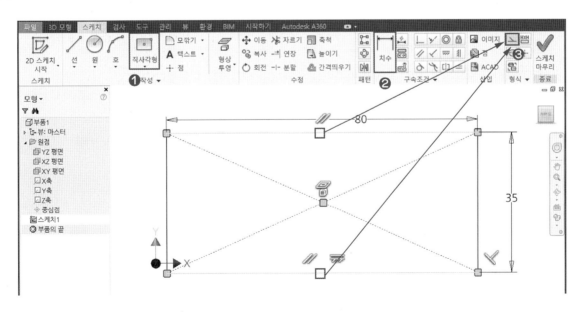

도면과 같은 형태를 스케치하기 위해서 먼저 가이드를 스케치한다.

❶ 스케치 탭, 작성 리본에서 중심사각형을 이용하여 그림과 같이 대략적으로 스케치한다.

❷ 치수을 이용하여 크기를 구속한다.

❸ 사각형의 위, 아래 선분을 선택하고, 구성선분으로 변경한다.

(2) 형상 스케치 작성

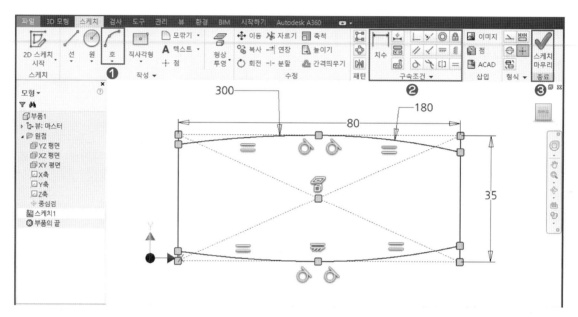

(1)에서 작성한 가이드를 기준으로 모델링에 필요한 스케치를 작성한다.

❶ 스케치 탭, 작성 리본에서 3점 호를 이용하여 도면과 같이 대략적으로 스케치한다.

❷ 작성한 호를 접선 구속과 치수 구속을 이용하여 자세와 크기를 구속한다.

❸ 스케치가 완료되었다면, 스케치 마무리를 클릭하여 스케치를 종료한다.

3. 최초 돌출 피쳐 작성

(1) 스케치 돌출 적용

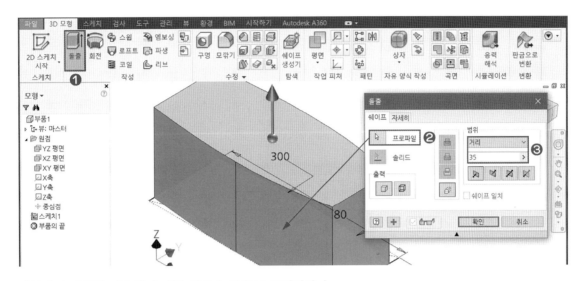

작성된 스케치를 이용하여 기준 형상을 돌출로 모델링한다.

❶ 3D 모형 탭, 작성 리본에서 돌출 명령을 실행한다.

❷ 돌출 대화상자에서 프로파일을 스케치한 영역을 선택한다.

❸ 거리 범위로 35mm를 입력하고, 돌출 방향을 위쪽으로 돌출시킨다.

(2) 객체에 기울기(테이퍼) 적용

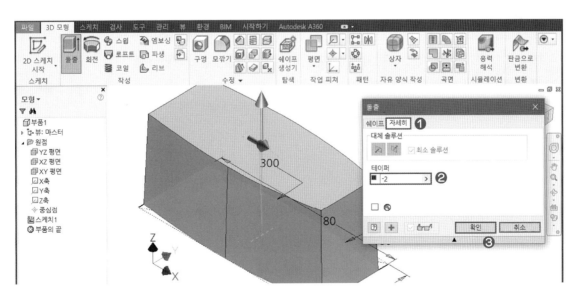

도면과 같이 돌출되는 형상에 테이퍼(기울기, 구베)를 적용한다.

❶ 돌출 대화상자에서 자세히 탭을 클릭한다.

❷ 테이퍼에서 기울기 각도를 -2를 입력한다.

　　※ 돌출 테이퍼각도는 양수와 음수로 입력하며, 양수는 바깥쪽, 음수는 안쪽으로 적용된다.

❸ 확인 또는 Enter ↵를 클릭하여 돌출 객체를 생성한다.

4. 스윕 경로 스케치하기

(1) 경로 스케치 평면 선택

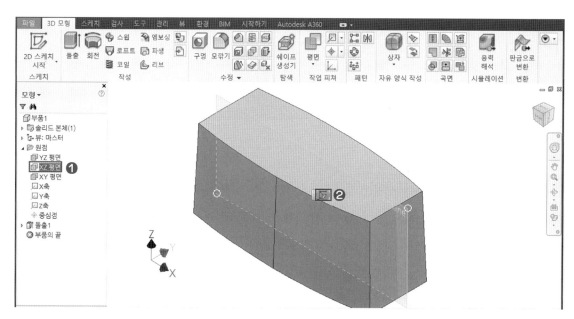

스윕 경로를 스케치할 평면을 선택하고 새 스케치 작성 환경으로 들어간다.

❶ 좌측 검색기 원점에서 XZ 평면을 선택한다.

❷ 새 스케치 아이콘을 선택하여 스케치 작성환경으로 전환한다.

(2) 경로 스케치 작성 – 1

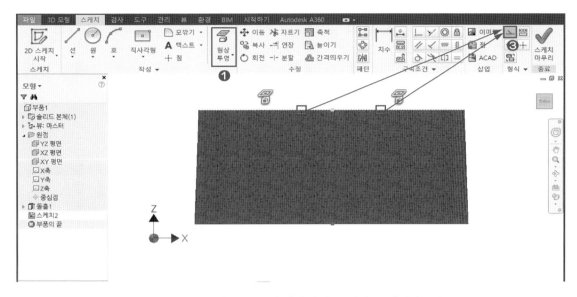

스윕 경로를 작성하기 위해서 기준이 되는 객체의 가장자리를 형상 투영한다.

❶ 스케치 탭, 작성 리본에 있는 형상 투영을 실행한다.

❷ 스케치 기준이 되는 객체 가장자리를 선택하여 스케치 선분을 만든다.

❸ 형상 투영된 선분을 선택하고, 구성 선분으로 변경한다.

(3) 경로 스케치 작성 – 2

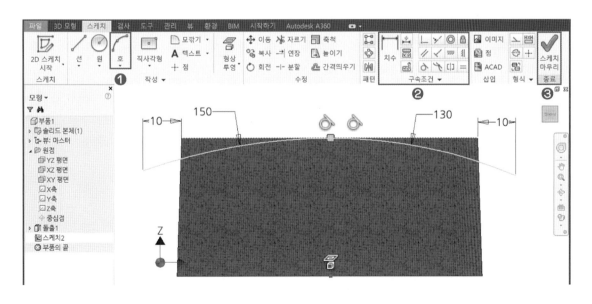

도면과 같이 경로를 스케치한다.

❶ 스케치 탭, 작성 리본에 있는 3점 호를 이용하여 그림과 같이 대략적으로 스케치한다.

❷ 접선 구속과 치수 구속을 이용해서 도면과 같은 위치와 크기로 구속한다.

    ※ 스윕 경로에 사용될 스케치선의 끝점은 형상의 크기보다 조금 더 크게 치수 구속한다.

5. 스윕 단면 스케치하기

(1) 스케치 작업 평면 생성 및 스케치 시작

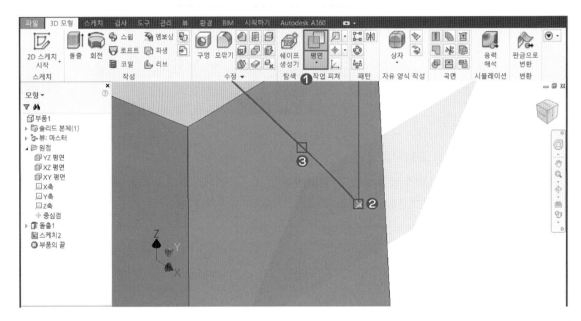

스윕 단면을 스케치하기 위해서 사용자 작업 평면을 생성한다.

❶ 3D 모형 탭, 작업 피처 리본에서 평면을 실행한다.

❷ 스케치된 경로의 끝점과 스케치 선분을 선택하여, 경로에 직각하는 작업 평면을 생성한다.

❸ 생성된 작업 평면을 선택하여 새 스케치 환경으로 전환한다.

(2) 단면 스케치 작성-1

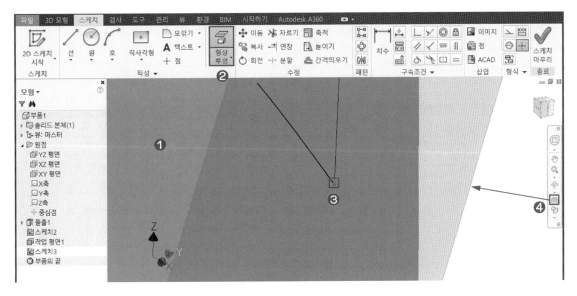

스케치될 단면의 기준이 되는 위치를 형상 투영을 통해 작성한다.

❶ 평면으로 된 스케치 화면을 Shift +중간버턴을 눌러 3차원 화면으로 변경한다.

❷ 스케치 탭, 작성 리본에서 형상 투영을 실행한다.

❸ 스케치 기준이 되는 경로의 끝점을 선택하여 형상 투영 점을 생성한다.

❹ 우측 탐색 도구에서 보기를 클릭하고, 생성한 작업 평면을 선택하여, 스케치를 평면으로 변경한다.

(3) 단면 스케치 작성-2

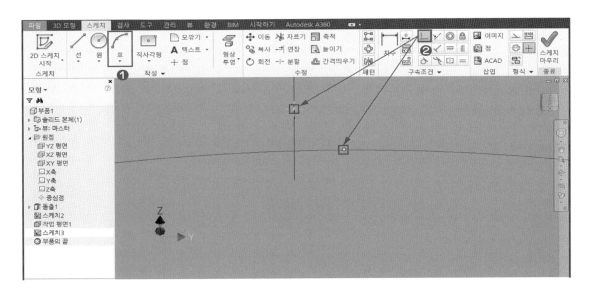

스윕 단면 스케치의 정확한 위치를 정한다.

❶ 스케치 탭, 작성 리본에서 3점 호를 이용하여 도면과 같은 단면을 대략적으로 스케치한다.

❷ 일치 구속을 이용하여 스케치한 호의 중간점과 형상 투영 점을 선택하여 위치를 맞춘다.

(4) 단면 스케치 작성-3

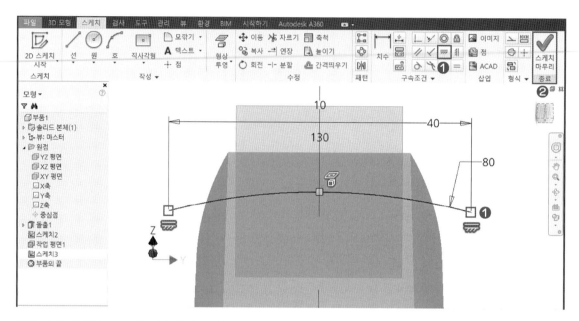

형상 구속과 치수 구속을 이용하여 스케치를 완성한다.

❶ 작성된 스케치의 양 끝점을 수평(수직)으로 구속하고, 도면과 같이 치수로 크기를 구속한다.

※ 단면 또한, 경로와 마찬가지로 형상보다는 조금 더 크게 치수 구속한다.

❷ 스케치가 완료되면, 스케치 마무리를 클릭하여 스케치를 종료한다.

6. 스윕 곡면 생성

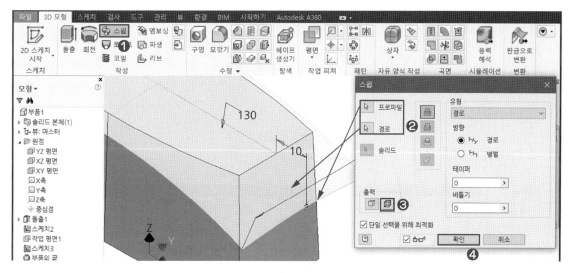

스케치된 경로와 단면을 이용하여 스윕 곡면을 생성한다.

❶ 3D 모형 탭, 작성 리본에서 스윕 명령을 실행한다.

❷ 스윕 대화상자에서 프로파일을 단면 스케치로 작성하고, 경로는 경로 스케치로 선택한다.

❹ 출력을 곡면으로 선택한다.

    ※ 열려있는 스윕 단면은 출력 옵션은 곡면으로 자동 변경된다.

❺ 확인 또는 Enter↵를 눌러 스윕 곡면을 생성한다.

7. 스윕 곡면에 면 대체

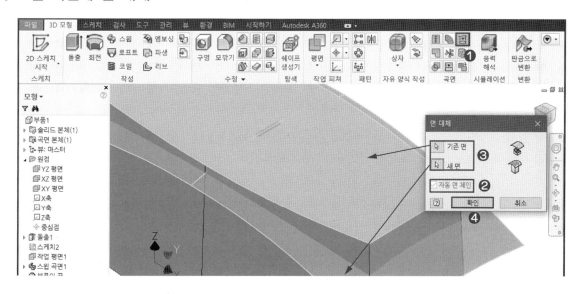

돌출로 생성된 객체의 윗 면을 스윕 곡면의 곡률에 맞춘다.

❶ 3D 모형 탭, 곡면 리본에서 면 대체 명령을 실행한다.

❷ 면 대체 대화상자에서 자동 면 체인을 선택한다.

❸ 기준 면을 돌출로 생성된 객체 윗 면을 선택하고, 새 면은 스윕 곡면을 선택한다.

❹ 확인 또는 Enter↲를 눌러 돌출 객체의 윗 면을 곡면으로 변경시킨다.

8. 곡면 간격띄우기

(1) 스윕 곡면 간격띄우기

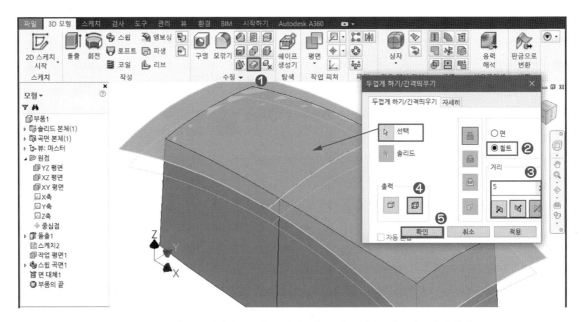

추가적인 형상을 표현하기 위해서, 생성된 스윕 곡면을 간격띄우기로 기준을 생성한다.

❶ 3D 모형 탭, 수정 리본에서 두껍게 하기/간격띄우기 명령을 실행한다.

❷ 두껍게 하기/간격띄우기 대화상자에서 선택을 퀼트로 변경한 다음, 스윕 곡면을 선택한다.

❸ 거리를 도면과 같이 5로 입력하고, 아래 방향으로 간격띄우기가 되도록 한다.

❹ 출력 옵션에서 곡면으로 간격띄우기가 되도록 변경한다.

❺ 확인 또는 Enter↲를 눌러 스윕 곡면을 등 간격 복사한다.

(2) 불필요한 스윕 곡면 숨기기

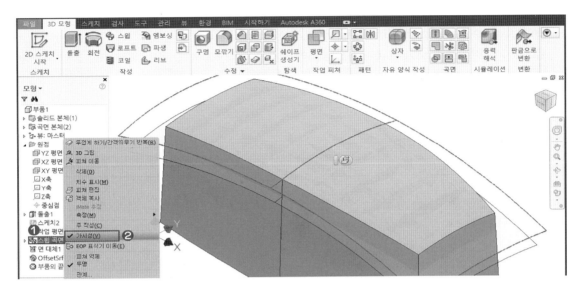

작업에 필요하지 않는 곡면은 적절하게 숨긴다.

❶ 좌측 검색기에서 스윕 곡면을 마우스 오른쪽 클릭한다.

❷ 나타난 팝업메뉴에서 가시성을 꺼, 곡면을 화면상에 숨긴다.

9. 작업 평면 생성 및 새 스케치

(1) 평면 간격띄우기 생성

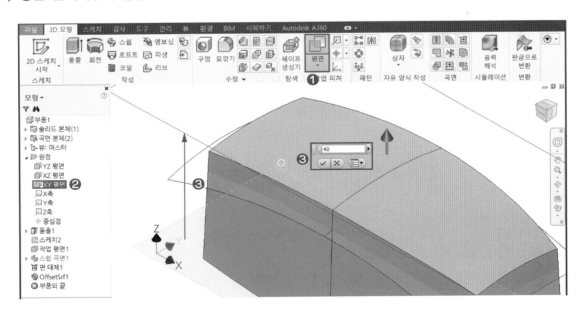

추가적인 형상을 표현하기 위해서 새로운 작업 평면을 생성한다.

❶ 3D 모형 탭, 작업 피쳐 리본에서 평면 명령을 실행한다.

❷ 작업 평면의 기준 평면을 좌측 검색기에서 XY평면을 선택한다.

❸ 나타난 평면을 선택하여 위 쪽 방향으로 드래그 하고, 간격띄우기 값 40을 입력하고, 확인 또는 Enter↵ 를 눌러 작업 평면을 생성한다.

(2) 새 스케치 작성

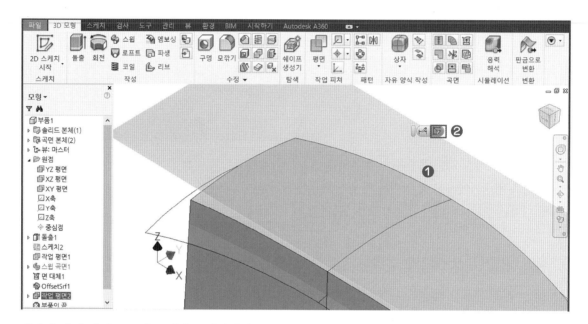

생성된 작업 평면으로 새 스케치를 작성한다.

❶ 생성된 작업 평면을 선택한다.

❷ 나타난 작업 아이콘에서 새 스케치를 클릭하여, 스케치 환경으로 전환한다.

10. 상단, 추가 편집용 스케치 작성

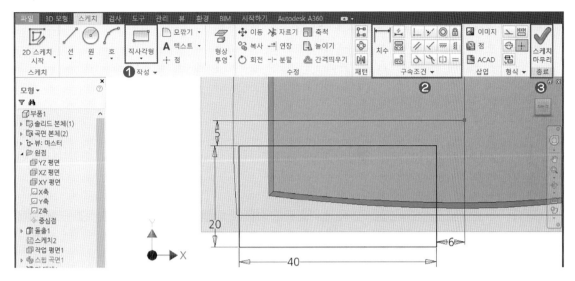

도면과 같이 사각형을 이용하여 스케치를 작성한다.

❶ 스케치 탭, 작성 리본에서 직사각형으로 그림과 같이 대략적으로 사각형을 스케치한다.

❷ 도면과 같이 치수를 이용하여 사각형의 위치와 크기를 구속한다.

　※ 사각형의 크기는 임의의 크기로 정하되, 기준 형상 보다는 크게 구속한다.

❸ 스케치가 완료되면, 스케치 마무리를 클릭하여 스케치를 종료한다.

11. 돌출을 이용하여 형상 추가 편집

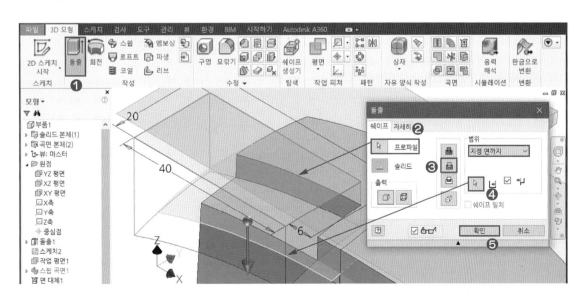

스케치한 단면을 간격띄우기한 곡면까지 돌출 차집합으로 형상을 편집한다.

❶ 3D 모형 탭, 작성 리본에서 돌출 명령을 실행한다.

❷ 돌출 대화상자에서 프로파일을 스케치한 영역을 선택한다.

❸ 작업 오퍼레이션에서 차집합을 선택한다.

❹ 범위를 지정 면까지로 변경하고, 간격띄우기된 곡면을 선택한다.

❺ 확인 또는 Enter↵를 눌러 형상에 차집합을 완성한다.

12. 옆 부분, 추가 편집용 스케치 작성

(1) 스케치 평면 선택

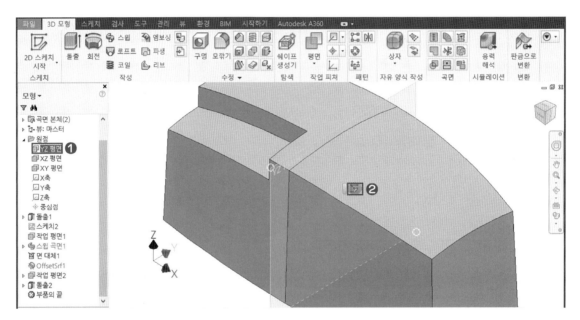

도면과 같이 추가적인 형상 편집을 위해 새로운 스케치 평면을 선택한다.

❶ 좌측 검색기에서 XZ평면을 선택한다.

❷ 나타난 작업 아이콘에서 새 스케치를 클릭하여, 스케치 작성 환경으로 전환한다.

(2) 스케치 작성

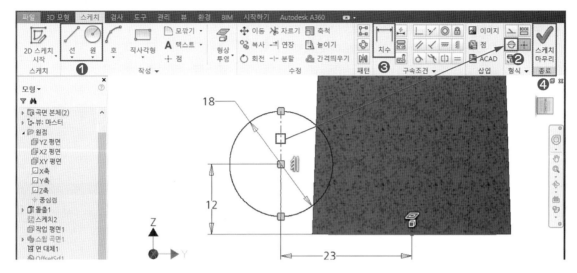

도면과 같이 필요한 위치에 원으로 스케치를 작성한다.

❶ 스케치 탭, 작성 리본에서 원과 선을 이용하여 그림과 같이 임의의 위치에 스케치한다.

❷ 작성된 선을 선택하고, 중심선으로 변경한다.

❸ 치수를 이용해서 도면과 같이 구속한다.

❹ 스케치가 완성되면, 스케치 마무리를 클릭하여 스케치를 종료한다.

13. 회전을 이용한 형상 편집

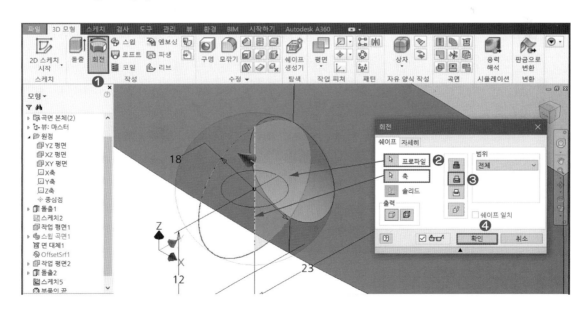

스케치된 프로파일을 이용하여 회전 명령으로 형상을 편집한다.

❶ 3D 모형 탭, 작성 리본에서 회전 명령을 실행한다.

❷ 회전 대화상자에서 프로파일을 반원 부분을 선택한다.

　※ 중심선이 한 개로 이루어진 경우, 별도의 축 지정은 하지 않아도 된다.

❸ 작업 오퍼레이션을 차집합으로 변경한다.

❹ 확인 또는 Enter↵를 눌러 회전 차집합 형상으로 객체를 편집한다.

14. 대칭복사를 이용한 반대쪽 형상 편집

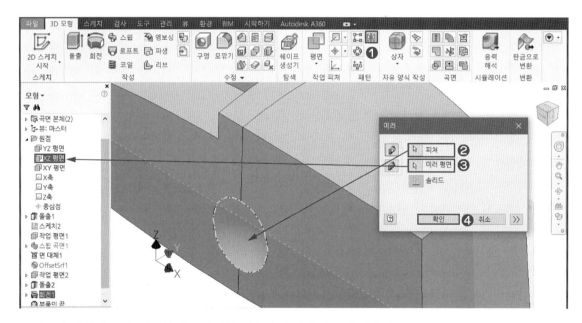

13번에서 작성된 구형 피쳐를 대칭복사를 이용하여 반대에도 생성한다.

❶ 3D 모형 탭, 패턴 리본에서 대칭복사 명령을 실행한다.

❷ 대칭복사 대화상자에서 피쳐를 13번에서 생성한 구면을 선택한다.

❸ 대칭복사의 기준이 될 미러 평면을 좌측 검색기에서 XZ평면을 선택한다.

❹ 확인 또는 Enter↵를 눌러 대칭 객체를 생성한다.

15. 모서리 모깎기 적용

(1) 대표 모서리에 모깎기 적용

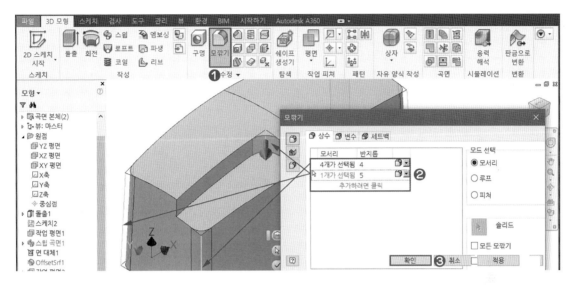

전반적인 모델링 작업이 끝났다면, 우선 형상의 대표 모서리에 모깎기를 적용한다.

❶ 3D 모형 탭, 수정 리본에서 모깎기 명령을 실행한다.

❷ 모깎기 대화상자에서 도면과 같이 반지름 4를 입력하고, 4mm가 적용될 모서리를 각각 선택한 후, 추가적인 모깎기를 위해 "추가하려면 클릭" 후, 반지름 5를 입력하고, 5mm가 적용될 모서리를 선택한다.

❸ 확인 또는 Enter↵를 눌러 기준 모깎기를 적용한다.

(2) 루프 선택을 위한 모깎기 적용

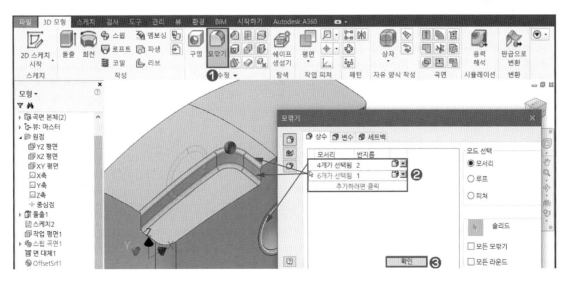

모서리 선택을 원활하게 하기 위해 탄젠트 모서리를 적용한다.

❶ 15-1과 같이, 수정 리본에서 모깎기 명령을 실행한다.

❷ 모깎기 대화상자에서 도면과 같이 반지름 2와 반지름 1이 입력하고, 각 반지름값이 적용될 모서리를 선
   택한다.

❸ 확인 또는 Enter↵를 눌러 기준 모깎기를 적용한다.

(3) 루프 선택으로 모깎기 적용

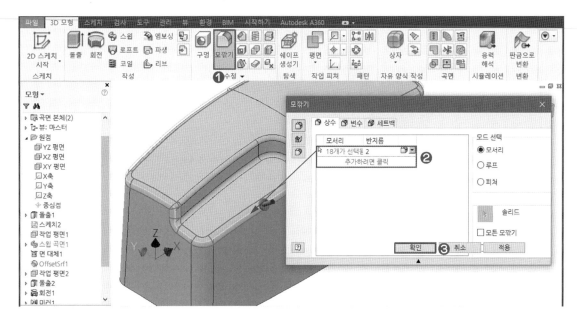

앞에서 적용된 모서리로 루프로 선택되는 모깎기를 적용한다.

❶ 15-2와 같이, 수정 리본에서 모깎기 명령을 실행한다.

❷ 모깎기 대화상자에서 반지름 2와 반지름 1이 입력하고, 적용될 모서리를 선택한다.

❸ 확인 또는 Enter↵를 눌러 기준 모깎기를 적용한다.

16. 쉘을 이용한 내부 비움

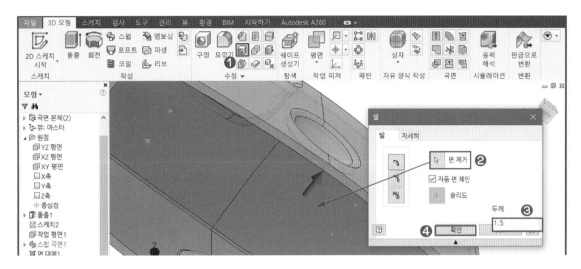

쉘을 이용하여 도면과 같이 내부를 비워낸다.

❶ 3D 모형 탭, 수정 리본에서 쉘 명령을 실행한다.

❷ 쉘 대화상자에서 면 제거할 객체의 아랫면을 선택한다.

❸ 두께를 도면과 같이 1.5로 입력한다.

❹ 확인 또는 Enter↵를 눌러 쉘 적용을 완성한다.

17. 내부 모깎기 및 마무리

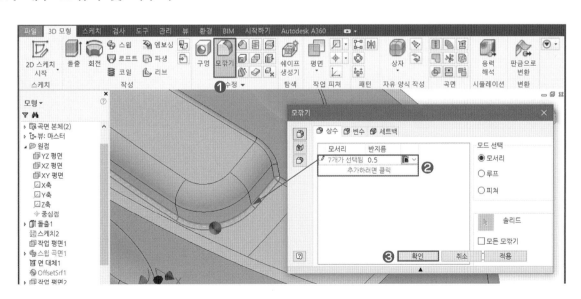

쉘로 생성된 내부 모서리에 도면과 같이 모깎기를 적용한다.

❶ 3D 모형 탭, 수정 리본에서 모깎기 명령을 실행한다.

❷ 모깎기 대화상자에서 반지름 0.5를 입력하고 적용될 모서리를 선택한다.

❸ 확인 또는 Enter⏎를 눌러 마지막 모깎기를 완성한다.

※ 쉘 기능은 곡면 간격띄우기와 비슷한 구조로 객체의 경계면을 기준으로 간격띄우기가 이루어짐으로, 모서리에 적용된 모깎기도 쉘 두께만큼 크게 만들어 지거나 작게 만들어 진다.

18. 모델링 완성

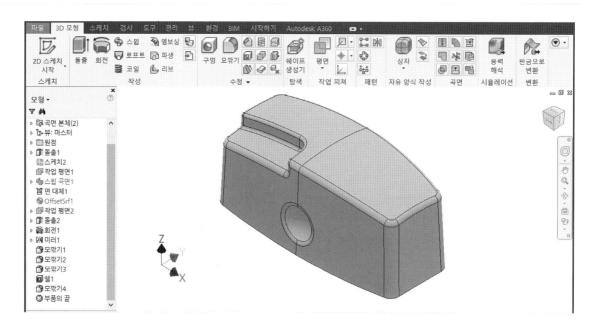

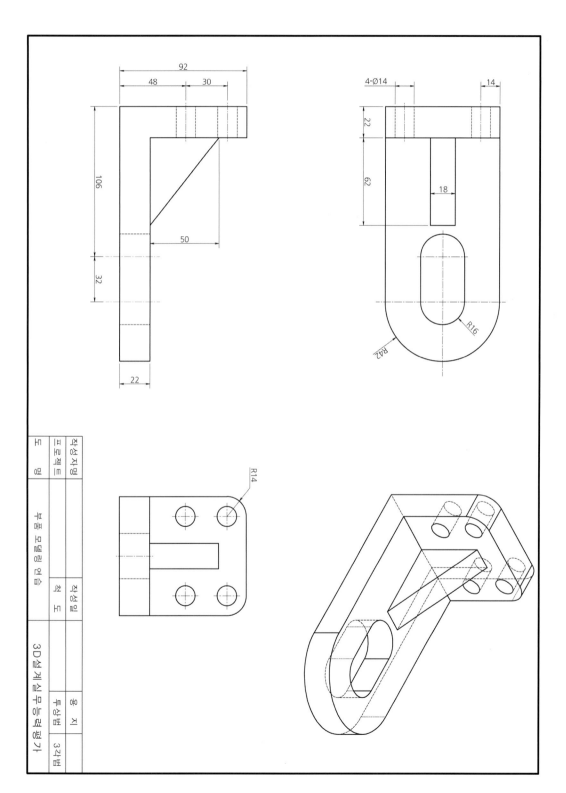

작성자명		작성일		용지	
표준제트		척도		특성법	
도 명	부품 모델링 연습		3D설계실무능력평가		34번

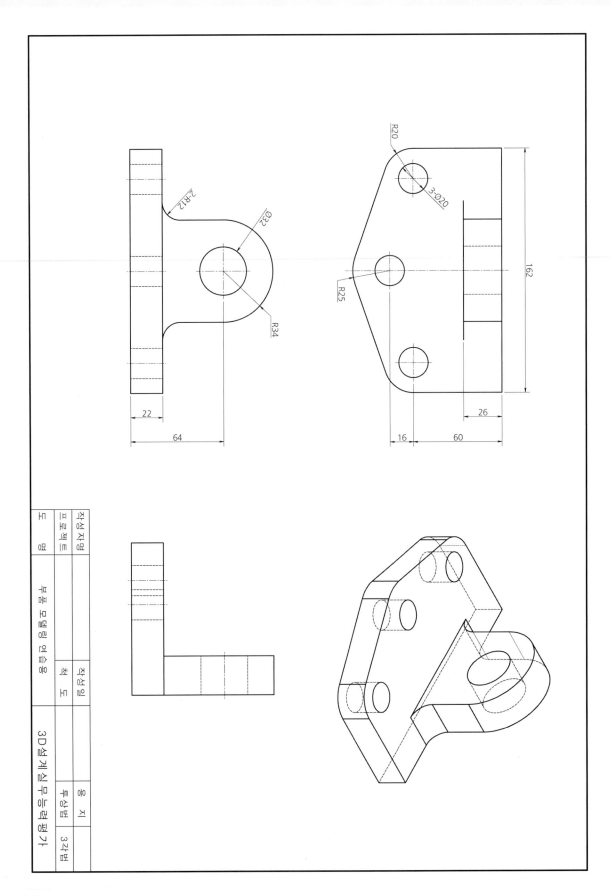

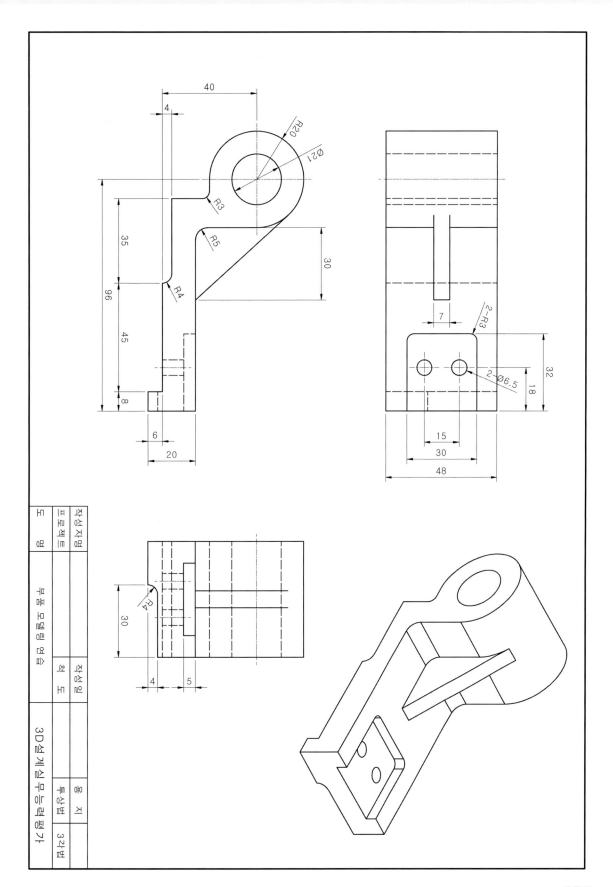

작성자명			작성일		용 지	
프로젝트	부품 모델링 연습		척 도		특산법	3각법
도						
명			3D설계실무능력평가			

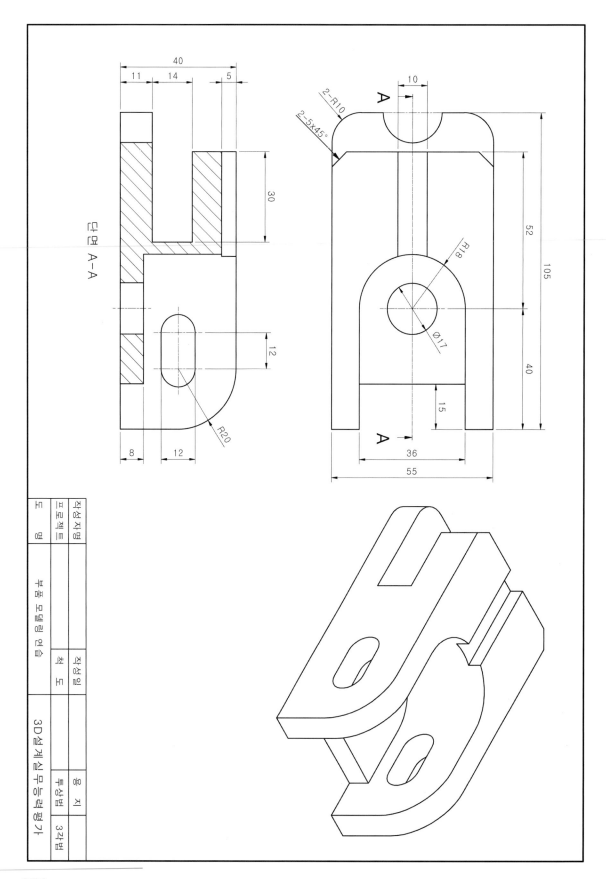

단면 A-A

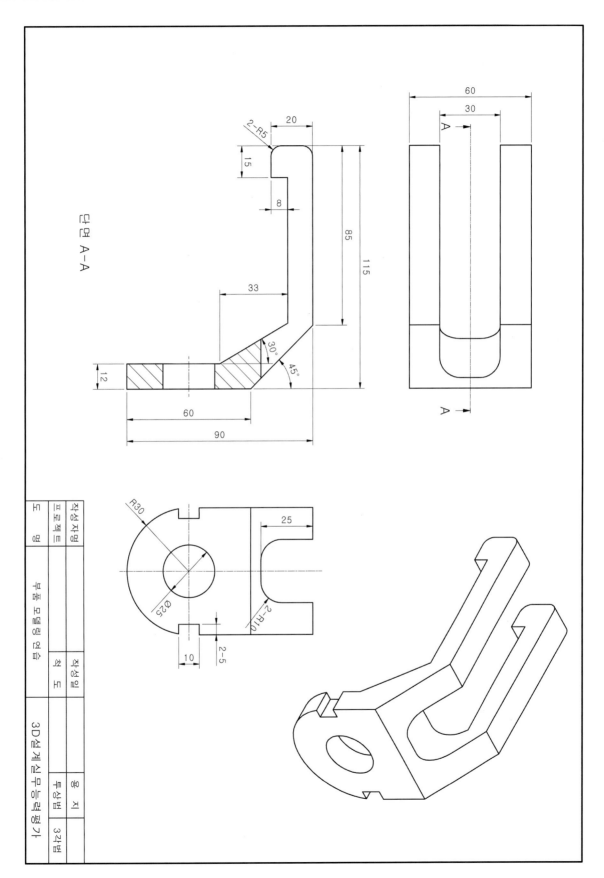

단면 A-A

2-R5
20
15
8
85
115
33
30°
45°
12
60
90

60
30
A
A

R30
25
Ø25
2-R10
2-5
10

작성자명		작성일		용 지	
프로젝트		척 도		투상법	3각법
도 명	부품 모델링 연습		3D설계실무능력평가		

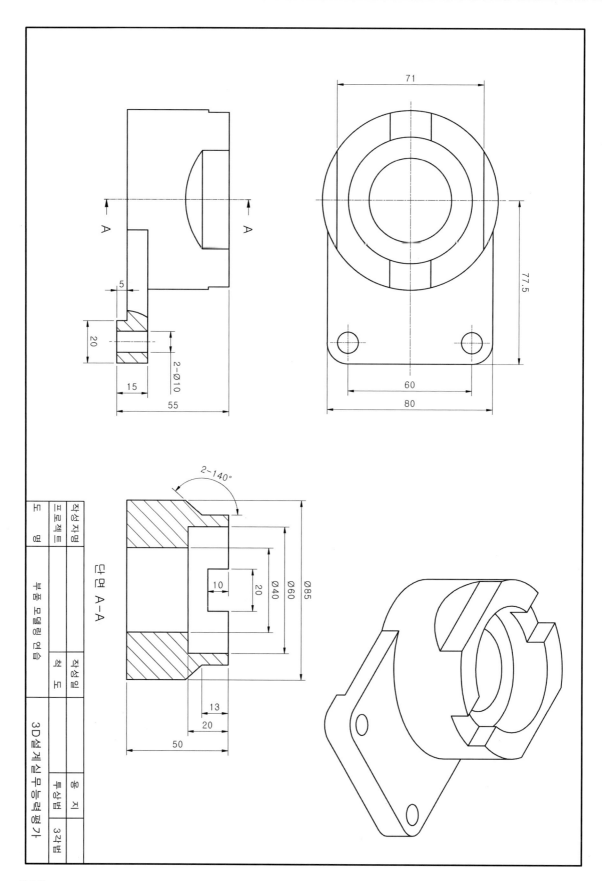

단면 A-A

		작성자명		부품 모델링 연습		작성일		용지		3D실계실무능력평가
		프로젝트				척 도		특상법		
		도 명						3각법		

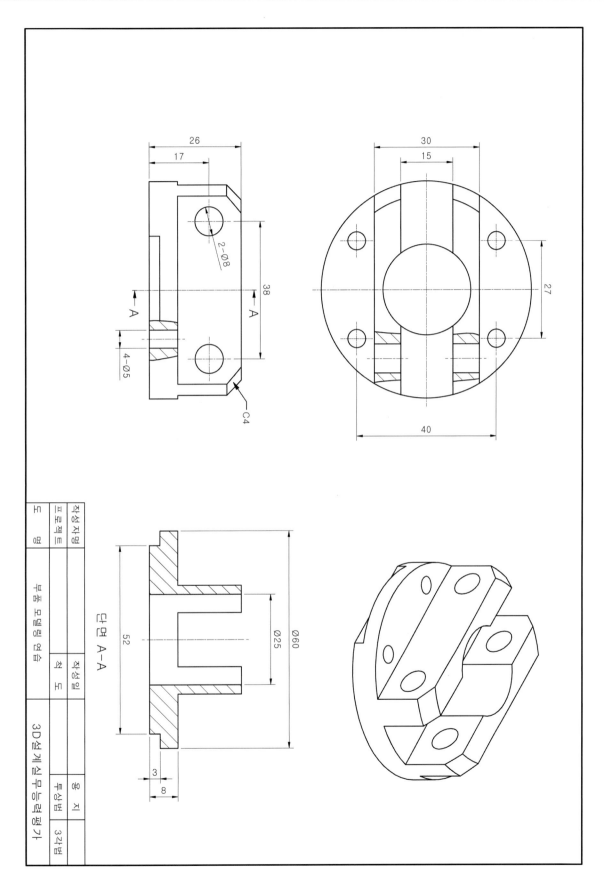

26
17
2-Ø8
38
A
A
4-Ø5
C4

30
15
27
40

단면 A-A

Ø25
Ø60
52
3
8

■ 예제 도면 모음 | 361

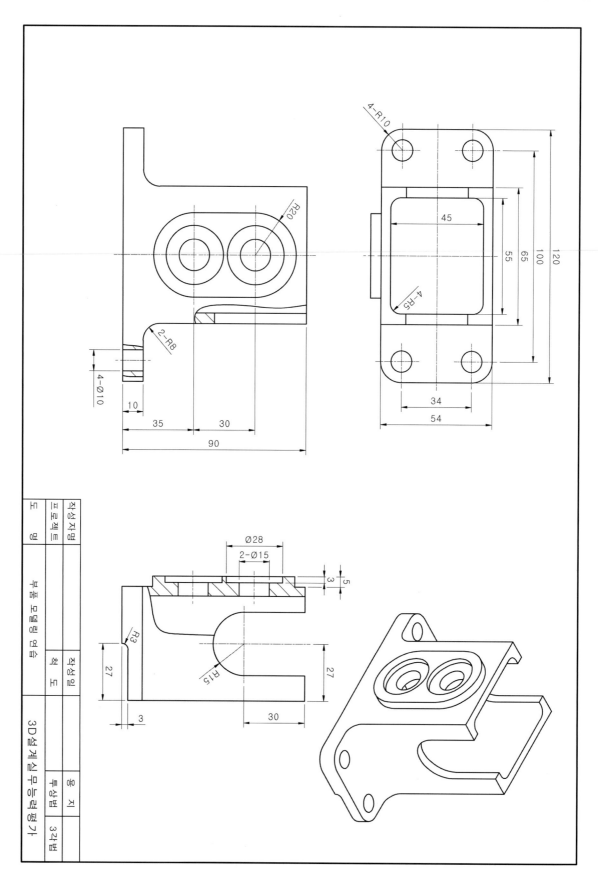

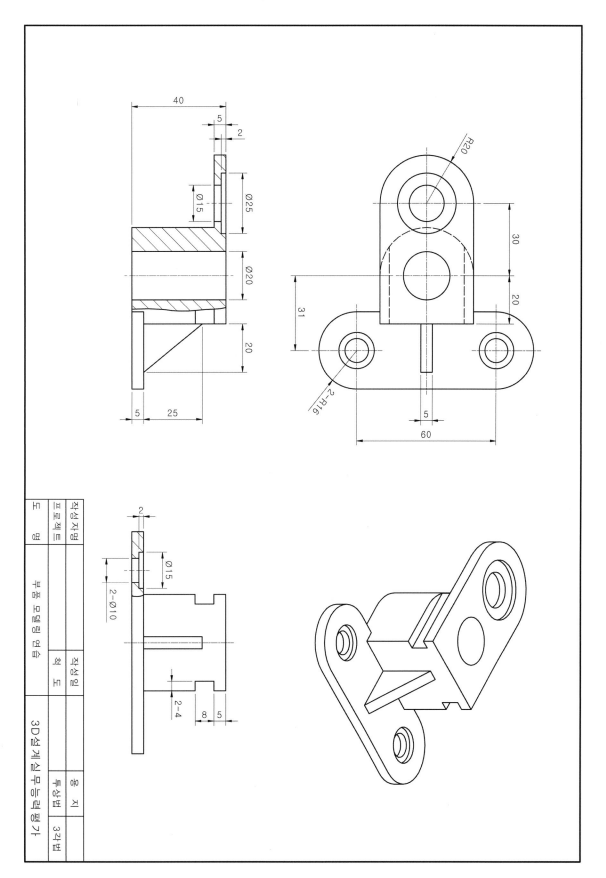

작성자명				
프로젝트			작성일	
도 명	부품 모델링 연습	척 도	투상법	3각법
	3D실계실무능력평가			

■ 예제 도면 모음 | 363

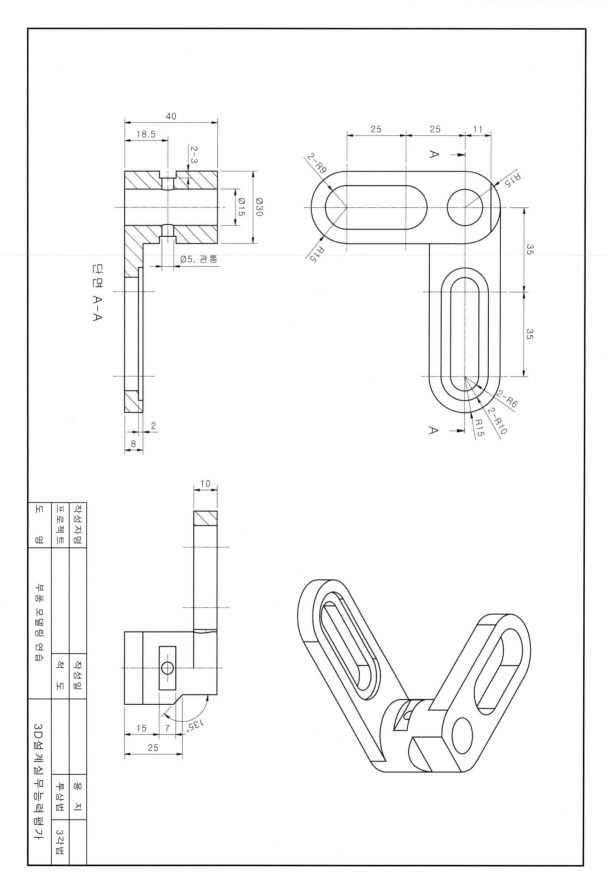

단면 A-A

40
18.5
2-3
Ø30
Ø15
Ø5, 관통
2
8

25   25   11
2-R9
R15
R15
35
35
2-R6
2-R10
R15
A
A

10
15   7
135°
25

작성자명		작성일		용 지	
프로젝트					
도 명	부품 모델링 연습	척 도	3D실계실무능력평가	특상법	3각법

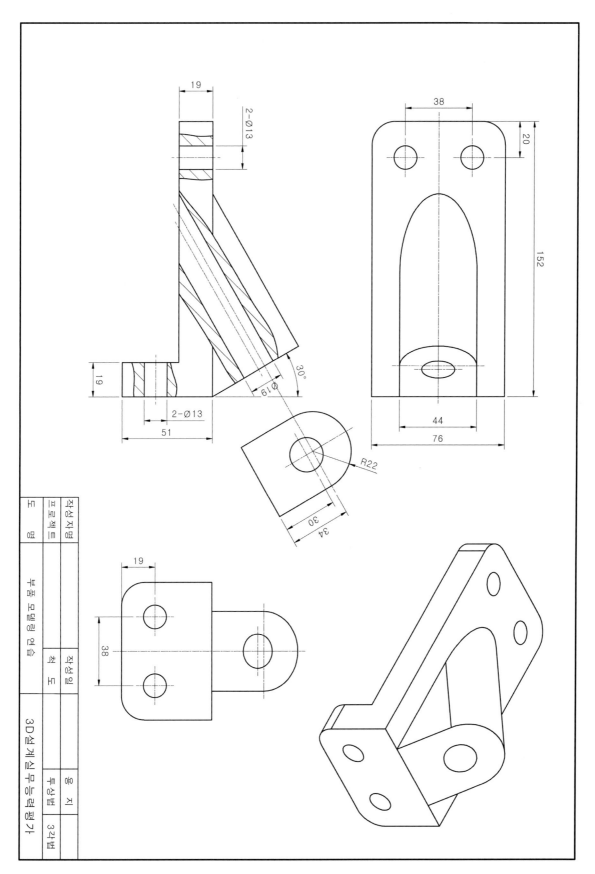

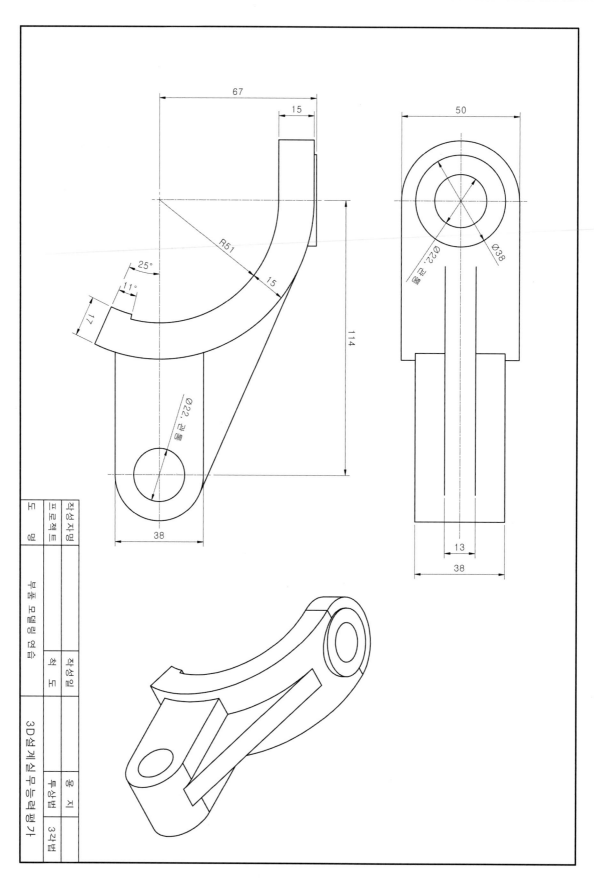

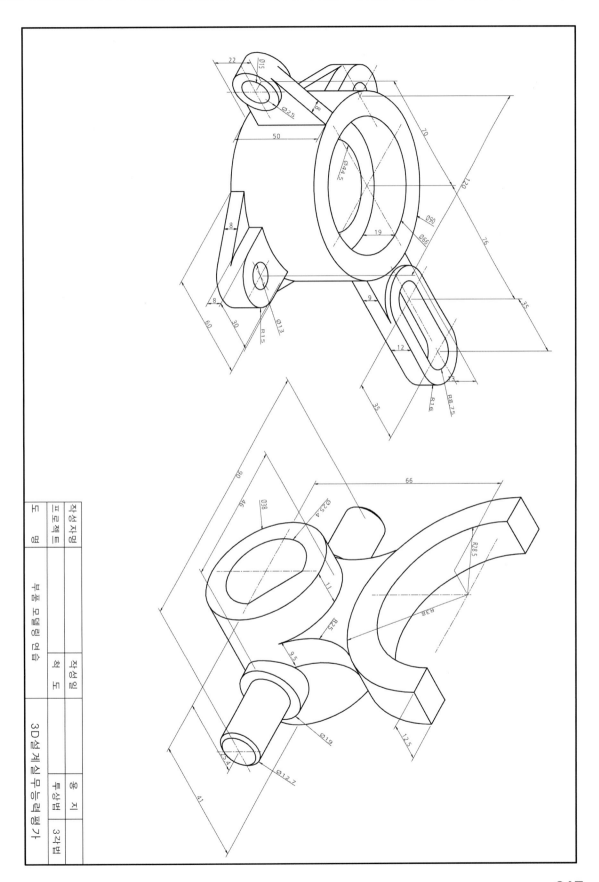

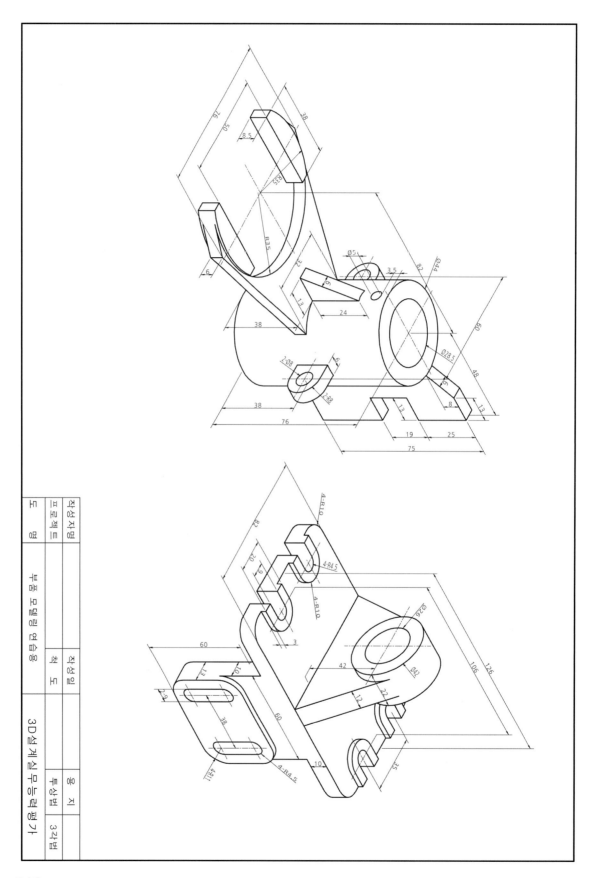

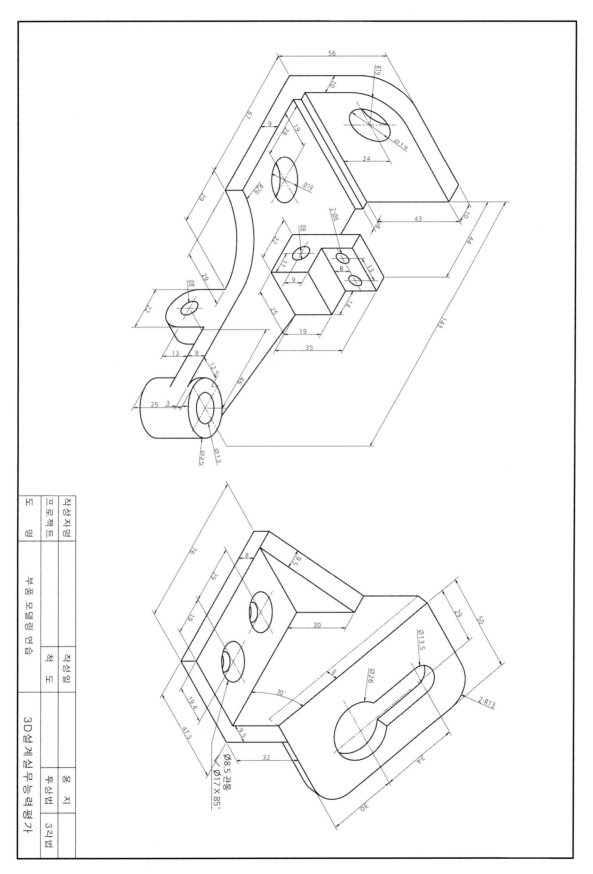

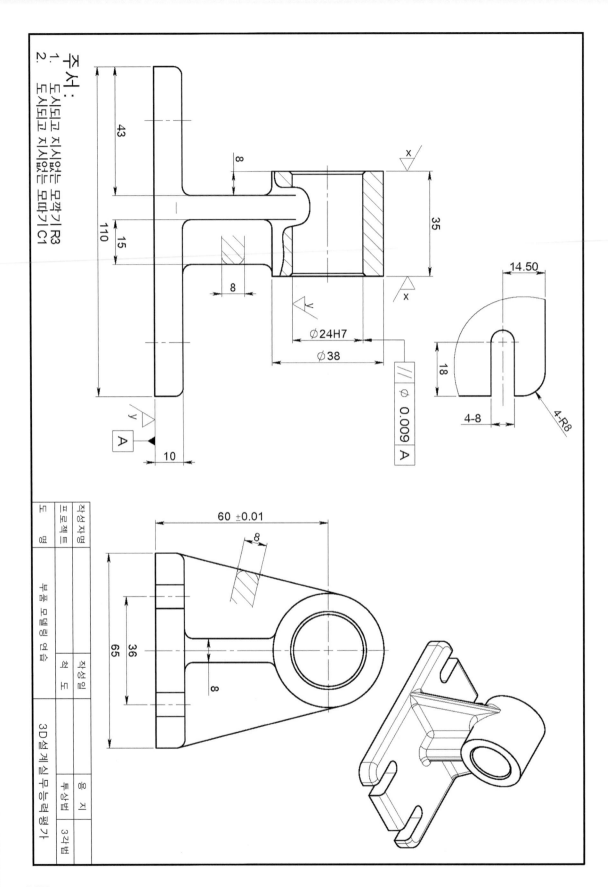

주서 :
1. 도시되고 지시없는 모깎기 R3
2. 도시되고 지시없는 모따기 C1

43

110

15

8

8

10

35

∅24H7

∅38

// ∅ 0.009 A

x

x

y

y

A

14.50

18

4-8

4-R8

60 ±0.01

8

36

65

8

작성자명		작성일		용 지	
프로젝트		척 도		특성법	3각법
도 명	부품 모델링 연습			3D설계실무능력평가	

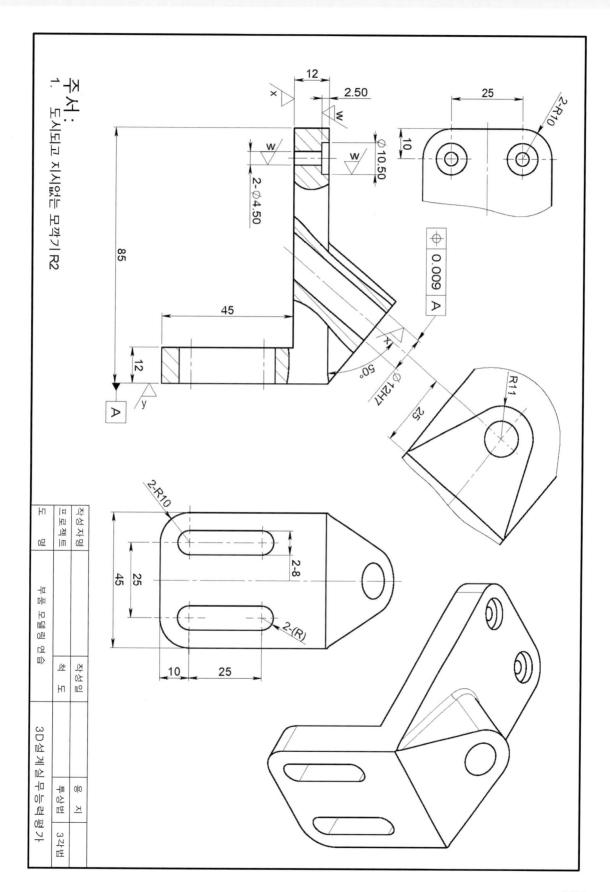

주서 :
1. 도시되고 지시없는 모깎기 R2

작성자명		작성일		용 지	
프로젝트		척 도		특성법	3.4번
도 명		부품 모델링 연습		3D설계실무능력평가	

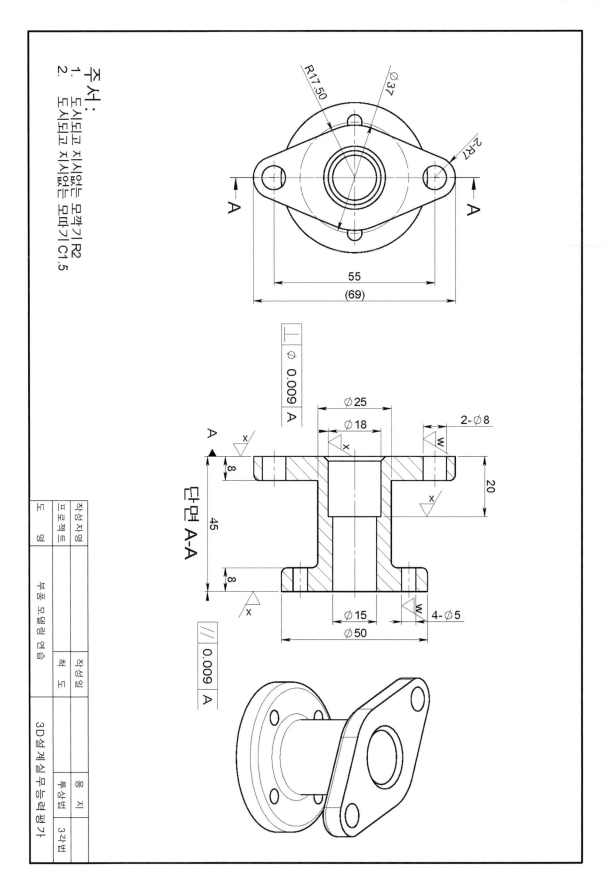

주서:
1. 도시되고 지시없는 모깍기R2
2. 도시되고 지시없는 모따기C1.5

작성자명		작성일		용지	
프로젝트		척도		특성법	3각법
도	명	부품 모델링 연습		3D설계실무능력평가	

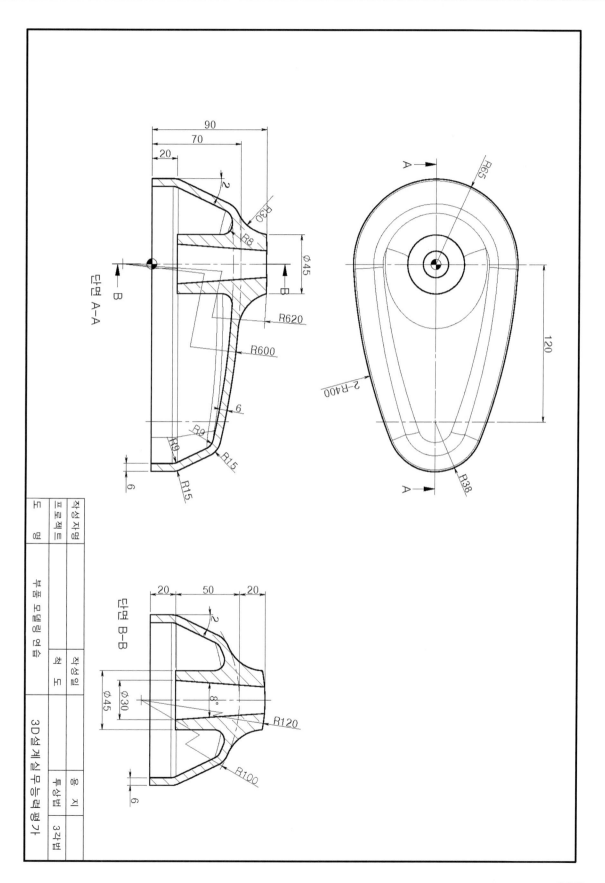

단면 A-A

90
70
20
2
R30
R8
∅45
R620
R600
6
R9
R15
R15
6

R65
A
120
2-R400
A
R38

단면 B-B

20
50
20
2
∅45
∅30
8°
R120
6
R100

작성자명			작성일		용 지	
프로젝트			척 도		특성평	3각법
도 명			부품 모델링 연습			3D설계실무능력평가

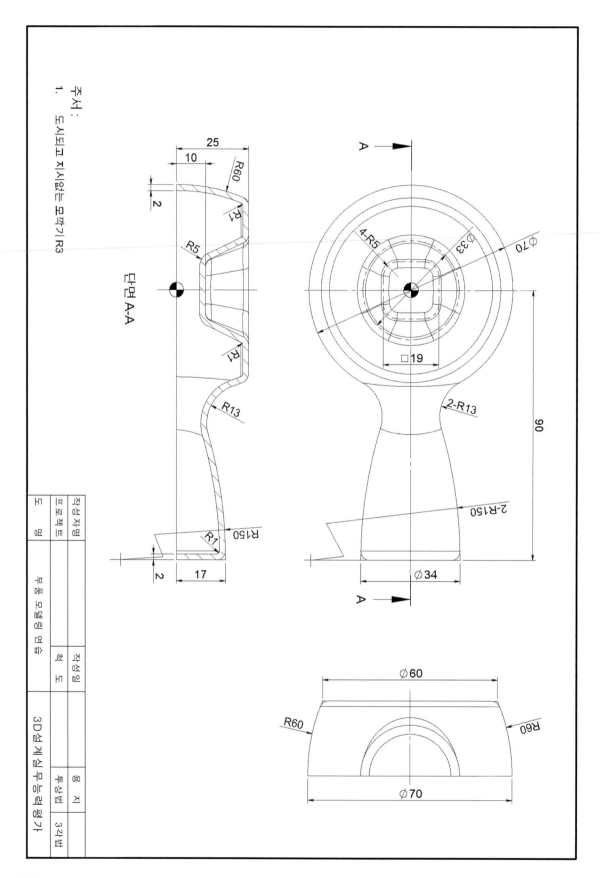

주서 :
1. 도시되고 지시없는 모깎기 R3

단면 A-A

25
10
2
R60
R1
R5
R13
R1
R150
R1
2
17

A
A

4-R5
Ø33
Ø70
□19
2-R13
96
2-R150
Ø34

Ø60
R60
R60
Ø70

작성자명		작성일		용지	
프로젝트		척 도		특성법	3각법
도 명	부품 모델링 연습		3D설계실무능력평가		

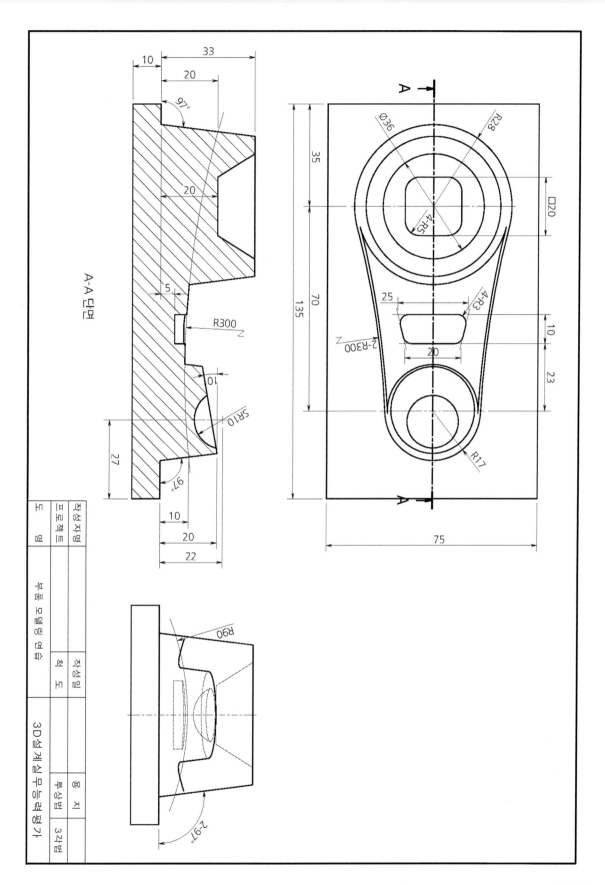

A-A 단면

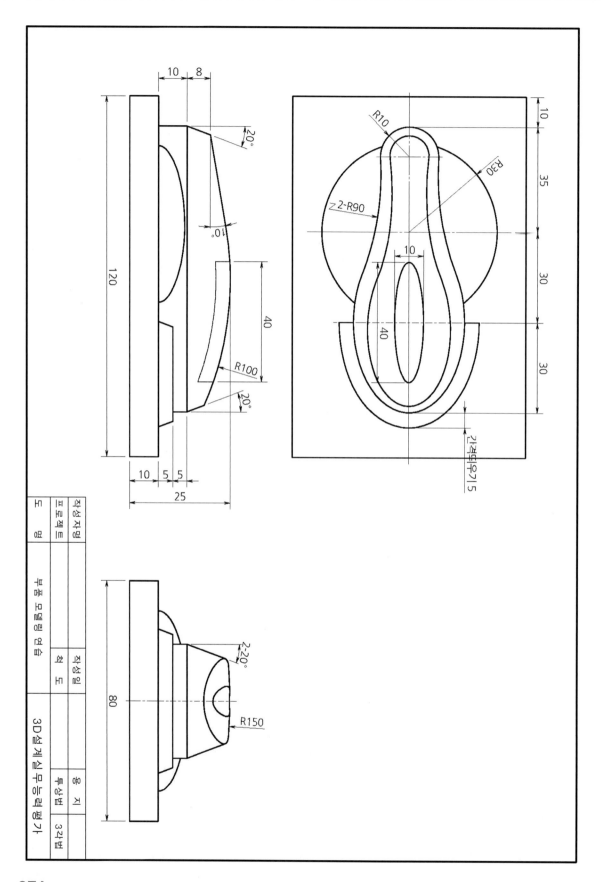

작성자명		작성일		용지	
프로젝트		척도		특성법	3각법
도명	부품 모델링 연습		3D설계실무능력평가		

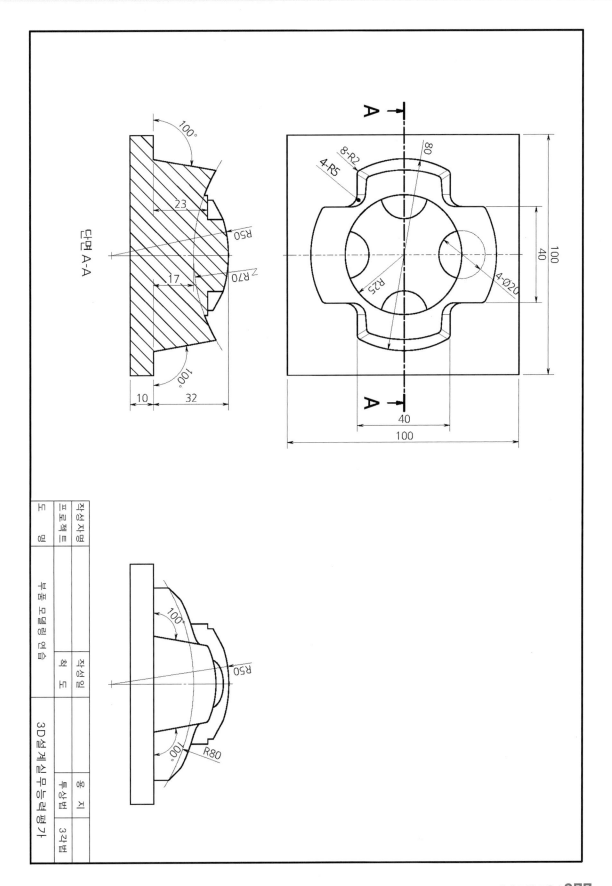

단면 A-A

작성자명		프로젝트			작성일		용지
			척 도		투상법		3각법
도 명		부품 모델링 연습		3D설계실무능력평가			

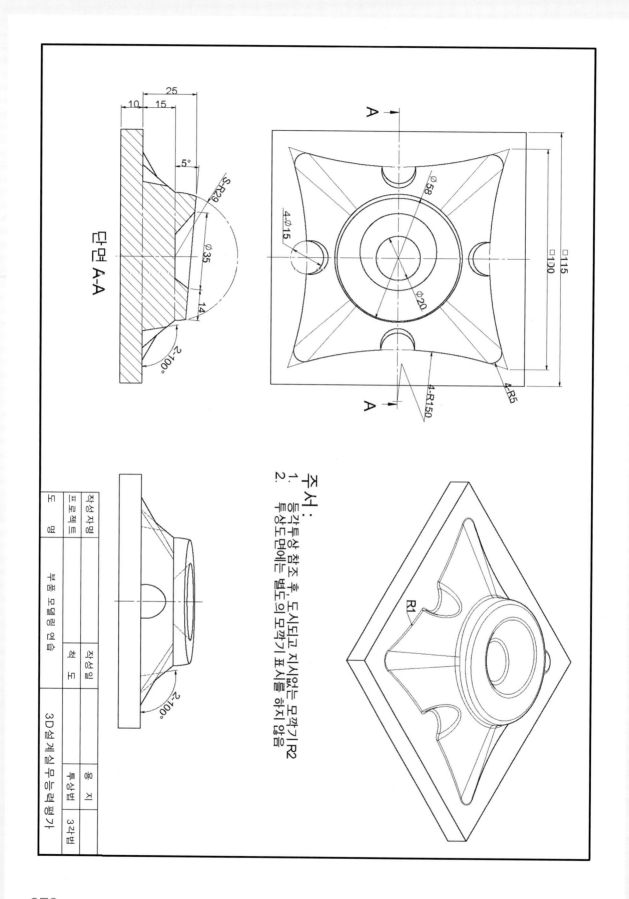

단면 A-A

주서 :
1. 둥각투상 참조 후, 도시되고 지시없는 모깎기 R2
2. 투상도면에는 별도의 모깎기 표시를 하지 않음

작성자명		작성일		용지	
프로젝트		척도		투상법	3각법
도명	부품 모델링 연습		3D설계 실무능력평가		

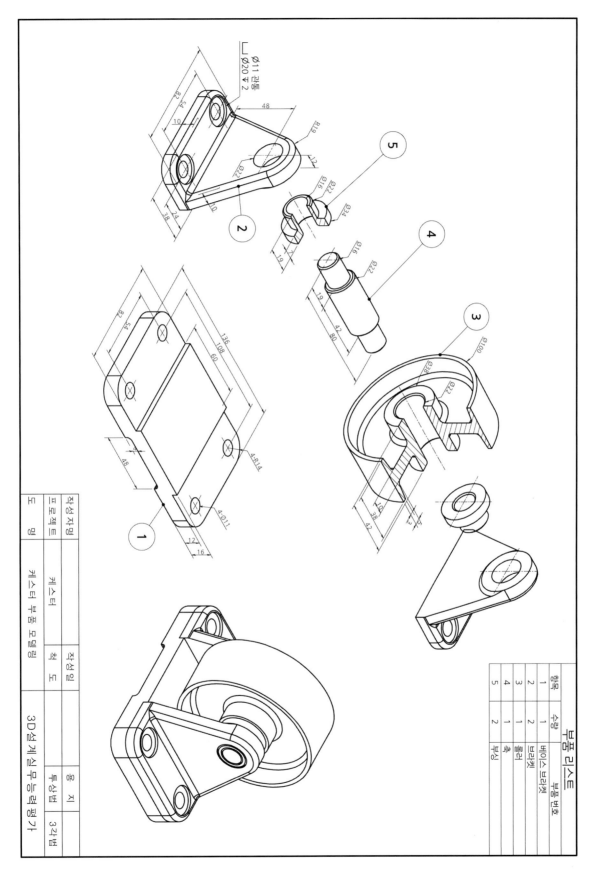

작성자명	케스터	작성일		용 지	
프로젝트	케스터	척 도		무상법	3각법
도 명	캐스터 부품 모델링		3D설계실무능력평가		

부품 리스트

항목	수량	부품 명칭
1	1	베이스 브라켓
2	2	브라켓
3	1	롤러
4	1	축
5	2	부시

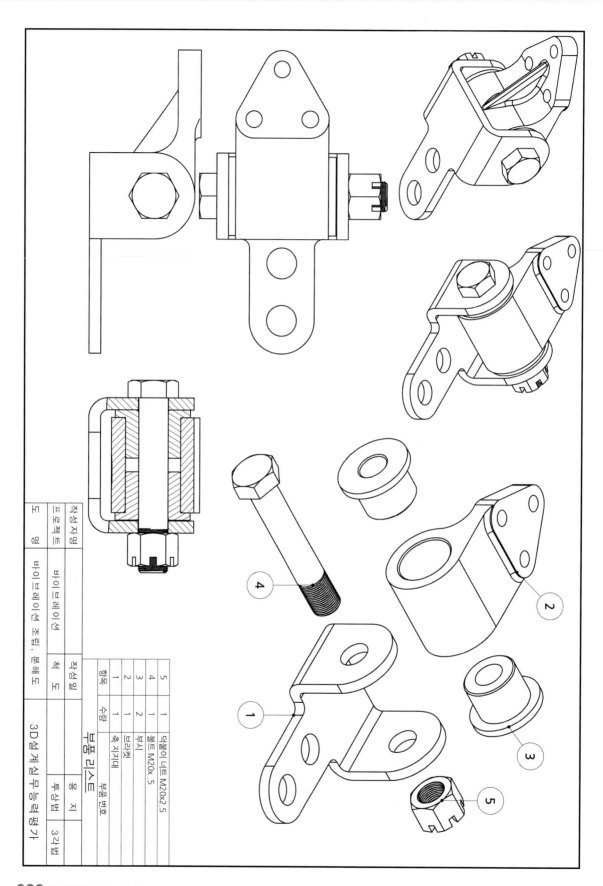

항목	수량	품 지	품번 번호
5	1	딤블이 너트 M20x2.5	
4	1	볼트 M20x.5	
3	2	부시	
2	1	브라켓	
1	1	축 지지대	

부품 리스트

작성자명		작성일		
프로젝트	바이브레이션	척 도		
도 명	바이브레이션 조립, 분해도	3D설계실무능력평가		3과명

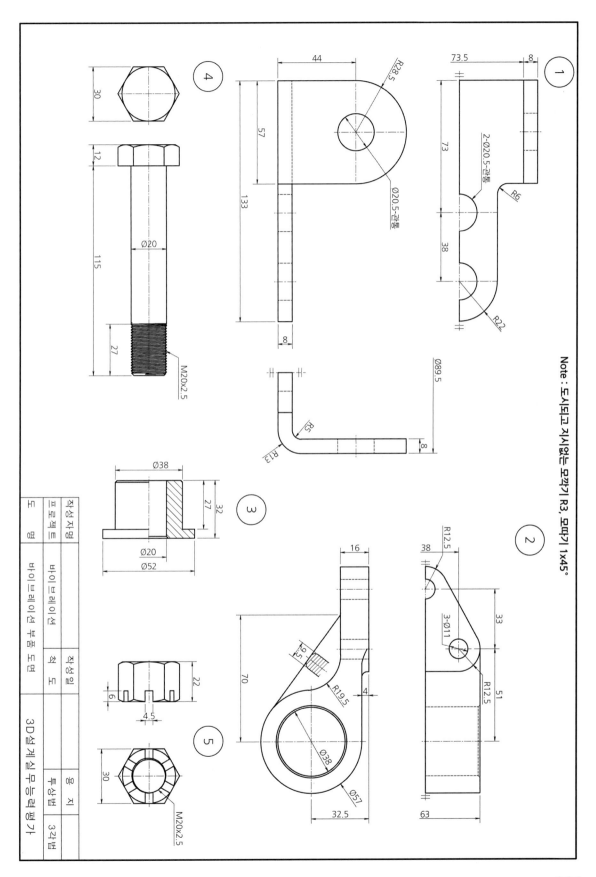

Note : 도시되고 지시없는 모따기 R3, 모따기 1x45°

작성자명	바이브레이션 부품도면				
프로젝트	바이브레이션	작도	용지		
도명	바이브레이션 부품도면	3D설계실무능력평가	특실법	3각법

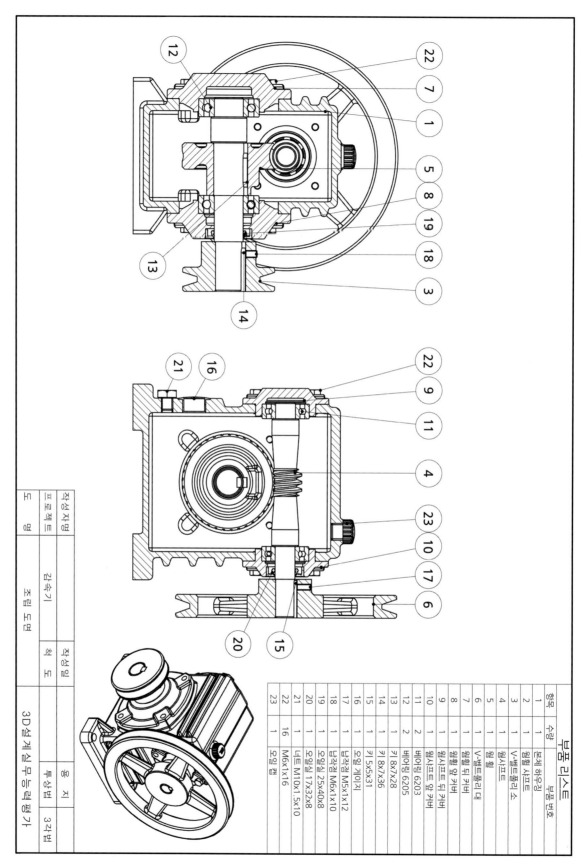

부품 리스트

항목	수량	부품 번호
1	1	몸체 하우징
2	1	윗쪽 샤프트
3	1	V-벨트풀리 소
4	1	윗샤프트
5	1	윗축
6	1	V-벨트풀리 대
7	1	윗활 뒤 커버
8	1	윗활 앞 커버
9	1	윗샤프트 뒤 커버
10	1	윗샤프트 앞 커버
11	2	베어링 6203
12	2	베어링 6205
13	1	키 8x7x28
14	1	키 8x7x36
15	1	키 5x5x31
16	1	오일 게이지
17	1	납작경 M5x1x12
18	1	납작경 M6x1x10
19	1	오일실 25x40x8
20	1	오일실 17x32x8
21	1	너트 M10x1.5x10
22	16	M6x16
23	1	오일 캡

작성자명 / 프로젝트 / 도명

감속기 조립도면 3D설계실무능력평가

작성일 / 척도 / 용지 / 특산법 / 3각법

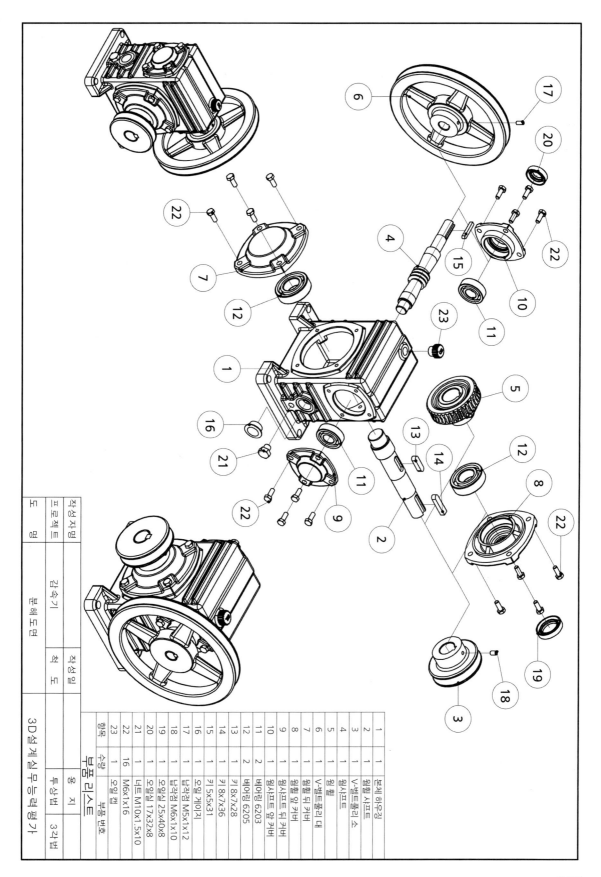

품번 항목	수량	용 지	품명 부품 번호
1	1	특성별	본체 하우징
2	1		월형 샤프트
3	1		V-벨트풀리 소
4	1		월샤프트
5	1		월휠
6	1		V-벨트풀리 대
7	1		월휠 뒤 커버
8	1		월휠 앞 커버
9	1		월샤프트 뒤 커버
10	1		월샤프트 앞 커버
11	2		베어링 6203
12	2		베어링 6205
13	1		키 8x7x28
14	1		키 8x7x36
15	1		키 5x5x31
16	1		오일 케이지
17	1		너트경 M5x1x12
18	1		너트경 M6x1x10
19	1		오일실 25x40x8
20	1		오일실 17x32x8
21	1		너트 M10x1.5x10
22	16		M6x1x16
23	1	오일 캡	
부품 리스트			

작성자명		작성일		3D설계실무능력평가
프로젝트	감속기	척 도		
도 명	분해도면		특성별	3각법

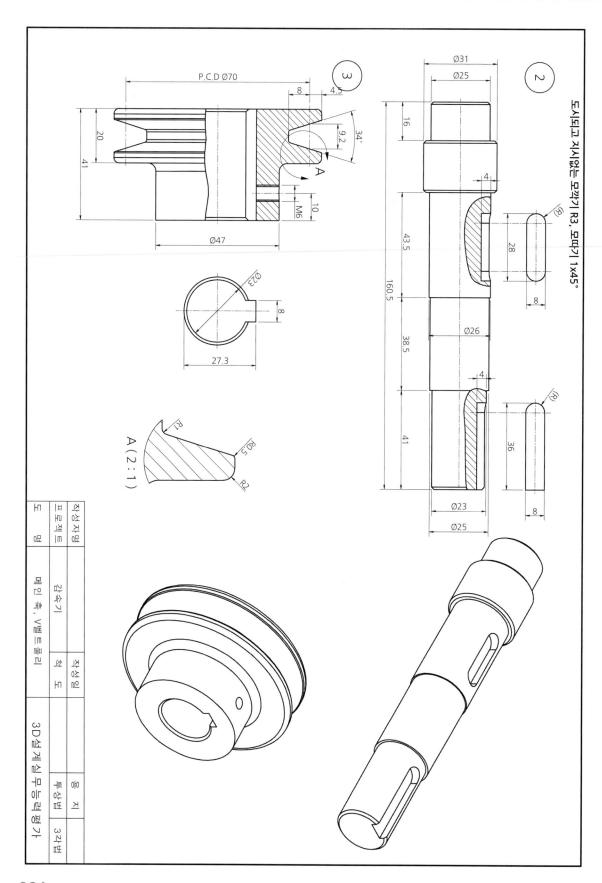

도시되고 지시없는 모깎기 R3, 모따기 1x45°

③

P.C.D Ø70

8   4.5

9.2
34°

20
41

M6   10

Ø47

②

Ø31
Ø25

16

4

43.5

160.5

Ø26

38.5

4

41

Ø23
Ø25

(R)
28
8

(R)
36
8

A

Ø23

8

27.3

A (2 : 1)

R1
R0.5
R2

작성자명		감속기		작성일		용 지	
프로젝트		감속기		척 도		특성법	3과목
도 명		메인 축, V벨트풀리				3D설계실무능력평가	

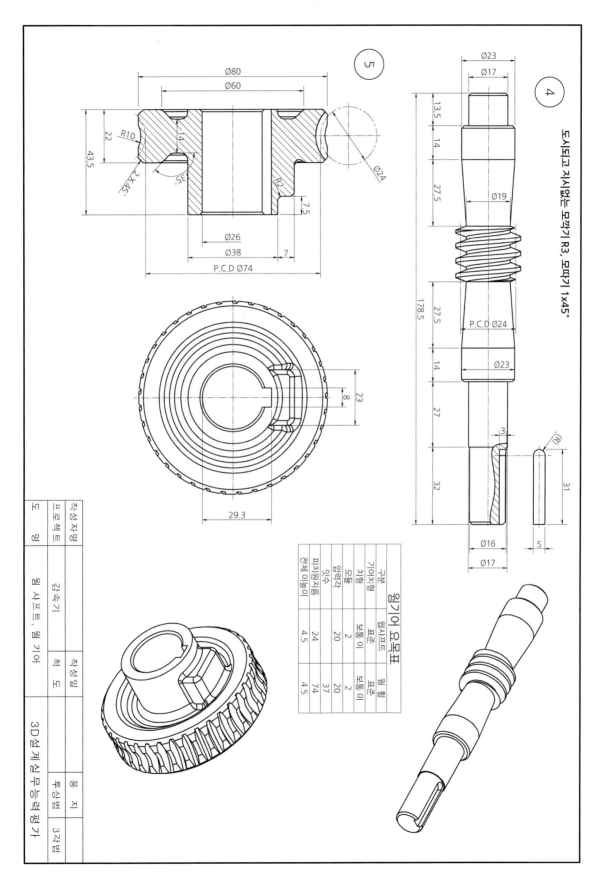

도시되고 지시없는 모떼기 R3, 모떼기 1x45°

웜기어 요목표		
구분	웜샤프트	웜휠
기어치형	표준	표준
치형	보통이	보통이
모듈	2	2
압력각	20	20
잇수		37
피치원지름	24	74
전체 이높이	4.5	4.5

작성자명		용 지		
프로젝트	감속기	척 도	용 지	
작성자명		작성일		투상법	3각법
프로젝트	감속기	척 도		
도 명	웜 샤프트, 웜 기어		3D설계실무능력평가	

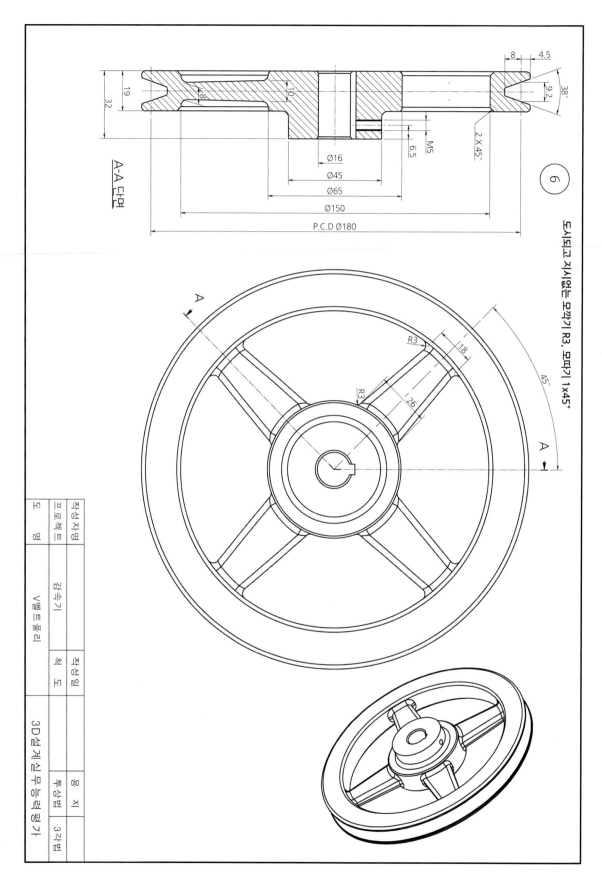

도시되고 지시었는 모깎기 R3, 모따기 1×45°

A-A 단면

⑥

P.C.D Ø180
Ø150
Ø65
Ø45
Ø16

32
19
10
8
6.5
M5
2 X 45°
8
4.5
38°
9.2

R3
R3
18
26
45°

작성자명		작성일		용 지	
프로젝트	감속기	척 도		특성법	3각법
도 명	V밸트풀리		3D설계실무능력평가		

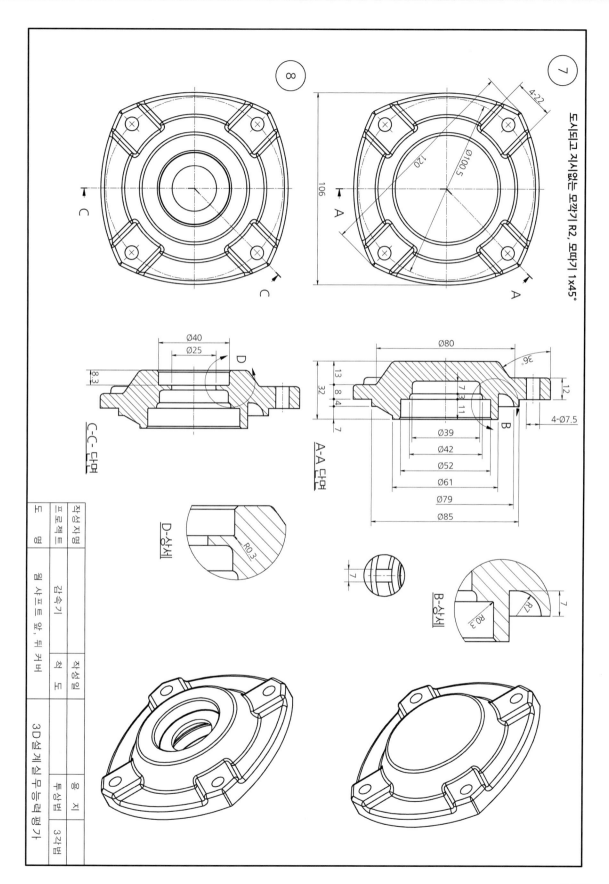

도시되고 지시없는 모깎기 R2, 모따기 1x45°

⑦

4-22

Ø100.5

120

106

A

A

⌴

⌴

Ø80

36°

13

32

8

4

7

7 3 11

Ø39

Ø42

Ø52

Ø61

Ø79

Ø85

B

12

4-Ø7.5

A-A 단면

7

B-상세

R7

R0.3

7

⑧

C

C

⌴

⌴

Ø40

Ø25

D

8 3

C-C 단면

D-상세

R0.3

작성자명			감속기	척 도	용 지		
프로젝트				작성일		투상법	3각법
도	명	휠 샤프트 앞, 뒤 커버			3D실계실무능력평가		

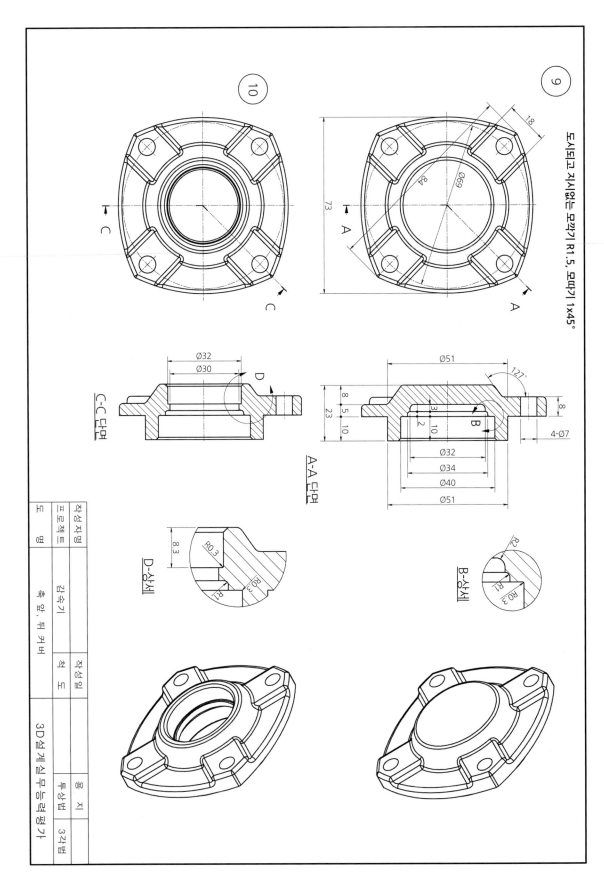

도시되고 지시없는 모깎기 R1.5, 모따기 1x45°

⑩

⑨

18

73

Ø84

Ø69

A-A 단면

Ø51

127°

8

5

10

23

8

3

2

10

B

4-Ø7

Ø32

Ø34

Ø40

Ø51

C-C 단면

Ø32

Ø30

D

D-상세

8.3

R0.3

R0.3

R1

B-상세

R2

R0.3

R1

작성자명					
프로젝트	감속기	작성일		용지	특성법	3각법
		척도	도			
도명	축 앞, 뒤 커버			3D설계실무능력평가		

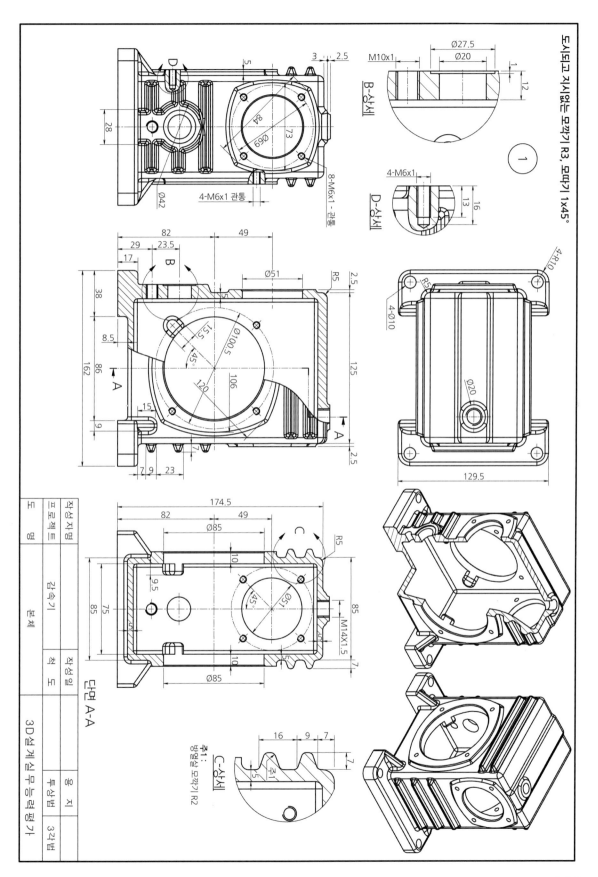

도시되고 지시없는 모깎기 R3, 모따기 1x45°

①

B-상세
M10x1
Ø27.5
Ø20
1
12

D-상세
4-M6x1
16
13

4-R10
R5
4-Ø10
Ø20
129.5

단면 A-A
174.5
82
49
Ø85
9.5
75
85
45°
Ø51
M14X1.5
Ø85
10
10

C-상세
16　9　7
7
5
주1:
밑열삼 모깎기 R2

28
Ø42
8-M6x1 - 관통
4-M6x1 관통
3　2.5
5
84
73
Ø69

82
49
29　23.5
17
38
8.5
86
162
9
15
B
A
A
Ø100.5
45°
S15
106
120
Ø51
R5
2.5
125
2.5
7　9　23

작성자명		작성자명		용 지
프로젝트				
도 명	검속기	작성일		특살법
		척 도		3각법
	본체		3D설계실무능력평가	

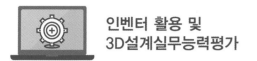

인벤터 활용 및
3D설계실무능력평가

조립품 구성

조립품(Ass'y, Assembly – 어셈블리)은 두 개 이상 모델링되어진 부품을 하나의 완성된 집합체로 생성하며, 작성된 각각의 부품의 오류 등을 체크하고 검사할 수 있는 3D파라메트릭 설계에서 가장 중요한 부분이다.

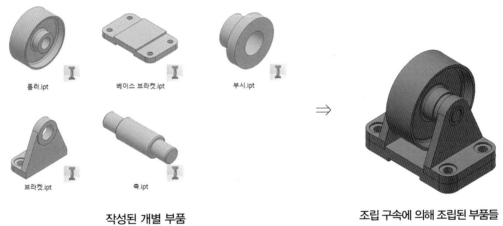

롤러.ipt

베이스 브라켓.ipt

부시.ipt

브라켓.ipt

축.ipt

$\Rightarrow$

작성된 개별 부품

조립 구속에 의해 조립된 부품들

조립품 상에 배치된 부품을 조립 구속조건을 이용하여 기본적인 조립품을 구성할 수 있으며, 나아가 조립품의 동작, 설계오류 분석, 조립 유효성 검사, 설계를 통한 부품생성 등 다양한 기능을 가지고 있지만, 여기서는 기본적인 조립관계에 대한 부분과 조립 유효성 검사 등에 한정하여 설명한다.

1 화면구성

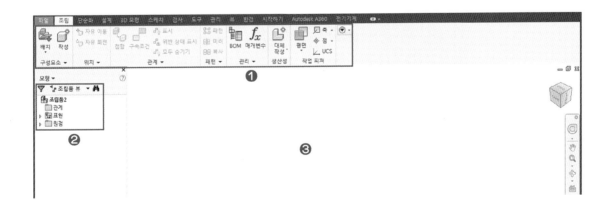

조립품 화면구성은 일반적인 부품 모델링 작업화면과 유사한다.

❶ **상단 리본 메뉴** : 조립품에서 기본적으로 사용하는 메뉴는 조립과 검사 메뉴 탭을 주로 많이 사용하며, 조립 메뉴 탭은 배치된 부품을 하나의 구성품으로 만들기 위한 기능을 제공하며, 검사에서는 조립 유효성을 검사하기 위한 기능을 제공한다.

❷ **검색기** : 배치된 부품의 목록이 나열되며, 각종 조립구속 관계를 재정의 하거나, 객체를 숨기거나 나타낼 수 있는 관리 리스트이다.

❸ **작업화면** : 부품을 배치하는 등, 일련의 조립품 작업을 수행하는 작업화면이며, 기본적인 뷰 변경방법은 기존과 동일하다.

2 조립품에 부품 배치

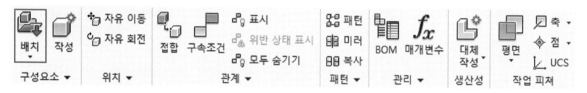

부품 배치는 작성된 부품을 조립품 상에 배치하는 것을 말하며, 배치된 부품은 조립되기 전까지 자유롭게 이동하고 회전할 수 있다.

1. 첫 번째 부품 선택

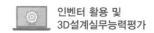

인벤터 조립품에서 부품을 배치하고, 조립할 때 제일 먼저 기준이 되는 부품을 배치하고 나머지 부품을 배치한다.

❶ 상단 조립 리본 탭, 구성요소에서 배치를 실행한다.

❷ 조립품이 저장되어져 있는 폴더에서 기준 부품을 선택한다.

❸ 열기를 클릭하여 부품을 조립품에 불러온다.

2. 첫 번째 부품 배치

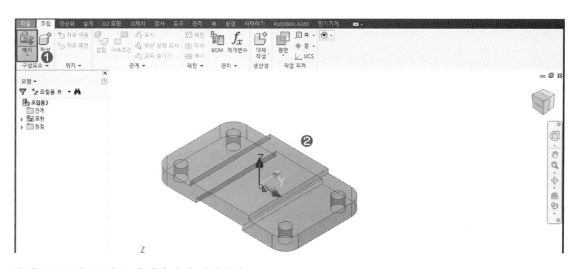

불러온 부품을 조립품 작업화면에 배치한다.

❶ 작업화면을 단축키 F6을 눌러 화면을 등각 뷰로 변경한다.

❷ 배치 명령에서 불러온 부품이 배치될 임의의 위치에 클릭하여 첫 번째 부품을 배치한다.

(1) 배치된 부품 추가 배치

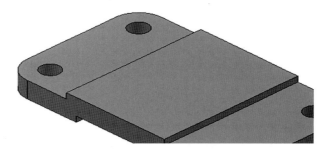

배치에 의해서 불러온 부품이 여러 개 필요한 경우, 계속적으로 위치를 지정하여 동일한 부품을 배치할 수 있다. 조립품 상에 동일한 부품이 여러 개 필요한 경우 사용한다.

(2) 배치된 부품 추가 배치

배치가 종료된 상태에서 동일한 부품이 필요한 경우, 해당 부품을 선택하고, Ctrl+C를 눌러 복사한 후, 마우스 포인터를 원하는 위치로 변경하고, Ctrl+V 키를 눌러 붙여넣기해서 동일한 부품을 배치할 수도 있다.

※ (1)의 배치에서 복수의 부품을 위치하는 방법과 (2)의 복사/붙여넣기를 이용해서 위치시키는 방법은 동일한 내용을 담고 있으므로, 사용자의 판단에 따라 활용하면 된다.

3. 첫 번째 부품 고정

인벤터 조립품에서 첫 번째 기준 부품을 먼저 가져오는 이유는 첫 번째 부품을 기준으로 다른 부품을 조립하기 위한 목적이다. 그래서 첫 번째로 가져온 부품이 조립 구속을 부여할 때 흔들리지 않게 하기 위해서 부품을 고정시켜야 한다.

❶ 좌측 검색기에서 배치된 부품 리스트를 선택하고 마우스 오른쪽 버튼을 눌러 팝업 메뉴를 나타낸다.

❷ 나타난 팝업 메뉴에서 고정을 선택하여 해당 부품을 움직이지 못하도록 고정한다.

※ 작업 화면에서 기준 부품을 선택하고 마우스 오른쪽 버튼을 눌러 나타나는 팝업 메뉴에서 부품을 고정할 수도 있다.

4. 부품 추가 배치

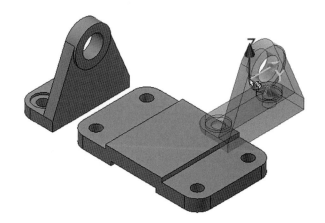

기준 부품을 배치한 후, 조립에 필요한 부품을 추가적으로 배치하여 작업화면상에 위치시킨다.

❶ 기준 부품의 배치와 동일하게 상단 조립 리본 탭, 구성요소에서 배치를 실행한다.

❷ 배치하고자 하는 부품 한 개 또는 한 개 이상을 선택하여 열기를 클릭하고 작업 화면에 임의로 배치한다.

　※ 추가 부품을 배치할 때 한 개의 부품을 가져오는 경우, 동일한 부품을 계속적으로 배치할 수 있으며, 다중의 부품을
　　동시에 가져오면 각 한 개씩만 부품이 배치되며, 차후에 복사/붙여넣기 해서 부품을 다중 생성할 수 있다.

5. 조립을 위한 부품 회전

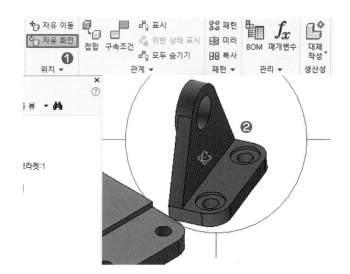

일반적으로 Shift +마우스 중간버튼 드래그나 F4 번을 누른 상태에서의 뷰 회전은 화면 전체를 3차원상
으로 회전하지만, 부품 조립을 위해 해당되는 부품만 대략적인 방향으로 변경할 수 있다.

❶ 상단 조립 리본 탭, 위치에서 자유 회전을 클릭한다.

❷ 방향을 변경하고자 하는 부품을 선택하고 나타나는 뷰 회전 마크를 이용하여 부품의 방향을 대략적으로 회전 배치한다.

※ 고정된 부품은 자유 회전 및 자유 이동이 되지 않는다.

3 부품 조립 구속

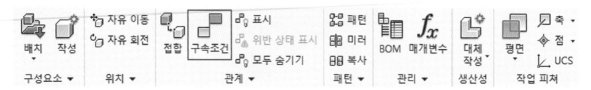

배치에 의해서 불러온 부품을 하나의 완성된 조립 형상을 구성하기 위해서 조립 구속을 이용하여 부품을 조립한다. 모든 부품에 대한 조립 구속은 쌍으로 이루어지며 두 부품의 점, 선, 면을 이용하여 구속한다.

1. 구속조건 배치 기본 옵션

구속조건 배치 대화상자는 부품을 조립하기 위해 필요한 모든 조립 구속 옵션을 가지고 있으며 부품의 종류 및 상태에 따라 적절하게 조립 구속을 정한다.

❶ **조립품 유형** : 부품을 조립할 수 있는 조립 구속 옵션이다.

 • **메이트** : 객체의 3요소 점, 선, 면을 이용하여 부품을 조립한다.

 • **각도** : 먼저 구속된 축을 기준으로 면 또는 모서리에 각도를 부여하여 조립한다.

 • **접점** : 곡면과 평면, 곡면과 곡면으로 접하는 부품을 조립한다.

 • **삽입** : 동심(원, 호)으로 이루어진 모서리와 모서리를 이용하여 동심 구속과 중심점 일치 구속을 동시에 적용하여 조립한다.

 • **대칭** : 대칭되는 부품을 구속한다.

❷ **선택** : 조립품 유형에 맞는 조립될 부품의 기준을 선택하며 두 개의 부품에 해당 요소를 선택한다.

❸ **간격띄우기/각도** : 간격띄우기 및 각도(유형이 각도일 경우 나타난다.)

선택된 기준에 따라 거리 값을 부여하여 일정한 거리로 띄우거나 각도를 부여하여 기울기를 적용하여 구속한다.

❹ **솔루션** : 해당 조립 유형의 방향을 변경한다. 부품 선택 전 미리 변경하거나 선택 후 구속상태를 보면서 변경할 수 있다.

2. 메이트 조립 구속

메이트 조립 구속 유형은 일반적으로 가장 많이 사용되는 구속 옵션으로, 객체 3요소인 점, 선, 면을 이용하여 부품을 조립할 때 사용하고 있으며, 객체의 선택 상태에 따라 조립 조건이 달라진다.

메이트 유형에서 두 부품의 선택 상태에 따라 면과 면, 선과 선, 점과 점으로 두 부품이 가지고 있는 동일한 요소를 선택하여, 구속할 수 있다.

또한, 면과 선, 면과 점, 선과 점등 다양한 구성 요소를 선택함으로써 구속 후, 동작되는 자유도를 달리 지정할 수 있다.

(1) 메이트 유형에서 선택된 면 마주보기 조립 구속(메이트)

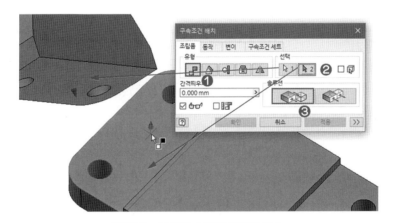

마주보는 두 면을 이용한 메이트 구속

메이트 유형에서, 선택한 두 면을 마주보는 방향으로 조립하는 경우에 메이트 솔루션을 사용하며, 일반적으로 선택한 두 평면을 딱 맞게 일치된 상태로 조립 구속할 수 있다.

❶ 상단 조립 리본 탭, 관계에서 조립구속을 클릭하고, 유형에서 메이트를 선택한다.

❷ 맞게 조립되고 붙여질 두 면은 선택한다.

❸ 조립 솔루션은 메이트로 선택하여 선택된 두 면이 마주보며 조립되도록 한다.

※ 일반적으로 가장 많이 사용되는 선택 요소는 면과 면으로 면 일치 구속하여 선택된 면이 딱 맞게 구속하여 부품을 조립할 수 있다.

(2) 메이트 유형에서 선택된 면 같은 방향으로 구속(플래시)

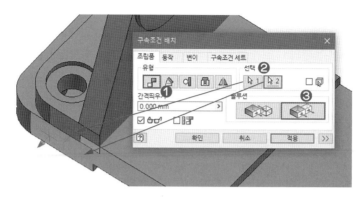

선택한 같은 방향의 두 면을 플래시 구속

메이트 유형에서 선택한 두 면을 같은 방향으로 조립하는 경우에 플래시 솔루션을 사용하며, 메이트와 달리 플래시는 면으로만 선택이 가능하다.

❶ 조립구속 유형에서 메이트를 선택한다.

❷ 맞게 조립되고 붙여질 두 면은 선택한다.

❸ 조립 솔루션은 플래시로 선택하여 선택된 두 면이 같은 방향으로 조립되도록 한다.

(3) 메이트 간격띄우기

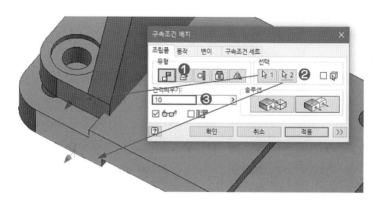

메이트 유형의 간격띄우기는 메이트 또는 플래시로 조립된 상태에서 일정한 간격을 유지시켜 조립해야 하는 경우에 사용한다.

❶ 플래시 또는 메이트 조립될 두 면을 선택한다.

❷ 간격띄우기를 부여하여 일정한 거리로 간격을 띄운다.

※ 간격띄우기는 조립 방향에 따라 간격띄우기가 적용되며 음수(-)와 양수(+)로 간격의 방향을 변경한다.

(4) 메이트 유형에서 원통면으로 동심 구속

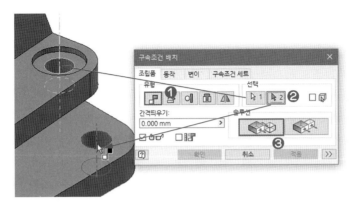

선택된 두 원통면을 이용한 중심축 메이트 구속

메이트 유형은 일반적인 평면을 선택하여 구속과 함께, 중심축이 존재하는 두 원통면을 선택하여 중심축과 중심축의 동심으로 부품을 구속할 수 있다.

❶ 조립구속 유형에서 메이트를 선택한다.

❷ 동심으로 구속할 두 구멍 또는 모깎기 면을 선택한다.

❸ 중심축에 의한 동심 구속은 솔루션 메이트에서만 가능하다.

  ※ 축과 축의 구속으로 인해, 축에 대한 회전 자유도와 축을 따라 움직이는 슬라이드 자유도가 존재하고 있어, 회전 부품을 구속하거나 피스톤과 같이 원통면을 따라 동작하는 형태의 부품을 조립할 때 주로 많이 사용한다.

  ※ 회전에 대한 구속은 차후, 각도 구속을 이용하여 구속할 수 있으며 슬라이드에 대한 구속은 조립상태에 따라 메이트, 접선 등으로 구속할 수 있다.

(5) 메이트 유형에서 모서리를 이용한 축 구속

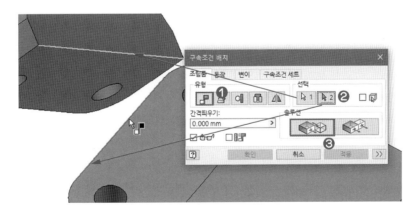

선택된 두 모서리를 이용한 메이트 구속

두 모서리를 선택하여 적용한 메이트 구속은 (3)과 같은 형식으로 선택한 모서리를 축으로 구속하여, 회전과 슬라이드에 대한 자유도를 생성할 때 사용하는 구속이다.

❶ 조립구속 유형에서 메이트를 선택한다.

❷ 동심으로 구속할 두 구멍 또는 모깎기 면을 선택한다.

❸ 모서리에 의한 축 구속은 솔루션 메이트에서만 가능하다.

  ※ 일반적으로 두 모서리를 이용한 축 구속은 동심을 가지지 못하는 부품에서 회전에 대한 자유도나 차후 각도 구속으로,
     조립해야 하는 경우에 사용될 수 있다.

  ※ 부품의 모서리뿐만 아니라, 스케치에서 작성된 객체로 구속할 수 있다.

3. 각도 조립 구속

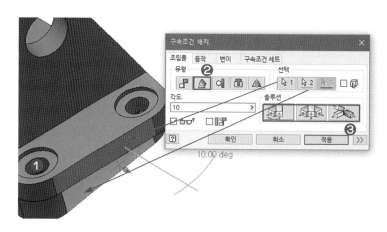

각도 조립 구속 유형은 이미 메이트 구속을 통해 모서리와 모서리 또는 중심축과 중심축으로 조립 구속으로 발생하는 회전 자유도를 선택한 두 면 사이의 각도를 적용하여 구속한다.

❶ 이미 중심축 또는 모서리를 이용하여 메이트 구속한다.

❷ 조립구속 유형에서 각도를 선택한다.

❸ 각도를 부여할 두 기준면을 선택한다.

❹ 솔루션에서 지정 각도 또는 미지정 각도로 지정하고 각도를 부여한다.

  ※ 음수(−)와 양수(+)로 각도의 방향을 변경한다.

4. 접선 조립 구속

접선 조립 구속 유형은 선택되는 평면과 원통면, 구면, 원추면을 서로 접하도록 구속한다. 보통의 경우, 평면과 원통면, 원통면과 원통면으로 선택되는 부품에 주로 사용한다.

❶ 조립 구속 유형에서 접선을 선택한다.

❷ 접선으로 구속할 원통면 또는 원추면을 포함한 두 면을 선택한다.

　※ 접선 솔루션 상자
　　• 내부 : 접선 객체의 방향을 안쪽면으로 배치한다.
　　• 외부 : 접선 객채의 방향을 바깥쪽으로 배치한다.

5. 삽입 조립 구속

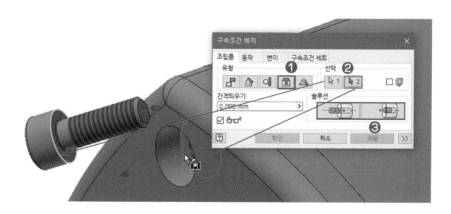

삽입 조립 구속은 원통형 부품 피처를 원통형 부품 피처에 한 번에 배치할 때 주로 사용하는 조립 구속이다. 메이트를 이용하여 구속하는 경우, 중심축 구속과 면 일치 구속, 두 번의 구속을 통해서 부품을 조립해야 하는 경우, 삽입 구속을 이용할 경우, 동심과 일치 구속을 한 번에 지정할 수 있도록 한다.

❶ 조립 구속 유형에서 삽입을 선택한다.

❷ 동심을 가지고 있는 두 부품의 모서리를 선택한다.

❸ 솔루션을 통해 삽입 부품의 방향을 변경한다.

　　※ 한 개 부품에 한 번 이상 삽입 구속이 적용되는 경우, 삽입 구속에 의한 간격띄우기는 구속 오류로 적용되지 않는다.

　　※ 면 메이트가 아닌, 삽입 구속에 의한 간격띄우기를 수행하고자 한다면, 삽입 구속은 한번만 적용하고, 나머지는 동심구속 등과 같은 슬라이드가 발생하는 구속 옵션으로 배치한다.

　　※ 삽입 구속은 꼭 어떤 부품을 조립하는 사용해야 된다는 규정은 없지만, 보통의 경우, 체결을 목적으로 하는 구멍에 많이 사용된다.

　　※ 동심을 가지고 있는 모서리를 이용하여 구속 배치하는 옵션으로, 삽입으로 부품을 조립한 이후, 해당 부품의 모서리를 편집(예, 모깎기나 모따기 적용)에 따라 차후 조립 구속에 오류가 발생할 수 있기 때문에 모서리에 수정이 계속적으로 가해지는 경우 삽입구속 보다는 메이트를 이용한 구속 방법을 추천한다.

4 ┃ 간섭 분석

간섭 분석은 부품 설계에서 발생할 수 있는 오류를 조립에서 간섭 분석을 통해 문제점을 찾아내고, 보완할 수 있도록 도와주는 조립품의 중요한 기능이다.

간섭이란, 두 개 이상의 부품이 서로 중첩되는 것을 말하는 것이다.

조립에서 간섭 분석은 설계되어진 하나의 부품만 가지고는 정확성 여부를 파악하기 어렵고, 실제 부품이 조립되었을 때, 발생하는 조립 간섭을 프로토타입 과정에서 분석하고 찾아 낼 수 있는 기능이다.

부품의 설계상 오류를 조립품 생성 단계에서 문제점을 찾아내고, 보완 또는 수정할 수 있도록 도와주는 조립품에서 중요한 기능이다.

1. 간섭 분석 방법

간섭 분석은 최종적으로 조립 구성을 완료한 후, 실시하거나, 조립 도중에 필요에 따라 수시로 수행할 수 있는 분석 기능이다.

❶ 상단 검사 리본 탭에서 간섭 분석을 실행한다.

❷ 간섭 분석 대화상자에서 세트 #1 정의에서 간섭 분석할 부품을 작업 화면 또는 피쳐 리스트에서 전부 선택한다.

❸ 확인 또는 Enter↵를 눌러 간섭을 확인한다.

　※ 세트 #2 정의는 세트 #1 정의와 함께 부품 두 개씩 개별로 분석할 때 사용하는 기능이다.

　※ 일반적으로는 세트 #1 정의로 간섭 분석할 모든 부품을 선택하고 진행한다.

2. 간섭이 탐지된 경우

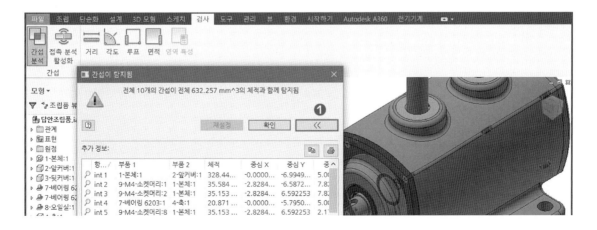

간섭 분석 후, 간섭이 탐지되는 경우, 위와 같이 간섭이 발생하는 경우, 간섭 대화상자에 간섭되어지는 개수와 체적(볼륨, 부피)가 표시되며, 작업 화면상에 간섭부분을 빨간색으로 표시해준다.

❶ 더 보기 버튼을 클릭하여, 간섭되어지는 부품 목록과 체적, 중심 위치를 확인 할 수 있다.

> ※ 체결 요소(볼트, 너트, 탭 구멍)은 조립 후, 간섭이 기본적으로 발생하며, 인벤터 자체에서 생성된 볼트나 너트를 사용하는 경우, 차후에 간섭을 무시할 수 있다.
>
> ※ 기타 일반적인 간섭은 잘못된 조립 구속으로 인해 발생하거나, 실제 부품 모델링에서 발생할 수 있음으로, 체결 요소에 의한 간섭이 아닌 경우, 조립 구속과 해당 부품을 전부 분석하거나 오류를 찾아 문제점을 보완해야 한다.

3. 간섭이 발생하지 않은 경우

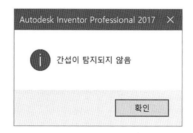

간섭 분석을 통해 분석한 결과 간섭이 발생하지 않은 경우, 위 그림과 같이 "간섭이 탐지되지 않음" 이라는 메시지 창이 나타난다.

> ※ 간섭이 발생하지 않는 경우
> - 조립 구속과 조립된 부품 간 오류가 없는 경우
> - 조립된 부품 중 일부 부품의 가시성이 꺼져 있는 경우
> - 조립된 부품이 떨어져 있는 경우
>
> ※ 3D설계실무능력평가 1급에서는 체결 요소에 의한 간섭과 기어와 같은 구동 요소의 간섭은 무시한다.

02 | 조립품 따라하기

1 캐스터 조립 따라하기

앞 장에서 모델링한 캐스터 부품을 이용하여 아래 조립 분해도면을 참고로 조립품을 완성한다.

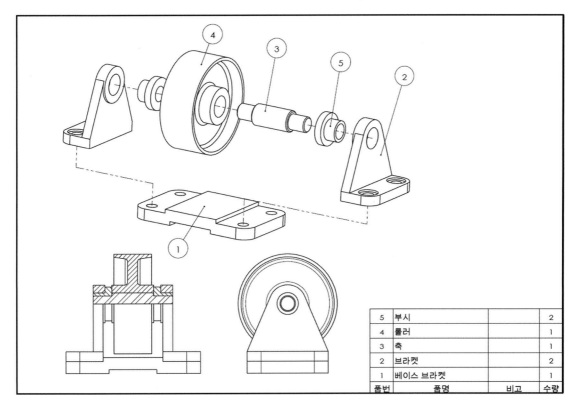

5	부시		2
4	롤러		1
3	축		1
2	브라켓		2
1	베이스 브라켓		1
품번	품명	비고	수량

[전체적인 조립 진행 방법]

• 베이스 브라켓을 기준 부품으로 배치한다.

• 브라켓을 추가 배치하여 메이트와 삽입 구속으로 조립한다.

• 부시를 추가 배치하여 메이트 또는 삽입 구속으로 조립한다.

• 축을 삽입 구속으로 조립한다.

• 롤러를 메이트 구속으로 조립한다.

• 간섭 분석을 통해 조립 유효성 검사를 수행하고, 조립품을 저장한다.

1. 기준 부품 배치

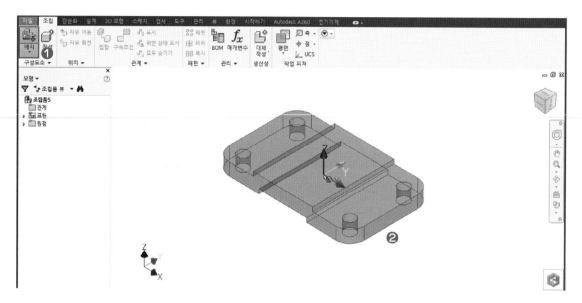

조립품 템플릿을 열어 배치를 통해 기준 부품을 제일 먼저 배치한다.

❶ 상단 조립 리본 탭, 구성요소에서 배치를 클릭한다.

❷ 기준이 되는 부품을 선택하고 조립품 작업화면 임의의 위치에 배치한다.

2. 기준 부품 고정

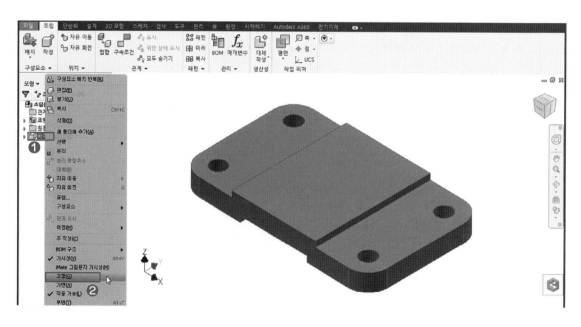

조립품의 기준이 되는 부품의 자유도를 고정한다.

❶ 좌측 검색기 또는 해당 부품 위에 마우스 오른쪽 버튼을 클릭하여 팝업 메뉴를 나타낸다.

❷ 팝업 메뉴에서 고정을 선택한다.

3. 브라켓 부품 추가 배치

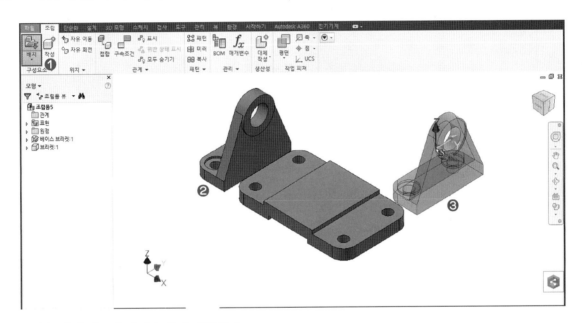

조립을 위해 필요한 부품을 추가 배치한다.

❶ 상단 조립 리본 탭, 구성요소에서 배치를 클릭한다.

❷ 추가로 배치될 브라켓 부품을 선택하고 임의의 위치에 클릭하여 부품을 배치한다.

❸ 동일한 부품이 하나 이상 있는 경우, 계속 클릭하여 배치할 수 있다.

4. 조립을 위한 부품 방향 변경

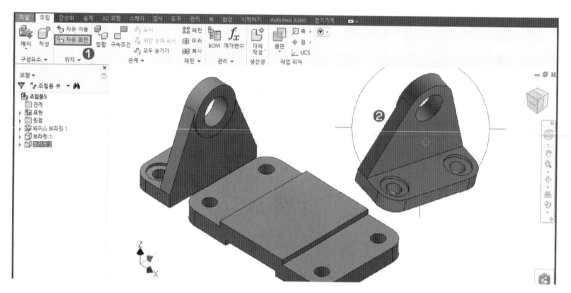

메이트를 이용한 부품 구속 또는 조립 방향 구분을 편리하게 하기 위해 일부 부품의 방향을 변경한다.

❶ 상단 조립 리본 탭, 위치에서 자유 회전을 클릭한다.

❷ 방향을 변경하고자 하는 부품을 선택하고, 화면에 나타나는 뷰 변경 아이콘을 이용하여 부품의 조립 방향을 대략적으로 변경한다.

5. 축 메이트(동심 구속)를 이용한 구속

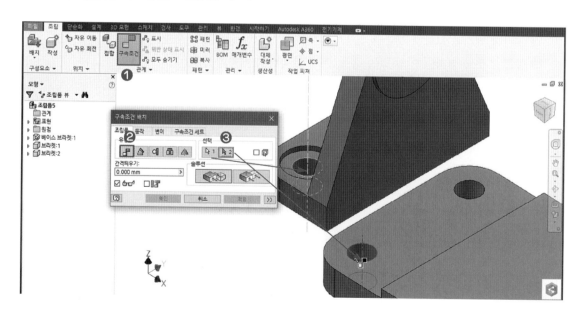

베이스 브라켓과 브라켓을 조립하기 위해서 제일 먼저 메이트를 이용하여 축의 위치를 구속한다.

❶ 상단 조립 리본 탭, 관계에서 구속 조건을 클릭한다.

❷ **구속조건 배치** 대화상자에서 메이트를 선택한다.

❸ 메이트가 적용될 두 부품의 원통면을 각각 선택하고 확인 버튼 또는 계속적인 구속을 위해 적용 버튼을 클릭하여 구속 배치한다.

6. 삽입 구속을 이용한 구속

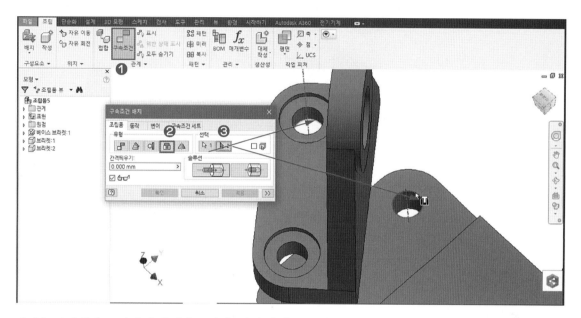

베이스 브라켓과 브라켓의 완전한 구속을 위해 삽입으로 위치와 자세를 구속한다.

❶ 상단 조립 리본 탭, 관계에서 구속 조건을 클릭한다.

❷ **구속조건 배치** 대화상자에서 삽입을 선택한다.

❸ 삽입으로 배치될 두 부품이 일치가 되는 동심원 모서리를 각각 선택하고, 확인 버튼 또는 계속적인 구속을 위해 적용 버튼을 클릭하여 구속 배치한다.

7. 부시 부품 추가 배치

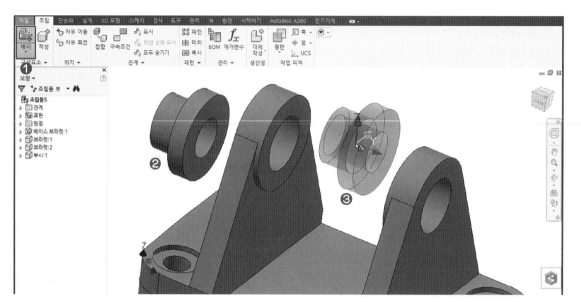

브라켓에 부시를 조립하기 위해 필요한 부품을 추가 배치한다.

❶ 상단 조립 리본 탭, 구성요소에서 배치를 클릭한다.

❷ 추가로 배치될 부시 부품을 선택하고 필요한 만큼 임의의 위치에 부품을 배치한다.

8. 메이트를 이용한 부시 조립 – 중심축 메이트

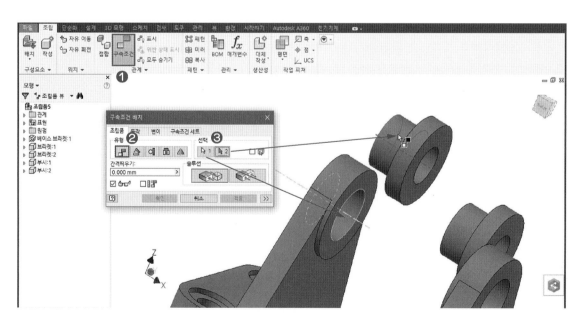

브라켓에 조립되는 부시를 메이트에서 중심축으로 조립 배치한다.

❶ 상단 조립 리본 탭, 관계에서 구속 조건을 클릭한다.

❷ **구속조건 배치** 대화상자에서 메이트를 선택한다.

❸ 동심으로 구속하기 위해서 중심축이 있는 원통면을 각각 선택하고 확인 버튼 또는 계속적인 구속을 위해 적용 버튼을 클릭하여 구속 배치한다.

9. 메이트를 이용한 부시 조립 – 면 메이트

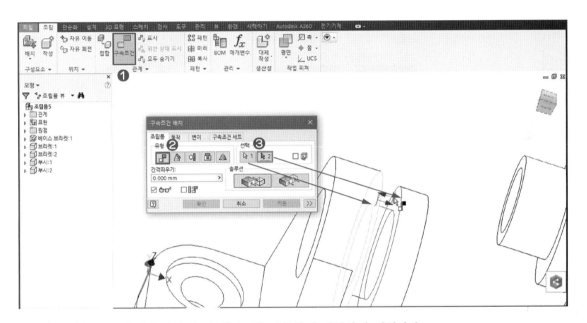

7.에서 중심축으로 배치한 부시를 면 메이트를 이용하여 정확하게 배치한다.

❶ 상단 조립 리본 탭, 관계에서 구속 조건을 클릭한다.

❷ **구속조건 배치** 대화상자에서 메이트를 선택한다.

❸ 브라켓과 부시가 맞붙여지는 조립 면을 각각 선택하고 확인 버튼 또는 계속적인 구속을 위해 적용 버튼을 클릭하여 구속 배치한다.

10. 삽입을 이용한 부시 조립

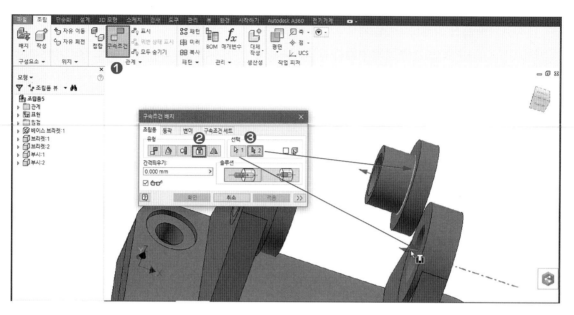

원통형 부품인 부시를 삽입 이용하여 정확하게 배치한다.

❶ 상단 조립 리본 탭, 관계에서 구속 조건을 클릭한다.

❷ **구속조건 배치** 대화상자에서 삽입을 선택한다.

❸ 삽입으로 배치될 두 부품이 일치 되는 동심원 모서리를 각각 선택하고 확인 버튼 또는 계속적인 구속을 위해 적용 버튼을 클릭하여 구속 배치한다.

　※ 7.과 8.의 작업은 하나의 부품을 조립하기 위해서 2~3개의 조립 구속을 적용해야 하는 반면, 삽입 구속은 한 번의 구속 으로 부품을 조립할 수 있다.

　※ 앞에서도 언급하였지만, 원통형 부품 피처에 조립되는 경우, 삽입 구속을 적절하게 사용하면 편리하게 조립품을 생성할 수 있다.

　※ 단, 차후 부품의 모서리가 편집되어야 하는 경우 삽입으로 배치된 구속에 오류가 발생할 수 있다.

11. 축 부품 추가 배치

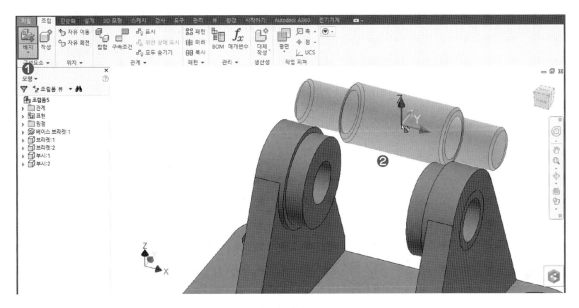

부시에 축을 조립하기 위해 필요한 부품을 추가 배치한다.

❶ 상단 조립 리본 탭, 구성요소에서 배치를 클릭한다.

❷ 추가로 배치될 축 부품을 선택하고, 필요한 만큼 임의의 위치에 부품을 배치한다.

12. 삽입을 이용한 축 조립

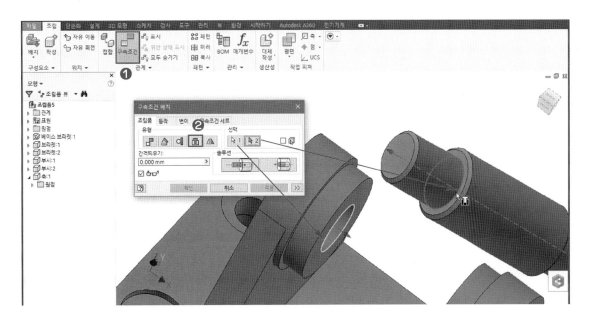

원통형 부품인 축을 부시에 조립하기 위해 삽입을 이용하여 정확하게 배치한다.

❶ 상단 조립 리본 탭, 관계에서 구속 조건을 클릭한다.

❷ **구속조건 배치** 대화상자에서 삽입을 선택한다.

❸ 삽입으로 배치될 두 부품이 일치 되는 동심원 모서리를 각각 선택하고, 확인 버튼 또는 계속적인 구속을 위해 적용 버튼을 클릭하여 구속 배치한다.

13. 롤러 부품 추가 배치

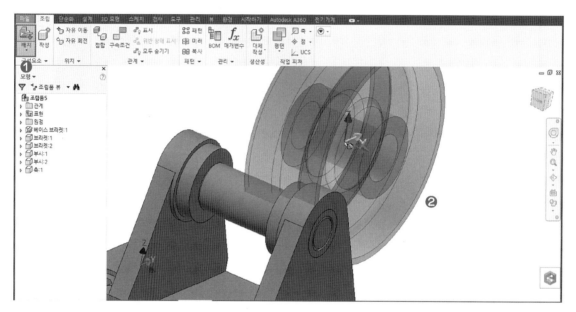

브라켓에 부시를 조립하기 위해 필요한 부품을 추가 배치한다.

❶ 상단 조립 리본 탭, 구성요소에서 배치를 클릭한다.

❷ 추가로 배치될 롤러 부품을 선택하고 임의의 위치에 부품을 배치한다.

14. 메이트를 이용한 롤러 조립 – 중심축 메이트

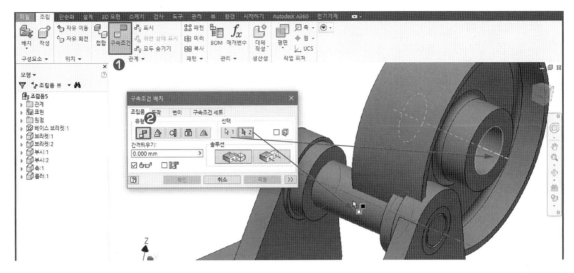

축에 조립되는 롤러를 메이트로 중심축에 조립 배치한다.

❶ 상단 조립 리본 탭, 관계에서 구속 조건을 클릭한다.

❷ **구속조건 배치** 대화상자에서 메이트를 선택한다.

❸ 동심으로 구속하기 위해서 중심축이 있는 원통면을 각각 선택하고 확인 버튼 또는 계속적인 구속을 위해 적용 버튼을 클릭하여 구속 배치한다.

15. 메이트를 이용한 롤러 조립 – 면 메이트

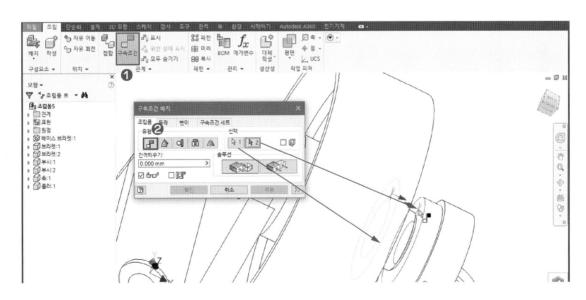

중심축에 배치된 롤러를 면 메이트를 이용하여 정확하게 배치한다.

❶ 상단 조립 리본 탭, 관계에서 구속 조건을 클릭한다.

❷ **구속조건 배치** 대화상자에서 메이트를 선택한다.

❸ 롤러와 부시가 맞붙여지는 조립 면을 각각 선택하고 확인 버튼 또는 계속적인 구속을 위해 적용 버튼을 클릭하여 구속 배치한다.

16. 간섭 분석

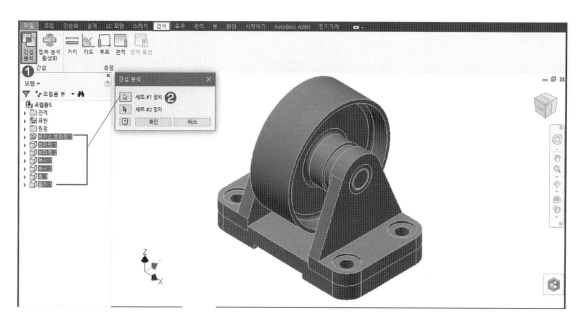

모든 부품을 조립 구속으로 조립 후, 조립 유효성 검사를 실시한다.

❶ **검사** 리본 탭, 간섭에서 간섭 분석을 클릭한다.

❷ **간섭분석 배치** 대화상자에서 세트 #1 정의로 배치된 모든 부품을 선택하고 확인한다.

17. 탐지 오류 확인

간섭 분석을 통해 부품 간 간섭이 발생하는지를 확인하고, "간섭이 탐지되지 않음"으로 표시되어야 일차적으로 부품에 문제가 없는 것을 확인할 수 있다.

18. 조립품 생성 완료

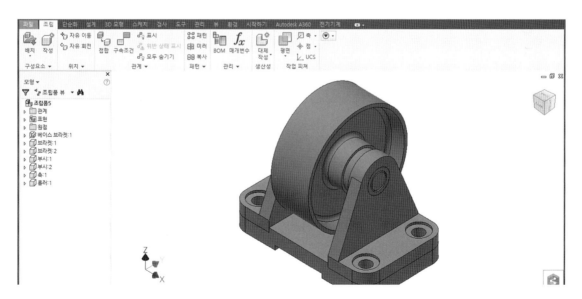

조립품에서 부품을 배치하고 조립 구속조건을 이용하여 조립 후, 간섭 분석까지 모든 과정을 마쳤다면 해당 조립품을 저장한다.

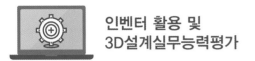

인벤터 활용 및
3D설계실무능력평가

도 면

01 | 도면 설정

도면은 인벤터에서 작성한 부품 또는 조립품을 2차원 도면으로 작성할 때 사용한다.
우리가 보편적으로 2차원 도면을 먼저 생성하고 3차원 부품을 모델링하여 표현한다고 생각하는데, 이것은 이미 2차원 도면으로 모든 도면 검토가 완료된 상태에서 진행되는 사항이며 3차원 부품과 조립품을 먼저 생성하는 경우 도면은 제일 마지막에 작성된다.

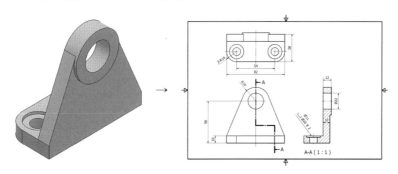

2차원 캐드와 같이 일일이 드로잉 할 필요 없이, 작성된 부품 또는 조립품을 도면 시트에 제도규칙에 맞게 뷰를 생성하고 각종 도면 주서를 입력함으로써 손쉽게 도면을 작성할 수 있다.

1 화면구성

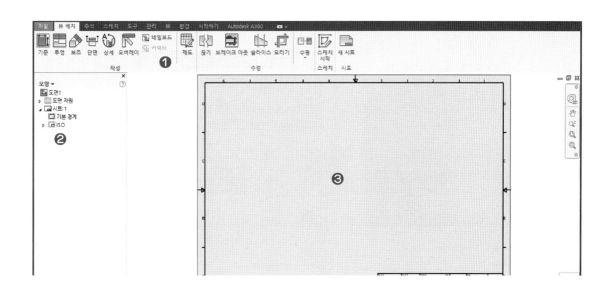

도면 화면구성은 지금까지의 부품, 조립품과는 기본적인 구성은 비슷하지만, 3차원 화면이 아닌 일반도면 작성환경으로 2차원 베이스의 작업 화면이다.

❶ 상단 리본 메뉴
- 도면에서 기본적으로 사용하는 메뉴는 뷰 배치, 주석, 스케치 메뉴이다.
- 뷰 배치 : 뷰 배치는 작성한 부품 또는 조립품을 각종 도면을 작성하는 도구 모음이다.
- 주석 : 작성된 도면 뷰에 각종 도면기호 및 치수 주석을 기입하는 도구 모음이다.
- 스케치 : 부품의 스케치 환경과 동일하며 도면에 필요한 각종 기호 및 도면 뷰 작성에 필요한 스케치 요소를 작성한다.

❷ 검색기 : 배치된 부품의 목록이 나열되며 각종 도면 관계를 재정의하거나 객체를 숨기거나 나타낼 수 있는 관리 리스트이다.

❸ 작업화면 : 도면을 배치하는 등, 일련의 도면 작업을 수행하는 작업 화면이며 3차원 화면 회전 기능은 제공하지 않는다.

---

2 도면 설정

도면 설정은 도면을 작성하기 전 도면 템플릿을 실행하고 바로 설정해야 하는 부분으로 용지 크기, 도면경계 및 표제란 및 각종 도면에 관련한 스타일을 변경할 수 있다.

1. 도면 용지크기 변경

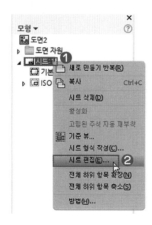
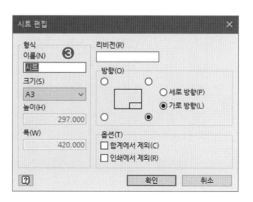

도면 용지 크기는 도면을 작성하기 전, 먼저 수행해야 하는 부분이다. 일반적으로 2차원 캐드에서는 도면을 현척(1 : 1)으로 작성하고 출력할 때 척도를 적용하여 출력하는 반면, 인벤터 도면에서는 우선 사용할 용지 크기를 먼저 지정하고 도면 용지에 맞게 도면의 척도를 변경해서 도면을 작성한다.

❶ 좌측 검색기에서 시트를 선택하고, 마우스 오른쪽 버튼을 클릭한다.

❷ 나타난 팝업 메뉴에서 시트 편집을 클릭한다.

❸ **시트 편집** 대화상자에서 사용자가 필요로 하는 내용으로 변경한다.

• 이름 : 현재 시트의 이름을 변경한다.

• 크기 : 사용할 용지의 크기를 지정한다.

• 방향 : 표제란의 위치를 변경할 수 있다.

※ 3D설계실무능력평가에서는 주어지는 문제에 사용해야 되는 용지 크기를 제시하고 있다.

2. 도면 경계 및 표제란 추가(3D설계실무능력평가에 맞춰진 형식)

경계 및 표제란 제거

새로운 경계 작성

인벤터가 기본적으로 제공하는 도면 경계 및 표제란 대신 사용자가 원하는 경계와 표제란을 작성하고자 할 때 사용한다.

※ 3D설계실무능력평가에서는 별도의 도면파일로 제공하는 도면 경계와 표제란을 활용하는 방법으로 설명한다.

❶ 좌측 검색기에서 시트 하위에 있는 기본 경계 및 ISO(표제란)를 선택하고, 마우스 오른쪽 버튼을 클릭한다.

❷ 나타난 팝업 메뉴에서 삭제를 클릭하여 경계와 표제란을 지운다.

❸ 새로운 경계를 작성하기 위해서 좌측 검색기에서 도면자원 탭, 하위에 있는 경계를 선택하고, 마우스 오른쪽 버튼을 클릭한다.

❹ 나타난 팝업 메뉴에서 새 경계 정의를 클릭하여 경계 작성 스케치 환경으로 전환한다.

※ 인벤터 도면에서는 도면 경계와 표제란을 별도로 작성해서 추가 관리할 수 있다. 사용자의 상태에 따라 경계에 표제란을 포함하여 작성할 수 있다.

(1) 제공하는 도면 경계파일 가져오기

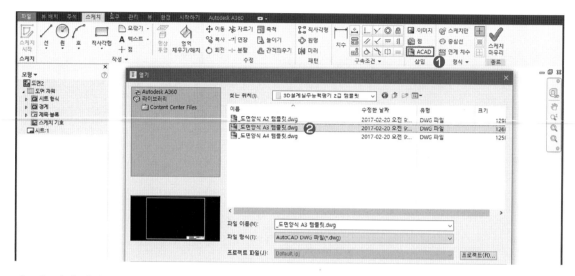

새로운 경계 작성 스케치 영역에서 2차원 캐드에서 작성된 경계 도면 파일을 가져온다.

❶ 스케치 리본 탭, 삽입에서 ACAD를 클릭한다.

❷ **열기** 대화상자에서 시트 크기에 맞는 경계 파일을 선택하고 열기한다.

(1-2) 가져올 경계 파일 확인 및 옵션 설정

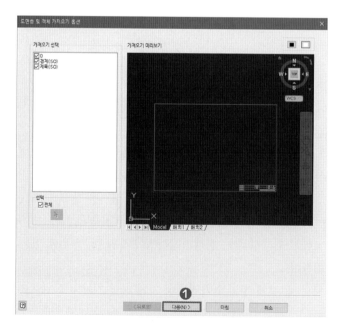

❶ 선택한 도면 경계 파일의 형식과 레이어를 확인하고 다음으로 넘어간다.

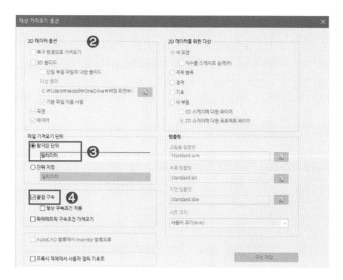

❷ 대상 가져오기 옵션에서 외부 파일에 대한 스케치 상태를 변경한다.

❸ 파일 가져오기 단위에서 선택된 파일의 단위를 확인하고 밀리미터가 아닌 경우, 단위 지정에서 밀리미터로 변경한다.

❹ 작성된 경계 도면의 끝점을 일치 구속으로 적용한 후, 마침을 클릭하여 도면 경계를 불러온다.

　　※ 위 방법은 3D설계실무능력 뿐만 아니라, 전산응용기계제도기능사, 기계설계산업기사/기사 등의 시험에도 동일한 방법으로 도면 경계를 가져올 수 있다.

(2) 가져온 도면 경계 확인 및 추가 주서 기입

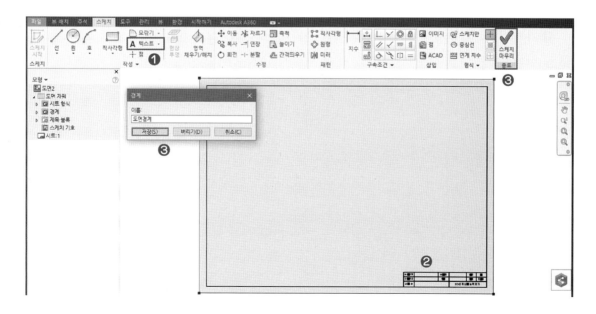

제공하는 도면 경계를 가져온 후, 내용을 확인하고 추가 주서를 작성하여 경계를 완성한다.

❶ 스케치 리본 탭, 작성에서 텍스트를 클릭한다.

❷ 가져온 표제란에 누락된 부분에 알맞게 내용을 작성한다.

❸ 스케치 마무리를 클릭하고 등록될 경계의 이름을 지정한 후 저장한다.

(3) 도면에 경계 삽입

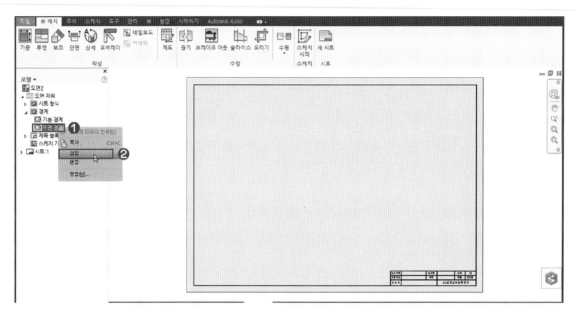

앞에서 가져와 저장한 경계를 도면 시트에 삽입한다.

❶ 좌측 검색기에서 경계 하위 탭에 새롭게 저장한 경계 리스트를 선택하고 마우스 오른쪽 버튼을 클릭한다.

❷ 나타난 팝업 메뉴에서 삽입을 클릭한다.

3. 스타일 편집기 수정

스타일 편집기는 도면에서 각종 주석 및 도면 스타일을 변경하는 부분으로, 다양한 도면환경에 맞출 수 있도록 많은 기능을 제공하고 있다.

여기서는 3D설계실무능력평가 및 전산응용기계제도기능사, 기계설계산업기사/기사 등 자격시험에서 사용해야 되는 기본적인 내용을 우선으로 설명한다.

❶ 관리 리본 탭, 스타일 및 표준에서 스타일 편집기를 클릭한다.

❷ **스타일 및 표준 편집기** 대화상자에서 도면을 작성하는 데 필요한 요소들을 좌측 검색기에서 목록을 선택하고 내용을 변경한다.

※ 스타일 편집기는 해당 스타일을 변경한 후, 반드시 설정사항을 저장한다.

※ 해당 도면에 설정된 스타일은 새로운 도면 템플릿을 사용하면 리셋 되므로, 별도로 도면 파일을 저장해서 사용한다.

(1) 기본 표준 스타일 – 일반

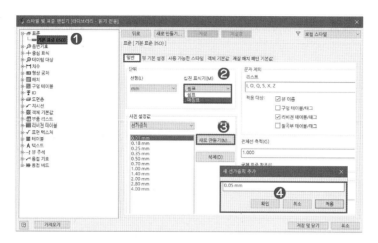

기본 표준은 인벤터 도면 작성 및 설정에서 기준이 되는 내용을 설정한다.

❶ 검색기에서 표준, 하위 탭에서 있는 기본 표준을 선택한다.

❷ 우측 메뉴, 일반 탭에서 집진 표식기를 마침표로 설정한다.

❸ 필요한 선가중치를 추가하기 위해서 사전 설정값에서 새로 만들기를 클릭한다.

❹ 새 선가중치 추가 대화상자에서 사용할 선가중치를 입력하고, 확인한다.

(2) 기본 표준 스타일 – 뷰 기본 설정

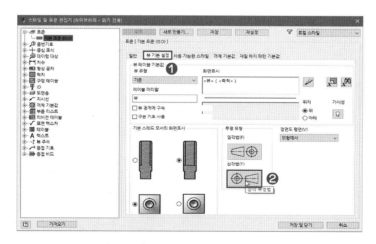

일반 설정이 끝났다면 뷰 기본 설정 탭에서 투상유형을 변경한다.

❶ 뷰 기본 설정 탭을 클릭한다.

❷ 투영유형에서 일각법을 삼각법으로 투상법을 변경하고 저장한다.

　　※ KS제도규격은 삼각법으로 투상 도면을 작성하도록 명시하고 있다.

(3) 치수 스타일 – 단위

검색기 치수 하위 탭에서 기본값(ISO)을 선택하여 치수 스타일을 변경한다.

❶ 검색기에서 치수, 하위 탭에 있는 기본값(ISO)을 선택한다.

❷ 우측 상단 메뉴 탭, 단위를 클릭한다.

❸ 단위 십진 표식기(소수점 표시)를 마침표로 변경한다.

❹ 화면표시 및 각도 화면표시에서 후행을 전부 체크 해제한다.

　　※ 후행은 소수점 이하 "0" 단위의 표시 여부를 결정한다.

　　※ 오토캐드에서 치수 스타일 단위에 있는 "0" 억제와 반대이다.

(4) 치수 스타일 – 화면 표시

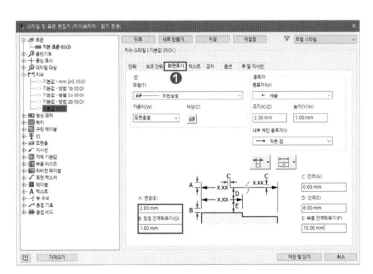

치수 스타일 화면 표시는 생성된 뷰에 치수 기입 시 나타나는 치수선과 치수보조선의 스타일을 변경한다.

❶ 치수선 위로 올라가는 치수보조선의 연장 값을 2로 입력하고 원점 간격띄우기는 1로 입력하여 저장한다.

　※ 위 표시의 값은 절대적이지 않으며 사용자의 도면 환경에 따라 변경해서 사용한다.

(5) 텍스트 스타일 – 서체 및 문자 크기

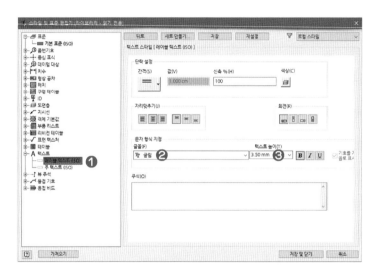

검색기 텍스트 하위 탭에서 레이블 텍스트(ISO)를 선택하여 텍스트 스타일을 변경한다.

❶ 검색기에서 텍스트, 하위 탭에 있는 레이블 텍스트(ISO)을 선택한다.

❷ 편집 화면에서 글꼴을 "굴림" 또는 "돋움" 글꼴로 변경한다.

❸ 텍스트 높이는 도면의 크기에 따라 사용자가 적절하게 변경하고, 저장한다.

　※ A3 이하 3.5mm, A3 이상 5mm 설정 또는 사용자가 사용하고자 하는 크기 지정

　※ 레이블 텍스트(ISO) 설정 후, 주 텍스트(ISO)를 레이블 텍스트와 동일하게 변경하며 텍스트 높이를 2.5mm로 변경한다.

　※ 레이블 텍스트 스타일은 일반적인 주서 문자 및 제목 문자 스타일로 사용되며 주 텍스트 스타일은 치수 문자로 기본적으로 사용된다.

　※ 다양한 문자 스타일이 필요한 경우, 새로 만들기를 통해서 스타일을 생성할 수 있다.

(6) 텍스트 스타일 – 새로운 문자 스타일 추가

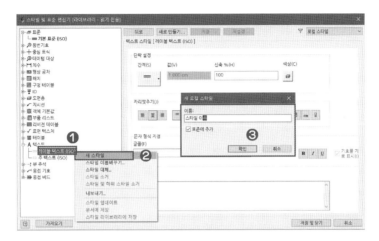

도면 작성 시, 사용되어지는 문자 스타일을 추가하여, 각종 주서 기입할 때 사용할 수 있도록 한다.

❶ 좌측 검색기 텍스트 하위 리스트에서 임의의 리스트를 마우스 오른쪽 클릭한다.

❷ 나타나는 팝업메뉴에서 새 스타일을 클릭한다.

❸ 새 로컬 스타일에 스타일 이름을 지정하고, 확인한다.

※ 새롭게 생성된 스타일에 (5)와 같이 서체 및 문자 크기 등을 변경하여 저장한다.

(7) 뷰 주석 스타일 – 상세 도면 마크 변경

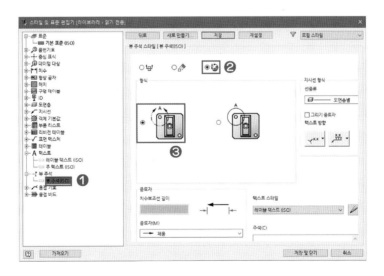

뷰 주석 스타일에서 뷰 주석(ISO)을 선택한 후 적용할 제도규칙을 변경한다.

❶ 검색기에서 뷰 주석, 하위 탭에 있는 뷰 주석(ISO)을 선택한다.

❷ 편집 화면에서 상단에 있는 뷰 유형에서 상세 뷰를 선택한다.

❸ 상세 뷰 형식에서 ISO를 ANSI 제도 규칙으로 변경하고 저장 및 닫기를 눌러 스타일 편집을 마무리한다.

　※ KS 제도규격은 ISO 규격과 마찬가지로 상세 표시는 닫혀 있는 원에 표식기를 두는 형식이지만, 3D설계실무능력평가의
　　 도면에서는 ANSI 형식으로 상세를 표시한다.

　※ 마찬가지로 사용자의 도면 환경에 따라 변경해서 사용할 수 있다.

　※ 스타일 편집기는 앞에서 언급했지만, 정말 많은 옵션과 설정환경을 가지고 있으므로, 시간을 두고 공부해야 하며, 순차
　　 적인 설정이 아닌 상황과 조건에 따라 검색기에 선택되는 옵션의 순서는 달라질 수 있다.

(8) 도면층에서 선 형식 및 선가중치 변경

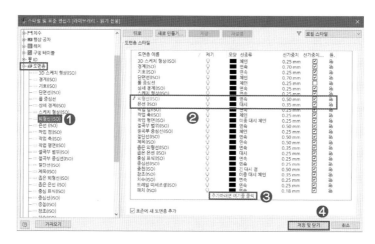

도면 상태에 따른 필요한 선 종류 및 선가중치 등의 설정을 도면층을 통해 추가/변경해서 사용한다.

❶ 좌측 검색기에서 도면층 하위 리스트 중에서 임의의 목록을 선택한다.

❷ 설정 창에서 도면 작성 시 기본적으로 사용되어지는 선의 형식에 맞게 해당 도면층에 속해 있는 색상,
　 선 종류, 선 가중치를 변경한다.

❸ 기본적으로 제시하지 않는 선의 형식은 설정 창 하단에 있는 "추가하려면 여기를 클릭"으로 새로운 도면
　 층을 생성하고, 도면층 이름과 선 종류, 선가중치를 변경한다.

❹ 인벤터 도면 스타일 편집이 모두 완료되었다면, 저장 및 닫기를 클릭하여 설정을 저장 후 닫는다.

(9) 작성된 도면에 도면층 변경 방법

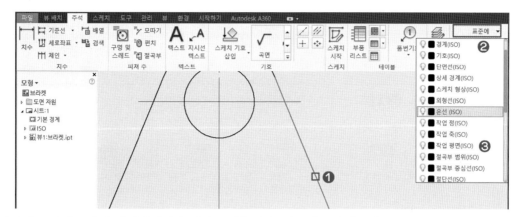

작성된 도면에 스타일 편집기에서 추가한 도면층이나, 기존의 적용되어져 있는 도면층을 변경을 변경할 때 사용한다.

❶ 작성된 도면에서 변경할 선분을 하나이상 선택한다.

❷ 상단 주석 탭, 형식 리본에서 도면층 리스트를 클릭한다.

❸ 나타나는 도면층 리스트에서 변경할 도면층을 지정하면, 선택된 선분이 해당 도면층으로 변경된다.

(10) 작성된 스케치선 형식 변경 방법

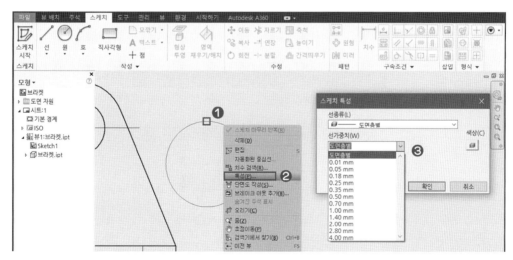

도면 작성 시, 도면 요소(기호 등)나, 도면 작성에 필요한 임의의 선분은 스케치 작성을 통해 도면상에 작성하며, 필요에 따라 스케치된 선분에 대해서 선 종류, 선가중치의 변경한다.

❶ 도면상에 스케치된 선분을 선택하고, 마우스 오른쪽 클릭한다.

❷ 나타나는 팝업메뉴에서 특성을 선택한다.

❸ 스케치 특성 대화상자에서, 변경할 선 종류 및 선가중치를 설정하고, 확인한다.

02 | 도면 작성

1 도면 뷰 배치

기준 투영 보조 단면 상세 오버레이 · 네일보드 · 커넥터 · 제도 끊기 브레이크 아웃 슬라이스 오리기 수평 스케치 새 시트
시작

작성   수정   스케치 시트

도면 뷰 배치는 모델링된 부품 또는 조립품을 도면으로 생성하기 위한 각종 투상도, 단면도, 상세도, 부분 단면도 등 도면 뷰를 작성할 수 있는 도구를 제공한다.

1. 도면 뷰 대화상자

도면 뷰 대화상자는 기준 뷰를 생성하거나 기존에 있는 도면 뷰를 수정할 때 나타나는 대화상자로 생성될 도면의 기본적인 상태를 설정하거나 변경할 수 있다.

(1) 구성요소

구성요소는 도면으로 생성될 부품의 파일위치와 스타일을 변경한다.

❶ **파일** : 기준 뷰로 가져올 부품을 찾는다.

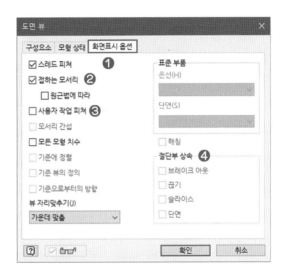

❷ **스타일** : 생성될 도면의 출력 상태를 변경한다.

　• 은선 표시 : 외형선 및 숨은선을 모두 도면으로 표시한다.

　• 은선 제거 : 숨은선은 표시하지 않고, 부품의 외형선만 표시한다.

　• 음영 처리 : 부품 작성시 적용한 표현 값으로 도면에 쉐이딩 처리하여 도면을 표시한다.

❸ **레이블** : 뷰 이름을 입력하거나 변경한다.

　　※ 도면 뷰 레이블은 도면 좌측 검색기에 해당 도면 뷰의 이름으로 사용된다.

❹ **축척** : 생성될 도면이 용지에 들어갈 축척을 변경한다.

　　※ 앞에서도 언급했지만, 인벤터 도면은 용지 크기를 정하고, 도면에 축척을 적용하여 도면을 작성한다.

(2) 화면표시 옵션

부품이 가지고 잇는 요소 또는 도면 작성시 부모 뷰와 연결된 상속내용을 변경하거나 설정한다.

❶ **스레드 피처** : 도면에 나사산을 표시한다.(권장 체크 설정)

❷ **접하는 모서리** : 작성될 도면 뷰에 외형선과 함께 접하는 모서리(모깎기에 의해서 만들어진 선)를 함께 표시한다.(권장 체크 설정)

　　※ KS제도규격에서는 도면 생성시 접하는 모서리는 그리지 않는 것을 명시하고 있다.

하지만, 모델링된 부품을 토대로 작성되는 인벤터 도면에서 접하는 모서리가 없는 경우, 도면을 알아볼 수 없는 경우 발생하기 때문에 3D캐드에서 생성되는 모든 도면은 접하는 모서리를 사용하여 도면을 작성한다.

❸ **사용자 작업 피처** : 부품 또는 조립품 작성시 사용한 사용자 평면, 축, 점등의 모델링 요소를 도면상에 표시한다.(권장 체크 해제)

❹ **절단부 상속** : 도면 모체의 표현 되어진 각종 부분단면, 끊기, 슬라이스, 단면의 속성을 투상 뷰에 생성되는 도면에 연결해서 표현 할 것인지를 변경한다.

※ 뷰 옵션 수정은 해당되는 도면 뷰를 더블 클릭하면 도면 뷰 수정상태로 전환된다.

2. 기준 뷰 작성

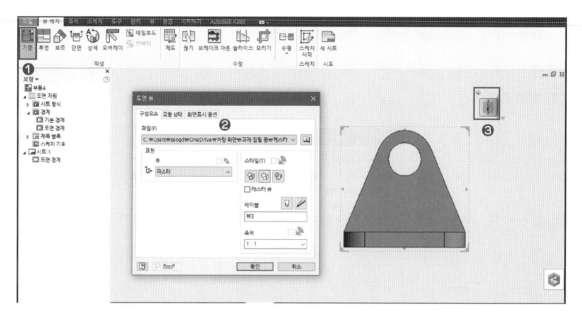

인벤터 도면 환경에서 도면 뷰를 작성하기 위해서는 제일 처음, 해당 부품의 기준을 먼저 생성한다.

❶ **뷰 배치** 리본 탭, 작성에서 기준을 클릭한다.

❷ **도면 뷰** 대화상자에서 스타일, 레이블, 축척 및 화면표시 옵션에서 접하는 모서리를 체크한다.

❸ 작업 화면에 나타난 부품 상태에서 우측 상단에 있는 뷰 큐브를 이용하여 도면 뷰의 방향을 변경하고, 확인하여 기준 뷰를 작성한다.

※ KS제도규격에서는 정면도를 기준으로, 윗면, 좌우 측면, 아랫면, 배면을 도면 상태에 따라 표현하지만, 인벤터에서 기준 뷰는 이러한 제도 규격에 맞는 도면을 생성하기 위한 기준을 먼저 작성하는 것이기 때문에, 기준 뷰가 꼭 정면도로 시작하는 의미는 아니다.

※ 제도법에 맞는 도면을 생성하기 위해서는 기준 뷰를 어디에서부터 작성할 것인가를 먼저 결정해야 한다.

3. 투영 뷰 작성 – 정투상 뷰

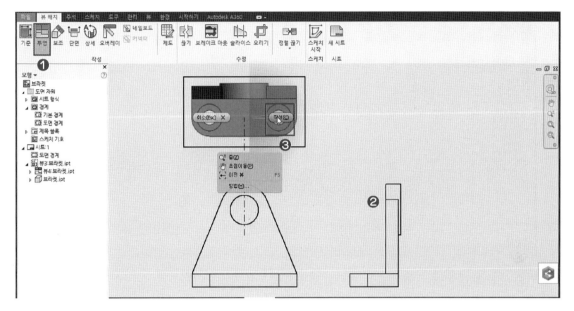

투영 뷰는 작성된 기준 뷰를 토대로, 정투상 도면 뷰를 작성한다.

❶ 투영할 기준 뷰를 먼저 선택한 후, 뷰 배치 리본 탭, 작성에서 투영을 클릭한다.

❷ 작업 화면상에서 선택된 기준 뷰에 맞는 투상 도면의 방향으로 마우스를 클릭한다.

❸ 도면을 생성할 마지막 위치를 클릭하고 마우스 오른쪽 클릭하여 나타나는 팝업 메뉴에서 확인을 선택하
여 투영 도면을 작성한다.

※ 인벤터 도면에서는 명령을 먼저 실행하고, 해당 도면 뷰를 선택할 수도 있지만, 대부분 작성에서는 해당 도면 뷰를 먼저
선택하고, 작업 명령을 수행한다.

4. 투영 뷰 작성 – 등각투상 뷰

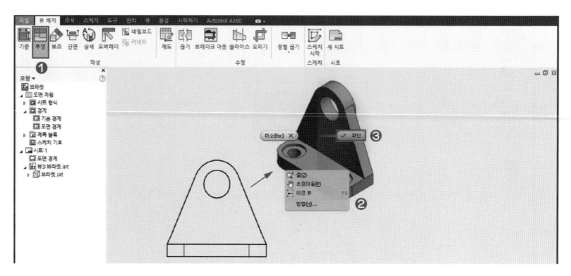

기준 뷰를 토대로, 등각투상 뷰는 대각선 방향으로 뷰를 생성한다.

❶ 투영할 기준 뷰를 먼저 선택한 후, 뷰 배치 리본 탭, 작성에서 투영을 클릭한다.

❷ 작업 화면상에서 선택된 기준 뷰에서 대각선 방향으로 마우스를 클릭한다.

❸ 마우스 오른쪽을 클릭하여 나타나는 팝업 메뉴에서 확인을 눌러 등각투영 도면을 작성한다.

5-1. 단면 뷰 작성 – 단면선 작성

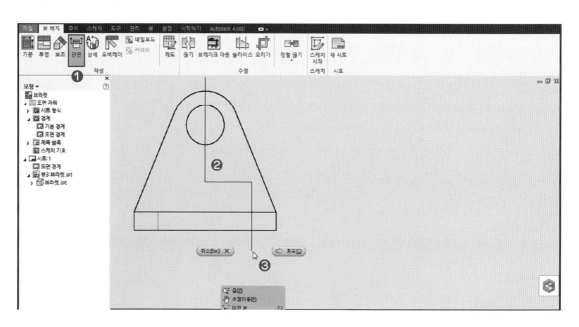

단면도를 작성한 도면 뷰를 선택하고, 단면 명령을 통해 단면선을 작성한다.

❶ 단면을 작성할 도면 뷰를 먼저 선택한 후, 뷰 배치 리본 탭, 작성에서 단면을 클릭한다.

❷ 작업 화면상에서 선택된 도면 뷰에서 표현하고자 하는 단면선을 스케치한다.

❸ 스케치 완료 후, 마우스 오른쪽 클릭하면 나타나는 팝업 메뉴에서 계속을 클릭한다.

　※ 스케치되는 단면선의 형태에 따라 전단면, 반단면, 계단 단면, 경사단면 등 다양한 단면형태를 표현할 수 있다.

　※ 단면선 스케치 시 단면선을 외형선에 딱 붙여서 작성하면 단면서 끝단 위치의 편집이 안 되므로, 살짝 간격을 두고 단면
　　선을 시작한다.

5-2. 단면 뷰 작성 - 단면 대화상자

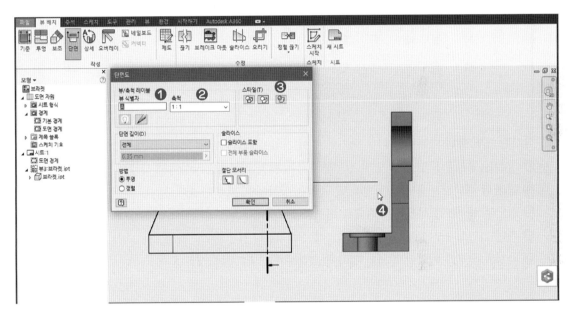

단면선 작성 후, 마우스 오른쪽 클릭하여 계속 상태에서 단면도 대화상자 설정 및 단면도를 배치한다.

❶ **뷰 식별자** : 단면도 생성에 따른 제목을 입력한다.

❷ **축척** : 기준 도면 뷰와 동일한 축척으로 표현한다.

❸ **스타일** : 기준 도면 뷰와 동일한 스타일로 표시한다.

❹ 단면도를 배치할 임의의 위치에 클릭하여 단면도를 생성한다.

6. 상세 뷰 작성

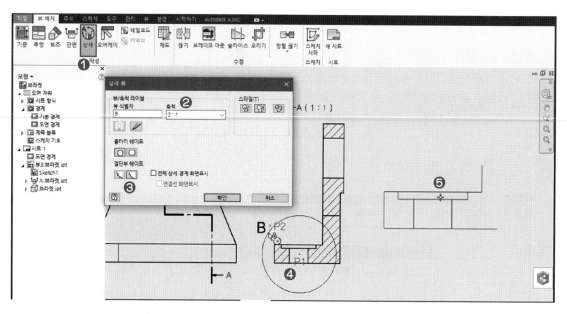

작성된 도면 뷰의 디테일이 너무 작거나 주서 기입이 복잡한 경우 상세 뷰를 생성한다.

❶ 상세를 표시할 도면 뷰를 먼저 선택한 후, 뷰 배치 리본 탭, 작성에서 상세를 클릭한다.

❷ **상세 뷰** 대화상자에서 뷰 식별자 및 축척을 상황에 맞게 변경한다.

❸ 절단부 쉐이프를 부드러운 형태로 변경한다.

❹ 작업 화면상에서 상세가 표현될 위치에 스케치한다. (P1 클릭, P2 클릭)

❺ 작성된 상세가 배치될 임의의 위치에 클릭하여 상세도를 작성한다.

7-1. 브레이크아웃(부분 단면도) 스케치 작성

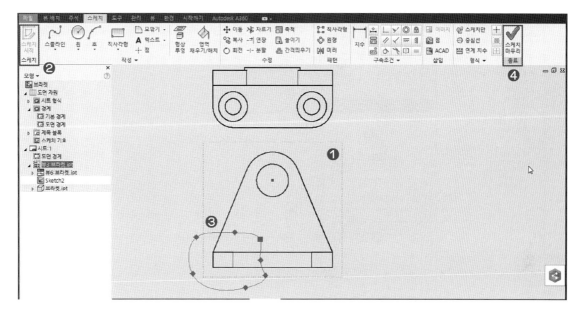

전반면 또는 반단면과 같이 단면에 의해서 생성되어지는 단면도가 아닌, 도면의 일부분을 잘라서 내부의 단면을 표현하기 위해서 브레이크 아웃을 이용한다.

브레이크아웃은 별도로 부분 단면을 표현할 영역만큼 스케치되어 있는 상태에서 동작하기 때문에 부분 단면 생성하기 전, 해당 도면 뷰에 포함된 스케치를 작성한다.

❶ 스케치를 작성할 도면 뷰를 먼저 선택한다.

❷ 뷰 배치 리본 탭 또는 스케치 리본 탭에서 스케치 시작을 클릭한다.

❸ 부분 단면을 표현할 만큼 스플라인 또는 선, 원, 사각형 등으로 닫힌 스케치 영역을 작성한다.

❹ 스케치를 마무리한다.

> ※ 인벤터 도면상에서 스케치를 이용해서 각종 기호나 도면 요소를 작성할 때, 시트에 포함된 스케치 작성과 도면 뷰에 포함된 스케치는 분명히 구분해서 작성한다.
>
> ※ 도면 뷰를 선택한 후, 스케치 시작은 해당 도면 뷰에 포함된 도면 요소로서 인식을 하며 부품 스케치와 마찬가지로 형상 투영을 통한 사용자 임의의 스케치를 작성할 수 있다.
>
> ※ 일반 시트에서 기호와 같은 요소를 작성할 때는 시트 선택 후, 스케치를 작성하면 된다.

7-2. 브레이크아웃(부분 단면도) 작성

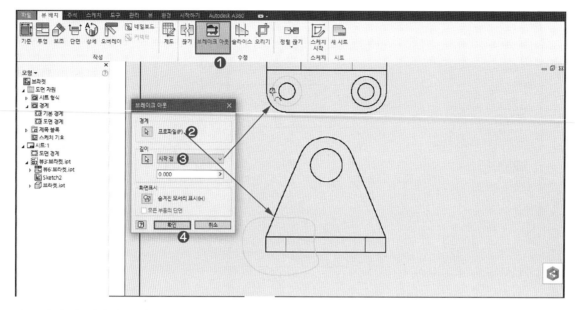

부분 단면 할 위치에 스케치 작성 후, 브레이크 아웃을 이용하여 부분 단면을 작성한다.

❶ 부분 단면을 작성할 도면 뷰를 먼저 선택한 후, 뷰 배치 리본 탭, 작성에서 브레이크 아웃을 클릭한다.

❷ **브레이크 아웃** 대화상자에서 프로파일을 스케치한 부분 단면 영역을 선택한다.

❸ 깊이에서 시작점의 위치를 부분 단면의 절단 깊이 위치에 클릭한다.

　※ 부분 단면 깊이를 해당 도면 뷰에서 지정 할 수 없다면, 투영된 뷰를 통해 깊이를 지정할 수 있으며, 빈 공간이 아닌 선분
　　 이나, 점의 위치에 지정한다.

❹ 확인을 클릭하여 부분 단면을 완성한다.

　※ 브레이크 아웃은 단면 영역에 대한 스케치와 적절한 깊이에 대한 위치만 확보된다면 큰 어려움 없이 작성할 수 있다.

2 도면 주석 작성

작성 투상 뷰에 중심선 작성, 치수 기입, 문자 기입 및 각종 도면 기호를 배치하고 작성할 수 있는 도구를
제공한다.

1. 중심선 작성

기준 뷰와 투영 뷰, 단면, 상세 등 도면 뷰를 생성한 이후, 두 번째로 표기되어야 하는 것이 중심선이
며, 중심 표식, 중심선 이등분, 패턴 중심, 중심선등 다양한 방법으로 중심선을 표시할 수 있다.

(1) 중심 표식

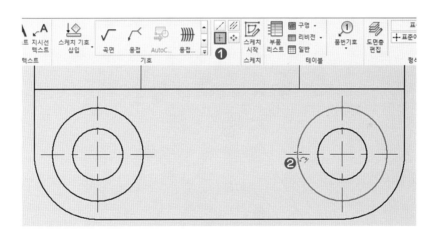

중심 표식은 도면에 원 또는 호로 이루어진 부분에 중심선을 작성한다.

❶ 주석 리본 탭, 기호에서 중심 표식을 클릭한다.

❷ 중심선이 들어갈 원 또는 호를 선택하여, 중심 표식을 추가한다.

(2) 중심선 이등분

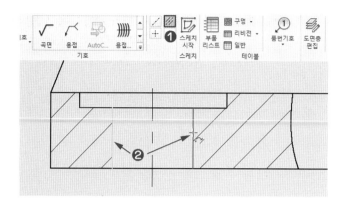

선택한 두 선분 사이에 중심선을 작성한다.

❶ 주석 리본 탭, 기호에서 중심선 이등분을 클릭한다.

❷ 중심선이 들어갈 도면의 두 외형선을 선택하여 중심선을 추가한다.

(3) 중심 패턴

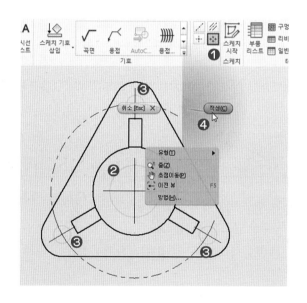

동심을 기준으로 패턴된 도면 형태에 중심선을 표현한다.

❶ 주석 리본 탭, 기호에서 중심 패턴을 클릭한다.

❷ 기준이 되는 동심 원호를 선택한다.

❸ 패턴 중심선을 표현할 도면 외형선을 순차적으로 선택한다.

❹ 마지막 중심선 위치를 선택한 후, 마우스 오른쪽 클릭하여 작성 버튼을 클릭해서 패턴 중심선을 작성한다.

※ 중심선을 작성 후, 해당 중심선을 선택하여 크기를 마우스로 조절하여 알맞은 크기로 변경할 수 있다.

※ 중심선 작성 명령으로 중심선을 표현할 수 없을 때, 해당 도면 뷰에 스케치를 작성하여 중심선으로 만들어 사용할 수 있다.

2. 도면 치수 기입

도면에서 가장 중요한 치수 기입을 주석 리본 탭 치수에서 작성한다.

치수 기입 방법은 도면의 스케치 치수 구속과 동일한 방법으로 치수를 기입할 수 있기 때문에, 특별한 경우가 아니면 치수로 모든 도면의 치수를 작성할 수 있다.

도면 작성을 목적으로 하는 것이기 때문에 KS제도규격에 따른 치수로 작성한다.

(1) 치수기입 시 치수편집 유무 설정(권장 : 사용 안함)

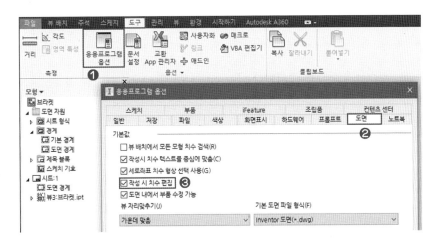

작성된 도면에 치수를 기입할 때, 치수 편집 창을 바로 나타나게 할 것인지 아니면 필요시 해당 치수를 더블 클릭하여 편집할 것인지를 선택한다.

❶ **도구** 리본 탭, 옵션에서 **응용프로그램 옵션**을 클릭한다.

❷ **응용프로그램 옵션** 대화상자에서 도면 메뉴 탭을 클릭하여 도면의 옵션을 변경할 수 있도록 한다.

❸ **기본값 "작성 시 치수 편집"**을 체크 해제하면 치수 기입 시 편집 없이 바로 치수만 입력되고 해체 설정하면, 치수 기입할 때마다 편집창이 나타난다.

※ 도면 상태에 따라 기입된 치수에 추가된 주석정보가 들어가야 된다면, 작성 시 치수 편집 기능을 사용하고, 추가되는 내용보다는 일반적인 치수가 대부분이면, 이 기능은 사용하지 않는 것을 권장한다.

(2) 선형 치수 기입 방법

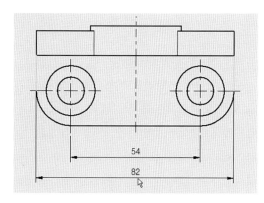

| 선형 치수 – 가로 치수기입 | 선형 치수 – 세로 치수기입 |

주석의 치수 명령으로 선형으로 치수가 작성될 두 선분을 선택하고, 치수선을 배치하여 치수 기입한다.

❶ **주석** 리본 탭, 치수에서 치수를 클릭한다.

❷ 치수 보조선이 들어갈 첫 번째 기준 객체와 두 번째 기준 객체를 선택한다.

❸ 치수선 배치는 임의의 위치에 클릭하여 치수를 작성한다.

(3) 각도 치수 기입

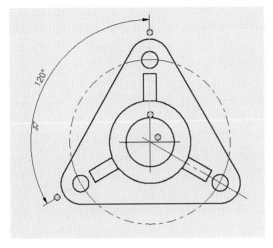

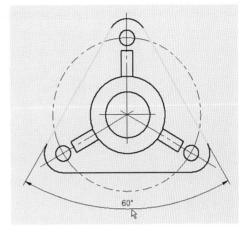

| 중심선 기준의 각도 치수 | 도면 외형선 기준의 각도 치수 |

각도 치수도 선형 치수와 동일하게 평행하지 않는 두 기준선을 선택하여 각도를 기입한다.

❶ **주석** 리본 탭, 치수에서 치수를 클릭한다.

❷ 평행하지 않는, 첫 번째 기준 객체와 두 번째 기준 객체를 선택한다.

❸ 치수선 배치는 임의의 위치에 클릭하여 각도 치수를 작성한다.

(4) 반지름 치수 기입

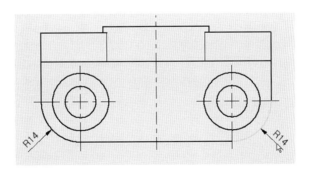

호로 이루어진 도면의 외형선을 선택하면 자동으로 반지름 치수를 기입할 수 있다.

❶ **주석** 리본 탭, 치수에서 치수를 클릭한다.

❷ 반지름 치수를 기입할 호 객체를 선택한다.

❸ 치수선 배치는 임의의 위치에 클릭하여 반지름 치수를 작성한다.

※ 치수는 선택된 객체에 따라 자동으로 치수의 유형이 변경된다.

(5) 지름 치수 기입

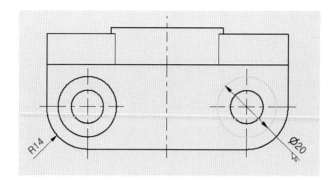

반지름 치수 기입과 동일하게 원 객체를 선택하여 지름 치수를 기입한다.

❶ **주석** 리본 탭, 치수에서 치수를 클릭한다.

❷ 지름 치수를 기입할 원 객체를 선택한다.

❸ 치수선 배치는 임의의 위치에 클릭하여 지름 치수를 작성한다.

(6) 지름, 반지름 치수 변경

반지름을 지름 또는 다른 유형으로 변경

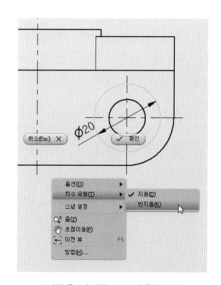

지름을 반지름으로 유형 변경

원과 호에 자동으로 지정되어 들어가는 지름과 반지름의 유형을 변경하고자 한다면, 치수 기입 시 마우스 오른쪽 클릭하여 **치수 유형**에서 변경할 수 있다.

특히, 호와 같이 중심점과 끝점이 존재하는 객체의 경우, 치수 유형에 다양한 치수 형태를 부여할 수 있으므로 도면 환경에 따라 적절하게 변경해서 사용한다.

※ 호 객체의 치수 표시 유형
- 지름 : 선택한 객체를 지름 치수로 기입한다.
- 반지름 : 선택한 객체를 반지름 치수로 기입한다.
- 각도 : 호의 내/외부 각도로 기입한다.
- 호의 길이 : 호의 길이 치수로 기입한다.
- 현의 길이 : 호의 시작점과 끝점을 선형으로 치수 기입한다.

(7) 치수 편집 – 주석 첨부

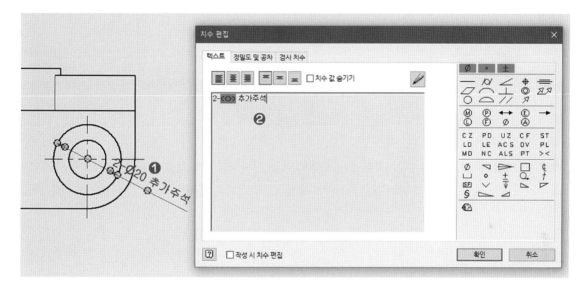

이미 작성된 치수에 주석을 추가하거나 각종 치수 기호를 첨부해야 하는 경우에 해당 치수를 더블 클릭하여 치수를 편집한다.

❶ 변경할 치수를 더블 클릭한다.

❷ **치수 편집** 대화상자에서 〈◇〉 부분은 실제 적용된 치수이며, 이 기호를 기준으로 앞쪽 주석은 커서를 앞에 두고 뒤쪽 주석은 커서를 뒤에 두고 필요한 주석을 입력하고 확인하여 치수를 변경한다.

(8) 치수 편집 – 치수 기호 첨부

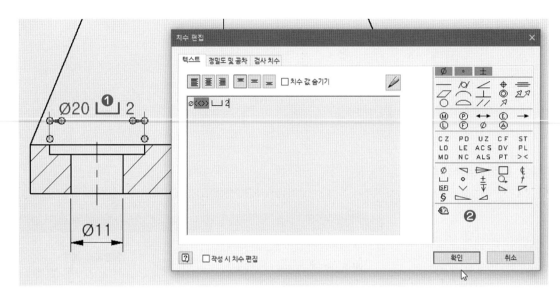

또한, 치수에 포함되는 각종 기호도 치수 편집을 통해 부여할 수 있다.

❶ 변경할 치수를 더블 클릭한다.

❷ **치수 편집** 대화상자에서 〈◇〉 부분은 기준으로 해당 커서위치에 들어갈 각종 치수 기호를 추가한다.

> ※ 치수 편집 대화상자 아래에 있는 작성 시 치수 편집을 체크 설정하면, 앞으로 치수 기입 시 자동으로 치수 편집 대화상자가 나타난다.

3 작성된 도면 외부 파일로 내보내기

인벤터에서 작성된 도면을 오토캐드 또는 PDF로 내보내서 활용할 수 있도록 기능을 제공하고 있다.
전산응용기계제도기능사와 같이 국가기술자격뿐만 아니라, 실무에서도 이와 같은 방법으로 인벤터에서
작성한 도면을 2차원 캐드로 불러와서 최종 편집을 할 수 있다.

1. 2차원 캐드로 도면 내보내기

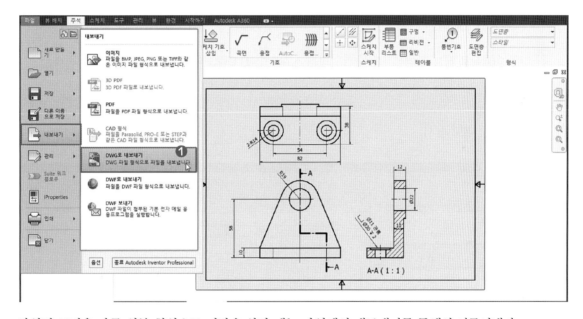

작성된 도면을 다른 외부 형식으로 저장은 상단 메뉴 파일에서 내보내기를 통해서 이루어낸다.

❶ **파일** 메뉴에서 **내보내기** → **DWG**로 내보내기를 선택한다.

❷ **다른 이름으로 저장** 대화상자에서 파일형식을 **AutoCAD DWG** 파일로 파일형식을 변경한다.

 ※ Inventor 도면 파일(*.DWG)는 2차원 캐드에 불러들일 수는 있지만 도면에 관련한 편집은 할 수 없다.

2. PDF 도면 내보내기

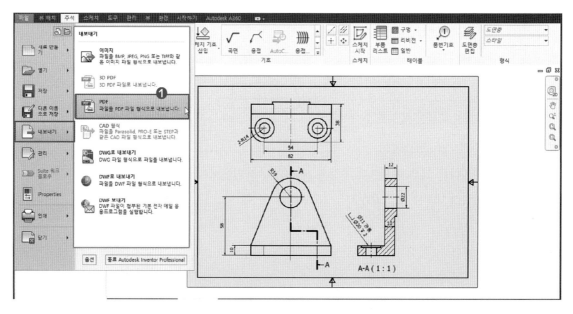

PDF 파일은 직접적으로 출력하지 않고, 전자문서된 파일로 저장하여 도면을 교환하거나 차후 별도로 출력할 수 있는 파일이다.

자격시험은 물론 실무에서도 PDF로 만들어 도면을 교환하거나 출력한다.

❶ **파일** 메뉴에서 **내보내기** → **PDF**를 선택한다.

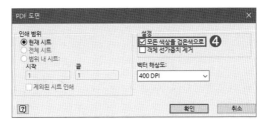

❷ **다른 이름으로 저장** 대화상자에서 파일형식을 **PDF 파일**이며 파일 이름을 입력한다.

❸ **옵션**을 선택한다.

❹ **옵션** 대화상자에서 **모든 색상을 검은색으로**를 체크 설정하고 저장한다.

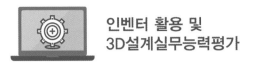

인벤터 활용 및
3D설계실무능력평가

PART **05**

부 록
(기출문제 풀이)

01 3D설계실무능력평가(DAT) 2급 풀이과정

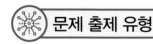 문제 출제 유형

1. 응시조건

■ 응시조건
- 문제 도면을 참고하여, 응시자가 신청한 3차원 캐드 소프트웨어를 이용하여 부품을 모델링하고, 시험조건으로 제시하는 부품을 도면으로 생성하고 제출한다.
- 출제 문항은 2개 문항이며, 곡면을 포함하고 있는 부품과 일반적인 가공 부품으로 문제가 출제되며, 사용하는 캐드 소프트웨어에서 제공하는 기능을 이용하여 답안 부품을 작성한다.
- 문제 도면 및 시험조건에서 언급하지 않은 내용은 응시자가 임의대로 작성하되, KS제도규칙과 일반적인 제도 상식에 의거 작성한다.
- 의무사항은 응시자가 반드시 지켜야 할 사항이며, 이로 인해 발생하는 피해는 응시자에게 있으며, 실격사항 중 한 가지 이상 해당될 경우, 채점여부와 상관없이 불합격 처리된다.
- 평가항목을 기준으로 채점한 결과가 총 100점 만점 중, 70점 이상 합격이다.

■ 의무사항
3차원 캐드 소프트웨어(파라메트릭 솔리드와 곡면 모델링이 가능하고, 도면을 생성할 수 있는 소프트웨어)를 사용하며, 종류는 구분하지 않는다.

1. 응시자 수험번호 폴더 생성 및 템플릿 사용
- 시험 시작 전, 응시자의 컴퓨터시스템의 바탕화면에 응시자 수험번호로 폴더를 생성하고, 답안으로 생성되어지는 모든 답안파일을 저장한다.
- 템플릿으로 제공하는 도면 양식 파일을 수험번호 폴더에 저장하고, 도면 작성 시 적용해서 사용한다.

2. 답안작성
- 부품 모델링 및 도면 작성에 사용되어지는 단위의 길이는 mm, 각도는 deg(도)로 설정된 상태에서 작성한다.
- 답안 작성 시 반드시 중간저장을 수시로 시행해야 하며, 미 저장 시 발생되는 시스템 오류 등 예기치 못한 상황으로 인해 불이익은 응시자에게 있다.
- 단일 부품 모델링 : 2개 문항
- 해당 소프트웨어가 제공하는 솔리드 피쳐 기능과 곡면 피쳐 기능을 적절하게 부품을 모델링해야 하며, 최종으로는 솔리드 형상으로 이루어져야 한다.
- 작성되어지는 부품 모델링 답안 파일이름은 "수험번호 – 부품번호"로 저장하며, 해당 원본 파일형식과, SETP 파일 형식으로 각각 저장한다.
- 스케치 작성 시에 사용되어지는 구성 및 보조선등은 완전구속(정의)에서 제외되며, 기타 형상 모델링에 필요한 객체는 완전구속(정의)를 유지하고 있어야 한다.
- 도면 작성 : 작성된 답안 중, 조건에 따른 부품
- 모델링한 답안 부품 중, 조건에서 제시한 부품을 문제로 제공하는 도면을 참고로 답안 도면을 생성한다.
- 조건에서 제공하는 선 종류, 선 가중치, 문자 크기 등 설정하고, 도면 작성 시 적용될 수 있도록 한다.
- 생성되어지는 답안 도면 파일이름은 "수험번호 – 도면"으로 저장하며, 해당 원본 파일형식과 PDF 도면 파일 형식으로 저장한다.
- PDF 도면은 흑백으로 저장될 수 있도록 설정한다.

3. 답안 제출(답안 제출 시간은 시험시간에 포함되어져 있으며, 시험 실시 화면에 제공하는 답안 업로드 기능을 이용하여 답안을 제출한다.
- 시험 시작 전 생성한 수험번호 폴더를 수험번호.ZIP로 압축하여, 시험 실시 화면에 제공하는 답안 업로드 기능을 이용하여 답안을 제출한다.
- 수험번호 폴더에는 작성된 부품 원본 파일과 STEP 호환파일, 도면 파일과 PDF출력 파일이 필수로 포함하고 있어야 한다.

■ 도면작성 지시사항
1. 문제에서 2번 부품을 도면으로 작성한다.
2. 제공하는 도면양식 템플릿을 이용하여 표준용지 크기 A3도면으로 작성한다.
3. 작성되어지는 도면 척도는 도면 환경에 맞게 현척, 배척, 축척으로 표현하며, KS제도 규칙에서 제시하고 있는 표준 척도로 적용한다.
4. 적용된 척도는 도면양식 표재란, 척도란에 기입한다.
5. 도면 작성 시, 적용되는 선 가중치, 치수 문자, 주서 문자등 조건에서 제시하는 크기와 내용으로 변경해서 도면을 작성하며, 제시되지 않은 사항은 일반적인 작성법과 KS제도 규칙에 의거 설정한다.
6. 접하는 모서리(접선)은 표현하지 않는다.

■ 선분 설정 지시사항

선의 종류	선 가중치	선 형식
외형선	0.35	실선
중심선	0.05	1점쇄선
숨은선	0.18	파선
치수선	0.05	실선
단면선	0.35	규격단면선
가상선	0.05	2점쇄선
기타 사용선	0.05	종류에 따라

■ 문자 설정 지시사항

문자 종류	문자 크기	글꼴
치수문자	3.00	굴림
주서문자	2.50	굴림
제목문자	5.00	굴림

작성자		작성일	
수험번호		척도	
고사장		3D설계실무능력평가	

문제 1항 – 제품디자인 계열 문항

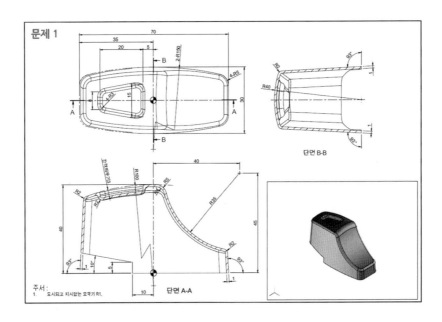

문제 2항 – 기계 계열 문항

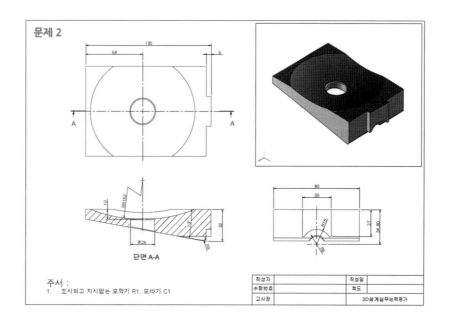

문제 2

주서 :
1.　도시되고 지시없는 모깍기 R1, 모따기 C1

단면 A-A

작성자		작성일	
수험번호		척도	
고사장			3D설계실무능력평가

시험 전 준비사항

- 응시자는 시험실시 전 컴퓨터 바탕화면에 수험번호 폴더를 생성한다.
- 별도로 제공하는 도면 템플릿 파일은 응시자가 생성한 수험번호 폴더에 저장하고, 압축을 해제해 놓은 상태에서 시험을 실시한다.

문제 1항 – 제품디자인 계열 모델링 답안

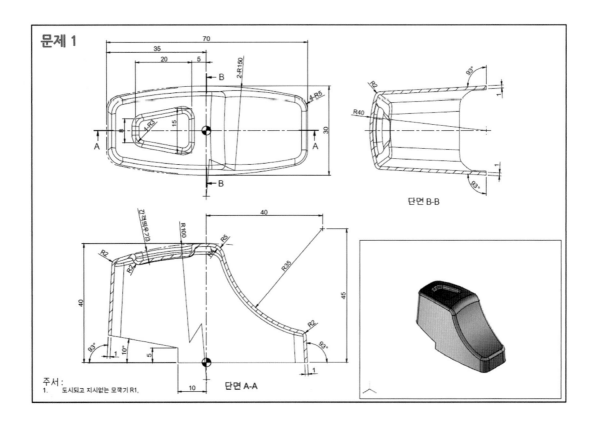

위 문제 도면을 참고하여 3D캐드소프트웨어(파라메트릭 솔리드 및 곡면 모델링이 가능하고, 도면을 작성할 수 있는 S/W)를 이용하여 제공하는 기능으로, 모델링 답안을 작성한다.

제품디자인 계열의 문항은 일반적인 모델링 기능과 곡면 처리 기능을 같이 사용할 수 있도록 개발되어진 자격시험으로, 산업 환경에서 유연한 업무를 도모할 목적이다.

인벤터를 이용한 3D설계능력평가 2급 1번 문항 문제 풀이

1. 형상의 기준 스케치 작성

1-1. 스케치 평면 선택

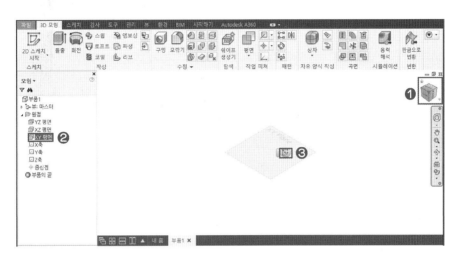

최초의 프로파일을 작성하기 위해서 스케치할 기준 평면을 선택 후, 스케치 작성한다.

❶ 인벤터 화면을 등각화면으로 변경한다.(단축키 키보드 : F6)

❷ 좌측 검색기, 원점에서 XY평면을 선택한다.

❸ 작업 화면에 나타나는 스케치 작성 아이콘을 클릭하여 스케치 상태로 전환한다.

1-2. 기준 스케치 작성

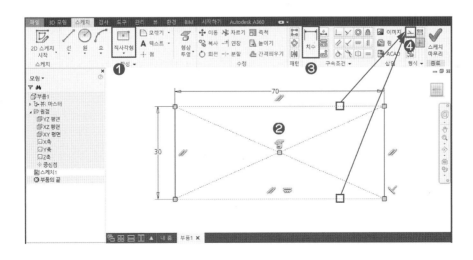

스케치 환경에서 작성 도구 및 구속 조건을 이용하여 기준이 되는 스케치를 작성한다.

❶ 작성 도구에서 중심 직사각형을 찾아 클릭한다.

❷ 원점에 사각형의 중심점을 지정하고 임의의 크기로 사각형을 스케치한다.

❸ 스케치된 사각형에 치수 구속을 이용하여 기본적인 크기를 지정한다.

❹ 작성된 스케치의 가로 선분을 선택하고, 참조가 되는 구성 선분으로 변경한다.

1-3. 스케치 작성 (필요 형상 스케치)

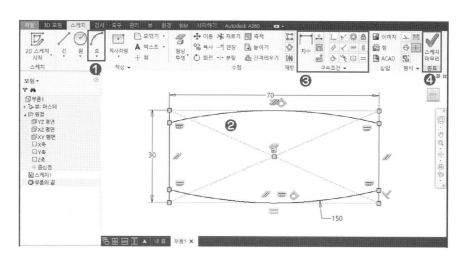

1-2에서 기본적인 가이드를 스케치 했다면, 문제가 요구하는 크기와 형상으로 스케치를 완성한다.

❶ 작성 도구에서 3점 호를 선택한다.

❷ 3점 호를 위 그림과 같이 위와 아래 방향으로 2개를 스케치한다.

❸ 형상 구속으로 호와 구성선을 접점 구속하고, 호의 양 끝은 수평(수직)으로 구속하고, 치수 구속하여 크기를 정한다.

❹ 모든 스케치가 종료되었다면, 스케치 마무리를 클릭하여 스케치를 종료한다.

2. 기준 스케치를 기준으로 돌출 형상 작성

2-1. 돌출 설정 - 1

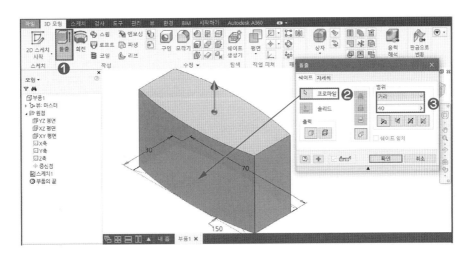

작성된 스케치를 이용하여 최초 형상을 3D모형의 피처 명령에서 돌출 기능으로 생성한다.

❶ 3D모형 작성 리본에서 돌출을 클릭한다.

❷ 나타나는 대화상자에서 프로파일은 형상을 만들 스케치 영역을 선택한다.

❸ 돌출 범위는 거리로 높이 40mm를 입력한다.

2-2. 돌출 설정(구배, 테이퍼) - 2

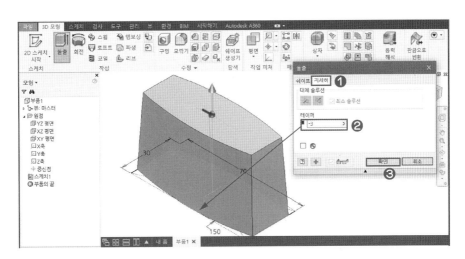

도면에 표기되어 있는 것과 같이 기준 형상에 적용된 구배(테이퍼)를 적용한다.

❶ 돌출 대화상자에서 자세히 탭을 클릭한다.

❷ 테이퍼에서 기울어질 각도를 −3으로 입력한다. 양수는 바깥쪽, 음수(−)는 안쪽 기울기

❸ 모든 값이 입력되었다면, 확인 또는 Enter↵ 를 눌러 완성한다.

3. 형상을 추가 편집 (앞쪽 형상 깎기)

3-1. 새 스케치 평면 선택

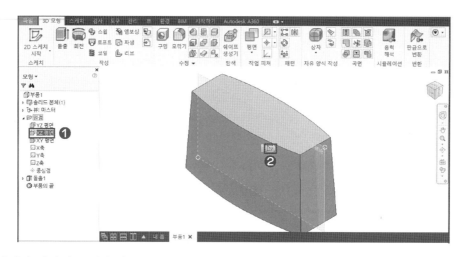

이미 작성된 형상에 문제와 같은 형태로 만들기 위해서 새로운 스케치를 추가한다.

❶ 좌측 검색기 원점에서 XZ평면을 선택한다.

❷ 작업 화면에 나타나는 스케치 작성 아이콘을 클릭하여 스케치 환경으로 넘어간다.

3-2. 스케치 작성

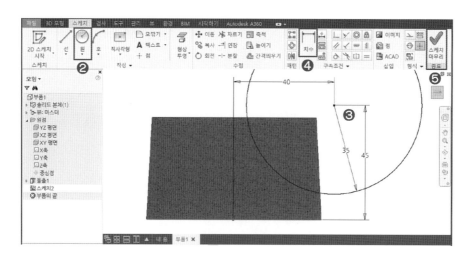

문제와 동일한 크기의 형상을 표현하기 위해서 위 그림과 같이 스케치를 작성한다.

❶ 원활한 스케치를 위해 그래픽 슬라이스(단축키 : F7)를 눌러 단면을 표현한다.

❷ 작성 리본에서 중심 원을 클릭한다.

❸ 작업 화면에서 임의의 위치에 대략적으로 스케치를 작성한다.

❹ 치수 구속을 이용하여 그림과 같이 구속한다.

❺ 스케치 마무리를 클릭하여 스케치를 종료한다.

3-3. 돌출 피쳐를 이용한 형상 편집

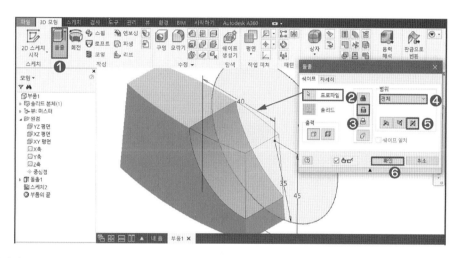

문제형상과 같이 작성된 스케치와 돌출을 이용해서 기준 형상의 일부분을 깎아낸다.

❶ 작성 리본에 있는 돌출을 클릭한다.

❷ 돌출 대화상자에서 프로파일을 스케치한 원의 단면을 선택한다.(자동 선택 됨)

❸ 작업 오퍼레이션은 차집합을 선택하여 기준 형상에서 돌출되는 객체를 뺀다.

❹ 범위는 전체로 지정하여, 돌출방향으로 있는 부분을 모두 제거한다.

❺ 돌출 방향은 중간평면을 선택하여 양방향으로 진행하도록 한다.

❻ 확인 또는 Enter↵를 눌러 돌출 차집합을 완성한다.

4. 스윕 곡면 작성을 위한 경로 스케치

4-1. 새 스케치 평면 선택

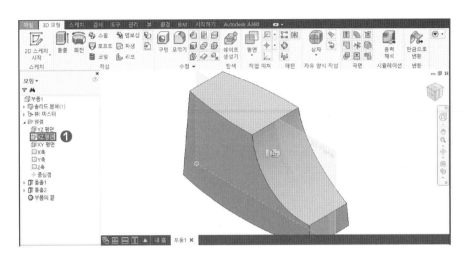

문제에서 요구하는 것과 같이 스윕 경로를 위한 새로운 스케치를 추가한다.

❶ 좌측 검색기 원점에서 XZ평면을 선택한다.

❷ 작업 화면에 나타나는 스케치 작성 아이콘을 클릭하여 스케치 환경으로 넘어간다.

4-2. 경로 스케치 작성 - 1

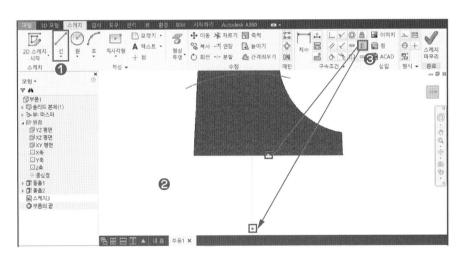

문제 형상과 비슷하게 호를 이용하여 대략적인 위치에 스케치를 작성한다.

❶ 스케치 작성 리본에서 3점 호를 클릭한다.

❷ 작업 화면에 위 그림과 같이 호를 대략적으로 스케치한다.

❸ 스케치 원점과 작성한 호의 중심점을 수직(수평) 구속한다.

4-3. 경로 스케치 작성 - 2

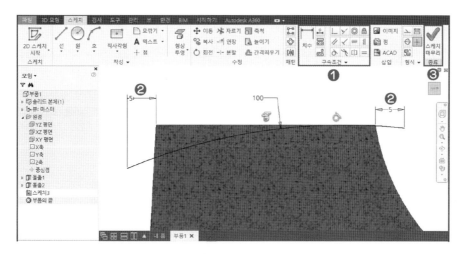

작성한 경로 스케치를 기준 형상에 맞춰 구속하고 치수로 경로의 크기를 구속한다.

❶ 구속조건 리본에서 접선과 치수 구속을 이용하여 경로의 위치를 그림과 같이 구속한다.

❷ 경로의 시작과 끝의 위치는 치수 구속을 이용하여 임의의 값으로 경로를 구속한다.

❸ 스케치 마무리를 클릭하여 스케치를 종료한다.

4-4. 단면 스케치를 위한 사용자 평면 생성

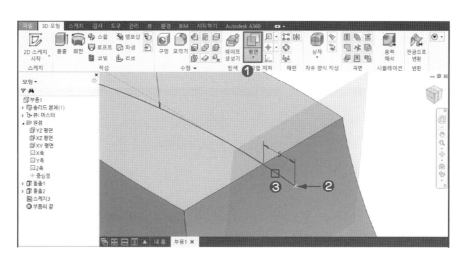

스윕에 사용되는 단면 스케치는 경로에 직각하는 방향으로 작성된 스케치 평면에서 작성한다.

❶ 3D 모형 작업 피쳐 리본에서 평면을 클릭한다.

❷ 4-3에서 작성한 경로 스케치의 끝점을 선택한다.

❸ 4-3에서 작성된 경로 스케치 선분을 선택하면, 끝점위치에 새로운 평면이 경로에 직각하는 방향으로 생성된다.

4-5. 단면 스케치 작성을 위한 평면 선택

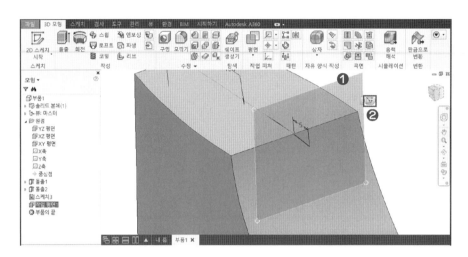

작성한 사용자 평면을 기준으로 단면 스케치를 작성한다.

❶ 좌측 검색기 또는 작업 화면에 생성된 사용자 평면을 선택한다.

❷ 나타난 스케치 아이콘을 클릭하여 스케치 환경으로 전환한다.

4-6. 단면 스케치 작성-1

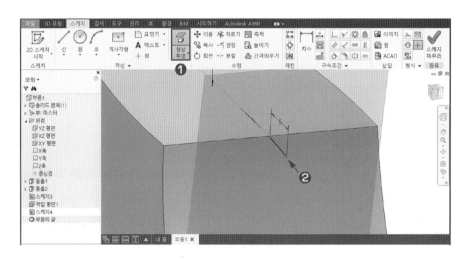

스케치 작성 시 필요한 작업 기준점을 작성하기 위해서 형상투영을 적용한다.

❶ 스케치 수정 리본에서 형상투영을 클릭한다.

❷ 단면 스케치의 기준이 되는 경로의 끝점을 클릭하여, 형상투영 점을 생성한다.

4-7. 단면 스케치 작성 – 2

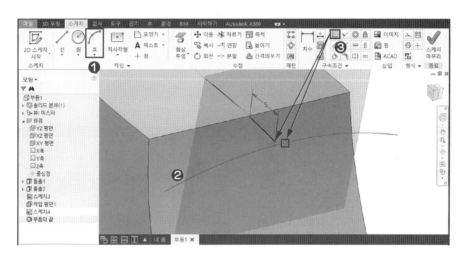

문제 형상에 맞게 단면을 스케치한다.

❶ 스케치 작성 리본에서 3점 호를 클릭한다.

❷ 작업 화면에서 위 그림과 비슷하게 3점 호를 스케치한다.

❸ 구속조건 리본에서 일치 구속을 클릭하고, 스케치된 호의 중간점과 형상투영된 점을 선택하여 일치 구속을 적용한다.

4-8. 단면 스케치 작성 – 3

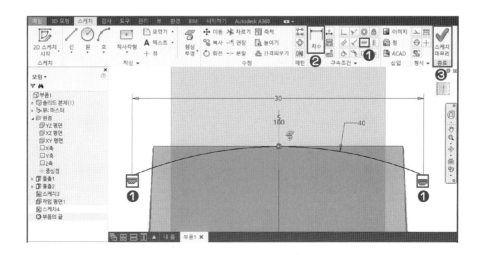

단면 스케치를 완전구속하기 위해서 각종 형상 구속과 치수 구속을 이용하여 완성한다.

❶ 구속조건 리본에서 수평(수직) 구속을 이용하여 스케치된 호의 양 끝점을 구속한다.

❷ 치수 구속을 이용하여 단면의 크기를 구속한다.

❸ 전체적인 호의 크기를 구속하기 위해서 치수 구속으로 임의의 값으로 구속한다.

❹ 스케치 마무리를 클릭하여 단면 스케치를 완성한다.

5. 형상 곡면 생성

5-1. 스윕 곡면 생성

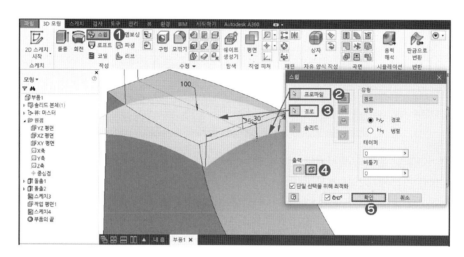

작성된 경로 및 단면 스케치를 이용하여 스윕 곡면을 생성한다.

❶ 3D모형 작성 리본에서 스윕을 클릭한다.

❷ 스윕 대화상자에서 프로파일은 4-7에서 작성한 단면 스케치를 선택한다.

❸ 경로는 4-2에서 작성한 경로 스케치를 선택한다.

❺ 스윕 곡면이 생성되는 것을 확인하고, 확인 또는 [Enter↵]를 눌러 스윕 곡면을 완성한다.

5-2. 스윕 곡면에 맞게 형상 대치

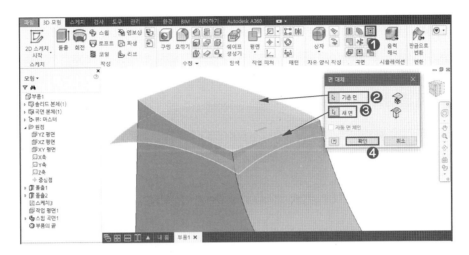

생성된 스윕 곡면 형태에 기존에 작성된 형상을 맞춘다.

❶ 3D모형 곡면 리본에서 면 대체를 클릭한다.

❷ 면 대체 대화상자에서 기존 면은 처음에 생성된 객체의 윗면을 선택한다.

❸ 새 면은 스윕으로 생성된 곡면을 선택한다.

❹ 확인 또는 Enter⏎를 눌러 기존 객체의 면을 스윕 곡면에 맞춘다.

6. 기준 형상에 추가 형상 작성

6-1. 사용자 평면 생성

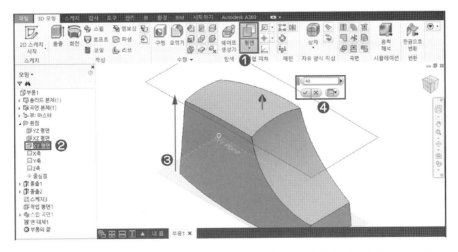

문제 형상과 같이 형상 상단에 파여 있는 형태를 작성하기 위해서 사용자 평면을 생성한다.

❶ 3D 모형 작업 피처 리본에서 평면을 선택한다.

❷ 기준면을 좌측 검색기 원점에서 XY평면을 선택한다.

❸ 작업화면 보이는 평면을 마우스 왼쪽 버튼으로 잡고 위 쪽으로 드래그한다.

❹ 평면 간격띄우기 값을 40mm로 입력하고, 확인 또는 Enter↵를 눌러 평면을 생성한다.

6-2. 단면 스케치 작성을 위한 평면 선택

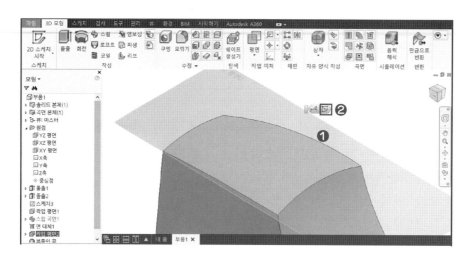

작성한 사용자 평면을 기준으로 단면 스케치를 작성한다.

❶ 좌측 검색기 또는 작업 화면에 생성된 사용자 평면을 선택한다.

❷ 나타난 스케치 아이콘을 클릭하여 스케치 환경으로 전환한다.

6-3. 스케치 작성

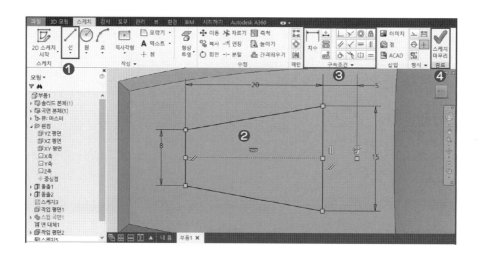

문제 형상과 동일한 형상을 표현하기 위해서 위 그림과 같이 스케치를 작성한다.

❶ 스케치 작성 리본에서 선을 클릭한다.

❷ 그림과 같이 표현할 형상의 단면을 대략적으로 스케치한다.

❸ 치수 구속 및 형상구속을 이용하여 문제에서 제시하는 크기와 위치로 스케치를 완성한다.

❹ 스케치 마무리를 클릭하여 스케치를 종료한다.

6-4. 엠보싱을 이용한 간격띄우기 홈 파기

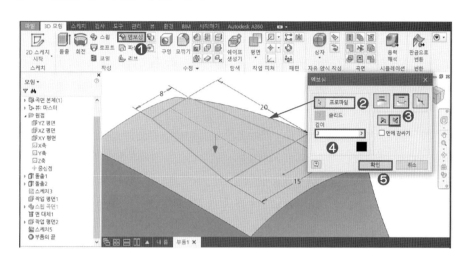

문제 형상과 동일한 깊이로 파기 위해 엠보싱기능을 이용하여 작성한다.

❶ 3D 모형 작성 리본에서 엠보싱을 클릭한다.

❷ 엠보싱 대화상자에서 프로파일을 스케치한 단면을 선택한다.

❸ 엠보싱 작업 유형을 파기를 선택한다.

❹ 파낼 간격띄우기 깊이를 3mm로 입력한다.

❺ 확인 또는 Enter↵를 눌러 문제 형상과 같은 홈을 작성한다.

7. 모델링 형상에 모깎기 적용

7-1. 외부 형상에 모깎기 적용 - 1

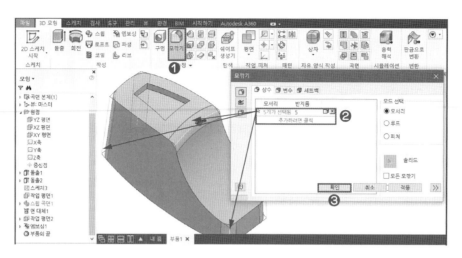

기본적인 형상의 모델링이 완료되었다면, 표면에 적용된 모깎기를 표현한다.

❶ 3D 모형 수정 리본에서 모깎기를 클릭한다.

❷ 모깎기 대화상자에서 반지름 5mm를 입력하고, 적용될 모서리를 각각 선택한다.

❸ 확인 또는 Enter↵를 눌러 모깎기를 완성한다.

7-2. 외부 형상에 모깎기 적용 - 2

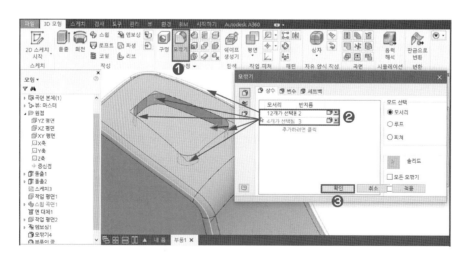

큰 값의 모깎기를 표현 후, 접선 따라 적용될 또 다른 크기의 모깎기를 적용한다.

❶ 3D 모형 수정 리본에서 모깎기를 클릭한다.

❷ 모깎기 대화상자에서 반지름 2mm를 입력 후, 2mm가 적용될 모서리를 선택하고, "추가하려면 클릭"
   을 눌러 모깎기 항목 추가 후, 반지름 3mm를 입력하고, 적용할 모서리를 각각 선택한다.

❸ 확인 또는 Enter↵를 눌러 모깎기를 완성한다.

7-3. 외부 형상에 모깎기 적용 - 3

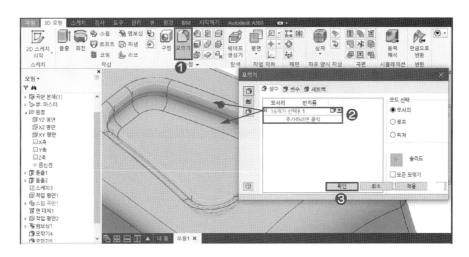

형상의 외부에 마지막 모서리에 모깎기를 적용한다.

❶ 3D 모형 수정 리본에서 모깎기를 클릭한다.

❷ 모깎기 대화상자에서 반지름 1mm를 입력 후, 적용될 모서리를 각각 선택한다.

❸ 확인 또는 Enter↵를 눌러 모깎기를 완성한다.

8. 케이스 완성을 위한 내부 속 비우기

8-1. 쉘을 이용한 객체 속 비우기

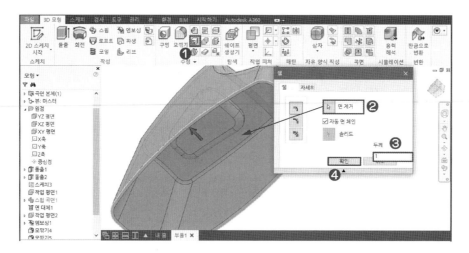

플라스틱 사출 또는 프레스 금형 등으로 이루어진 제품의 케이스를 작성한다.

❶ 3D 모형 수정 리본에서 쉘을 클릭한다.

❷ 쉘 대화상자에서 면 제거할 형상의 아래 면을 선택한다.

❸ 쉘 두께는 문제와 같이 1mm를 입력한다.

❹ 확인 또는 Enter↵를 눌러 속 비우기를 완성한다.

8-2. 내부 모깎기 적용

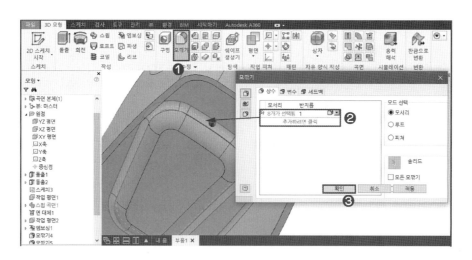

쉘에 의해서 작성된 케이스의 내부에 필요한 모깎기를 적용한다.

❶ 3D 모형 수정 리본에서 모깎기를 클릭한다.

❷ 모깎기 대화상자에서 반지름 1mm를 입력 후, 적용될 모서리를 선택한다.

❸ 확인 또는 Enter↵를 눌러 모깎기를 완성한다.

9. 마지막 형태 편집

9-1. 스케치 평면 선택

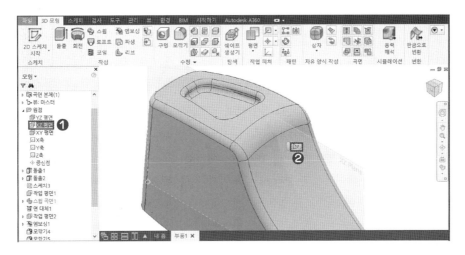

문제 형상에 맞게 최종 형태를 모델링하기 위해서 새로운 스케치를 작성한다.

❶ 좌측 검색기 원점에서 XZ평면을 선택한다.

❷ 작업 화면에 나타나는 스케치 작성 아이콘을 클릭하여 스케치 환경으로 넘어간다.

9-2. 스케치 작성

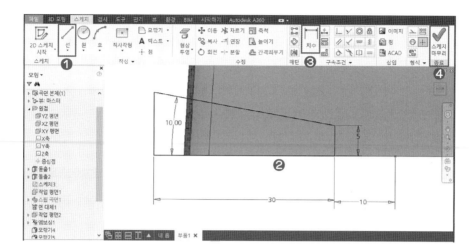

문제에서 제시하는 크기에 맞게, 스케치를 작성한다.

❶ 스케치 작성 리본에서 선을 클릭한다.

❷ 그림과 같이 표현할 형상의 단면을 대략적으로 스케치한다.

❸ 치수 구속 및 형상구속을 이용하여 문제에서 제시하는 크기와 위치로 스케치를 완성한다.

❹ 스케치 마무리를 클릭하여 스케치를 종료한다.

9-3. 돌출을 이용한 형상 편집

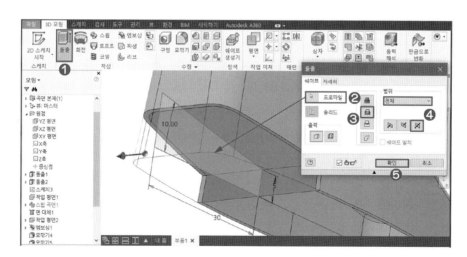

문제형상과 같이 작성된 스케치와 돌출을 이용해서 기준 형상의 일부분을 깎아낸다.

❶ 작성 리본에 있는 돌출을 클릭한다.

❷ 돌출 대화상자에서 프로파일을 스케치한 단면을 선택한다.(자동 선택 됨)

❸ 작업 오퍼레이션은 차집합을 선택하여 기준 형상에서 돌출되는 객체를 뺀다.

❹ 범위는 전체로 지정하여, 돌출방향은 양방향으로 지정하여 제거한다.

❺ 확인 또는 Enter↵를 눌러 돌출 차집합을 완성한다.

10. 작업 모델링 답안 저장하기

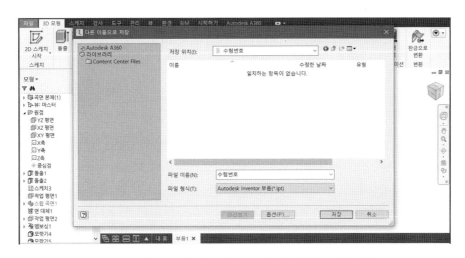

앞에서와 같이 모든 작업이 완료되었다면, 최종적으로 답안 파일을 저장한다.

❶ 상단 메뉴바 파일에서 저장 또는 다른 이름으로 저장을 클릭한다.

❷ 저장될 폴더는 시험 전 생성한 수험번호 폴더에 수험번호-부품번호.ipt로 저장한다.

위와 같이 인벤터 원본을 먼저 저장하고, 모델링 데이터 호환을 위해 호환 파일형식으로 저장한다.

❶ 상단 메뉴바 파일에서 내보내기에서, 3D캐드로 내보내기를 클릭한다.

❷ 저장 위치는 원본과 동일한 수험번호 폴더를 지정한다.

❸ 파일 이름은 원본 이름과 동일하게 지정하며, 파일 형식 탭을 클릭하여 STEP를 선택하여, 수험번호-
부품번호.stp로 호환 사본 파일을 저장하고 작업을 마무리한다.

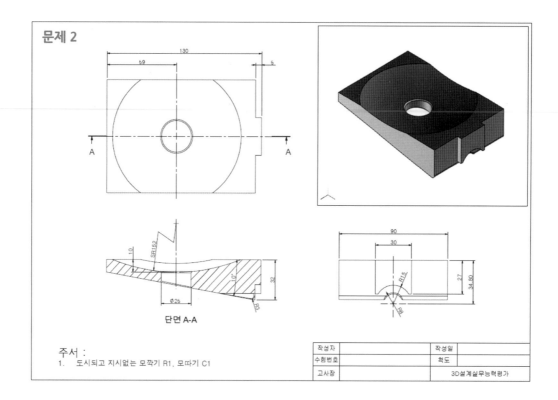

위 문제 도면을 참고하여 3D캐드 소프트웨어(파라메트릭 솔리드 및 곡면 모델링이 가능하고, 도면을 작성할 수 있는 S/W)를 이용하여 제공하는 기능으로, 모델링 답안을 작성한다.

기계 계열의 문항은 일반적인 모델링 생성 기능과 편집 기능의 적절한 활용 방법과 요구하는 도면의 특성을 파악하여 산업 환경에 적절하게 적용될 수 있도록 한다.

인벤터를 이용한 3D설계능력평가 2급 2번 문항 문제 풀이

1. 형상의 기준 스케치 작성

1-1. 스케치 평면 선택

최초의 프로파일을 작성하기 위해서 스케치할 기준 평면을 선택하고, 스케치한다.

❶ 인벤터 화면을 등각화면으로 변경한다.(단축키 키보드 : F6)

❷ 좌측 검색기, 원점에서 XZ평면을 선택한다.

❸ 작업 화면에 나타나는 스케치 작성 아이콘을 클릭하여 스케치 상태로 전환한다.

1-2. 기준 스케치 작성

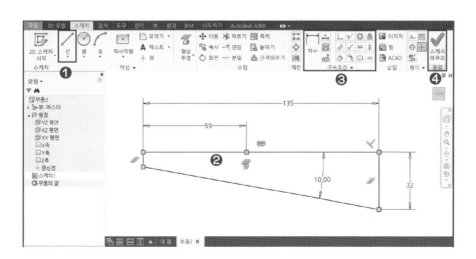

스케치 환경에서 작성 도구 및 구속 조건을 이용하여 기준이 되는 스케치를 작성한다.

❶ 작성 리본에서 선을 클릭한다.

❷ 원점을 기준으로 문제와 비슷한 임의의 크기로 스케치한다.

❸ 스케치된 객체에 치수 구속과 형상 구속을 이용하여 기본적인 크기를 지정한다.

❹ 모든 스케치가 종료되었다면, 스케치 마무리를 클릭하여 스케치를 종료한다.

2. 기준 스케치를 기준으로 돌출 형상 작성

2-1. 돌출 설정

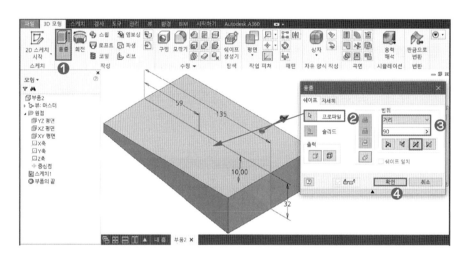

작성된 스케치를 이용하여 최초 형상을 3D모형의 피처 명령에서 돌출 기능으로 생성한다.

❶ 3D모형 작성 리본에서 돌출을 클릭한다.

❷ 나타나는 대화상자에서 프로파일은 형상을 만들 스케치 영역을 선택한다.

❸ 돌출 범위는 거리로 90mm를 입력하고, 돌출 방향을 양방향으로 변경한다.

❹ 모든 값이 입력되었다면, 확인 또는 [Enter↵]를 눌러 완성한다.

3. 형상을 추가 편집 (형상 구형면 작성)

3-1. 새 스케치 평면 선택

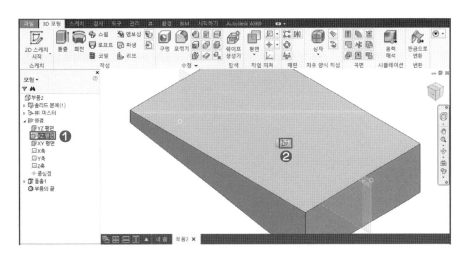

문제 형상과 같이 본체에 작성된 구형면을 만들기 위해서 새로운 스케치를 추가한다.

❶ 좌측 검색기 원점에서 XZ평면을 선택한다.

❷ 작업 화면에 나타나는 스케치 작성 아이콘을 클릭하여 스케치 환경으로 넘어간다.

3-2. 스케치 작성

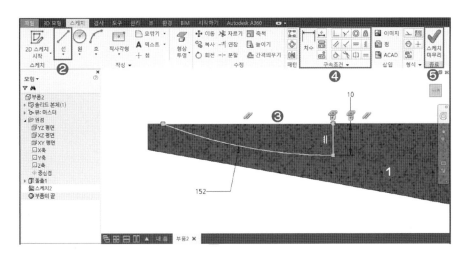

문제와 동일한 크기의 형상을 표현하기 위해서 위 그림과 같이 스케치를 작성한다.

❶ 원활한 스케치를 위해 그래픽 슬라이스(단축키 : F7)를 눌러 단면을 표현한다.

❷ 작성 리본에서 선을 클릭한다.

❸ 작업 화면에서 스케치 원점을 기준으로 위 그림과 같이 스케치를 작성한다.

❹ 치수 구속과 치수 구속을 이용하여 그림과 같이 구속한다.

❺ 스케치 마무리를 클릭하여 스케치를 종료한다.

3-3. 회전 피쳐를 이용한 형상 편집

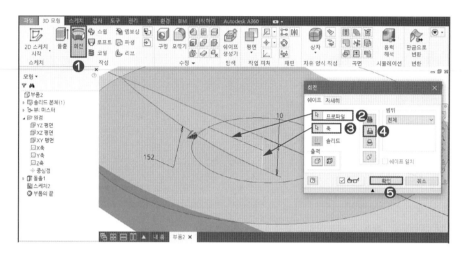

문제형상과 같이 작성된 스케치와 회전을 이용해서 구면을 작성한다.

❶ 작성 리본에 있는 회전을 클릭한다.

❷ 회전 대화상자에서 프로파일을 스케치 단면을 선택한다.(자동 선택 됨)

❸ 축은 회전의 기준이 되는 원점을 포함하고 있는 스케치 선을 선택한다.

❹ 작업 오퍼레이션은 차집합을 선택하여 기준 형상에서 회전되는 객체를 뺀다.

❺ 확인 또는 Enter↵를 눌러 회전 차집합을 완성한다.

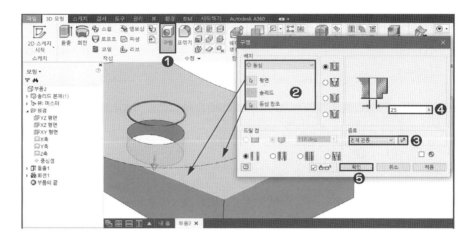

4. 구멍 작성

문제 형상을 참고하여 본체 부품에 생성되어져 있는 구멍을 작성한다.

❶ 편집 리본에 있는 구멍을 클릭한다.

❷ 구멍 대화상자에서 배치를 동심으로 선택하고, 구멍이 작성될 평면을 본체 개체의 윗면으로 선택하고, 동심참조를 회전에 의해서 작성된 원호를 선택하여 위치를 구속한다.

❸ 구멍이 작성될 종료 깊이를 전체 관통으로 변경한다.

❹ 문제 도면에서 제시한 구멍 지름 25mm를 입력한다.

❺ 확인 또는 Enter↵를 눌러 구멍을 완성한다.

5. 형상을 추가 피쳐 작성

5-1. 새 스케치 평면 선택

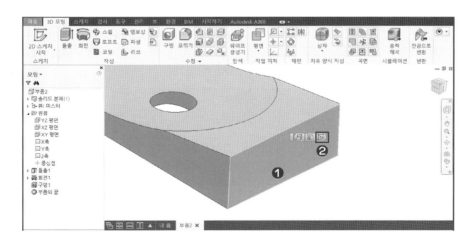

이미 작성된 본체에 추가로 생성될 피쳐의 기준 면을 선택하여 스케치를 작성한다.

❶ 모델링된 본체 객체 우측 면을 선택한다.

❷ 작업 화면에 나타나는 스케치 작성 아이콘을 클릭하여 스케치 환경으로 넘어간다.

5-2. 스케치 작성 – 1

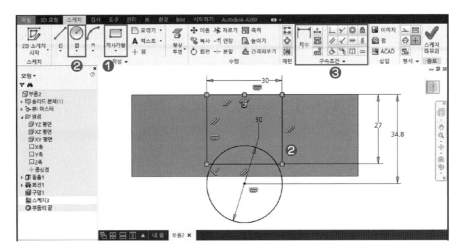

문제 형상에서 제기하는 모양과 크기에 맞게 스케치를 작성한다.

❶ 작성 리본에서 원과 사작형을 이용해서 ②와 같이 임의의 위치에 스케치를 작성한다.

❷ 작성 리본에서 중심 원을 클릭한다.

❸ 치수 구속과 형상 구속을 이용하여 그림과 같이 구속한다.

5-3. 스케치 편집 – 2

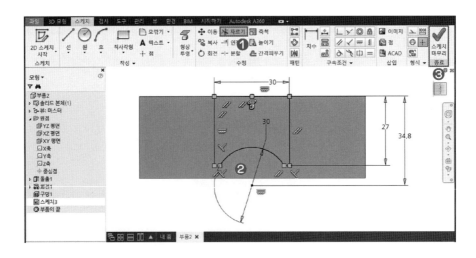

돌출 프로파일 단면을 작성하기 위해서 불필요한 스케치를 편집한다.

❶ 스케치 수정 리본에서 자르기를 클릭한다.

❷ 위 그림과 같이 불필요한 스케치의 일부분을 클릭하여 잘라낸다.

❸ 스케치 마무리를 클릭하여 스케치를 종료한다.

5-4. 추가 돌출 피쳐 생성

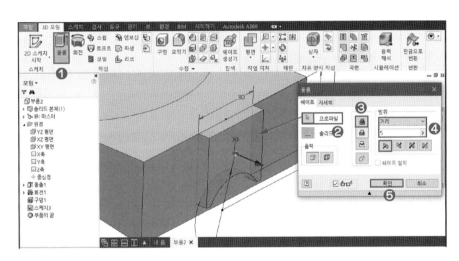

작성된 스케치와 돌출을 이용해서 본체 객체에 피쳐를 추가 생성한다.

❶ 작성 리본에 있는 돌출을 클릭한다.

❷ 돌출 대화상자에서 프로파일을 스케치한 단면을 선택한다.(자동 선택 됨)

❸ 작업 오퍼레이션은 합집합을 선택하여 본체 객체와 합친다.

❹ 거리 값은 5mm로 입력한 후, 돌출1 방향으로 있는 형상을 돌출한다.

❺ 확인 또는 Enter↵를 눌러 돌출 차집합을 완성한다.

6. 구멍 작성

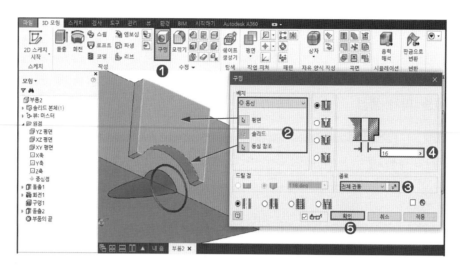

문제에서 제시하는 위치에 형상을 만들기 위해서 구멍을 이용해서 작성한다.

❶ 편집 리본에 있는 구멍을 클릭한다.

❷ 구멍 대화상자에서 배치를 동심으로 선택하고, 위 그림과 같이 평면과 동심을 선택한다.

❸ 구멍이 작성될 종료 깊이를 전체 관통으로 변경한다.

❹ 문제 도면에서 제시한 구멍 지름 16mm(반지름 8mm×2)를 입력한다.

❺ 확인 또는 Enter↵를 눌러 구멍을 완성한다.

7. 모서리 처리

7-1. 모서리 모깎기

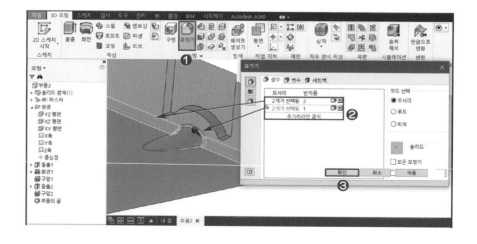

도면에서 제시하는 위치에 모깎기를 적용한다.

❶ 3D 모형 수정 리본에서 모깎기를 클릭한다.

❷ 모깎기 대화상자에서 반지름 3mm를 입력 후, 3mm가 적용될 모서리를 선택하고, "추가하려면 클릭"을 눌러 모깎기 항목 추가 후, 반지름 1mm를 입력하고, 적용할 모서리를 각각 선택한다.

❸ 확인 또는 Enter↵를 눌러 모깎기를 완성한다.

7-2. 모서리 모따기

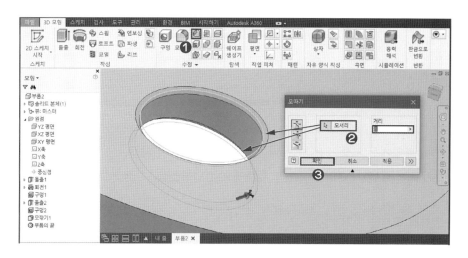

도면에서 제시하는 위치에 모깎기를 적용한다.

❶ 3D 모형 수정 리본에서 모따기를 클릭한다.

❷ 모따기 대화상자에서 모따기 적용될 모서리를 선택하고, 거리 값을 1mm로 입력한다.

❸ 확인 또는 Enter↵를 눌러 모따기를 완성한다.

8. 작업 모델링 답안 저장하기

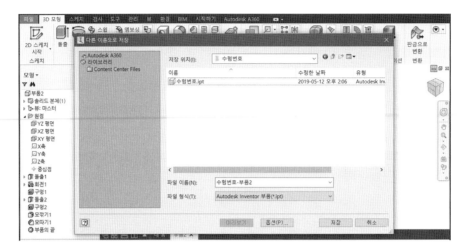

앞에서와 같이 모든 작업이 완료되었다면, 최종적으로 답안 파일을 저장한다.

❶ 상단 메뉴바 파일에서 저장 또는 다른 이름으로 저장을 클릭한다.

❷ 저장될 폴더는 시험 전 생성한 수험번호 폴더에 수험번호-부품번호.ipt로 저장한다.

위와 같이 인벤터 원본을 먼저 저장하고, 모델링 데이터 호환을 위해 호환 파일형식으로 저장한다.

❶ 상단 메뉴바 파일에서 내보내기에서, 3D캐드로 내보내기를 클릭한다.

❷ 저장 위치는 원본과 동일한 수험번호 폴더를 지정한다.

❸ 파일 이름은 원본 이름과 동일하게 지정하며, 파일 형식 탭을 클릭하여 STEP를 선택하여, 수험번호-부품번호.stp로 호환 사본 파일을 저장하고 작업을 마무리한다.

문제 2항 – 2D 도면 작성

■ 도면작성 지시사항
  1. 문제에서 2번 부품을 도면으로 작성한다.
  2. 제공하는 도면양식 템플릿을 이용하여 표준용지 크기 A3도면으로 작성한다.
  3. 작성되어지는 도면 척도는 도면 환경에 맞게 현척, 배척, 축척으로 표현하며, KS제도 규칙에서 제시하고 있는 표준 척도로 적용한다.
  4. 적용된 척도는 도면양식 표재란, 척도란에 기입한다.
  5. 도면 작성 시, 적용되는 선 가중치, 치수 문자, 주서 문자등 조건에서 제시하는 크기와 내용으로 변경해서 도면을 작성하며, 제시되지 않은 사항은 일반적인 작성법과 KS제도 규칙에 의거 설정한다.
  6. 접하는 모서리(접선)은 표현하지 않는다.

■ 선분 설정 지시사항

선의 종류	선 가중치	선 형식
외형선	0.35	실선
중심선	0.05	1점쇄선
숨은선	0.18	파선
치수선	0.05	실선
단면선	0.35	규격단면선
가상선	0.05	2점쇄선
기타 사용선	0.05	종류에 따라

■ 문자 설정 지시사항

문자 종류	문자 크기	글꼴
치수문자	3.00	굴림
주서문자	2.50	굴림
제목문자	5.00	굴림

작성자		작성일	
수험번호		척도	
고사장		3D설계실무능력평가	

시험 조건에 따라 모델링한 답안 형상 중에서 요구하는 모델링 답안을 이용하여 2차원 도면을 3D캐드소프트웨어 제공하는 도면 작성 기능과 KS제도규칙에서 정하는 도면 작성법에 따라 각종 시지사항 및 문제 도면을 참고로 응시자가 직접 도면을 작성한다.

도면 경계 및 표제는 별도로 제공하는 템플릿 파일을 응시자가 사용하는 S/W 가져와 사용할 수 있으며, 기타 도면 작성에 기본적으로 변경되어야 하는 설정 사항들은 문제 조건을 참고하여 응시자가 직접 변경하여야 한다.

1. 모델링된 부품 도면 작성 시작

1-1. 도면 템플릿 선택하기

도면을 생성하기 위해서 도면 템플릿을 선택한다.

❶ 시작하기 메뉴에서 새로 만들기를 클릭한다.

❷ 새 파일 작성 대화상자에서 ISO.idw를 선택하여 도면 환경으로 전환한다.

1-2. 도면 경계 및 표재란 제거

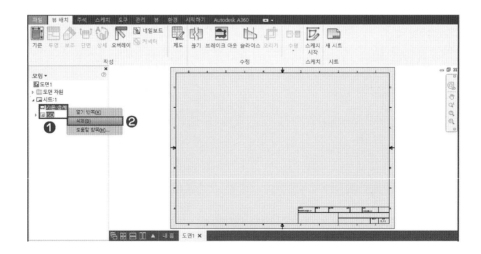

기존에 제공하는 도면양식에서 도면 경계선과 표재란을 제거한다.

❶ 좌측 검색기에서 시트에 있는 기본 경계와 ISO표재란을 전부 선택하고, 마우스 오른쪽 클릭한다.

❷ 나타나는 팝업 메뉴에서 삭제를 클릭하여 선택된 요소를 제거한다.

2. 시험 양식에 맞는 경계 및 표재란 작성

2-1. 새로운 도면 경계 작성

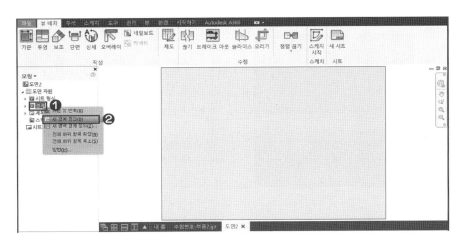

자격시험에 맞는 도명 양식을 작성한다.

❶ 좌측 검색기 도면자원에서 경계를 마우스 오른쪽 클릭한다.

❷ 나타나는 팝업메뉴에서 새 경계 정의를 선택해서 경계 스케치 환경으로 전환한다.

2-2. 템플릿 경계 양식 가져오기-1

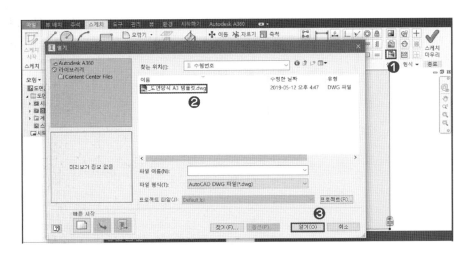

제공하는 템플릿 도면양식을 가져와 사용한다.

❶ 스케치메뉴 삽입 리본에서 ACAD를 클릭한다.

❷ 제공하는 템플릿 파일에서 원하는 도면양식을 선택한다.

❸ 열기하여 DWG을 스케치에 가져오는 작업을 수행한다.

2-3. 템플릿 경계 양식 가져오기 -2

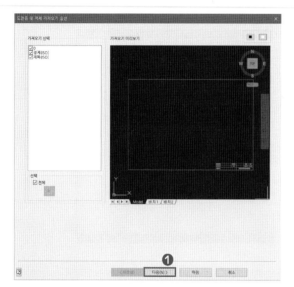 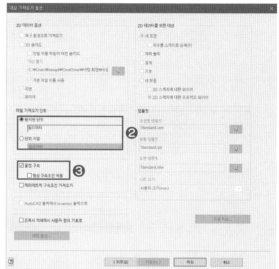

❶ 좌측 그림에서 내용을 확인하고, 다음으로 넘어간다.

우측에서 몇몇개를 외부 스케치의 내용을 변경한다.

❷ 탐지된 단위가 밀리미터가 아닌 경우, 밀리미터로 변경한다.

❸ 끝점구속은 체크하여 가져오는 스케치의 끝점을 일치 구속으로 만들어서 가져온다.

2-4. 템플릿 경계 양식 저장

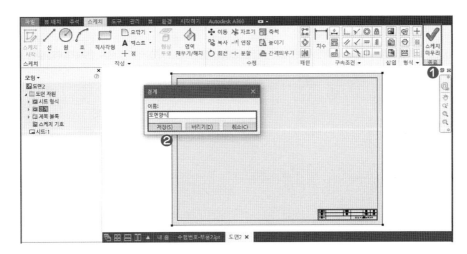

ACAD로 가져온 경계 및 표제란에 필요한 정보를 입력하고, 양식을 저장한다.

❶ 작성이 완료되면, 스케치 마무리를 클릭한다.

❷ 작성된 경계의 이름을 부여하고, 저장 버튼을 클릭한다.

2-5. 템플릿 경계 양식 적용

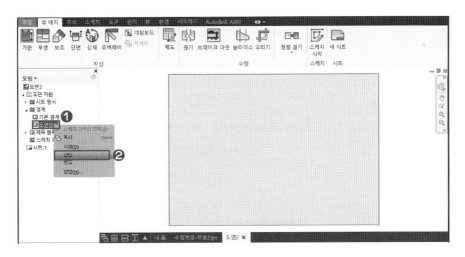

저장된 경계를 도면에 적용한다.

❶ 경계 폴더에서 저장한 도면 양식을 마우스 오른쪽 클릭한다.

❷ 나타나는 팝업메뉴에서 삽입을 클릭한다.

3. 도면 스타일 편집기 기본 설정 변경

3-1. 스타일 편집기 사용하기

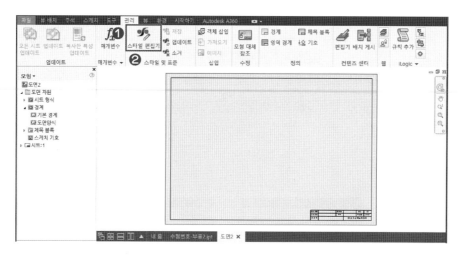

도면 작성에 필요한 각종 설정 값을 변경하기 위해서 스타일 편집기를 이용해서 기본적인 설정사항을 변경한다.

❶ 상단 메뉴에서 관리를 클릭한다.

❷ 스타일 및 표준 리본에서 스타일 편집기를 클릭한다.

3-2. 기본 표준에서 선가중치 추가

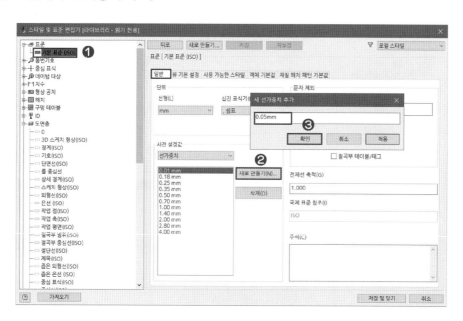

시험조건에서 요구하는 선가중치를 사용하기 위해 필요한 선가중치 값을 추가한다.

❶ 스타일 표준 편집기 대화상자 좌측 검색기에서 표준에 있는 기본 표준을 선택한다.

❷ 우측 설정 창에서 보이는 일반 탭에서 선가중치 새로 만들기를 클릭한다.

❸ 새 선가중치 추가 대화상자에서 요구하는 선가중치 0.05mm로 입력하고, 확인한다.

3-3. 기본 표준에서 투상법 변경

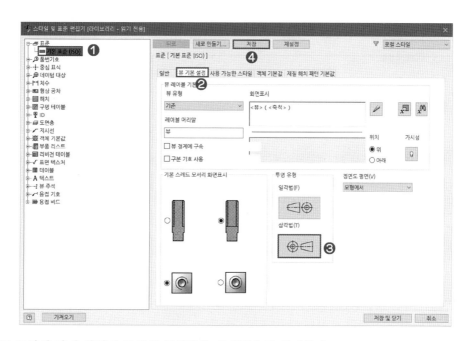

KS제도 규칙에 맞게 인벤터 도면의 투상법을 삼각법으로 변경한다.

❶ 스타일 표준 편집기 대화상자 좌측 검색기에서 표준에 있는 기본 표준을 선택한다.

❷ 우측 설정 창에서 뷰 기본 설정 탭을 클릭한다.

❸ 투영 유형에서 삼각법을 선택한다.

❹ 설정된 내용을 저장한다.

3-4. 치수 스타일 변경 - 1

작성되어지는 도면에 적당한 형식의 치수를 표현하기 위해서 치수 스타일을 변경한다.

❶ 좌측 검색기에서 치수 폴더에 있는 기본값(ISO)를 선택한다.

❷ 우측 설정 창에서 단위 탭을 클릭한다.

❸ 십진 표시기를 마침표를 변경한다.

❹ 화면표시 및 각도 화면표시에서 후행을 모두 체크 off한다.

❹ 설정 값을 저장한다.

3-5. 치수 스타일 변경 - 2

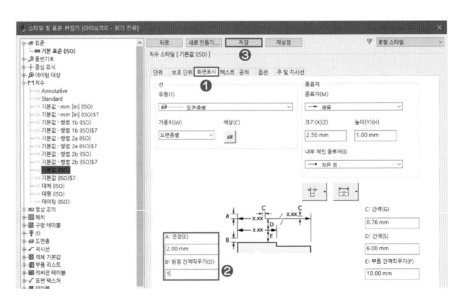

작성되어지는 치수 형식을 적당하게 표현하기 위해서 치수의 화면표시 내용을 변경한다.

❶ 우측 설정 창에서 화면 표시 탭을 클릭한다.

❷ 치수 보조선 원점 간격과, 치수선 위로 지나가는 치수보조선 길이를 저장한다.

❸ 설정 값을 저장한다.

3-6. 문자 스타일 변경 – 제목 문자 변경

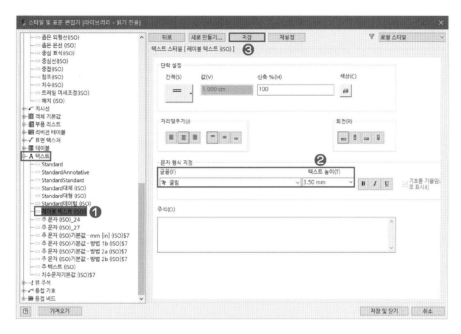

작성되어지는 도면에 작성되어지는 제목문자를 표현하기 위해서 문자 스타일을 변경한다.

❶ 좌측 검색기에서 텍스트 폴더에 있는 "레이블 텍스트 (ISO)"를 선택한다.

❷ 설정 창, 문자 형식 지정에서 글꼴은 굴림, 텍스트 높이는 3.5mm로 설정한다.

❸ 설정 값을 저장한다.

3-7. 문자 스타일 변경 – 치수 문자 변경

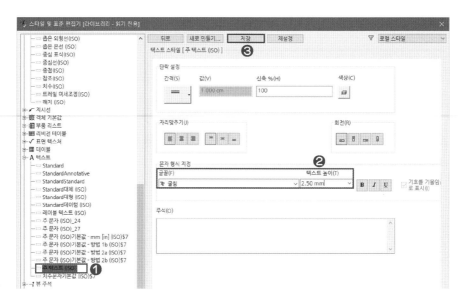

도면에 작성되어지는 치수 문자를 표현하기 위해, 문자 스타일을 변경한다.

❶ 좌측 검색기에서 텍스트 폴더에 있는 "주 텍스트 (ISO)"를 선택한다.

❷ 설정 창, 문자 형식 지정에서 글꼴은 굴림, 텍스트 높이는 2.5mm로 설정한다.

❸ 설정 값을 저장한다.

3-8. 새로운 문자 스타일 추가 – 1

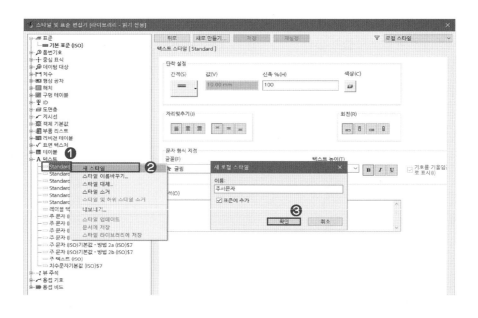

작업조건에서 제시하는 문자 스타일을 추가하여 각종 주서 작성 시 해당 스타일을 사용한다.

❶ 좌측 검색기 텍스트 하위 리스트에서 아무 리스트를 마우스 오른쪽 버튼을 클릭한다.

❷ 나타나는 팝업메뉴에서 새 스타일을 클릭한다.

❸ 새 스타일에서 이름을 부여하고 확인한다.

3-9. 새로운 문자 스타일 추가-2

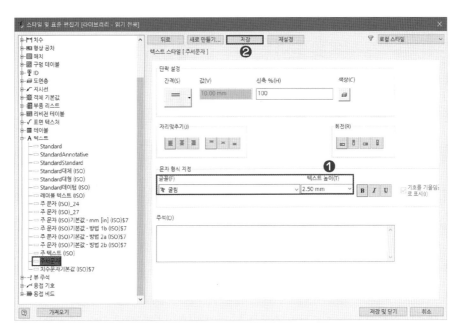

추가된 텍스트 스타일에 주서문자로 표현하기 위해 조건에 맞게 내용을 변경한다.

❶ 설정 창, 문자 형식 지정에서 글꼴은 굴림, 텍스트 높이는 2.5mm로 설정한다.

❸ 설정 값을 저장한다.

3-10. 도면층에서 선 형식 및 선가중치 변경

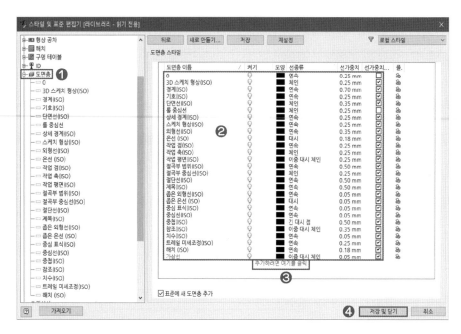

시험조건에서 제시하는 선분 설정을 도면층을 통해 변경하거나 추가해서 사용한다.

❶ 좌측 검색기에서 도면층 폴더에 있는 아무 리스트를 선택한다.

❷ 설정 창, 인벤터 도면 작성시 기본적으로 사용되어지는 도면층 스타일에서 시험조건에서 제시하는 선 종류에 따른 선 형식 및 선가중치를 변경한다.

❸ 기본 도면층으로 제시하지 않는 선의 종류는 "추가하려면 여기를 클릭"하여 새로운 도면층을 생성하고 이름과 선 종류 및 선가중치를 변경한다.

❹ 인벤터 도면 스타일 편집이 모두 완료되었다면, 저장 및 닫기를 클릭하여 설정을 저장 후 닫는다.

4. 정투상 도면 생성

4-1. 기준 투상도면 배치 – 1

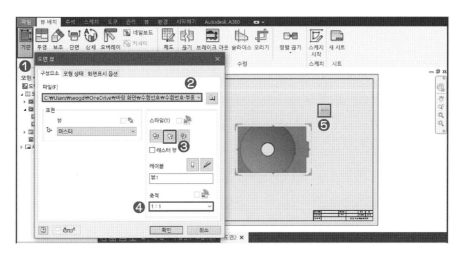

모델링한 문제를 도면으로 표현하기 위해서 제일 먼저 기준 투상도면을 생성한다.

❶ 뷰 배치 메뉴 탭에서 기준을 클릭한다.

❷ 도면 뷰 대화상자에서 파일을 선택하여 저장된 답안 부품을 선택한다.

❸ 뷰 스타일은 은선제거 및 쉐이드 없음으로 설정한다.

❹ 축척을 1:1로 설정한다.

❺ **도면상에 뷰 큐브를 이용하여, 도면의 기준이 되는 방향으로 설정한다.**

4-2. 기준 투상도면 배치 – 2

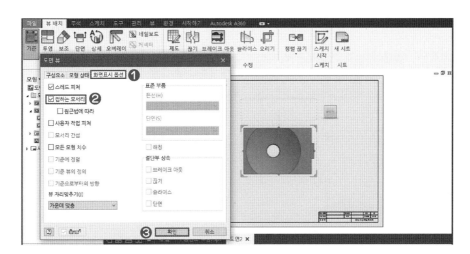

화면표시 옵션을 통해 도면의 접하는 모서리를 표시하도록 한다.

❶ 도면 뷰 대화상자에서 화면표시 옵션 탭을 클릭한다.

❷ 옵션 내용에서 접하는 모서리를 체크하고

❸ 확인을 클릭하여 기준 도면을 생성한다.

4-3. 단면도면 작성 – 1

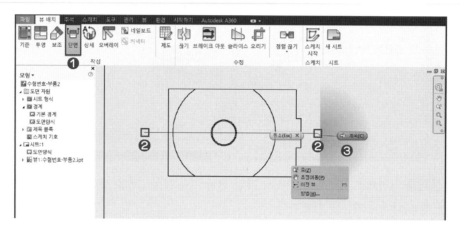

문제에서 제시하는 도면과 같이 단면도면을 작성한다.

❶ 뷰 배치 작성 리본에서 단면을 클릭한다.

❷ 단면이 작성되는 위치에 첫 번째 스케치 점을 지정한다.

❸ 단면이 작성되는 마지막 위치에 점을 지정하고, 마우스 오른쪽 클릭한다.

❹ 단면선 스케치가 완료되었다면, 확인을 클릭한다.

4-4. 단면도면 작성 – 2

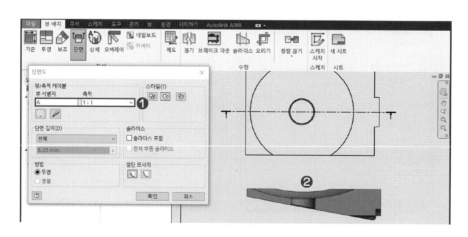

12-3에 의해서 배치된 단면도의 속성과 단면도면을 배치한다.

❶ 단면도 대화상자에서 뷰 식별자는 A로 축척은 1:1로 지정한다.

❷ 단면도면이 배치될 위치로 마우스를 이동시켜 클릭하여 단면도면을 완성한다.

4-5. 단면도면 수정-3

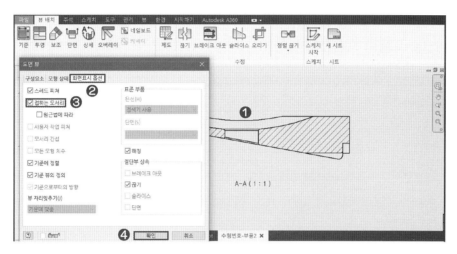

생성된 단면도면을 문제도면과 같은 형식을 맞추기 위해서 단면도면 속성을 변경한다.

❶ 해당 단면도면을 마우스 왼쪽 버튼으로 더블클릭한다.

❷ 나타나는 대화상자에서 화면표시 옵션 탭을 클릭한다.

❸ 옵션에서 접하는 모서리를 체크한다.

❹ 확인을 클릭하여 설정 값을 적용시킨다.

4-6. 투상도면 작성

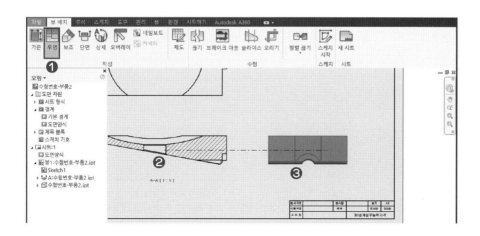

제시된 문제와 같이 도면에 필요한 투상도면을 작성한다.

❶ 뷰 배치 작성 리본에서 투영을 클릭한다.

❷ 투상도면의 기준이 되는 도면 뷰를 선택한다.

❸ 투상도면이 생성될 방향으로 마우스를 이동시켜, 마우스 왼쪽 클릭하여 도면을 생성한다.

5. 중심선 생성

5-1. 중심 마크를 이용한 중심선

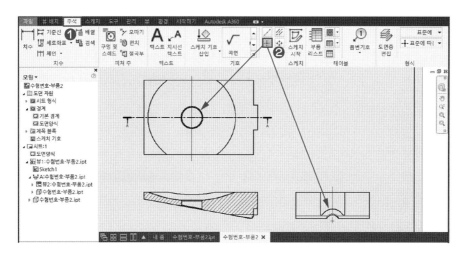

투상도면의 배치가 완료된 후, 주석 메뉴 팁에서 필요한 중심선을 위치시킨다.

❶ 주석 메뉴 기호 리본에서 중심 마크를 클릭한다.

❷, ❸ 중심 마크가 위치할 원/호를 각각 선택하여 중심선을 작성한다.

　※ 중심 마크의 크기가 작거나 너무 큰 경우, 마우스를 통해 중심선 크기를 조절해서 사용한다.

5-2. 이등분 중심선을 이용한 중심선 작성

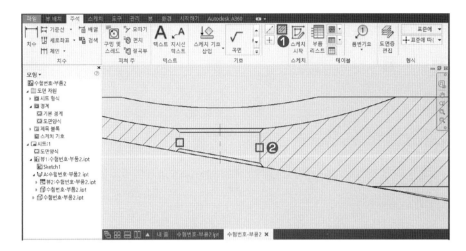

도면 표현상 원통 단면과 같은 경우, 이등분 중심선을 이용하여 중심선을 표현한다.

❶ 주석 메뉴 기호 리본에서 이등분 중심선을 클릭한다.

❷ 중심선이 적용될 두 평행선 또는 대칭되는 선분을 선택하면, 자동으로 중심선이 작성된다.

　　※ 중심선 크기가 작거나 너무 큰 경우, 마우스를 통해 중심선 크기를 조절해서 사용한다.

6. 치수 기입

6-1. 선형치수 기입

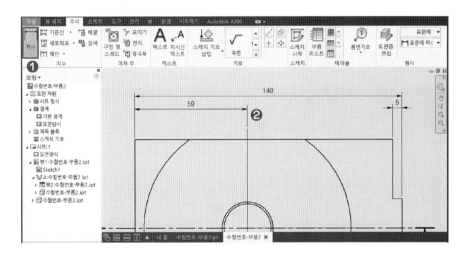

뷰 배치에서 정투상도면과 중심선 기입이 완료되었다면 치수기입을 실시한다.

❶ 주석 메뉴, 치수 리본에서 치수를 클릭한다.

❷ 배치된 도면 외형선과 각종 중심선을 이용하여 KS제도법에 맞도록 선형 치수를 기입한다.

6-2. 치수 기입을 위한 스케치 선 작성

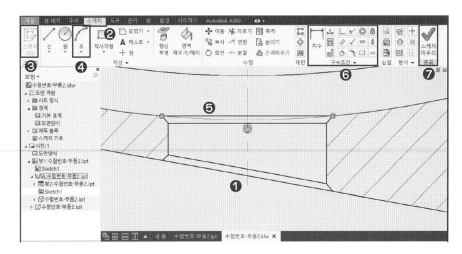

작성된 투상도면을 통해 치수 기입이 어려운 경우, 스케치를 작성하여 치수기입을 한다.

❶ 스케치를 작성할 도면 뷰를 선택한다.

❷ 스케치 메뉴 탭으로 이동한다.

❸ 스케치 시작클 클릭하여 스케치 작성 환경으로 전환한다.

❹ 3점 호를 클릭하여

❺ 치수가 기입될 위치에 호를 작성한다.

❻ 각종 형상 구속과 치수 구속을 이용하여 스케치를 완성한다.

❼ 스케치 마무리를 클릭하고, 필요한 위치에 치수 기입한다.

6-3. 반지름 치수에 조그 치수선 표시

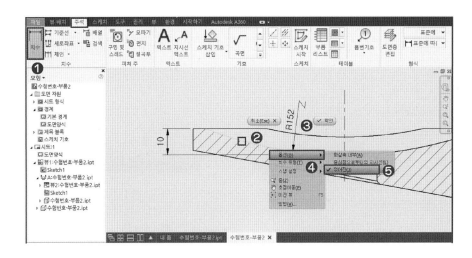

반지름 치수기입 시, 중심의 위치가 멀리 떨어져, 내부 치수선 표시가 어려운 경우, 조그 치수선으로 표시한다.

❶ 주석 메뉴, 치수 리본에서 치수를 클릭한다.

❷ 치수기입 할 원/호를 선택하고

❸ 반지름 치수가 나타날 때 마우스 오른쪽 클릭한다.

❹ 나타나는 팝업메뉴, 옵션에서

❺ 꺾어짐을 클릭하여 조그 치수선으로 변경하여 적용한다.

6-4. 적용된 치수의 치수 문자 변경

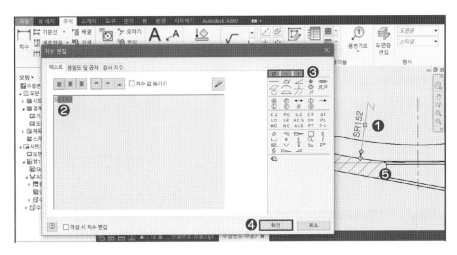

작성되어진 치수의 내용이 변경되어야 하는 경우, 치수 문자 편집을 통해 추가 사항을 적용한다.

❶ 도면에 적용된 변경되어질 치수를 마우스 더블 클릭한다.

❷ 나타나는 치수 편집 대화상자에서 추가될 위치에 커서를 배치하고, 필요한 문자를 입력한다.

❸ 만약, 치수 기호가 필요한 경우, 적절하게 첨가해서 사용한다.

❹ 치수 문자 편집이 끝났다면, 확인을 클릭하여 변경된 내용을 적용한다.

7. 주서 기입 및 완료

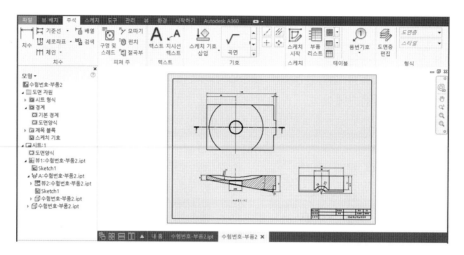

치수 기입이 완료된 후, 도면에 필요한 주서를 텍스트 또는 지시선 텍스트를 이용하여 응시자가 원하는 위치에 문자를 표기 한 후, 작성된 도면을 검토하면서 누락되어진 치수나 잘못 표기된 내용을 수정할 수 있도록 해야 한다.

8. 저장 및 PDF 출력

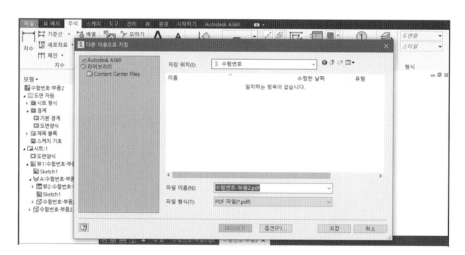

모든 작업이 종료되었다면, 마지막으로 도면을 저장하고, PDF로 도면을 출력한다.
❶ 상단 메뉴바 파일에서 저장 또는 다른 이름으로 저장을 클릭한다.
❷ 저장될 폴더는 생성한 수험번호 폴더에 수험번호-부품번호.idw로 원본을 저장한다.

위와 같이 인벤터 원본 도면을 먼저 저장하고, 도면 데이터 호환을 위해 PDF파일로 도면을 출력한다.

❶ 상단 메뉴바 파일에서 내보내기에서, PDF 내보내기를 클릭한다.

❷ 저장 위치는 원본과 동일한 수험번호 폴더를 지정한다.

❸ 파일 이름은 원본 이름과 동일하게 지정하며, 수험번호-부품번호.pdf로 파일을 저장한다.

9. 답안파일 제출 방법

❶ 윈도우 바탕화면에 생성된 수험번호 폴더에 모델링한 두 개의 부품 원본 파일과, STEP파일이 존재하는지 확인한다.

❷ 생성한 도면 원본 파일과 도면 PDF파일이 존재하는 확인한다.

❸ 바탕화면에서 수험번호 폴더를 선택하고, 마우스 오른쪽 클릭한다.

❹ 나타나는 팝업메뉴에서 "보내기"에서 "압축(ZIP)폴더"를 선택하여 수험번호 폴더를 압축한다.

❺ 열려 있는 자격시험 화면에서 답안파일 찾아보기를 선택하여 압축된 수험번호.ZIP파일을 선택하고, 답안전송 버튼을 눌러 답안제출을 완료한다.

3D설계실무능력평가 2급 관련 자료는 blog.naver.com/proguider 또는 esajin.kr에서 볼 수 있습니다.

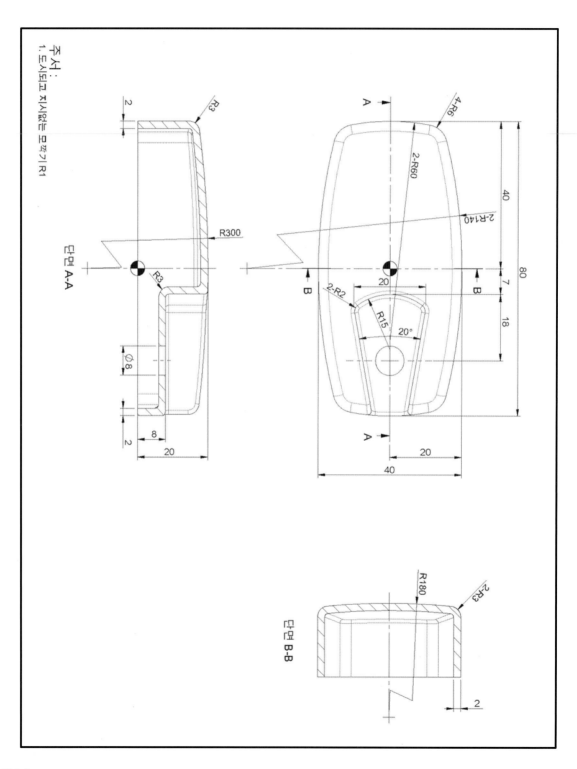

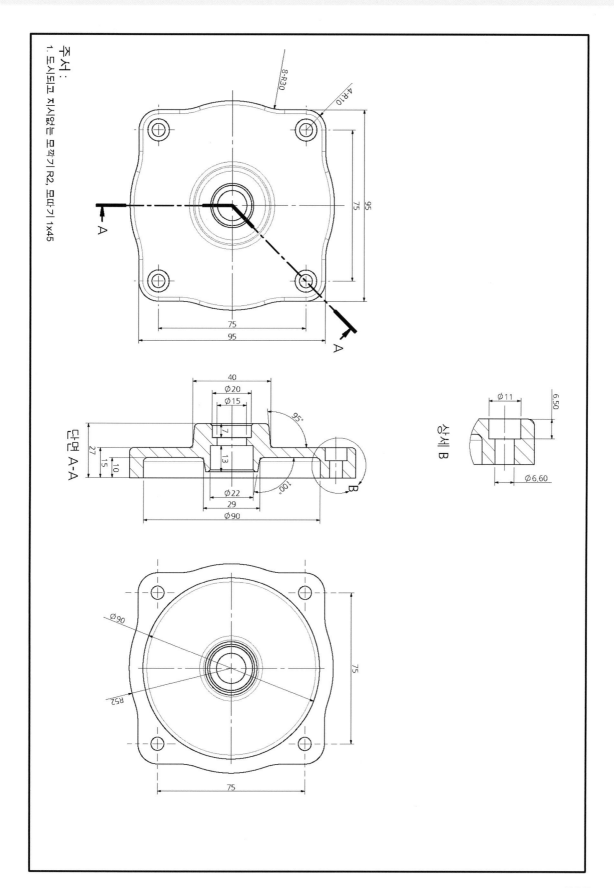

주서 :
1. 도시되고 지시없는 모깎기R2, 모따기 1x45

8-R30

4-R10

95
75

75
95

단면 A-A

40
Ø20
Ø15
95°

27
15
10
7
13
100°

Ø22
29
Ø90

B

상세 B

Ø11
6.50
Ø6.60

Ø90

R52

75

75

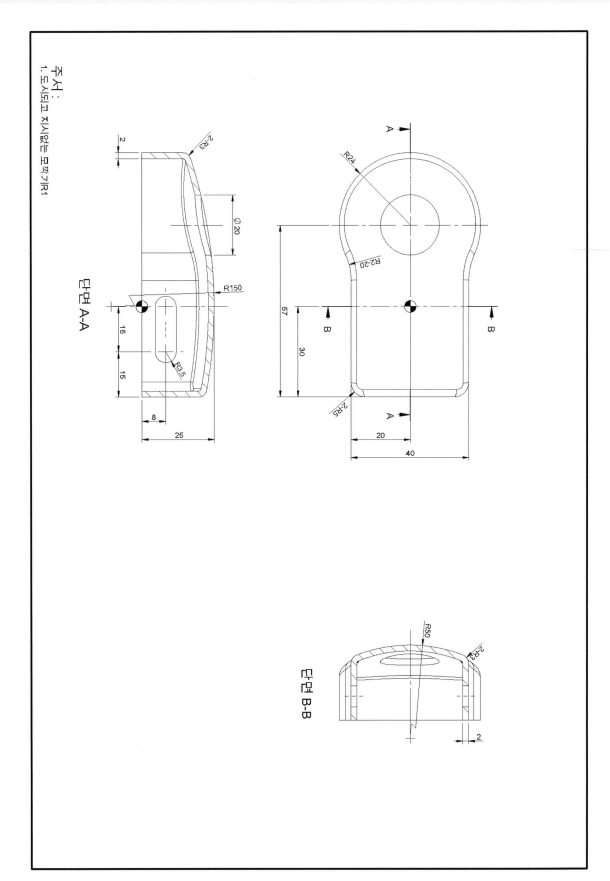

주서 :
1. 도시되고 지시없는 모깍기R1

단면 A-A

단면 B-B

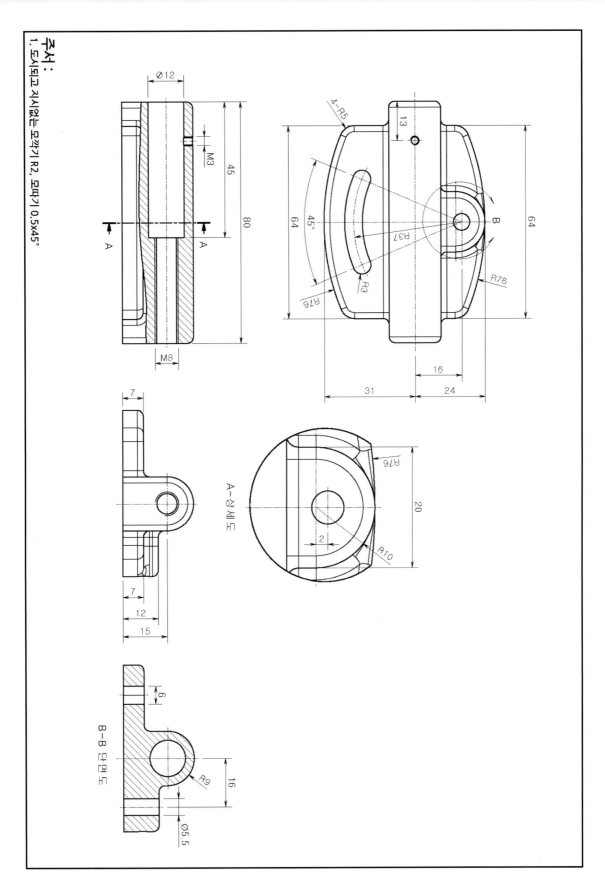

주서 :
1. 도시되고 지시없는 모깎기 R2, 모따기 0.5x45°

Ø12

M3

45

80

A

A

M8

4-R5

13

45°

64

R37

R3

R76

B

64

R76

16

31

24

7

R76

A-상세도

20

2

R10

7

12

15

6

B-B 단면도

R9

16

Ø5.5

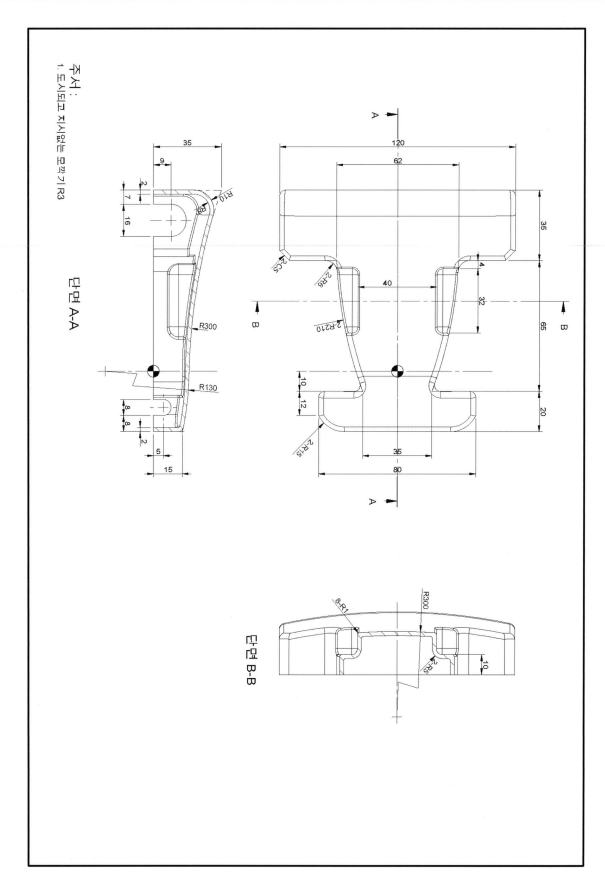

주서 :
1. 도시되고 지시없는 모깎기 R3

단면 A-A

단면 B-B

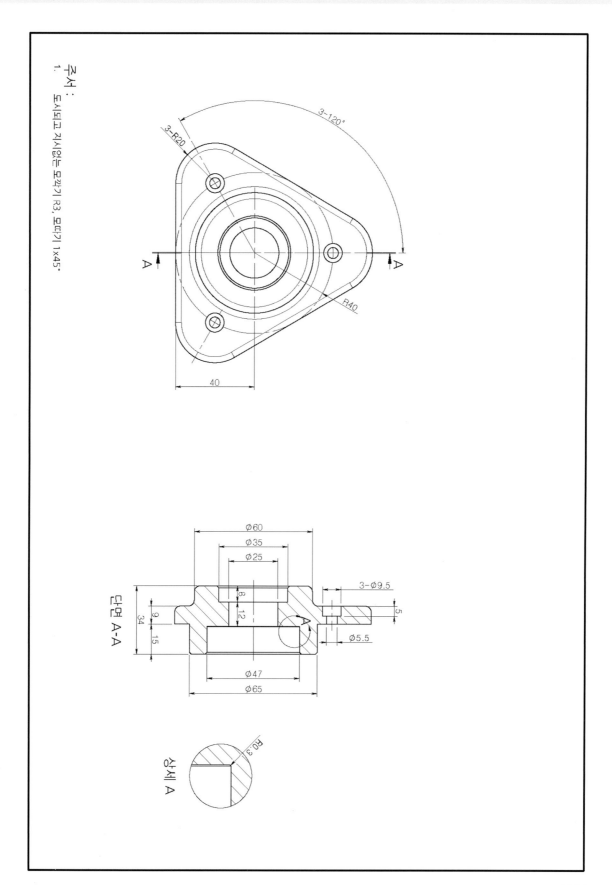

주서 :
1. 도시되고 지시없는 모깎기 R3, 모따기 1x45°.

3-120°
3-R20
R40
A
A
40

단면 A-A
Ø60
Ø35
Ø25
8
12
9
34
15
3-Ø9.5
5
Ø5.5
Ø47
Ø65

상세 A
R0.3

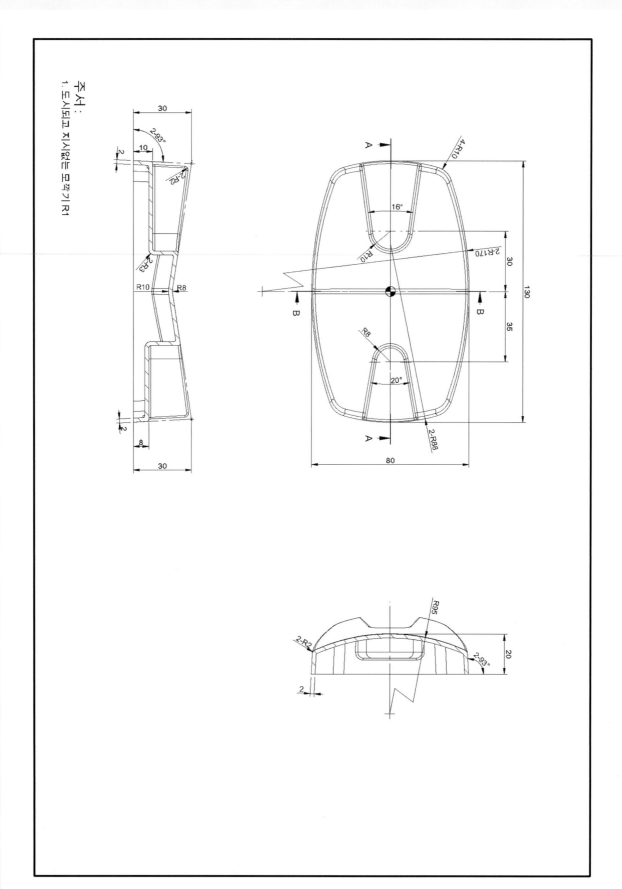

주서 :
1. 도시되고 지시없는 모따기 R1

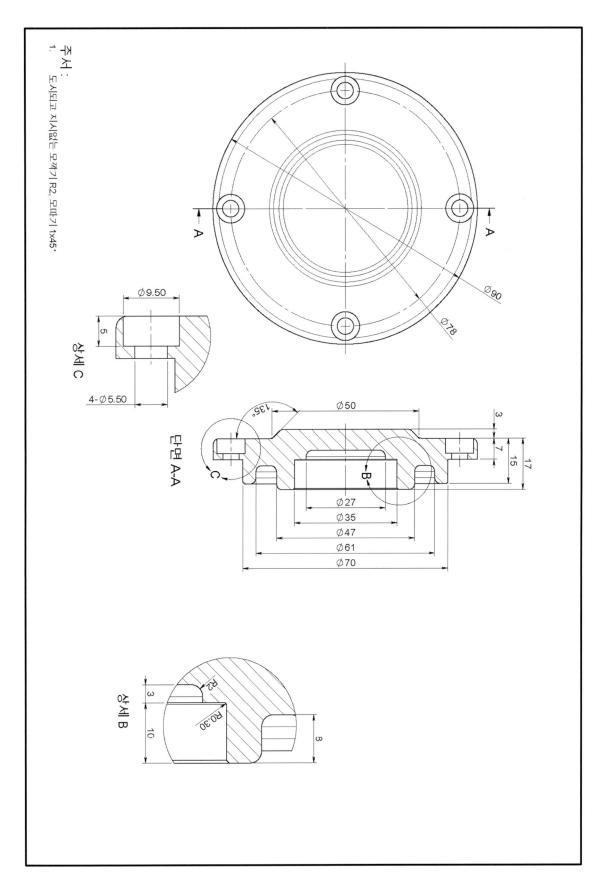

주서 :
1. 도시되고 지시없는 모깎기 R2, 모따기 1x45°

상세 C

단면 A-A

상세 B

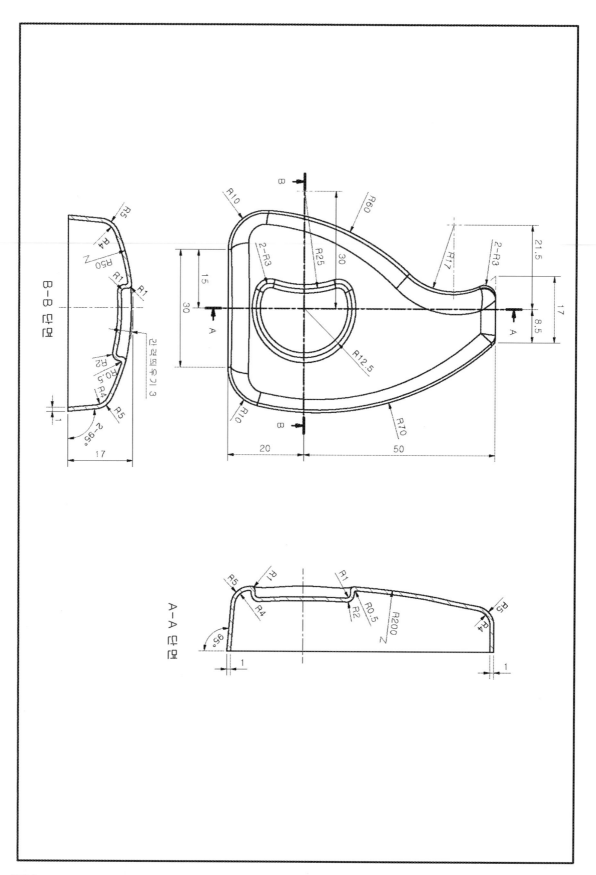

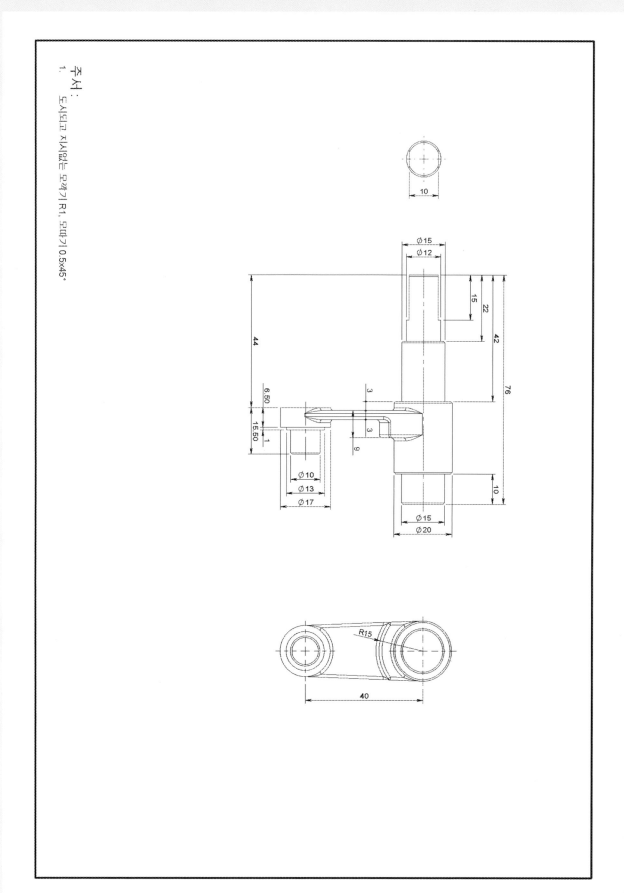

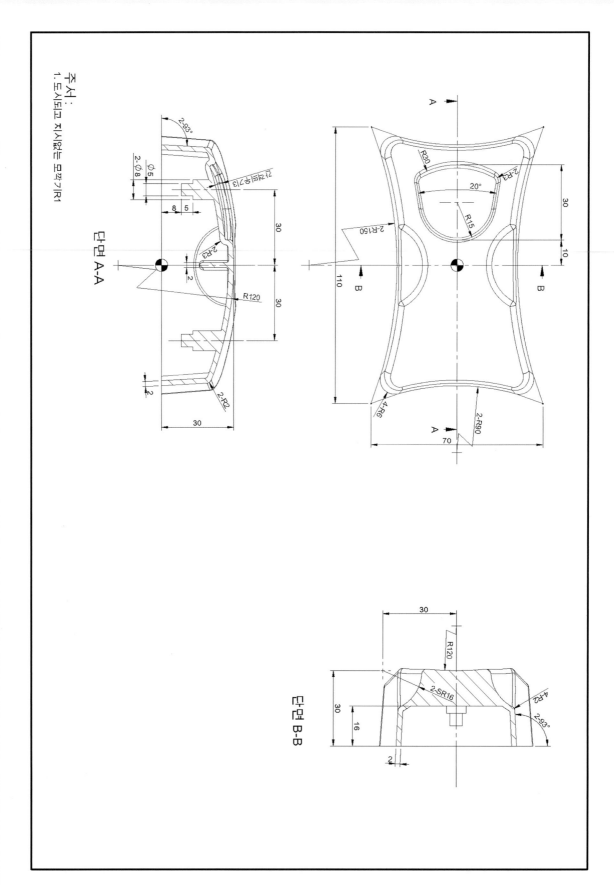

주서 :
1. 도시되고 지시없는 모깍기 R1

단면 A-A

2-93°
2-Φ5
2-Φ8
8 5
기계 가공 7.3
2-R3
2
R120
2-R2
2
30

단면 B-B

30
R120
2-SR16
4-R2
2-93°
30
16
2

R30
2-R3
20°
R15
2-R150
30
10
110
4-R6
2-R90
70

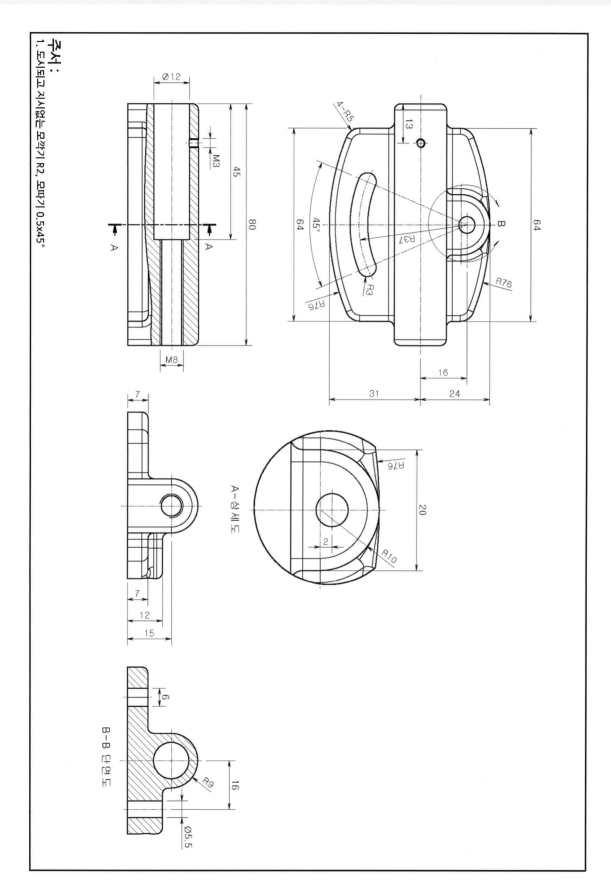

Ø12

M3

45

80

M8

4-R5

13

45°

64

R37

R3

R76

B

64

R76

16

31

24

7

A-상세도

R76

20

2

R10

7

12

15

B-B 단면도

6

R9

16

Ø5.5

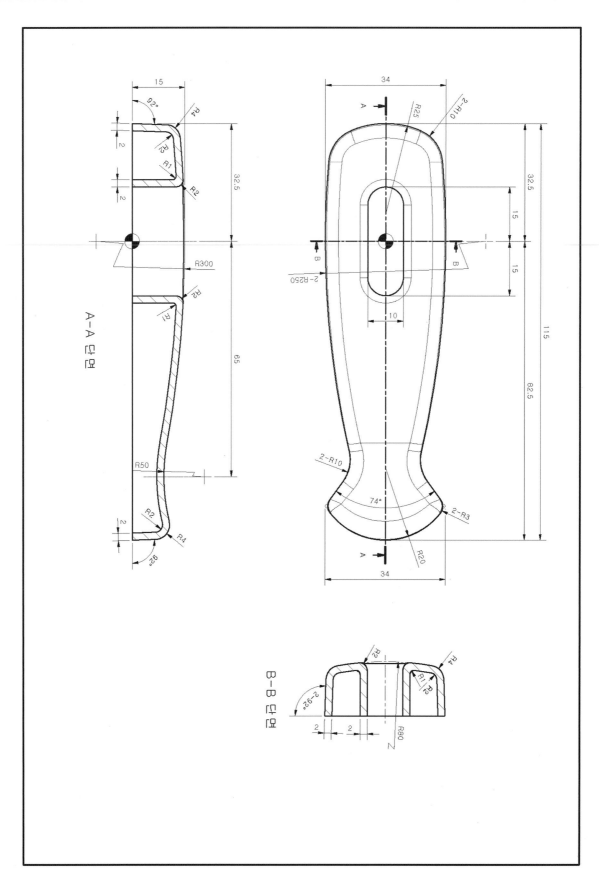

A-A 단면

B-B 단면

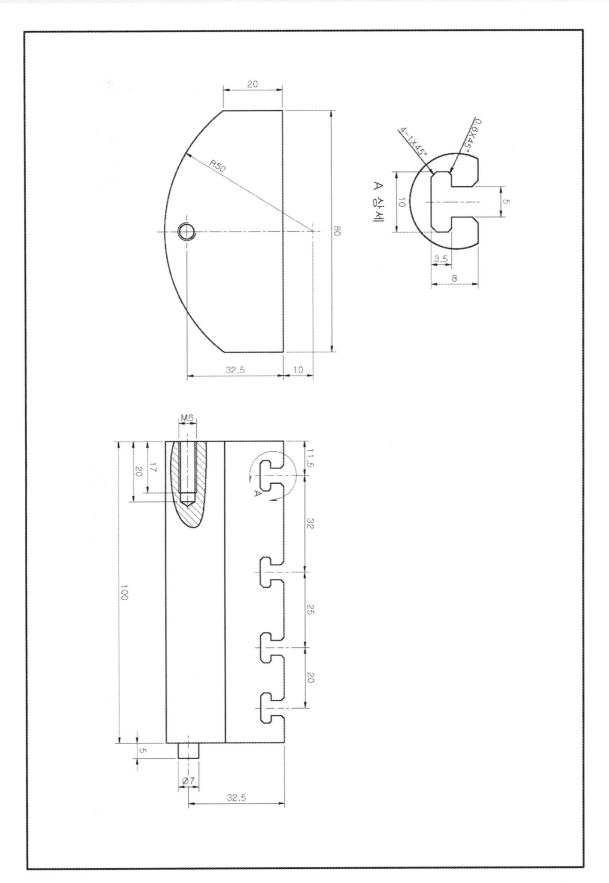

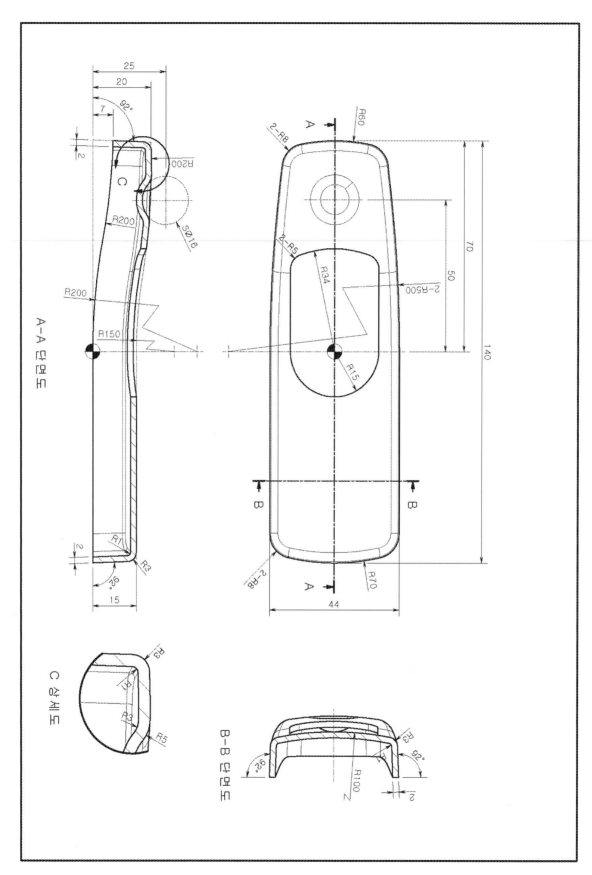

A-A 단면도

C 상세도

B-B 단면도

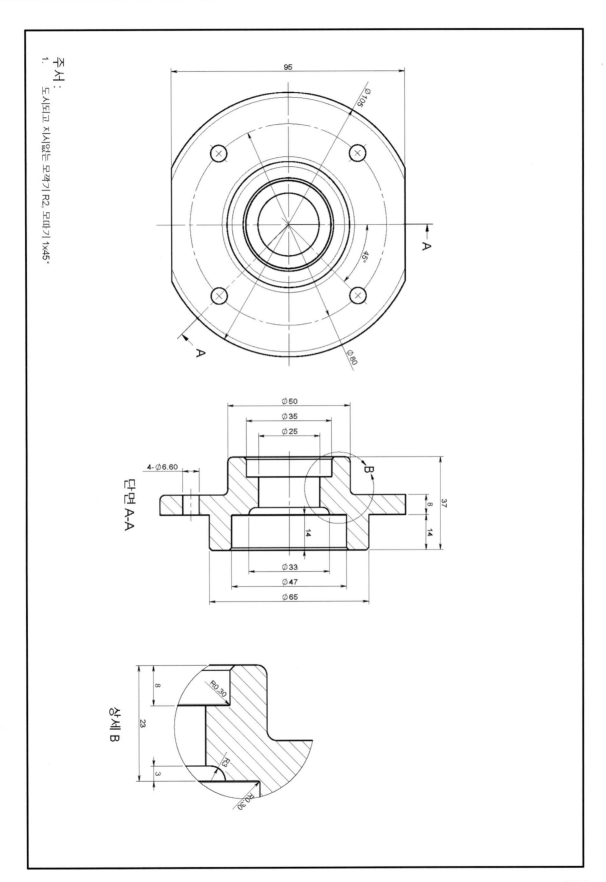

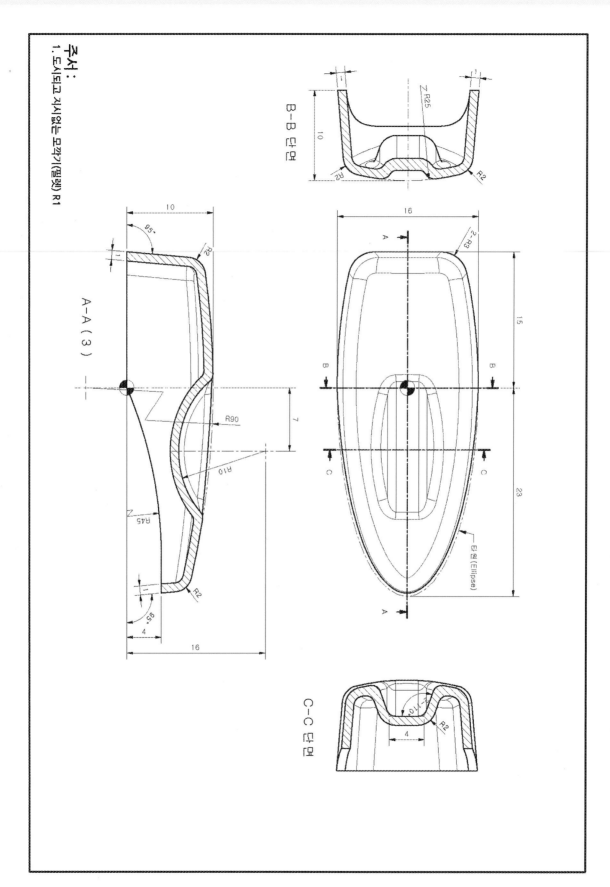

주서 :
1. 도시되고 지시없는 모깎기(필렛) R1

A-A (3)

B-B 단면

C-C 단면

타원(Ellipse)

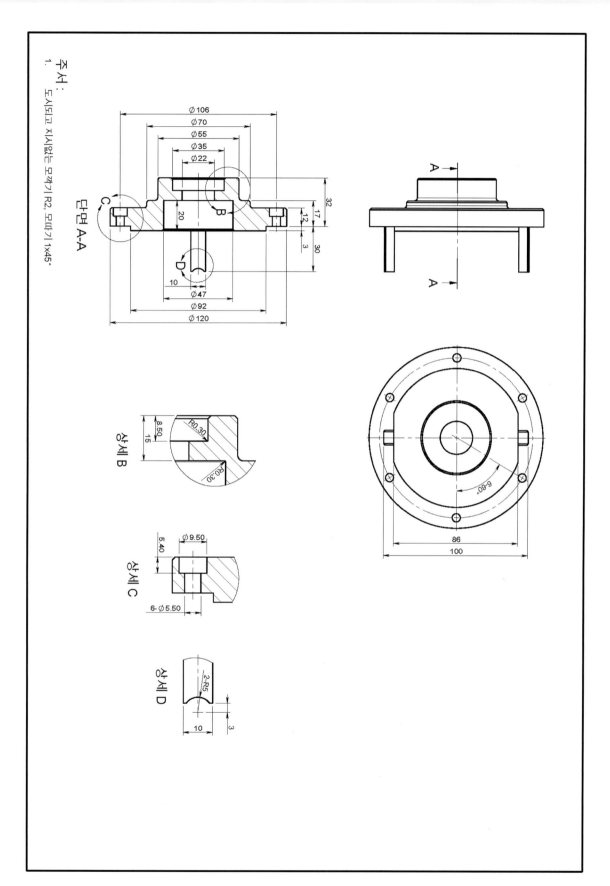

주서 :
1. 도시되고 지시없는 모깎기 R2, 모떼기 1×45°

단면 A-A

상세 B

상세 C

상세 D

Ø106
Ø70
Ø55
Ø35
Ø22
32
17
12
3
30
20
10
Ø47
Ø92
Ø120

R0.30
R0.30
8.50
15

Ø9.50
5.40
6-Ø5.50

2-R5
10
3

A
A

6-60°
86
100

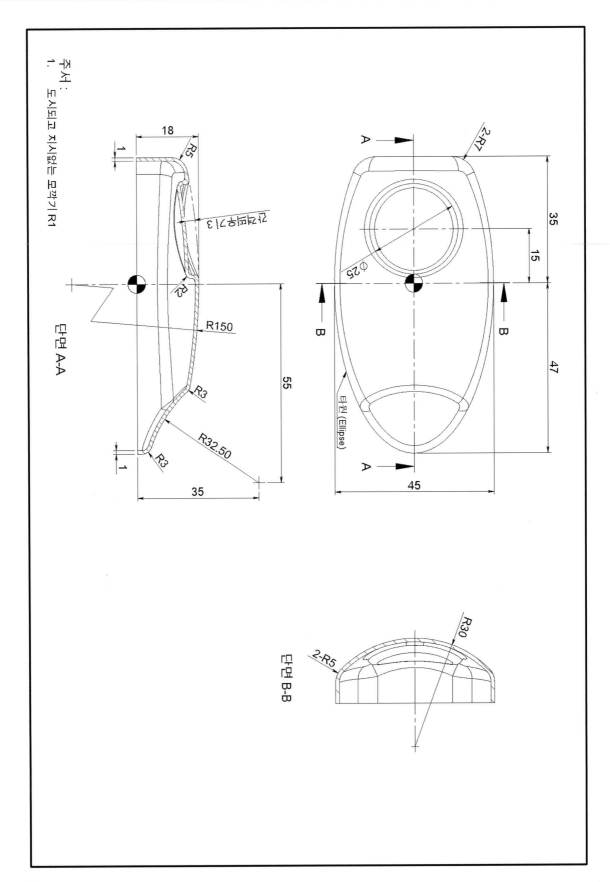

주서 :
1. 도시되고 지시없는 모깎기 R1

단면 A-A

단면 B-B

18
R5
간격펀칭7I3
R2
R150
R3
R32.50
R3
55
35
1

35
15
47
45
2-R7
Φ25
타원(Ellipse)
A
A
B
B
2-R5
R30

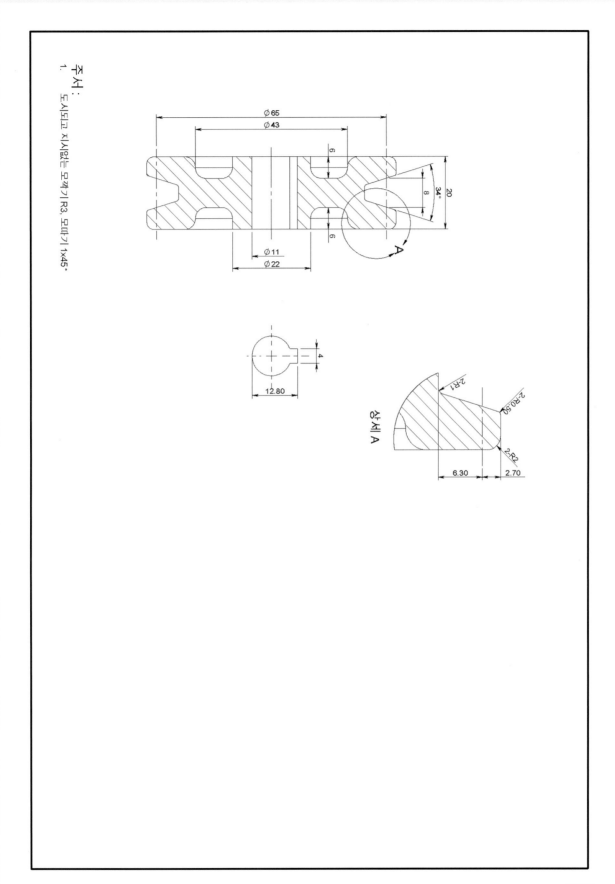

주서 :
1. 도시되고 지시없는 모깎기 R3, 모따기 1x45°

상세 A

3D설계실무능력평가(DAT) 1급 풀이과정 – 1

문제 출제 유형

1. 응시조건

■ 응시조건
- 주어진 도면 문제를 참고하여, 응시자가 신청한 3차원 캐드 프로그램으로 부품을 모델링을 작성하고, 작성된 부품과 제공되는 부품을 이용하여 조립품 및 부품도면을 생성하여 제출한다.
- 주어진 문제를 이요해서 답안을 작성하며, 문제에 언급하지 않는 내용은 응시자가 임의대로 작성하되, 제도규칙과 일반적인 상식에 의거하여 작성한다.
- 의무사항은 응시자가 반드시 지켜야 할 사항이며, 이로 인한 피해는 응시자에게 있으며, 실격사항 중 한 가지 이상 해당될 경우 채점여부와 상관없이 불합격 처리된다.
- 평가항목을 기준으로 채점한 결과가 총 100점 만점 중 60점 이상이면 합격이다.

■ 의무사항
3D 전문 캐드 응용프로그램(솔리드웍스, 카티아, 솔리드에지, Pro – E, UG – NX, 인벤터 등)을 사용하며, 종류는 구분하지 않는다.

1. 바탕화면에 폴더 생성 및 템플릿 파일 다운로드
- 시험 시작하기 전, 응시자의 컴퓨터시스템의 바탕화면에 응시자 수험번호 폴더를 생성하고, 제공되는 템플릿 파일 및 시험에서 작성된 답안파일을 수험번호 폴더에 저장한다.

2. 답안작성
- 작성되어지는 모든 부품 및 조립품 파일은 수험번호 폴더에 "수험번호 – 부품명.해당파일형식", "수험번호 – 조립품.해당파일형식"으로 저장한다.
- 길이 및 각도 단위는 "mm" 및 "deg"로 설정한다.
- 답안 작성시 반드시 중간저장을 수시로 시행해야 하며, 미 저장시 발생되는 시스템 다운 등 예기치 못한 상황으로 인해 불이익은 응시자에게 있다.
- 문제로 제시되는 각 부품 파일은 "수험번호 – 부품명.해당파일형식" 파일로 저장한다.
- 작성한 부품 및 제공되는 부품을 이용하여 생성한 조립품은 "수험번호 – 조립품.해당파일형식"으로 저장한다.
- ※ 부품 및 조립품 생성은 상/하향식 작업 방식 등 응시자가 요구하는 방향으로 작업을 진행할 수 있으며, 다만, 하향식 방식에서 발생할 수 있는 연관기능(참조, 가변)은 해제되어야 한다.
- 도면작성에 도면경계선 및 표제란은 주어진 도면템플릿.DWG 파일을 이용하여 생상하되, 필요한 내용은 응시자가 임의로 수정 후 사용한다.
- ※ 단, PDF 출력 파일은 분명히 흑백으로 출력한다.

3. 파일제출
- 시험시작 전 생성한 수험번호 폴더를 수험번호.ZIP로 압축하여, 시험 문제 창에 제공하는 파일 업로드 기능을 이용하여 파일을 제출한다.
- 수험번호 폴더에는 반드시 응시자가 작성한 답안파일 "수험번호 – 부품명", "수험번호 – 조립품", "수험번호 – 도면", "수험번호 – 도면"가 존재하고 있어야 하며, 응시자가 선택한 해당 소프트웨어 다운 받았던 템플릿 파일도 같이 존재하고 있어야 한다.
- 답안 제출 시간은 시험 시간에 포함되어 있으며, 별도로 제공하지 않는다.

2. 조립도 및 분해도면과 작업 지시

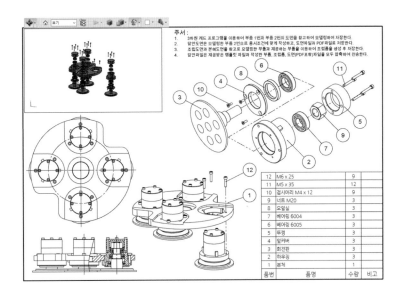

12	M6 x 25	9	
11	M5 x 35	12	
10	겁시머리 M4 x 12	9	
9	너트 M20	3	
8	오일실	3	
7	베어링 6004	3	
6	베어링 6005	3	
5	뚜껑	3	
4	압커버	3	
3	회전판	3	
2	하우징	3	
1	본체		
품번	품명	수량	비고

3. 부품 도면 1

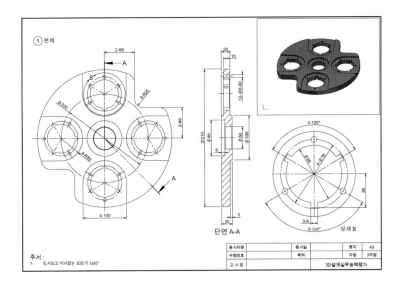

4. 부품 도면 2

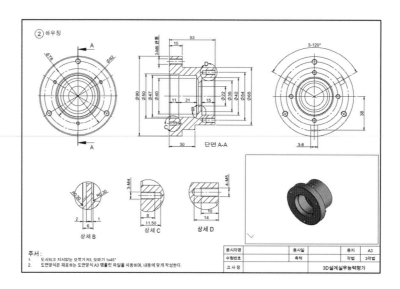

![시험 전 준비사항]

- 응시자는 시험실시 전 컴퓨터 바탕화면에 수험번호 폴더를 생성한다.
- 별도로 제공하는 공용부품과 템플릿 파일은 응시자가 생성한 수험번호 폴더에 저장하고, 압축을 해제해 놓은 상태에서 시험을 실시한다.
- 제공하는 공용부품과 템플릿 파일이 수험번호 폴더가 아닌 다른 곳에 저장되어, 파일 제출 시 누락되지 않도록 주의한다.

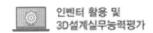
 인벤터를 이용한 3D설계능력평가 1급 문제 풀이

풀이에 사용된 부품 및 도면 템플릿 파일은
blog.naver.com/proguider 또는 esajin.kr에서 다운받아 볼 수 있습니다.

---

1. 인벤터 프로젝트 구성

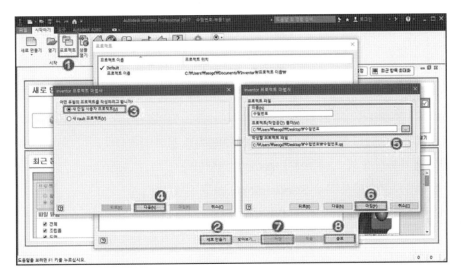

❶ 인벤터 시작 후, 제일 먼저 작업 프로젝트를 수행하기 위해, 시작하기 탭, 프로젝트를 선택 실행한다.

❷ **프로젝트** 대화상자에서 하단 새로 만들기를 클릭한다.

❸ **프로젝트 마법사** 대화상자에서 새 단일 사용자 프로젝트를 선택한다.

❹ **다음** 버튼을 클릭하여 세부 설정으로 넘어간다.

❺ 프로젝트 세부 설정에서 창에서 **이름**은 "수험번호" **프로젝트(작업공간) 폴더**는 바탕화면에 생성해 놓은 "수험번호" 폴더를 찾아 선택한다.

❻ 모든 설정이 마무리 되면 **마침**을 클릭하여 프로젝트 마법사를 닫는다.

❼ 새롭게 생성된 프로젝트를 저장한다.

❽ 모든 과정이 끝나면, **종료**를 클릭하여 프로젝트를 완성한다.

2. 부품1 – 본체 모델링

0. 부품 템플릿 선택

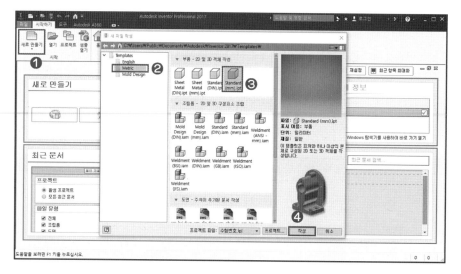

❶ 프로젝트 구성이 완료된 후, **시작하기** 탭, **새로 만들기**를 선택 실행한다.

❷ **새 파일 작성** 대화상자 좌측 메뉴에서 **Metric**를 선택한다.

❸ 나타나는 템플릿 파일에서 부품 **Standard(mm).ipt**를 선택한다.

❹ **작성** 버튼을 클릭하여 새 부품을 생성한다.

1. 기준 피처 생성

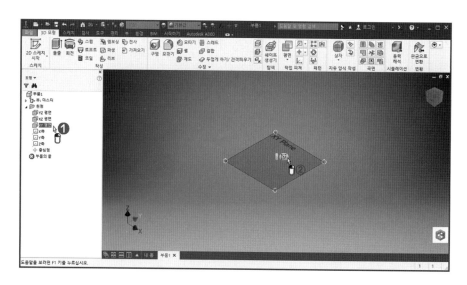

❶ 좌측 검색기 원점에서 XY 평면을 선택한다.

❷ 선택된 평면을 클릭하여 스케치 작성 아이콘을 클릭하여 스케치 작성으로 넘어간다.

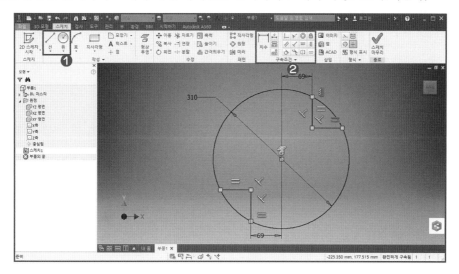

❶ **스케치** 작성도구에서 **원**을 이용하여 중심점에서부터 원을 작성하고 **선**을 이용하여 도면과 같이 선을 작성한다.

❷ 스케치가 일차적으로 완성되어 형상구속을 그림과 같이 적용하고 치수를 이용하여 필요한 치수구속을 적용해 마지막으로 스케치 마무리를 클릭하여 스케치를 종료한다.

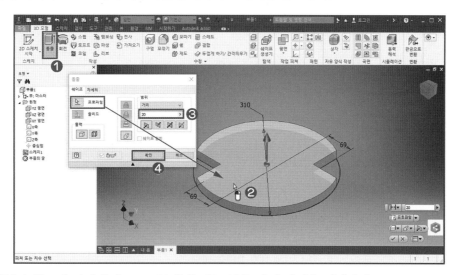

❶ 스케치가 완료된 상태에서 **3D 모형** 탭에 있는 돌출 피처 명령을 선택한다.

❷ 나타나는 **돌출** 대화상자에서 **프로파일** 선택은 작성된 스케치 영역에서 필요한 부분만 선택한다.

❸ 돌출 범위는 **거리** 값으로 20mm 만큼 방향 1로 돌출될 수 있도록 한다.

❹ **확인** 버튼을 클릭하여 돌출 피처를 완성한다.

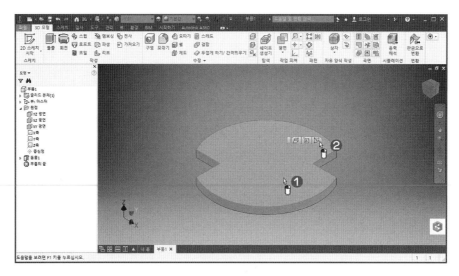

❶ 새로운 스케치를 작성하기 위해서 이미 생성된 돌출 피처의 윗면을 선택한다.

❷ 나타나는 작업 아이콘 중, 우측에 있는 스케치 작성 버튼을 선택하여 새로운 스케치를 작성한다.

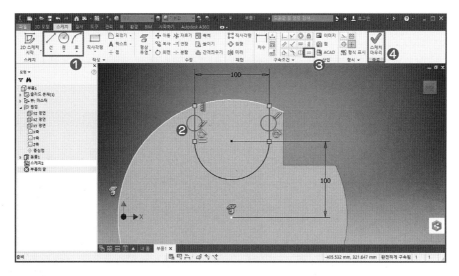

❶ 새로운 스케치에서 **스케치** 작성 도구 **선**과 **원** 또는 **호**를 이용하여 그림과 같이 스케치한다.

❷ 스케치된 선분을 동일구속을 이용하여 선택한다.

　※ 평행하지 않은 상태에 작성된 두 선분에 동일구속을 적용하면 별도의 구속 없이 중앙으로 정렬할 수 있다.

❸ 크기에 맞게 치수구속을 이용하여 스케치를 완성한다.

❹ 스케치 마무리를 클릭하여 스케치를 마무리한다.

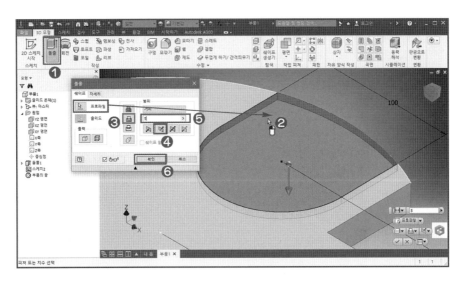

❶ 스케치를 마무리하고, **3D 모형** 탭에서 돌출 피처 명령을 선택한다.

❷ 나타나는 **돌출** 대화상자에서 **프로파일**을 금방 작성한 스케치 단면을 선택한다.

❸ 작업 오퍼레이션에서 차집합을 선택하여, 이미 작성된 피처의 일부분을 깎아낸다.

❹ 돌출 진행방향은, 형상이 깎여질 수 있는 방향으로 변경한다.

❺ 차집합 돌출 깊이는 도면의 깊이 값과 같이 5mm로 지정한다.

❻ **확인** 버튼을 클릭하여 형상을 완성한다.

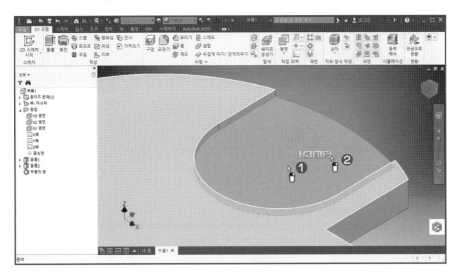

❶ 새로운 스케치 작성을 위해 차집합 돌출로 생성된 면을 선택한다.

❷ 나타나는 작업 아이콘에서 스케치 작성을 클릭하여 새로운 작성 상태로 넘어간다.

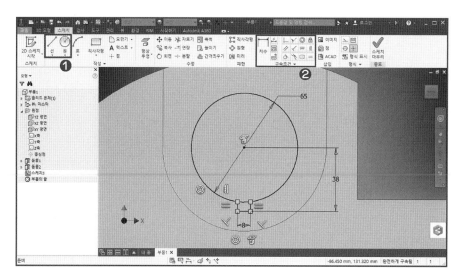

❶ 새로운 **스케치**에서 제일 먼저, **원**으로 임의의 위치에 원을 작성하고, **선**을 이용하여 도면과 같이 홈의 일부분을 작성한다.

❷ 스케치 후, 동심 구속을 이용하여 작성된 스케치선과 이미 생성된 피처의 호 가장자리를 선택하여 위치를 맞춘 후, 동일 구속과 치수 구속을 이용하여 스케치를 완성한다.

❸ 스케치 마무리 아이콘을 클릭하여 스케치를 종료한다.

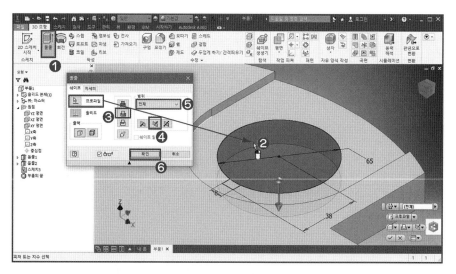

❶ 스케치가 종료 후, 형상을 만들기 위해 **돌출** 피처 명령을 선택한다.

❷ 나타나는 **돌출** 대화상자 **프로파일**을 원으로 이루어진 영역만 선택한다.

  ※ 피처 작성에 필요한 스케치는 한 번에 여러 영역을 만들어 놓고 필요에 따라 언제든지 필요한 만큼 재사용 할 수 있다.

❸ 작업 오퍼레이션에서 차집합을 선택하여, 돌출 피처가 이미 생성된 형상을 깎아낼 수 있도록 한다.

❹ 차집합 돌출이 진행하는 방향은 기존 형상을 깎을 수 있는 방향으로 변경한다.

⑤ 돌출되어 깎여지는 형태와 관통임으로 범위의 값을 전체로 변경한다.

⑥ **확인** 버튼을 클릭하여 차집합 돌출을 완성한다.

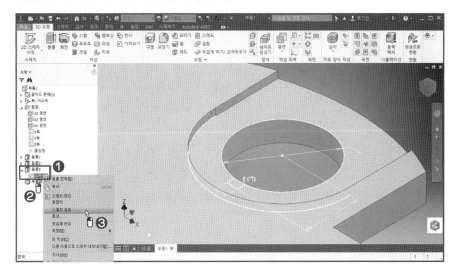

❶ 이미 사용된 스케치를 다시 사용하기 위해 좌측 검색기에서 해당 작업 피처의 하위 탭을 열어 숨겨진 스케치가 나타나도록 한다.

❷ 숨겨진 스케치 피처를 마우스 오른쪽 클릭하여 팝업 메뉴를 나타낸다.

❸ 나타난 메뉴에서 스케치 공유를 선택한다.

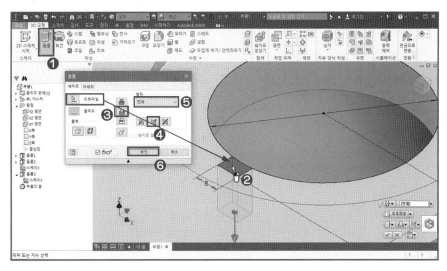

❶ 스케치 공유에 의해 나타난 상태에서 다시 한 번, **돌출** 피처 명령을 실행한다.

❷ **돌출** 대화상자 프로파일에서 작업되지 않은 단면 영역을 선택한다.

❸, ❹, ❺ 앞에서와 마찬가지로 차집합 기능과 전체, 돌출 방향을 지정한다.

❻ **확인** 버튼을 클릭하여 돌출 형상을 마무리한다.

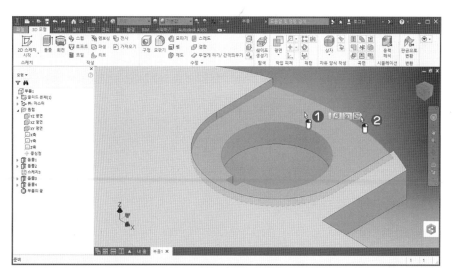

❶ 도면상에 있는 구멍을 작성하기 위해 새로운 스케치를 작성할 평면을 선택한다.

❷ 도구 아이콘에서 스케치 작성을 클릭한다.

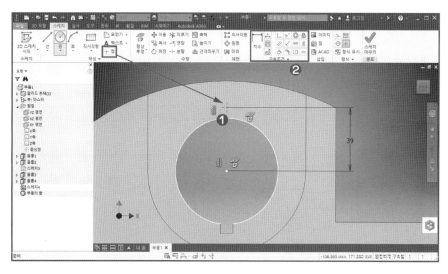

❶ 구멍 작성을 위해서 **점** 스케치 도구를 이용하여 임의 위치에 넣는다.

❷ 치수 구속을 이용하여 기존의 원통의 가장자리를 선택하여 거리 값을 지정하고 수직구속을 이용하여 자세를 잡고 스케치를 마무리한다.

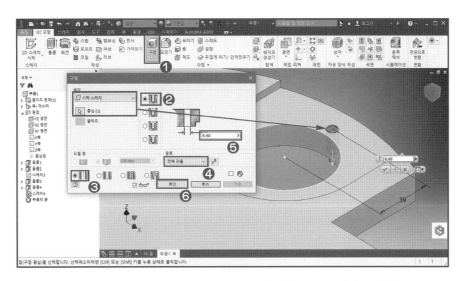

❶ 스케치 마무리 후, **3D 모형** 탭에서 **구멍** 피처 명령을 선택하며, **구멍** 대화상자에서 배치는 **시작 스케치**로 자동으로 변경되며, 스케치된 점의 위치에 구멍의 위치가 바로 적용된다.

❷ 구멍 종류는 일반 구멍을 선택한다.

❸ 구멍 유형은 단순 구멍을 선택한다.

❹ 구멍의 **종료**는 **전체 관통**으로 선택한다.

❺ 구멍의 직경 값은 6.6mm로 도면과 같게 지정한다.

❻ **확인** 버튼을 클릭하여 구멍을 완성한다.

※ 구멍 피처를 이용하는 경우, 별도의 복잡한 스케치 없이 바로 구멍을 작성할 수 있으며 각종 기계분야에서 사용되는 구멍을 선택적으로 부여할 수 있는 장점으로, 체결을 목적으로 하는 구멍은 구멍 피처를 이용한다.

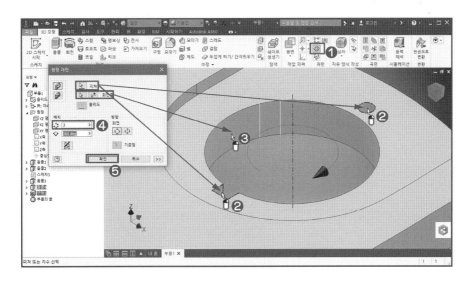

❶ **3D 모형** 탭, 회전 패턴을 선택하여 지름 65mm 구멍 주위로 홈과 지름 6.6mm 구멍을 3개씩 복사한다.

❷ **원형 패턴** 대화상자의 피처에서 이미 작성된 홈과 지름 6.6mm 구멍을 선택한다.

❸ 회전 패턴하기 위해서 필요한 회전축을 지름 65mm 원통면을 선택한다.

❹ 패턴할 피처의 복사 개수는 도면과 같이 3으로 입력한다.

❺ **확인** 버튼을 클릭하여 회전 패턴을 완성한다.

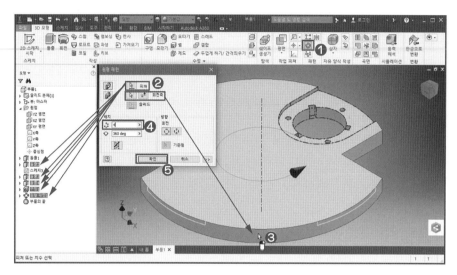

❶ 지금까지 생성한 피처가 동일하게 적용된 도면을 참고로 위와 같이 회전 패턴을 선택한다.

❷ **회전 패턴** 대화상자에서 피처는 최초 생성된 피처를 제외하고 나머지 작성된 피처 전부를 선택한다.

※ 작업 피처 선택은 생성된 모형을 직접 선택할 수 있으며 수량이 많거나 복잡 형상일 경우, 좌측 피처 리스트(검색기)를
통해서 피처를 선택할 수 있다.

❸ 회전 패턴 회전축은 처음 생성한 지름 310mm 원통면을 선택한다.

❹ 패턴 개수는 도면과 같이 4를 입력한다.

❺ **확인** 버튼을 클릭하여 전체적인 패턴 형상을 완성한다.

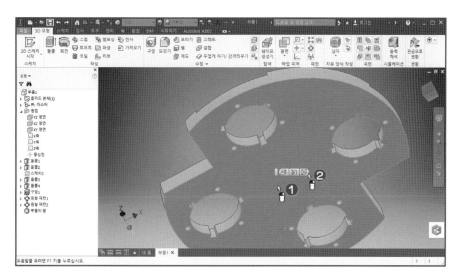

❶ 부품 하부에 있는 요소를 생성하기 위해, 객체 아래 면을 선택한다.

❷ 나타나는 작업 아이콘에서 스케치 작성을 클릭하여 새로운 스케치로 넘어간다.

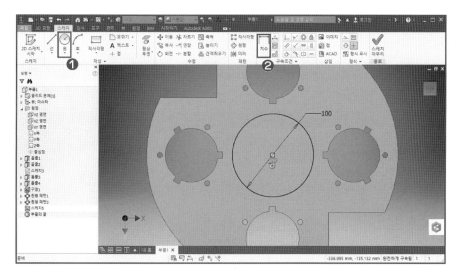

❶ **스케치** 도구 **원**을 이용하여 중심점을 기준으로 임의 크기의 원을 작성한다.

❷ **치수** 구속을 이용하여 크기 값을 지정하고 스케치를 마무리한다.

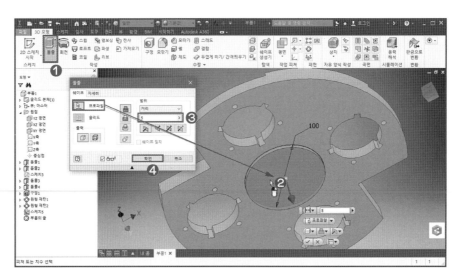

❶ **3D 모형**의 **돌출** 피처 명령을 선택한다.

❷ **돌출** 대화상자 프로파일은 앞에 생성한 스케치 단면을 선택한다.

❸ 돌출 거리 값은 도면과 같이 3mm로 지정한다.

❹ **확인** 버튼을 클릭하여 형상을 완성한다.

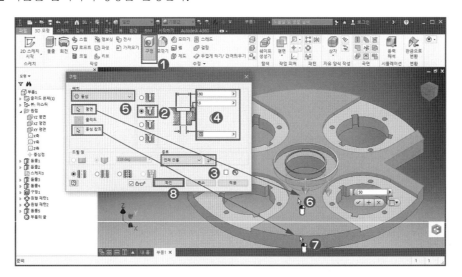

❶ 부품 중앙에 있는 카운터보어 형태의 구멍을 작성하기 위해 **3D 모형** 탭에서 **구멍** 명령을 선택한다.

❷ 구멍 형태는 카운터보어를 선택한다.

❸ 구멍 **종료**는 **전체 관통**으로 지정한다.

❹ 나타나는 구멍의 크기를 도면과 같이 값을 기입한다.

❺ 구멍 배치에서 동심을 선택한다.

❻ 구멍이 위치할 평면을 부품 윗면으로 선택한다.

❼ 동심 참조할 기준을 최초 생성된 피처의 가장자리 원을 선택한다.

❽ **확인** 버튼을 클릭하여 구멍을 완성한다.

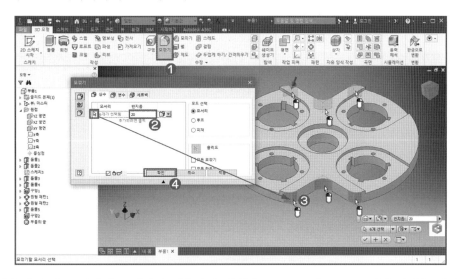

❶ 도면과 같이 각 모서리에 모깎기를 적용하기 위해서 **3D 모형** 탭, **모깎기** 피처 명령을 선택한다.

❷ **모깎기** 대화상자에서 반지름 값을 도면과 같이 입력한다.

❸ 모깎기가 적용될 모서리를 전부 선택한다.

❹ **확인** 버튼을 클릭하여 모깎기를 완성한다.

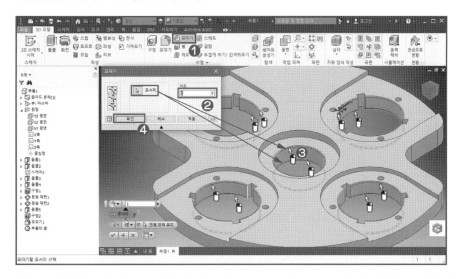

❶ 부품의 각 모서리에 모따기를 지정하기 위해서 **3D 모형** 탭, **모따기** 피처 명령을 실행한다.

❷ **모따기** 대화상자에서 거리를 도면과 같이 입력한다.

❸ 모따기가 적용될 모든 **모서리**를 선택한다.

❹ 확인 버튼을 클릭하여 모따기를 완성한다.

3. 부품1 – 본체 완성 및 저장

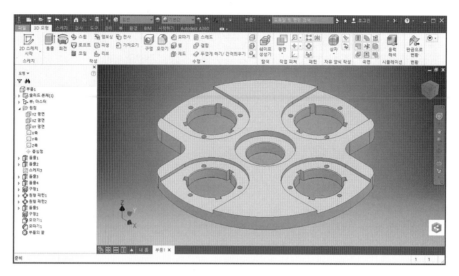

앞에서의 방법과 같이 스케치 및 피처 기능을 이용하여 부품을 모델링한다.

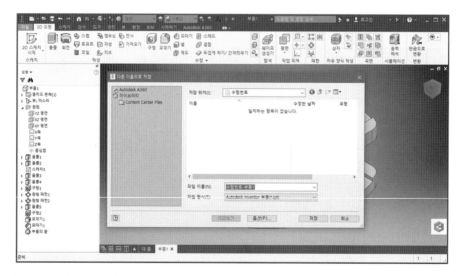

파일에 있는 **저장** 버튼을 클릭하여 모델링한 부품을 "수험번호" 폴더에 수험번호 – 부품1.IPT 파일로 원본
저장한다.

4. 부품2 – 하우징 모델링

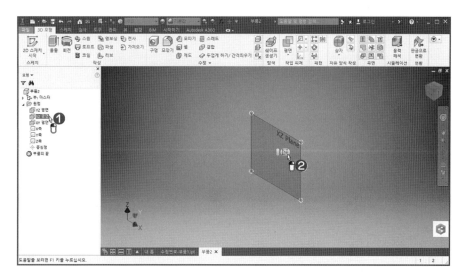

❶ 새로운 부품을 시작하여, 스케치의 기준이 될 XZ 평면을 선택한다.

❷ 화면상에 보이는 평면을 선택하고, 작업 아이콘에서 스케치 작성을 선택한다.

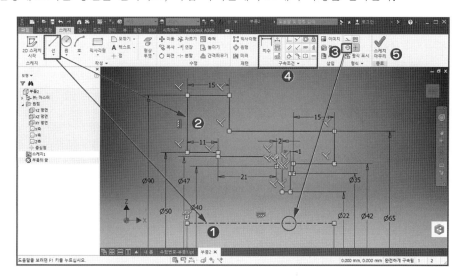

❶ **스케치** 작성에서 **선** 도구를 이용하여 중심점으로부터 축 선분을 먼저 작성한다.

❷ 회전체를 생성하기 위한 단면을 도면과 비슷하게 선으로 작성한다.

❸ 먼저 작성해 놓은 축 선분을 선택하여, 중심선으로 변경한다.

❹ 구속 조건을 이용하여 스케치 객체의 자세와 크기를 구속한다.

❺ 스케치 마무리를 클릭하여 스케치를 완성한다.

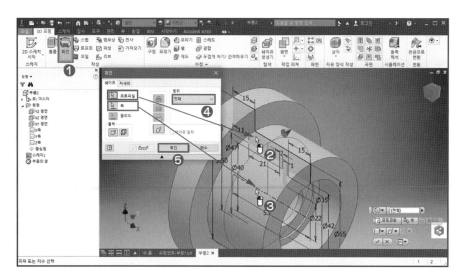

❶ 완성된 스케치는 **3D 모형** 탭, **회전** 피처 명령을 이용하여 한 번에 형상을 완성한다.

❷ **회전** 대화상자 **프로파일**은 작성한 스케치 단면을 선택한다.

❸ 스케치에서 작성한 축 선분을 축으로 선택한다.

❹ 회원에 대한 **범위**는 전체를 선택하여 360도 회전 형태로 지정한다.

❺ **확인** 버튼을 클릭하여 회전체를 완성한다.

※ 하나의 단면과 하나의 축으로 이루어진 스케치를 회전시키면 별도의 선택 없이 바로 형상이 만들어진다.

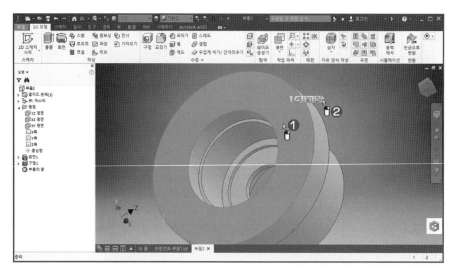

❶ 하우징 부품에 들어갈 탭 구멍을 만들기 위해서 스케치 평면을 선택한다.

❷ 나타나는 작업 아이콘에서 **스케치** 작성을 클릭하여 스케치로 넘어간다.

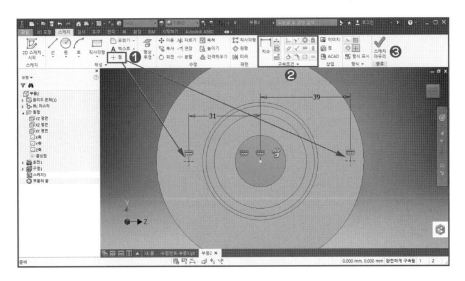

❶ **탭** 구멍이 위치할 지정할 점을 임의의 위치에 작성한다.

❷ 형상 구속과 치수 구속을 이용하여 도면의 치수와 같게 구속하고 스케치를 마무리한다.

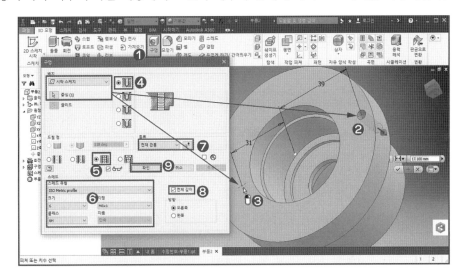

❶ **3D 모형** 탭, **구멍** 피처 명령을 실행한다.

❷ **구멍** 대화상자에서 배치의 **시작 스케치**를 통해 스케치된 점의 위치에 구멍이 생성된다.

❸ 구멍의 스펙이 다르므로, 2개 중 한 개는 "Ctrl + 마우스 왼 버튼" 클릭하여 선택을 해제한다.

❹ 구멍 형식은 일반 구멍으로 선택한다.

❺ 구멍 유형은 탭 구멍을 선택한다.

❻ 탭 구멍은 규격에서 만들어지므로, **스레드 유형**은 ISO Metric profile를 선택하고, **크기**는 도면에서 지시하는 호칭 크기로 선택한다.

❼ 관통되는 탭 구멍임으로 **종료**는 **전체 관통**으로 선택한다.

❽ 탭 구멍의 나사산도 구멍과 같이 전체 길로 선택하여 구멍 전체에 탭이 날 수 있도록 한다.

❾ **확인** 버튼을 클릭하여 탭 구멍을 완성한다.

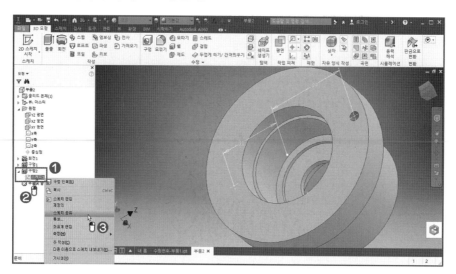

❶ 구멍 위치에 대한 스케치를 다시 사용하기 위해서 앞에 만들어진 피처 하위 탭 오픈한다.

❷ 나타나는 스케치 피처를 마우스 오른 클릭하여 팝업 메뉴를 나타낸다.

❸ 팝업 메뉴에서 **스케치 공유**를 선택한다.

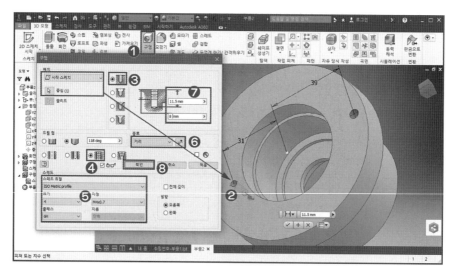

❶ 앞 작업과 동일하게 **구멍** 피처 명령을 실행한다.

❷ **시작 스케치**에서 구멍이 없는 점 위치에 구멍이 미리보기 되는 것을 확인한다.

❸ 구멍 형식은 일반 구멍으로 선택한다.

❹ 구멍 유형은 탭 구멍을 선택한다.

⑤ 탭 구멍은 규격에서 만들어지므로 **스레드 유형**은 ISO Metric profile를 선택하고, **크기**는 도면에서 지시하는 호칭 크기로 선택한다.

⑥ 유한 깊이의 탭 구멍임으로 **종료** 위치를 **거리**로 선택한다.

⑦ 도면과 같이 드릴 깊이와 탭 깊이 값을 지정한다.

⑧ **확인** 버튼을 클릭하여 구멍을 생성한다.

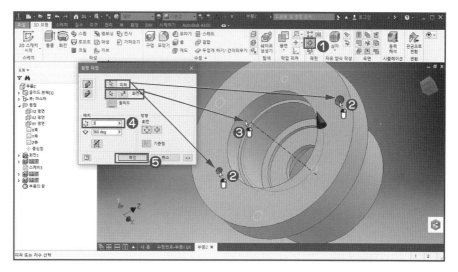

❶ 동일한 탭 구멍을 배치하기 위해, **3D 모형** 탭, **원형 패턴** 명령을 선택한다.

❷ **원형 패턴** 대화상자 피치에서 작성 해 놓은 두 개의 탭 구멍을 선택한다.

❸ 회전축은 기준이 되는 최초 형상의 원통면을 선택한다.

❹ 패턴 개수는 도면과 같이 3으로 입력한다.

❺ **확인** 버튼을 눌러 탭 구멍의 회전 패턴을 완성한다.

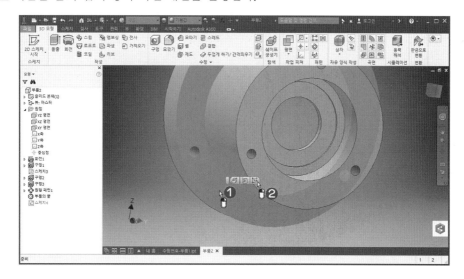

❶ 새로운 피처를 생성하기 위한 **스케치** 평면을 선택한다.

❷ 나타나는 도구 아이콘에서 스케치 작성을 클릭한다.

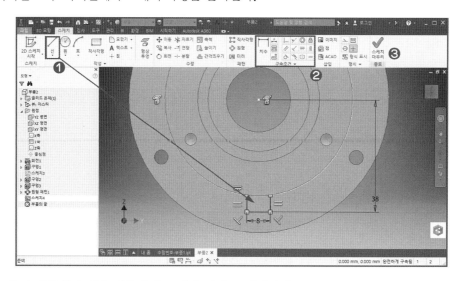

❶ 새로운 스케치에서 **선**을 이용해서 도면과 같이 스케치한다.

❷ 동일 구속과 치수 구속을 이용하여 자세와 위치를 구속하고 스케치를 마무리한다.

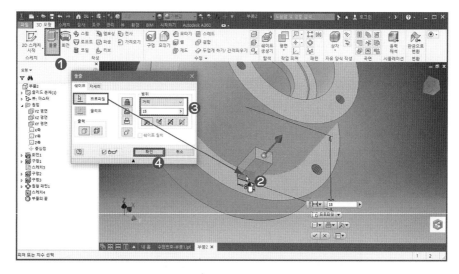

❶ **3D 모형** 탭 **돌출** 피처 명령을 실행한다.

❷ **돌출** 대화상자 **프로파일**은 스케치된 단면을 선택한다.

❸ 돌출 **거리**는 도면과 동일하게 거리 값을 입력한다.

❹ **확인** 버튼을 눌러 돌출 피처를 완성한다.

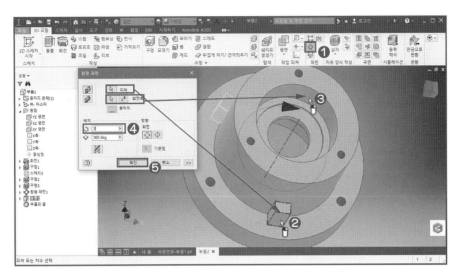

① 완성된 피처를 등각도로 복사하기 위해 **원형 패턴** 명령을 실행한다.

② **원형 패턴** 대화상자 피처에서 생성된 돌출 피처를 선택한다.

③ 회전축은 기준이 되는 원통면을 선택한다.

④ 패턴 개수는 도면과 같이 3을 입력한다.

⑤ **확인** 버튼을 눌러 회전 패턴을 완성한다.

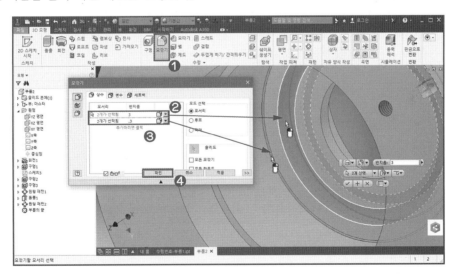

① 도면에 표기되어 있는 모깎기 적용을 위해 **3D 모형** 탭, **모깎기** 피처를 실행한다.

② **모깎기** 대화상자에서 반지름을 도면과 같이 입력하고, 해당 부품의 모서리를 전부 선택한다.

③ 값이 다른 모깎기를 동시에 적용하기 위해서 "추가하려면 클릭"을 선택하고, 도면과 같이 반지름 값을
입력하고 마찬가지로 적용하고자 하는 모든 객체 모서리를 선택한다.

④ **확인** 버튼을 클릭하여 모깎기를 완성한다.

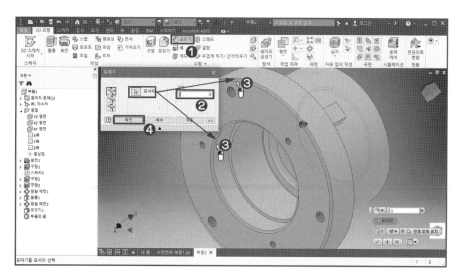

❶ 부품 모서리에 적용된 모따기를 위해 **3D 모형** 탭, **모따기** 피처를 실행한다.

❷, ❸, ❹ 모따기 거리값은 도면에서 제시하는 값을 입력하고, 적용될 모서리를 모두 선택하고, **확인** 버튼
을 클릭하여 모따기를 완성한다.

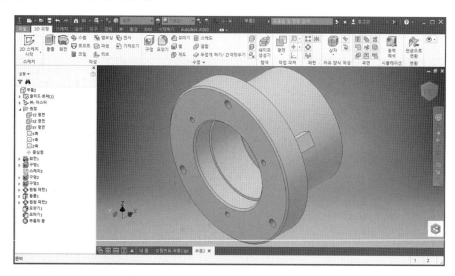

최종 완성된 부품2-하우징 모델링이다.

부품 모델링이 완료 되었다면, **저장** 버튼을 클릭하여 "수험번호" 폴더에 수험번호-부품2.IPT 파일로 저장한다.

5. 조립품 생성

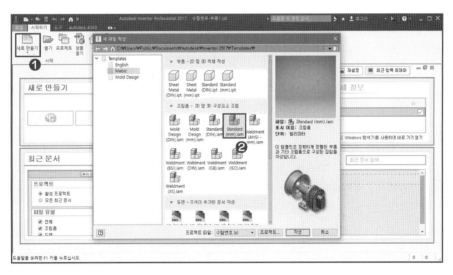

❶ 인벤터 초기 화면에서 **새로 만들기**를 클릭한다.

❷ **새 파일 작성** 대화 상자 좌측 리스트에서 Metric를 선택하고, Standard(mm).iam을 선택하고 조립품 작성으로 전환한다.

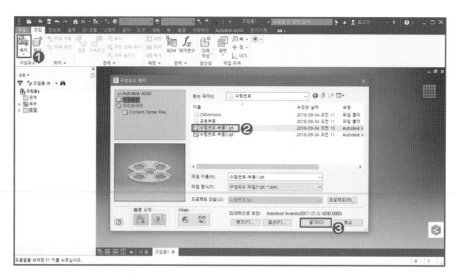

❶ **조립** 탭, **배치**를 실행하여 저장되어 있는 부품을 가져온다.

❷ 최초로 가져오는 부품은 기준이 되는 부품 1개를 선택한다.

❸ **열기** 버튼을 클릭하여 선택한 기준 부품을 화면 임의의 위치에 배치한다.

❹ 위와 동일한 방법으로 다른 부품도 조립품에 배치한다.

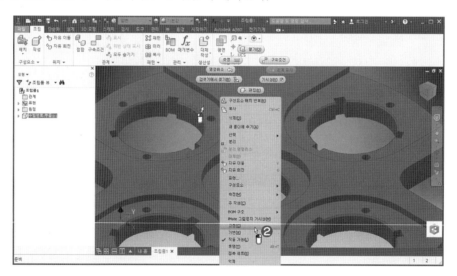

❶ 최초로 배치된 기준 부품을 "마우스 오른" 클릭하여 팝업 메뉴를 나타낸다.

❷ 팝업 메뉴에서 "**고정**"을 선택하여, 기준 부품을 고정시켜 움직이지 못하도록 한다.

※ 조립품 구성할 때 기준 부품은 무조건 고정으로 설정해 두어야 조립 시 불편하지 않다.

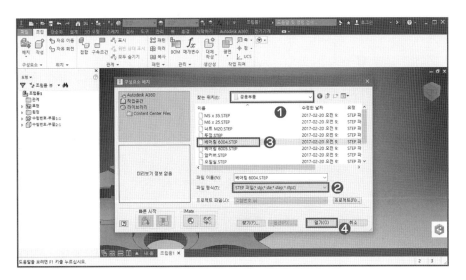

❶ 공용부품으로 제공되는 템플릿 부품을 가져오기 위해, 압축 해제된 폴더로 접근한다.

❷ 파일 형식은 STEP 파일 또는 모든 파일로 선택한다.

❸, ❹ 조립품에 배치할 부품을 선택하고 **열기**를 클릭한다.

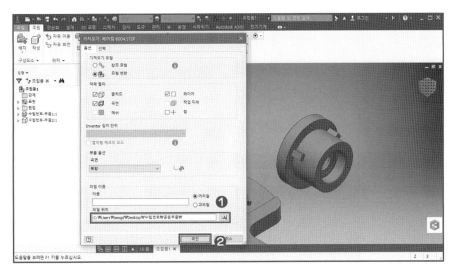

❶, ❷ 외부 제공 부품을 저장할 폴더를 부품이 저장되어 있는 폴더 또는 공용 부품이 있는 폴더로 지정하
고, **확인** 버튼을 클릭하여, 해당 부품을 *.IPT 파일로 저장하고 조립품에 부품을 배치한다.

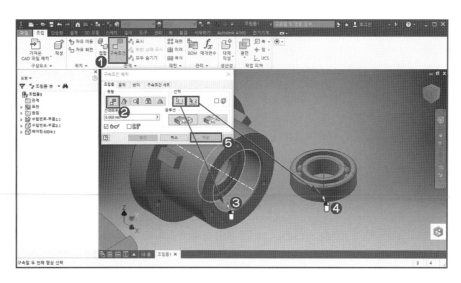

❶ 배치된 부품을 조립하기 위해서 **조립** 탭, **구속조건** 명령을 실행한다.

❷ **구속조건** 대화상자에서 **조립품** 탭, 메이트를 선택한다.

❸ 메이트될 첫 번째 기준을 하우징 부품 원통면을 선택한다.

❹ 메이트될 두 번째 기준을 베어링 부품 원통면을 선택한다.

❺ 계속적인 조립을 원하는 경우, **적용** 버튼을 눌러 조립 구속조건을 연속적으로 정한다.

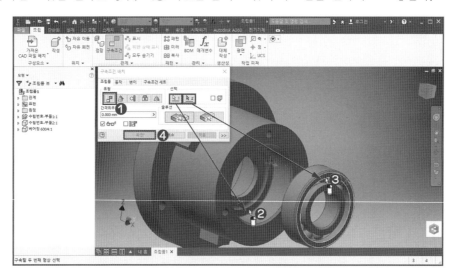

❶ **조립품** 탭, 메이트를 선택한다.

❷ 메이트될 하우징 부품의 기준면을 베어링이 들어가는 자리에 있는 면을 선택한다.

❸ 하우징 부품과 딱 맞게 붙어야 되는 베어링 기준면을 두 번째로 선택한다.

　　※ 메이트 면의 선택 순서는 구분이 없으며 메이트는 선택되는 면의 형태에 따라 면 메이트, 축(동심) 메이트, 점 메이트로
　　　구분될 수 있다.

④ 일반적인 조립 구속은 특별한 경우를 제외하고 축(동심) 메이트와 면 메이트를 이용해서 조립 구속하는
경우가 많으며, 위와 같은 방법으로 다른 부품도 동일하게 조립 구속한다.

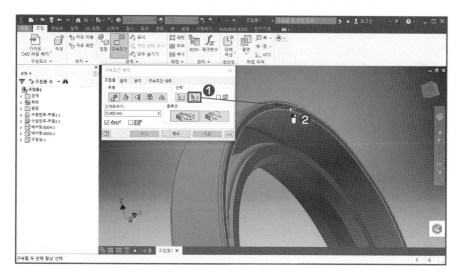

❶ 오일실과 같은 앞뒤의 방향이 구분되는 경우, 부품의 형태를 잘 파악하야 하며 오일실은 안쪽이 파여
있는 것이 부품 안쪽으로 조립된다.

❷ 가장자리 쪽에 있는 면이 대상 부품의 면과 메이트가 이루어진다.

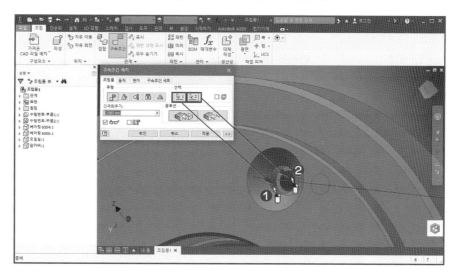

❶, ❷ 볼트와 같이 체결되는 부분의 부품을 조립 구속 적용할 때, 부품 간의 조립은 면 메이트와 축(동심)
메이트를 이용하여 조립하며, 체결을 위한 구멍은 구멍과 구멍을 축(동심) 메이트로 지정하여 부품이
자유롭게 회전하는 것을 구속한다.

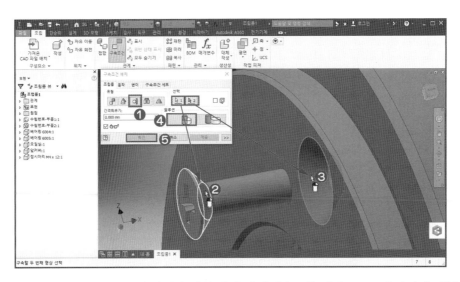

일반적인 체결 구속인 경우, 앞에서 작업한 것과 같이 면과 축(동심) 메이트로 구속하지만, 원추형 또는 원
통면, 구면과의 구속은 접점 구속을 이용한다.

❶ **구속조건** 대화상자 조립품 탭에서 접선 구속을 선택한다.

❷ 첫 번째 부품의 원추면을 선택한다.

❸ 두 번째 부품의 원추면을 선택한다.

❹ 접점 구속위치를 안쪽 접점으로 선택하고 **확인** 버튼을 클릭하여 접점 구속을 완성한다.

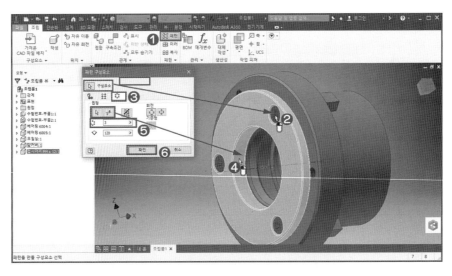

동일한 부품이 패턴 되어 있는 경우, 부품 패턴을 이용하여 조립한다.

❶ **조립** 탭, **패턴**을 실행한다.

❷ **구성요소**에서 패턴 할 부품을 선택한다.

❸ 패턴 형식을 원형 패턴으로 탭을 변경한다.

❹ 원형 패턴의 회전축을 기준 부품의 원통면을 선택한다.

　※ 부품 패턴 조립의 기준이 되는 부품은 움직임이 없는 부품을 선택한다.

❺, ❻ 배치할 부품 개수를 입력하고, 부품과 등각도를 입력(예 360/3＝120)하고, **확인**을 클릭하여 부품
　을 패턴 배치한다.

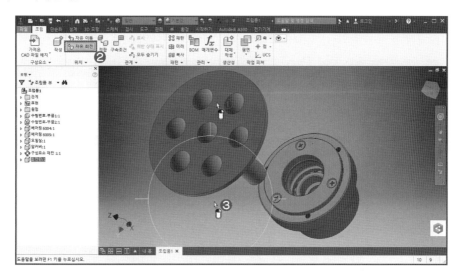

조립할 부품이 실제 조립될 방향과 다른 경우, 조립구속에서 방향 바꾸기가 어려움으로 조립 전에 미리 조
립할 방향으로 대략적으로 반경한다.

❶ 조립 방향을 변경할 부품을 선택한다.

❷ **조립** 탭, **자유 회전** 명령을 실행한다.

❸ 마우스 왼쪽 드래그 하면서 부품의 조립 방향을 대략적으로 변경한다.

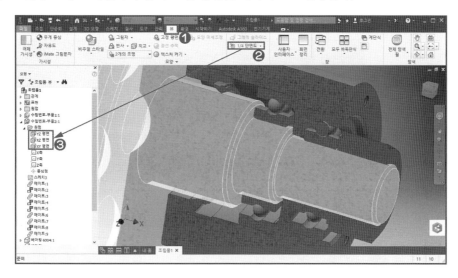

부품 내부에 조립된 부품의 상태를 파악하기 위해서는 가상으로 부품의 단면으로 내부의 조립상태를 파악할 수 있다.

❶ 메뉴에서 **뷰** 탭을 선택한다.

❷ **1/4 단면도** 하위 탭을 클릭하여, 1/2 단면을 선택한다.

❸ 단면의 기준이 될 평면은 조립된 해당 부품의 원점 평면 중 가장 알맞은 평면을 선택한다.

❹ 단면 보기를 종료하고자 한다면, **1/4 단면도** 하위 탭을 클릭하여 단면보기 종료를 선택한다.

부품 간 조립 구속을 정할 곳이 깊거나 내부에 깊숙이 들어가는 경우, 세부적인 조립 구속을 먼저 부여한 후에, 전체적인 조립 구속을 부여하면 편리하다.

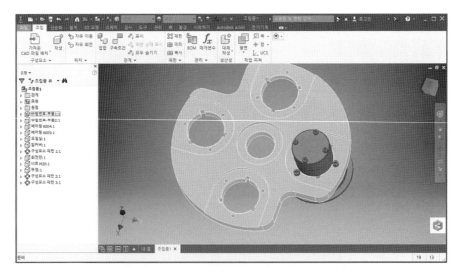

똑같은 부품이 있는 서브 조립품인 경우, 하나를 완전하게 조립한 후 본체 부품과 조립한다.

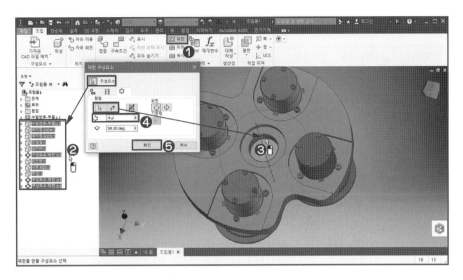

도면과 같은 형태로 조립하기 위해서 서브 조립품을 원형 패턴으로 부품을 배치한다.

❶ **조립** 탭, **패턴** 명령을 실행한다.

❷ 구성요소를 좌측 부품 리스트에서 패턴 할 부품을 전부 선택한다.

❸ **원형 패턴** 탭을 선택하고, 회전축을 본체 부품의 기준 원통면을 선택한다.

❹,❺ 패턴 부품 개수를 4로 입력하고 등각도를 90도로 입력하여, **확인** 버튼을 클릭하여 서브 조립품의 회전 패턴을 완성한다.

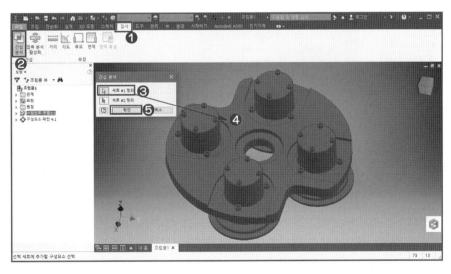

조립품은 3D CAD에서 중요한 부분을 차지한다. 그 중에서도 조립이 제대로 이루어졌는지, 아니면 조립된 부품은 정확한지에 대한 검사를 수행할 수 있다.

❶ 메뉴 **검사** 탭을 선택한다.

❷ **검사** 탭의 **간섭 분석**을 실행한다.

❸ 세트 #1 정의를 선택하고, 조립된 부품을 모두 선택하여 **확인** 버튼을 클릭해서 간섭분석을 실행한다.

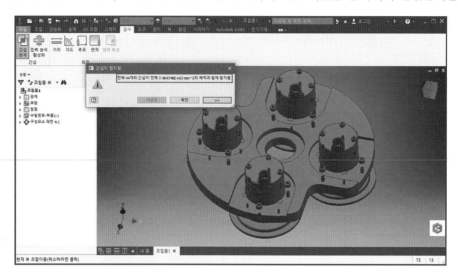

3D설계실무능력평가 자격시험에서는 부품 간의 간섭 체크하고 문제점을 보완할 수 있도록 하고 있다. 위와 같이 체결(볼트, 너트)에 의한 간섭과 기어 간 간섭은 정상적인 간섭으로 간주하지만, 이외에 모든 부품 간 간섭은 감점대상이다.

완성된 조립품을 **파일, 저장** 버튼을 클릭하여 "수험번호" 폴더에 수험번호 – 조립품.IAM으로 저장한다.

6. 도면 생성

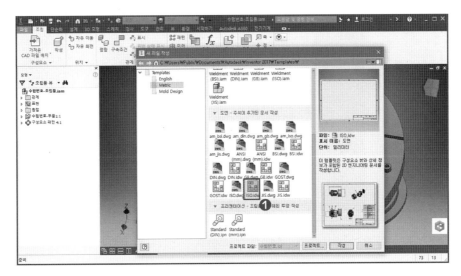

❶ **파일**에서 **새로 만들기**를 선택하고, Metric에 있는 ISO.idw를 선택하여 도면을 작성한다.

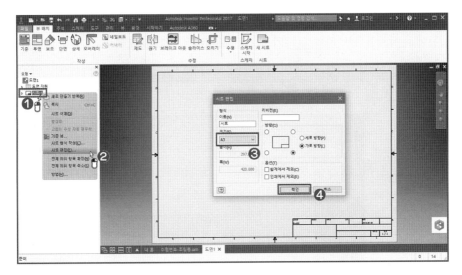

문제 조건에 맞게 도면 용지 크기를 제일 먼저 변경한다.

❶ 좌측 검색기에서 시트1을 마우스 오른쪽 클릭하여, 팝업 메뉴를 나타낸다.

❷ 나타난 팝업 메뉴에서 **시트 편집**을 선택한다.

❸, ❹ **시트 편집** 대화상자에서 크기를 문제 조건에 맞는 용지로 변경하고 **확인**한다.

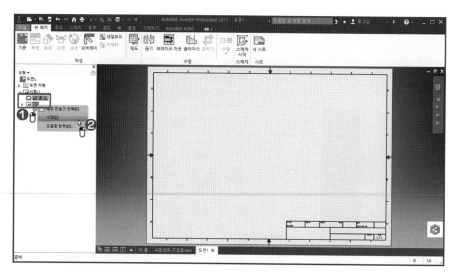

자격시험에서는 별도의 도면 경계 템플릿 파일을 제공함으로, 기존의 인벤터 도면의 도면 경계요소는 전부 제거한다.

❶ 시트1의 하위 탭을 클릭하여 도면 양식 목록을 오픈하고, 전부 선택해서 마우스 오른쪽 클릭하여 팝업 메뉴를 나타낸다.

❷ 팝업 메뉴에서 삭제를 선택하여 기존의 경계와 표제란을 제거한다.

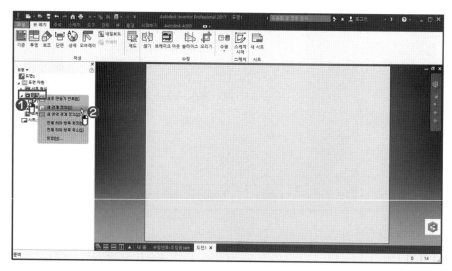

제공되는 도면 템플릿을 가져오기 위해서는 별도의 도면양식을 제작한다.

❶ 좌측 검색기, 도면자원 하위 탭을 열고, 경계 폴더에 마우스 오른쪽 클릭하여 팝업 메뉴가 나타나게 한다.

❷ 나타난 팝업 메뉴에서 새 경계 정의를 클릭하여 도면 경계를 작성하는 스케치 환경으로 전환한다.

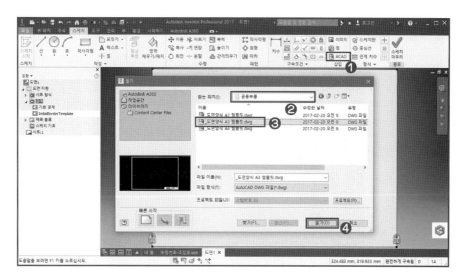

제공하는 도면 템플릿 파일은 *.DWG 파일을 인벤터에서 불러와 사용할 수 있도록 한다.

❶ 스케치 탭에서 ACAD 명령을 실행한다.

❷ 제공받은 템플릿 파일 있는 폴더를 선택한다.

❸, ❹ 문제 조건에 맞는 용지 크기의 템플릿을 선택하고, 열기하여 현재 스케치에 제공하는 도면 양식을
불러온다.

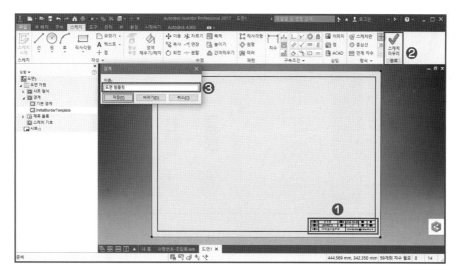

가져온 도면 양식은 별도의 구속이 적용되지 않은 상태임으로 특별 경우 외에는 가져온 객체를 가지고 작
업하지 않는다. 다만, 몇몇 정보를 입력하기 위해서 필요한 주서는 기입한다.

❶ 가져온 도면 양식의 표제란에 응시자 정보를 입력한다.

❷, ❸, ❹ 정보 입력이 완료되면, 스케치 마무리를 클릭하고 경계명 입력 후, 저장하여 완성한다.

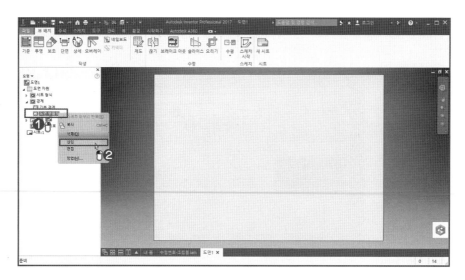

작성한 경계를 도면에 적용한다.

❶ 좌측 검색기 경계 폴더 안에 새롭게 생성된 경계를 마우스 오른쪽 클릭하여 팝업 메뉴를 나타낸다.

❷ 나타난 팝업 메뉴에서 **삽입**을 선택하여 작성된 경계가 도면에 적용되도록 한다.

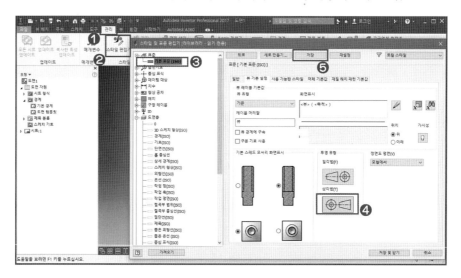

자격시험의 기본 조건은 KS 규격을 토대로 하고 있으며, 도면 작성은 3각법을 기준으로 하기 때문에, 인벤터 도면의 기본 투상법을 변경해야 한다.

❶ 메뉴바에서 **관리** 탭을 선택한다.

❷ **관리** 탭, **스타일 편집기**를 실행한다.

❸ **스타일 편집기** 대화상자에서 좌측 메뉴에서 **표준**, **기본 표준**(ISO)을 선택한다.

❹ 기본 표준 설정창에서 뷰 기준 설정 탭을 선택하고, 화면에 있는 투영 유형을 "삼각법"으로 변경한다.

❺ 설정 변경이 끝났다면, 다음 설정을 위해, 상단에 있는 **저장** 버튼을 클릭하여 설정값을 저장한다.

자격시험과 기본적으로 조건을 맞추기 위해서 치수의 유형도 약간 변경한다.

❶ **스타일 편집기** 좌측 메뉴에서 **치수, 기본값**(ISO)을 선택한다.

❷ 치수 기본값 설정창에서 단위 탭에 있는 **십진 표식기**를 쉼표에서 "마침표"로 소수점 구분자를 변경한다.

❸, ❹ 화면표시 및 각도 **화면표시**에서 **후행**을 체크 해제하여 소수점 이하 "0" 자리를 잘라낼 수 있도록한다.

❺ 설정이 끝났다면, **저장 및 닫기**를 클릭하여 설정값을 저장하고 스타일 편집기를 닫는다.

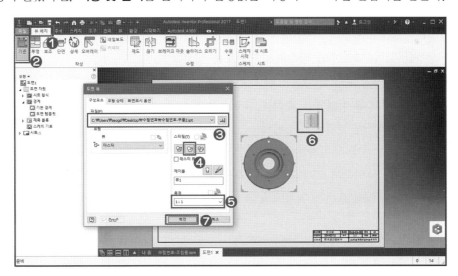

위와 같은 기본적인 설정이 끝났다면, 문제에서 요구하는 부품파일을 가지고 도면을 작성한다.

❶ 상단 메뉴 **뷰 배치** 탭을 선택한다.

❷ 배치 탭에서 **기준**을 선택하여 도면의 기준 뷰를 생성한다.

❸ 기준 **도면 뷰** 대화상자에서 도면으로 작성할 부품을 찾는다.

❹ 도면의 **스타일**은 은선 제거를 해야 하며, 표면 렌더링 처리는 하지 않는다.

❺ 요구하는 **축척** 비율은 현척(1 : 1)임으로 조건에 맞게 축척을 변경한다.

❻ 화면상에 불러온 부품의 기준을 화면 우측 상단에 있는 큐브를 이용하여 방향을 맞춘다.

❼ 모든 설정이 끝나면, **확인** 버튼을 클릭하여 기준 뷰 생성을 완료한다.

　※ 도면 뷰의 설정 값은 언제든지 변경이 가능하며 해당 기준에 연관되어진 투영 뷰에서도 동일하게 변경된다.

　※ 도면 작성은 조건에서 제시하는 부품 도면을 기준으로 도면을 생성하며 문제 도면과 비슷한 유형으로, 도면을 작성
　한다.

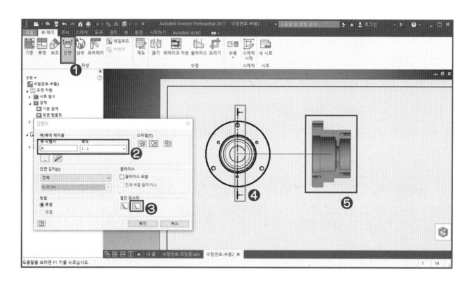

기준 뷰를 생성한 후, 문제 도면과 비슷하게 단면도를 생성한다.

❶ 단면도를 생성할 기분 뷰를 선택하고, **뷰 배치** 탭, **단면**을 선택 실행한다.

❷ **단면도** 대화상자에서 **뷰 식별자** 및 **축척**을 문제 도면에 맞게 설정한다.

❸ 절단 모서리는 매끄러운 경계로 설정한다.

❹ 단면이 생성될 기준 뷰 중간 위치에서 시작점을 찍고, 수직으로 끝점을 지정하여 단면 위치를 스케치하
고, 마우스 오른쪽 클릭하여 스케치 작성 후 **확인** 버튼을 누른다.

❺ 나타나는 단면의 모양을 원하는 위치에 놓고 마우스 왼쪽 클릭하여 단면도를 생성한다.

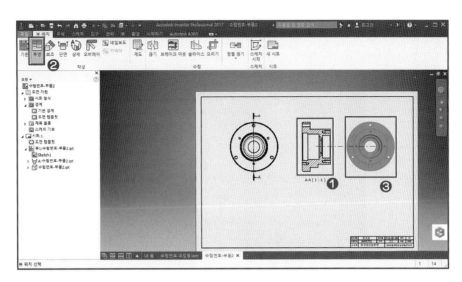

문제 도면 조건에 맞게 단면도를 기준으로 우측 정투상도면을 생성한다.

❶ 정투상도면의 기준이 되는 뷰를 선택한다.

❷ 배치 탭, 투영 명령을 선택하여 실행한다.

❸ 정투상도면이 배치될 위치에 두고 마우스 왼쪽 클릭하여 도면을 배치한다.

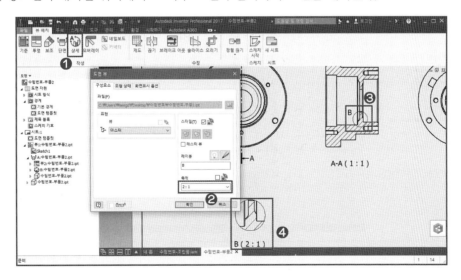

문제 도면에 존재하는 상세도를 생성하여 치수기입 및 형상 파악에 도움을 준다.

❶ 상세도를 생성할 기준 뷰를 먼저 선택하고, **뷰 배치** 탭, **상세** 명령을 선택 실행한다.

❷ **상세도** 대화상자에서 **축척**을 기준 뷰의 2:1로 설정한다.

❸ 상세도가 작성될 기준 뷰에 상세 영역만큼 스케치한다.

❹ 작성된 상세도면이 배치될 위치에 마우스 왼쪽 클릭하여 도면을 배치한다.

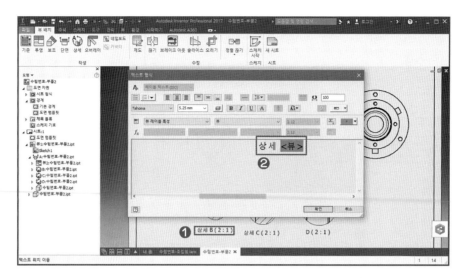

생성된 각종 단면도, 상세도의 레이블 주서를 도면에 맞게 수정한다.

❶ 도면에 생성된 레이블 주서를 더블 클릭하여 문자 수정으로 전환한다.

❷ 문제 도면에 맞게 주서를 추가하거나 제거하여 조건과 부합되게 수정하여 확인한다.

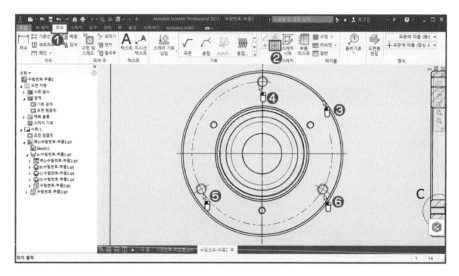

일반적인 도면 뷰 생성이 완료되면, 도면에 표기되어 있는 회전 중심선을 작성한다.

❶, ❷ 상단 메뉴 **주석** 탭, 회전 중심선을 선택한다.

❸ 회전 중심의 기준이 되는 객체 선을 클릭한다.

❹, ❺, ❻ 회전 중심이 적용될 구멍을 순차적으로 선택하고 마무리 후, 끝을 조정하여 회전 중심선을 완성한다.

※ 위와 같은 방법으로 회전 중심선이 필요한 모든 곳에 중심선을 표기한다.

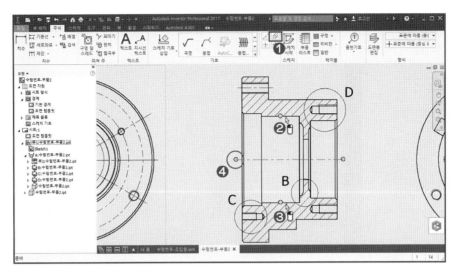

원통의 중심 또는 대칭 도면의 중심선을 표기한다.

❶ **주석** 탭, 이등분 중심선을 선택한다.

❷, ❸ 대칭 또는 원통의 가장자리 두 선분을 선택하여 중심선을 생성한다.

❹ 중심선의 길이는 중심선 끝점을 지정하여 드래그 하여 크기를 조정한다.

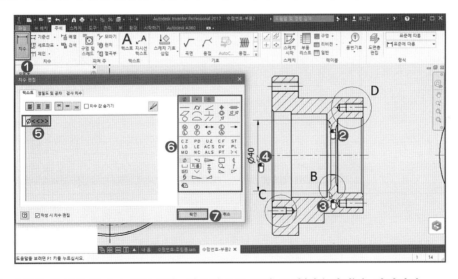

각종 뷰 배치와 중심선 표기가 끝났다면, 최종적으로 도면 주석(치수기입)을 기입한다.

❶ **주석** 탭, **치수**를 선택 실행한다.

❷, ❸ 치수 적용될 두 점 또는 두 선분을 선택하여 치수 보조선의 위치를 지정한다.

❹ 치수선의 위치는 도면 위치에 맞게 적절하게 위치시킨다.

❺, ❻, ❼ 해당되는 치수 값에 사용자 변경사항이 발생하면, 나타나는 **치수 편집** 대화상자(해당 치수 더블
클릭으로도 나타남)에서 치수 문자 앞과 뒤에 필요한 기호 및 문자를 기입하고 확인한다.

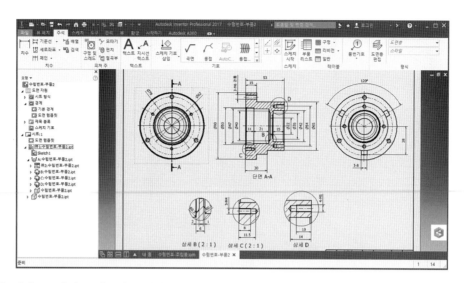

도면 뷰 배치, 중심선 표기, 치수 기입 및 각종 주석을 기입 후 최종적으로 도면을 검토한다.

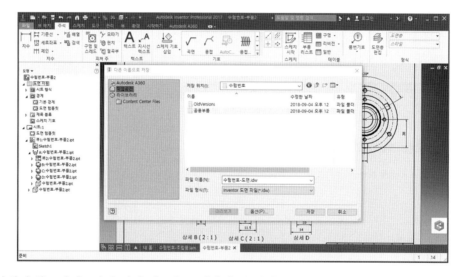

도면 작성이 완료된 후, 파일 저장 버튼을 클릭하여 "수험번호" 폴더에 수험번호 – 도면.IDW로 저장한다.

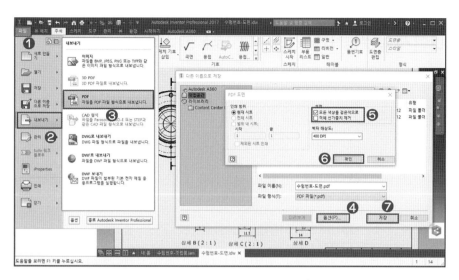

자격시험에서는 작성한 도면파일을 PDF 파일로 도면을 출력하도록 하고 있다.

❶ 파일을 선택하여 하위 메뉴를 펼친다.

❷ 파일 목록에서 **내보내기**를 선택한다.

❸ 내보내기 목록에서 **PDF**를 선택한다.

❹ **내보내기** 대화상자에서 **옵션**을 선택한다.

❺, ❻ PDF 도면 옵션 대화상자에서 **"모든 색상 검은색으로"**를 선택하여 출력 도면을 흑백으로 변경하고 **확인**한다.

❼ **저장** 버튼을 눌러 "수험번호" 폴더에 수험번호 – 도면, PDF 파일을 저장한다.

04 | 3D설계실무능력평가(DAT) 1급 풀이과정 – 2

문제 출제 유형

1. 응시조건

■ 응시조건
- 주어진 도면 문제를 참고하여, 응시자가 신청한 3차원 캐드 프로그램으로 부품을 모델링을 작성하고, 작성된 부품과 제공되는 부품을 이용하여 조립품 및 부품도면을 생성하여 제출한다.
- 주어진 문제를 이요해서 답안을 작성하며, 문제에 언급하지 않는 내용은 응시자가 임의대로 작성하되, 제도규칙과 일반적인 상식에 의거하여 작성한다.
- 의무사항은 응시자가 반드시 지켜야 할 사항이며, 이로 인한 피해는 응시자에게 있으며, 실격사항 중 한 가지 이상 해당될 경우 채점여부와 상관없이 불합격 처리된다.
- 평가항목을 기준으로 채점한 결과가 총 100점 만점 중 60점 이상이면 합격이다.

■ 의무사항
3D 전문 캐드 응용프로그램(솔리드웍스, 카티아, 솔리드에지, Pro – E, UG – NX, 인벤터 등)을 사용하며, 종류는 구분하지 않는다.

1. 바탕화면에 폴더 생성 및 템플릿 파일 다운로드
- 시험 시작하기 전, 응시자의 컴퓨터시스템의 바탕화면에 응시자 수험번호 폴더를 생성하고, 제공되는 템플릿 파일 및 시험에서 작성된 답안파일을 수험번호 폴더에 저장한다.

2. 답안작성
- 작성되어지는 모든 부품 및 조립품 파일은 수험번호 폴더에 "수험번호 – 부품명.해당파일형식", "수험번호 – 조립품.해당파일형식"으로 저장한다.
- 길이 및 각도 단위는 "mm" 및 "deg"로 설정한다.
- 답안 작성시 반드시 중간저장을 수시로 시행해야 하며, 미 저장시 발생되는 시스템 다운 등 예기치 못한 상황으로 인해 불이익은 응시자에게 있다.
- 문제로 제시되는 각 부품 파일은 "수험번호 – 부품명.해당파일형식" 파일로 저장한다.
- 작성한 부품 및 제공되는 부품을 이용하여 생성한 조립품은 "수험번호 – 조립품.해당파일형식"으로 저장한다.
- ※ 부품 및 조립품 생성은 상/하향식 작업 방식 등 응시자가 요구하는 방향으로 작업을 진행할 수 있으며, 다만, 하향식 방식에서 발생할 수 있는 연관기능(참조, 가변)은 해제되어야 한다.
- 도면작성에 도면경계선 및 표제란은 주어진 도면템플릿.DWG 파일을 이용하여 생상하되, 필요한 내용은 응시자가 임의로 수정 후 사용한다.
- ※ 단, PDF 출력 파일은 분명히 흑백으로 출력한다.

3. 파일제출
- 시험시작 전 생성한 수험번호 폴더를 수험번호.ZIP로 압축하여, 시험 문제 창에 제공하는 파일 업로드 기능을 이용하여 파일을 제출한다.
- 수험번호 폴더에는 반드시 응시자가 작성한 답안파일 "수험번호 – 부품명", "수험번호 – 조립품", "수험번호 – 도면", "수험번호 – 도면"가 존재하고 있어야 하며, 응시자가 선택한 해당 소프트웨어 다운 받았던 템플릿 파일도 같이 존재하고 있어야 한다.
- 답안 제출 시간은 시험 시간에 포함되어 있으며, 별도로 제공하지 않는다.

2. 조립도 및 분해도면과 작업 지시

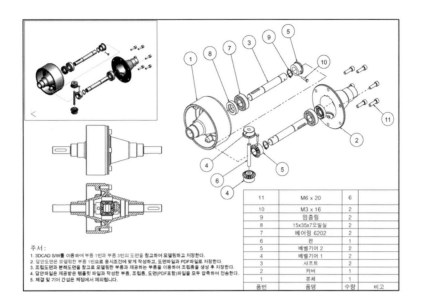

11	M6 x 20	6	
10	M3 x 16	2	
9	멈춤링	2	
8	15x35x7오일실	2	
7	베어링 6202	2	
6	핀	1	
5	베벨기어 2	2	
4	베벨기어 1	2	
3	샤프트	2	
2	커버	1	
1	본체	1	
품번	품명	수량	비고

주서 :
1. 3DCAD S/W를 이용하여 부품 1번과 부품 3번의 도면을 참고하여 모델링하고 저장한다.
2. 단안도면은 모델링한 부품 1번으로 용시조건에 맞게 작성하고, 도면파일과 PDF파일로 저장한다.
3. 조립도면과 분해도면을 참고로 모델링한 부품과 제공하는 부품을 이용하여 조립품을 생성 후 저장한다.
4. 단안파일은 제공받은 템플릿 파일과 작성한 부품, 조립품, 도면(PDF포함)파일을 모두 압축하여 전송한다.
5. 체결 및 기어 간섭은 체점에서 제외됩니다.

3. 부품 도면 1

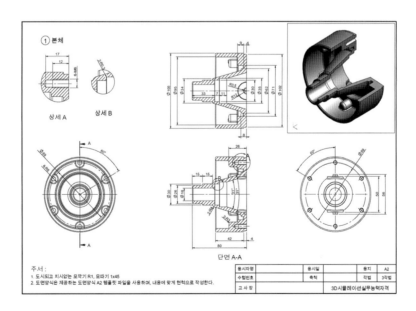

① 본체

상세 A

상세 B

단면 A-A

응시자명		응시일		용지	A2
수험번호		축척		각법	3각법
고사장				3D시뮬레이션실무능력자격	

주서 :
1. 도시되고 지시않는 모깍기 R1, 모따기 1x45
2. 도면양식은 제공하는 도면양식 A2 템플릿 파일을 사용하며, 내용에 맞게 현척으로 작성한다.

3. 부품 도면 2

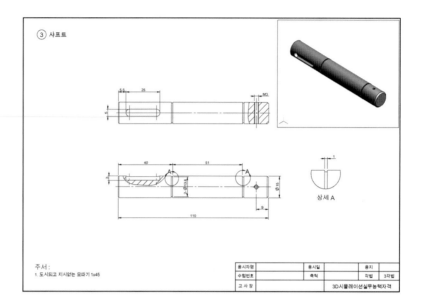

③ 샤프트

주서 :
1. 도시되고 지시않는 모따기 1x45

응시자명		응시일		응지	
수험번호		축척		각법	3각법
고 사 장				3D시뮬레이션실무능력자격	

🔅 시험 전 준비사항

- 응시자는 시험실시 전 컴퓨터 바탕화면에 수험번호 폴더를 생성한다.
- 별도로 제공하는 공용부품과 템플릿 파일은 응시자가 생성한 수험번호 폴더에 저장하고, 압축을 해제해 놓은 상태에서 시험을 실시한다.
- 제공하는 공용부품과 템플릿 파일이 수험번호 폴더가 아닌 다른 곳에 저장되어, 파일 제출 시 누락되지 않도록 주의한다.

✱ 인벤터를 이용한 3D설계능력평가 1급 문제 풀이

> 풀이에 사용된 부품 및 도면 템플릿 파일은
> blog.naver.com/proguider 또는 esajin.kr에서 다운받아 볼 수 있습니다.

1. 인벤터 프로젝트 구성

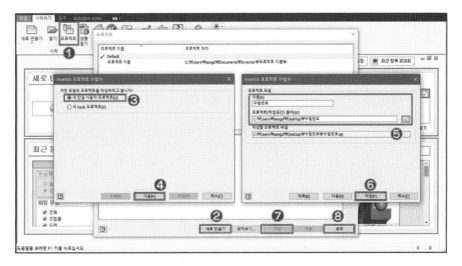

❶ 인벤터 시작 후, 제일 먼저 작업 프로젝트를 수행하기 위해, 시작하기 탭, 프로젝트를 선택 실행한다.

❷ **프로젝트** 대화상자에서 하단 새로 만들기를 클릭한다.

❸ **프로젝트 마법사** 대화상자에서 새 단일 사용자 프로젝트를 선택한다.

❹ **다음** 버튼을 클릭하여 세부 설정으로 넘어간다.

❺ 프로젝트 세부 설정에서 창에서 **이름**은 "수험번호" **프로젝트(작업공간) 폴더**는 바탕화면에 생성해 놓은 "수험번호" 폴더를 찾아 선택한다.

❻ 모든 설정이 마무리 되면 **마침**을 클릭하여 프로젝트 마법사를 닫는다.

❼ 새롭게 생성된 프로젝트를 저장한다.

❽ 모든 과정이 끝나면, **종료**를 클릭하여 프로젝트를 완성한다. 1. 부품1 – 본체 모델링

1-1 부품 템플릿 선택

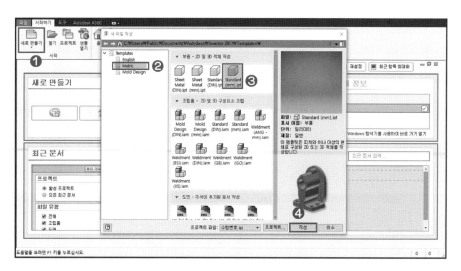

① 프로젝트 구성이 완료된 후, **시작하기** 탭, **새로 만들기**를 선택 실행한다.

② **새 파일 작성** 대화상자 좌측 메뉴에서 **Metric**를 선택한다.

③ 나타나는 템플릿 파일에서 부품 **Standard(mm).ipt**를 선택한다.

④ **작성** 버튼을 클릭하여 새 부품을 생성한다.

1-2 기준 스케치 평면 선택

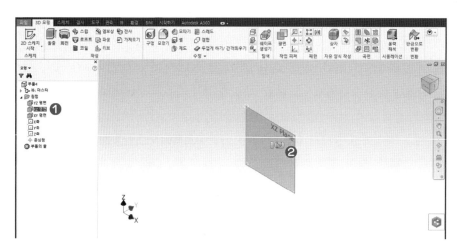

① 좌측 검색기 원점에서 XY 평면을 선택한다.

② 선택된 평면을 클릭하여 스케치 작성 아이콘을 클릭하여 스케치 작성으로 넘어간다.

1-3 기준 스케치 작성

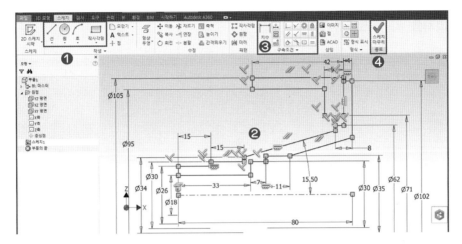

①, ② 스케치 작성도구에서 선을 이용하여 중심점에서부터 회전 중심선을 작성하고, 도면을 참고하여 회전 단면을 스케치한다.

③ 스케치가 일차적으로 완성하고, 형상구속을 그림과 같이 적용하고, 치수를 이용하여 필요한 치수구속을 적용하여 스케치를 완전하게 구속한다.

④ 마지막으로 스케치 마무리를 클릭하여 스케치를 종료한다.

1-4 기준 회전 피처 작성

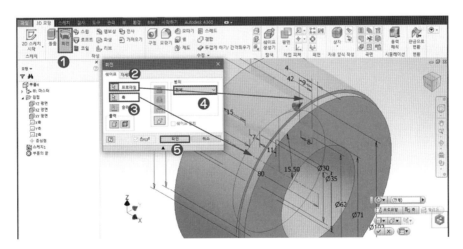

① 스케치가 완료된 상태에서 3D모형 탭에 있는 회전 피처 명령을 선택한다.

②, ③ 나타나는 회전 대화상자에서 프로파일 선택은 작성된 단면 영역을 축은 중심선으로 작성된 선분을 선택한다.

④ 회전 범위는 360도 회전이 될 수 있도록 전체를 선택한다.

⑤ 확인 버튼을 클릭하여 회전 피처를 완성한다.

1-5 추가 피처를 위한 스케치 평면

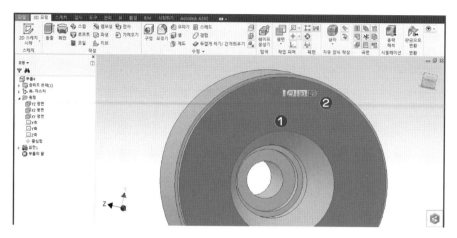

❶ 생성된 피처의 앞면을 선택한다.

❷ 나타나는 작업 아이콘에서 스케치 작성 아이콘을 클릭하여 스케치 작성으로 넘어간다.

1-6 추가 스케치 작성

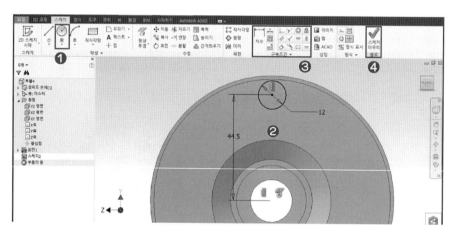

❶, ❷ 스케치 작성도구에서 원을 이용하여, 도면을 참고하여 회전 단면을 스케치한다.

❸ 형상구속을 그림과 같이 적용하고, 치수을 이용하여 필요한 치수구속을 적용하여 스케치를 완전하게 구속한다.

❹ 마지막으로 스케치 마무리를 클릭하여 스케치를 종료한다.

1-7 돌출 피처 작성

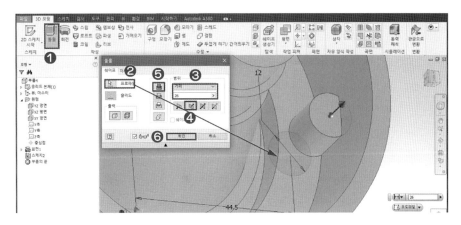

❶ 스케치가 완료된 상태에서 3D모형 탭에 있는 돌출 피처 명령을 선택한다.

❷ 프로파일은 앞에서 작성한 스케치 단면을 선택한다.

❸ 돌출 범위에서 거리값은 도면과 같이 26으로 입력한다.

❹ 돌출 방향은 방향2로 도면과 같은 방향으로 설정한다.

❺ 작업 오퍼레이션에서 합집합을 선택하여, 기존 형상과 하나의 솔리드로 생성한다.

❻ 확인 버튼을 클릭하여 돌출 피처를 완성한다.

1-8 구멍 피처 작성

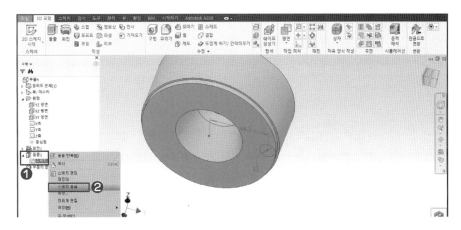

1-6에서 생성된 스케치를 공유하여 다시 사용한다.

❶ 좌측 검색기에서 돌출 하위 탭을 클릭하여 스케치를 나타낸 후, 마우스 오른쪽 클릭하여 팝업창을 나타낸다.

❷ 나타나는 팝업 메뉴에서 스케치 공유를 클릭하여 기존의 스케치를 다시 사용할 수 있도록 한다.

1-9 구멍 피처 작성

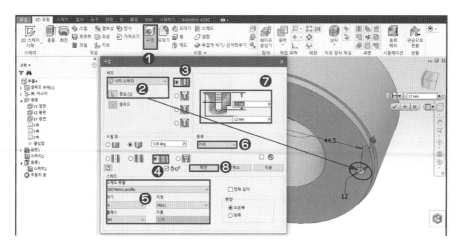

❶ 상단 3D모형 탭에서 구멍 피처 명령을 선택한다.

❷ 구멍 대화상자에서 배치를 시작 스케치로 선택하고, 중심을 스케치 공유된 원의 중심점으로 선택한다.

❸ 구멍 종류는 일반 구멍으로 선택한다.

❹ 구멍 유형을 스레드를 선택한다.

❺ 스레드 유형은 ISO Metric profile로 선택하고, 크기는 도면과 같이 6으로 선택한다.

❻, ❼ 구멍의 종료는 거리로 지정하고, 도면과 같이 탭 깊이 12mm, 구멍 깊이 17mm로 지정한다.

❽ 확인 버튼을 클릭하여 구멍 피처를 완성한다.

1-10 원형 패턴 작성

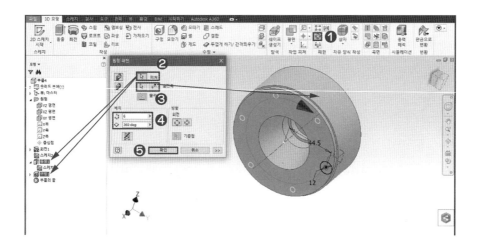

앞에서 작성한 돌출 피처와 구멍 피처를 도면에 맞게 원형 패턴으로 부품을 완성한다.

❶ 상단 리본메뉴에서 3D모형 탭에서 원형 패턴 명령을 실행한다.

❷, ❸ 원형 패턴 대화상자에서 피처는 앞에서 생성한 돌출과 구멍 피처를 좌측 검색기를 통해서 선택하고, 회전축은 기준 피처의 원통면을 선택한다.

❹ 패턴 수량은 도면과 같이 6으로 지정하고, 회전각도는 360도로 지정한다.

❺ 확인 버튼을 클릭하여 원형 패턴을 완성한다.

1-11 추가 피처를 위한 스케치 평면 선택

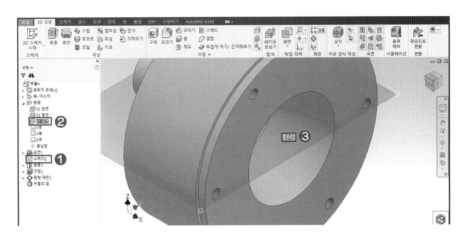

기준 형상에서 축과 기어가 들어갈 부분을 추가적으로 모델링한다.

❶ 좌측 검색기 원점 평면에서 XY평면을 선택한다.

❷ 나타나는 스케치 작성 아이콘을 클릭하여 스케치 작성으로 넘어간다.

1-12 스케치 작성

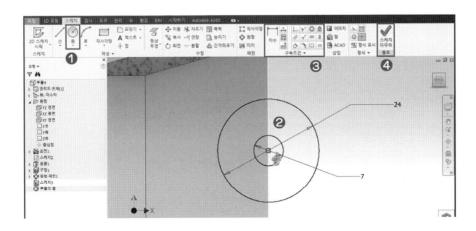

①, ② 스케치 작성도구에서 선을 이용하여 기준 객체의 중간점에서부터 도면을 참고하여, 원을 스케치한다.

③ 형상구속을 그림과 같이 적용하고, 치수를 이용하여 필요한 치수구속을 적용하여 스케치를 완전하게 구속한다.

④ 마지막으로 스케치 마무리를 클릭하여 스케치를 종료한다.

1-13 돌출을 이용한 형상 편집-1

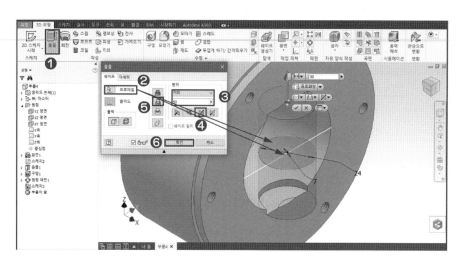

① 스케치가 완료된 상태에서 3D모형 탭에 있는 돌출 피처 명령을 선택한다.

② 프로파일은 앞에서 작성한 두 개의 스케치 단면을 모두 선택한다.

③ 돌출 범위에서 거리값은 도면과 같이 50으로 입력한다.

④ 중간에서 한번에 작업이 될 수 있도록 양방향 돌출로 방향을 지정한다.

⑤ 작업 오퍼레이션에서 차집합을 선택하여, 기존 형상에서 현재 피처를 뺀다.

⑥ 확인 버튼을 클릭하여 돌출 피처를 완성한다.

1-14 돌출을 이용한 형상 편집-2

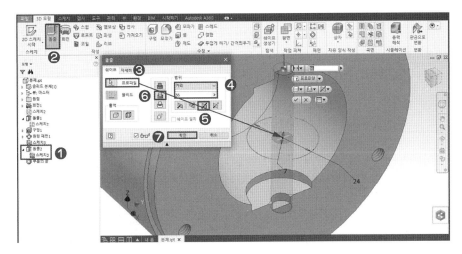

같은 위치에서 깊이가 다른 홈을 생성하기 위해서 스케치 공유하고, 피처를 생성한다.

❶ 바로 앞에서 생성된 돌출2의 하위 탭을 열고, 스케치를 재활용하기 위해서 공유한다.

❷ 스케치 공유 상태에서 3D모형 탭에 있는 돌출 피처 명령을 선택한다.

❸ 돌출 대화상자에서 프로파일은 공유된 스케치 중, 작은 원 단면을 선택한다.

❹ 돌출 범위에서 거리 값은 도면과 같이 56으로 입력한다.

❺ 중간에서 작업이 될 수 있도록 양방향 돌출로 방향을 지정한다.

❻ 작업 오퍼레이션에서 차집합을 선택하여, 기존 형상에서 현재 피처를 뺀다.

❼ 확인 버튼을 클릭하여 돌출 피처를 완성한다.

1-15 모따기 및 모깎기 작성

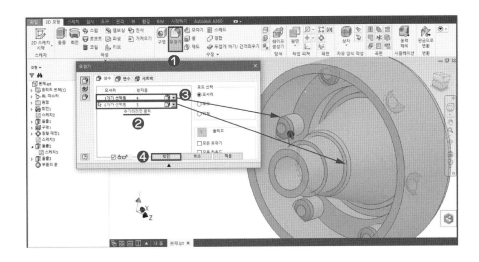

모든 피처작성이 끝났으면, 형상에 모깎기를 적용한다.

❶ 상단 리본메뉴 3D모형에서 모깎기 명령을 실행한다.

❷ 모깎기 대화상자에서 모서리에 적용될 반지름 값을 "추가하려면 클릭"을 통해서 필요한 만큼 리스트를 생성하여 값을 입력한다.

❸ 도면에 맞는 리스트를 선택하고, 적용될 해당 모서리를 선택한다.

❹ 확인 버튼을 클릭하여 모깎기 피처를 완성한다.

1-16 모따기 및 모깎기 작성

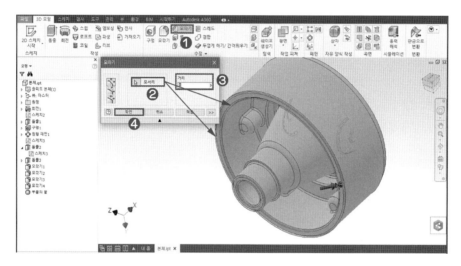

모든 피처작성이 끝났으면, 형상에 모따기를 적용한다.

❶ 상단 리본메뉴 3D모형에서 모따기 명령을 실행한다.

❷ 모따기 대화상자에서 모따기 값이 적용될 모서리에 선택한다.

❸ 적용될 모따기 값은 1로 지정한다.

❹ 확인 버튼을 클릭하여 모따기 피처를 완성한다

1-17 모델링 완성

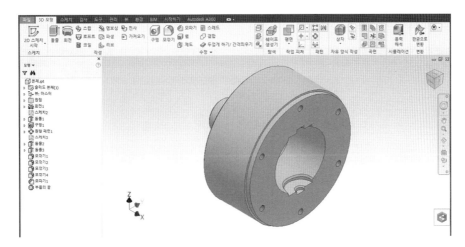

본체 모델링의 전반적인 작업을 수행한 후, 최종적으로 형상을 확인한다.

1-18 모델링 부품 저장하기

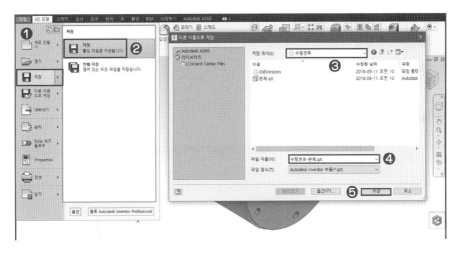

모든 부품 모델링 종료되었다면, 해당 파일명으로 저장한다.

❶ 상단 리본메뉴에서 파일메뉴를 클릭한다.

❷ 메뉴 리스트에서 저장버튼을 클릭한다.

❸ 현재 저장될 위치를 확인하며, 만약 위치가 다를 경우 저장될 위치를 정확하게 "수험번호"폴더를 선택한다.

❹, ❺ 파일명은 응시조건에서 제시하는 "수험번호-부품명"으로 입력하고, 저장버튼을 클릭하여 저장한다.

2. 부품2 – 샤프트 부품 모델링

2-1 부품 템플릿 선택

부품2의 모델링이 끝났다면, 두 번째 부품을 생성한다.

❶ 새로운 부품을 모델링하기 위해서 상단 빠른메뉴에서 새로만들기를 실행한다.

❷ 새 파일 작성 대화상자 좌측 메뉴에서 Metric를 선택한다.

❸ 나타나는 템플릿 파일에서 부품 Standard(mm).ipt를 선택한다.

❹ 작성 버튼을 클릭하여 새 부품을 생성한다.

2-2 기준 스케치 평면 선택

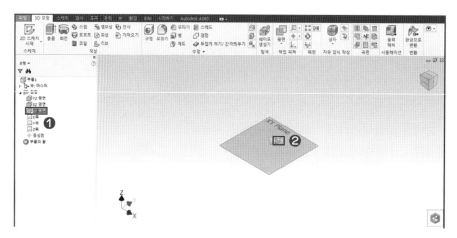

❶ 좌측 검색기 원점에서 XY평면을 선택한다.

❷ 나타난 스케치 작성 아이콘을 클릭하여 스케치 작성으로 넘어간다.

2-3 기준 스케치 작성

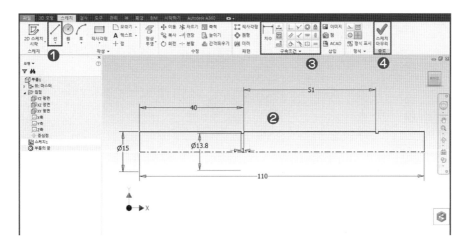

①, ② 스케치 작성도구에서 선을 이용하여 중심점에서부터 회전 중심선을 작성하고, 도면을 참고하여 회전 단면을 스케치한다.

③ 스케치 드로잉이 끝나면, 형상구속과 치수구속을 적용하여 스케치를 완전하게 구속한다.

④ 마지막으로 스케치 마무리를 클릭하여 스케치를 종료한다.

2-4 기준 회전 피처 작성

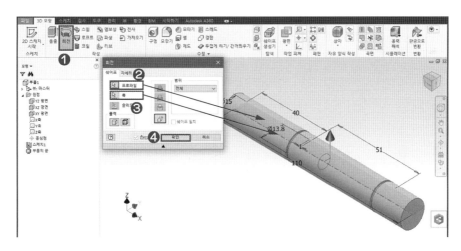

① 스케치가 완료된 상태에서 3D모형 탭에 있는 회전 피처 명령을 선택한다.

②, ③ 나타나는 회전 대화상자에서 프로파일 선택은 작성된 단면 영역을 축은 중심선으로 작성된 선분을 선택한다.

④ 확인 버튼을 클릭하여 회전 피처를 완성한다.

2-5 작업 피처를 통한 사용자 평면 작성

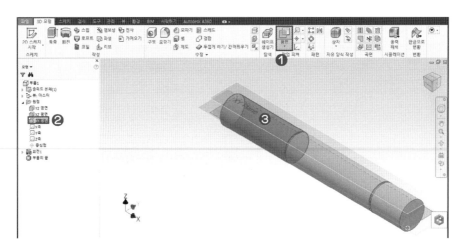

원통면에 필요한 스케치를 위해 사용자 평면을 생성한다.

❶ 3D모형 탭에서 평면을 선택한다.

❷ 기준 평면은 좌측 검색기 원점 탭에 있는 XY평면을 선택한다.

❸ 평면의 위치가 적용될 원통면을 선택한다.

2-6 키 홈 모델링을 위한 스케치 평면 선택

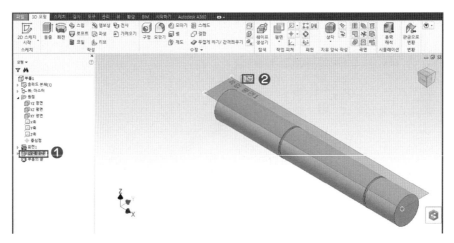

❶ 좌측 검색기 또는 작업 화면에서 생성된 작업 평면을 선택한다.

❷ 나타난 스케치 작성 아이콘을 클릭하여 스케치 작성으로 넘어간다.

2-7 키 홈 스케치 작성

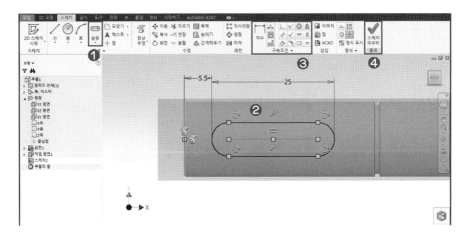

❶, ❷ 스케치 작성도구에서 슬롯을 이용하여, 도면과 같이 키 홈을 스케치한다.

❸ 스케치 드로잉이 끝나면, 형상구속과 치수구속을 적용하여 스케치를 완전하게 구속한다.

❹ 마지막으로 스케치 마무리를 클릭하여 스케치를 종료한다.

2-8 키 홈 피처 작성

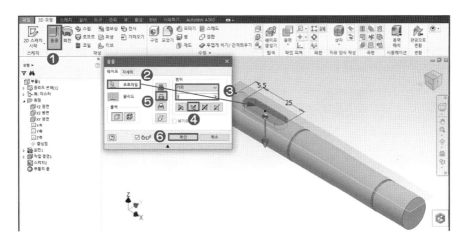

❶ 스케치가 완료된 상태에서 3D모형 탭에 있는 돌출 피처 명령을 선택한다.

❷ 프로파일은 앞에서 작성한 슬롯 스케치 단면을 모두 선택한다.

❸ 돌출 범위에서 거리값은 도면과 같이 3으로 입력한다.

❹ 돌출 방향을 돌출2로 지정하여 반대방향으로 돌출한다.

❺ 작업 오퍼레이션에서 차집합을 선택하여, 기존 형상에서 현재 피처를 뺀다.

❻ 확인 버튼을 클릭하여 돌출 피처를 완성한다.

2-9 탭 구멍 생성을 위한 평면 작성

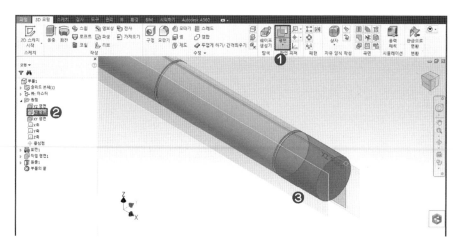

원통면에 탭 구멍 작성을 위한 사용자 평면을 생성한다.

❶ 3D모형 탭에서 평면을 선택한다.

❷ 기준 평면은 좌측 검색기 원점 탭에 있는 XY평면을 선택한다.

❸ 평면의 위치가 적용될 원통면을 선택한다.

2-10 스케치 평면 선택

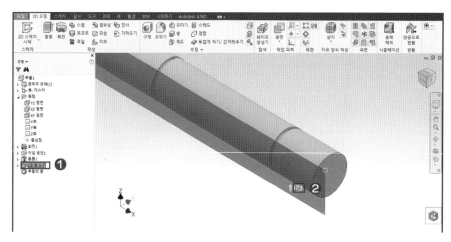

❶ 좌측 검색기 또는 작업 화면에서 생성된 작업 평면을 선택한다.

❷ 나타난 스케치 작성 아이콘을 클릭하여 스케치 작성으로 넘어간다.

2-11 스케치 작성

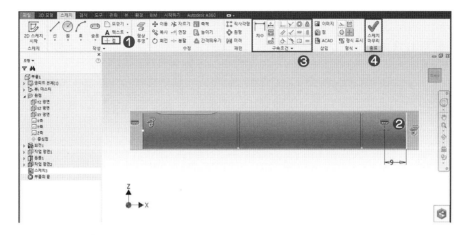

구멍이 자동으로 위치를 잡기 위해서 점으로 스케치 한다.

❶, ❷ 스케치 작성도구에서 점을 이용하여, 탭 구멍이 위치할 스케치한다.

❸ 스케치 드로잉이 끝나면, 형상구속과 치수구속을 적용하여 스케치를 완전하게 구속한다.

❹ 마지막으로 스케치 마무리를 클릭하여 스케치를 종료한다.

2-12 탭 구멍 작성

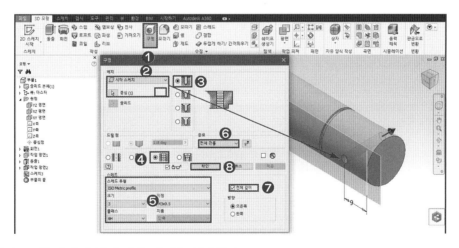

❶ 상단 3D모형 탭에서 구멍 피처 명령을 선택한다.

❷ 구멍 대화상자에서 배치를 시작 스케치로 선택하고, 중심점으로 선택한다.

❸ 구멍 종류는 일반 구멍으로 선택한다.

❹ 구멍 유형을 스레드를 선택한다.

❺ 스레드 유형은 ISO Metric profile로 선택하고, 크기는 도면과 같이 6으로 선택한다.

⑥, **⑦** 구멍의 종료는 관통 지정하고, 스레드 적용은 "전체 깊이"로 지정한다.

⑧ 확인 버튼을 클릭하여 구멍 피처를 완성한다.

2-13 모서리 모따기 작성

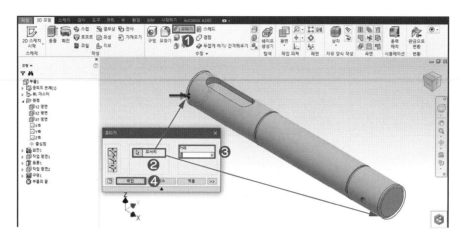

모든 피처작성이 끝났으면, 형상에 모따기를 적용한다.

① 상단 리본메뉴 3D모형에서 모따기 명령을 실행한다.

② 모따기 대화상자에서 모따기 값이 적용될 모서리에 선택한다.

③ 도면의 주석내용과 같이 모따기 값은 1로 지정한다.

④ 확인 버튼을 클릭하여 모따기 피처를 완성한다.

2-14 부품 저장

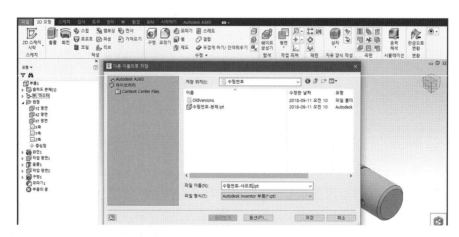

모든 모델링 작업이 완료되면, 부품1의 저장방식과 동일하게 "수험번호-부품명"으로 지정폴더에 저장한다.

3. 조립품 생성

3-1 조립품 템플릿 선택

모델링이 끝났다면, 조립품을 생성한다.

❶ 조립품을 생성 위해서 상단 빠른 메뉴에서 새로 만들기를 실행한다.

❷ 새 파일 작성 대화상자 좌측 메뉴에서 Metric를 선택한다.

❸ 나타나는 템플릿 파일에서 조립품 Standard(mm).iam를 선택한다.

❹ 작성 버튼을 클릭하여 새 조립품을 생성한다.

3-2 모델링 부품 배치

조립품에 기준이 되는 모델링 부품을 제일 먼저 배치한다.

❶ 조립품 상단 리본메뉴에서 배치를 실행한다.

❷ 구성요소 배치에서 기준이 되는 부품을 선택한다.

❸ 열기를 클릭하여 조립품에 부품을 가져오고, 임의의 위치에 부품을 배치한다.

3-3 기준 부품 고정

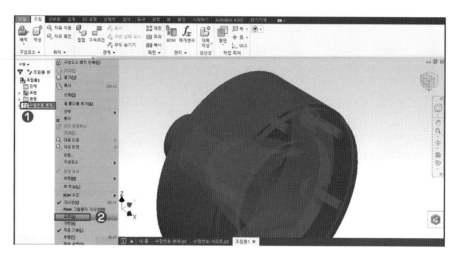

기준 부품이 자유롭게 움직이지 못하도록 부품을 고정한다.

❶ 좌측 검색기에서 기분 부품을 마우스 오른쪽 클릭하여 팝업 메뉴를 나타낸다.

❷ 나타난 팝업메뉴에서 "고정"을 클릭하여 선택된 기준 객체가 움직이지 못하도록 한 이후, 추가적으로 다른 부품을 배치한다.

3-4 제공 부품 배치

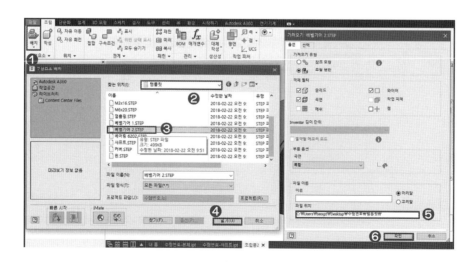

템플릿으로 제공하는 부품을 조립품에 배치한다.

❶ 조립품 상단 리본메뉴에서 배치를 실행한다.

❷, ❸ 압축이 해제된 폴더에 배치하고자 하는 제공 부품(*.STP, *.STEP)을 선택한다.

❹ 열기를 클릭하여, 외부 부품의 가져오기로 전환한다.

❺ 가져오기 대화상자에서 외부 부품파일이 저장될 위치를 확인한다. 만약, 작업위치가 아닐 경우, 해당 작업 폴더로 변경한다.

❻ 확인 버튼을 클릭하고, 불러온 외부 부품을 임의의 위치에 배치하며, 다른 부품들도 위와 동일한 방법으로 배치한다.

3-5 삽입 구속조건을 통한 부품 조립

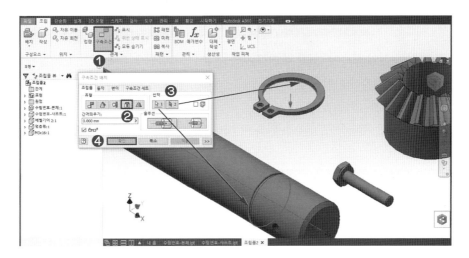

확실한 조립 위치와 조립품 구성상 빠지지 않을 부품의 경우, 삽입 구속을 이용한다.

❶ 조립품 상단 리본메뉴에서 구속조건을 실행한다.

❷ 구속조건 배치 대화상자에서 조립품 유형을 삽입 구속을 선택한다.

❸ 삽입 구속이 적용될 두 부품의 기준 원 요소를 선택한다.

❹ 미리보기 되는 조립 상태를 점검 후, 확인을 클릭하여 부품을 조립한다.

3-6 조립을 위한 부품 방향 변경

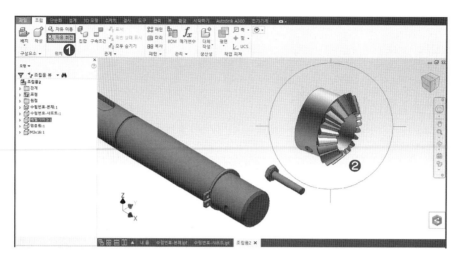

부품 조립에 있어서, 삽입 구속이 아닌, 메이트 구속인 경우, 조립될 부품의 방향을 조립하고자 하는 방향
으로 대략적으로 변경해야 조립이 수월하다.

❶ 상단 리본메뉴에서 자유회전을 실행한다.

❷ 자유회전 시킬 부품을 선택하고, 마우스 왼쪽 버튼으로 드래그 하면서, 대략적인 조립방향으로 조정한다.

3-7 메이트 구속조건을 통한 부품 조립-1

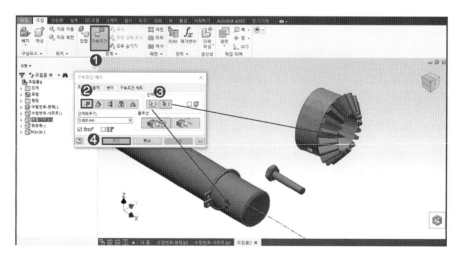

조립될 부품이 유동적이거나, 위치가 한번에 위치가 구속될 수 없는 상황에서는 메이트 구속을 이용한다.

❶ 조립품 상단 리본메뉴에서 구속조건을 실행한다.

❷ 구속조건 배치 대화상자에서 조립품 유형을 메이트로 선택한다.

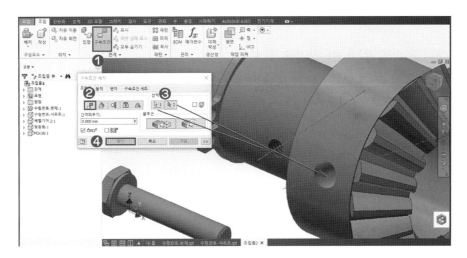

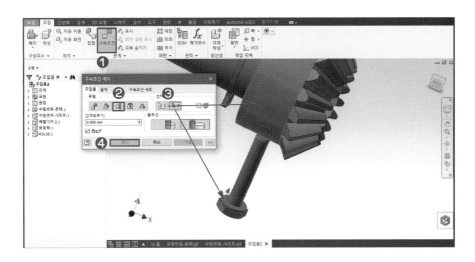

③ 메이트 구속이 적용될 두 부품의 기준 원통 면요소를 선택한다.

④ 미리보기 되는 조립 상태를 점검 후, 확인을 클릭하여 부품을 조립한다.

3-8 메이트 구속조건을 통한 부품 조립-2

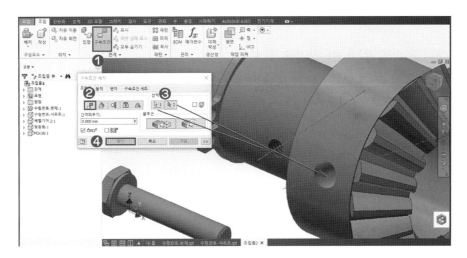

최초 메이트 구속되어 있는 상태에서 부품의 정확한 조립을 위해서 두 번째 메이트 구속으로 지정한다.

① 조립품 상단 리본메뉴에서 구속조건을 실행한다.

② 구속조건 배치 대화상자에서 조립품 유형을 메이트로 선택한다.

③ 메이트 구속이 적용될 두 부품의 기준 원통 면요소를 선택한다.

④ 미리보기 되는 조립 상태를 점검 후, 확인을 클릭하여 부품을 조립한다.

3-9 접점 구속조건을 통한 부품 조립

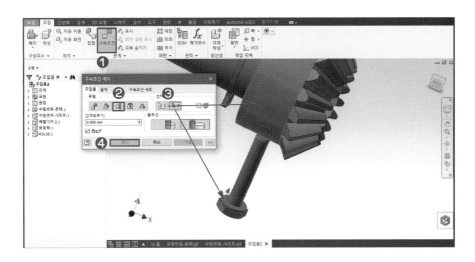

메이트로 조립한 후, 최종위치가 원통면과 평면 또는 원통면과 원통면일 경우, 접선 구속으로 지정한다.

❶ 조립품 상단 리본메뉴에서 구속조건을 실행한다.

❷ 구속조건 배치 대화상자에서 조립품 유형을 접선을 선택한다.

❸ 메이트 구속이 적용될 두 부품의 기준 원통면과 평면 요소를 선택한다.

❹ 미리보기 되는 조립 상태를 점검 후, 확인을 클릭하여 부품을 조립한다.

3-10 부품 내부 조립을 위한 반 단면도 표시

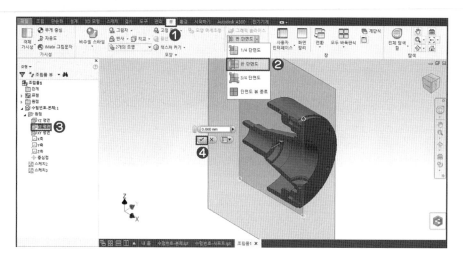

부품 내부에 조립되는 경우, 단면도 기능을 이용하여 조립을 수행하면 쉽게 적용된다.

❶ 상단 리본메뉴 뷰 탭을 활성화한다.

❷ 단면도 하위 탭을 클릭하여 반 단면도 명령을 실행한다.

❸ 단면의 기준이 되는 평면을 좌측 검색기 부품 원점 XZ평면을 선택한다.

❹ 화면상에 나타난 대화상자에서 확인 버튼을 클릭하여, 단면보기를 활성화 한다.

　※ 단면보기 종료는 리본메뉴 뷰, 단면도 하위 탭에서 단면도 뷰 종료를 클릭한다.

3-11 부품 내부에 조립

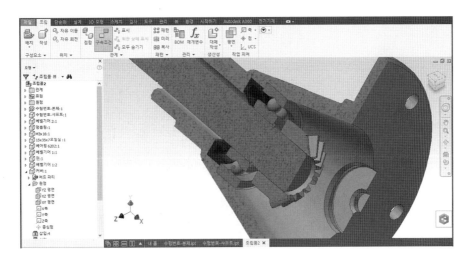

반 단면도 화면상에서 내부에 조립될 부품을 가져와 조립구속을 이용하여 그림과 같이 조립한다.

3-12 모든 부품 조립

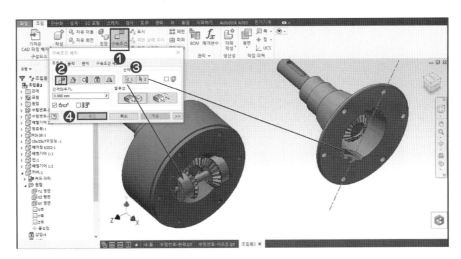

이와 같은 메이트, 삽입, 접선등 조립 구속조건으로 조립품의 완성한다.

❶ 조립품 상단 리본메뉴에서 구속조건을 실행한다.

❷ 구속조건 대화상자에서 메이트, 삽입, 접선등의 구속조건을 이용하여 부품 조립을 마무리한다.

3-13 동일 간격의 부품 배치

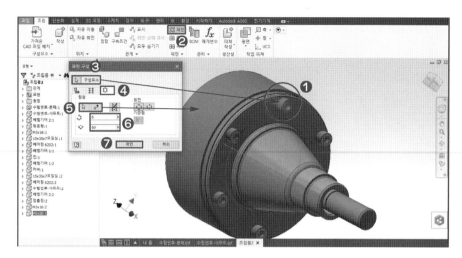

부품이 동일한 간격 또는 각도로 이루어진 경우, 부품 패턴을 이용하여 부품을 배치한다.

❶ 패턴 할 기준 부품을 조립구속 명령으로 먼저 조립한다.

❷ 조립품 상단 리본메뉴에서 패턴 명령을 실행한다.

❸ 패턴 구성요소 대화상자에서 구성요소를 먼저 조립된 부품을 선택한다.

❹ 유형 탭에서 원형 패턴 탭을 클릭한다.

❺ 원형 패턴 회전축을 본체 원통면을 선택한다.

❻ 패턴 개수를 6으로 입력하고, 부품 각도를 60도로 지정한다.

❼ 확인 버튼을 클릭하여 부품 패턴을 완성한다.

3-14 간섭분석을 통한 조립품 검사-1

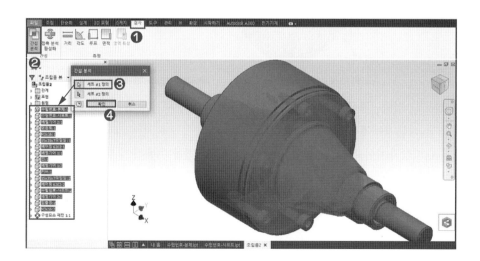

부품 조립이 끝난 후, 간섭분석을 통해 조립 유효성을 검사한다.

❶ 상단 검사 메뉴 탭을 클릭하여 메뉴를 나타낸다.

❷ 리본메뉴에서 간섭 분석을 실행한다.

❸ 간섭 분석 대화상자에서 셋트 #1정의에서 좌측 검색기에 존재하고 있는 모든 부품을 선택한다.

❹ 확인 버튼을 클릭하여 분석을 시작한다.

3-15 간섭분석을 통한 조립품 검사-2

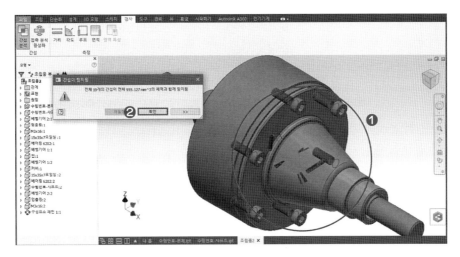

❶ 응시조건에 따라 체결부에 대한 간섭과 기어 물림에 대한 간섭은 채점에서 제외됨으로, 체결부와 기어
부분을 제외한 다른 부분에 간섭이 발생하는지를 체크한다.

❷ 간섭 탐지 대화상자에서 확인 버튼을 클릭하여 간섭 분석을 마무리한다.

※ 만약, 간섭이 발생하지 않아야 하는 부분에 간섭이 발생할 경우, 조립 구속을 다시 확인하시거나, 부품을 열어 모델링의
정확성을 다시 파악하고, 다시 간섭 분석을 통해 이상 유무를 체크하셔야 한다.

3-16 조립품 저장

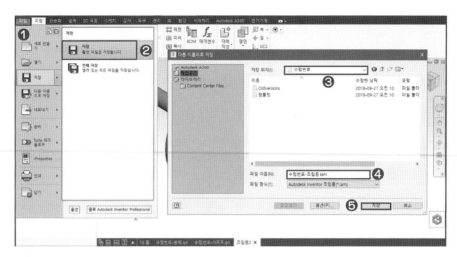

부품 조립과 간섭 분석이 완료되었다면, 작성한 조립품을 저장한다.

❶ 상단 메뉴에서 파일을 선택한다.

❷ 타나나는 파일 메뉴에서 저장을 선택한다.

❸, ❹ 저장위치를 확인하고, 파일명을 "수험번호-조립품"으로 입력한다.

❺ 저장 버튼을 클릭하여 조립품 파일을 저장한다.

4. 조립품 생성

4-1 도면 템플릿 선택

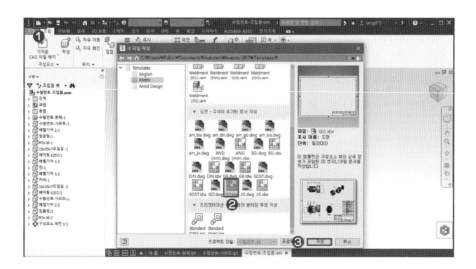

부품 모델링과 조립이 완료되었다면, 도면을 생성한다.

❶ 도면을 생성 위해서 상단 빠른 메뉴에서 새로 만들기를 실행한다.

❷ 새 파일 작성 대화상자 좌측 메뉴에서 Metric를 선택한다.

❸ 나타나는 템플릿 파일에서 도면 ISO.idw를 선택한다.

❹ 작성 버튼을 클릭하여 새 도면을 생성한다.

4-2 도면 경계선 및 스타일편집-1

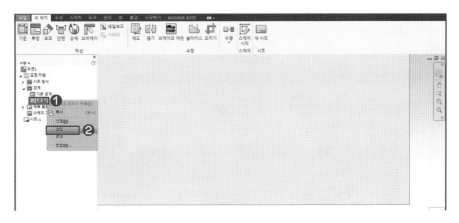

❶ 좌측 검색기에서 경계 하위 탭에 있는 작성해 놓은 도면 경계선 피쳐를 마우스 오른쪽 클릭하여 팝업메
뉴를 나타낸다.

❷ 나타난 팝업메뉴에서 삽입을 선택하여 도면상에 작성한 도면 경계를 추가한다.

4-3 도면 경계선 및 스타일편집-2

스타일 편집기를 통해 도면을 작성하기 위한 기본적인 스타일을 변경한다.

❶ 상단 메뉴에서 관리 탭을 클릭하여 메뉴를 나타낸다.

❷ 스타일 편집기를 클릭하여 실행한다.

❸ 스타일 및 표준 편집기 대화상자에서 도면 작성에 필요한 부분을 변경한다.

※ 상기, 도면 경계 작성 및 스타일 편집기의 변경 사항은 본 교재 본문에서 도면 설정 또는 3D설계실무능력평가 2급 따라하기를 참고한다.

4-4 기준 뷰 배치

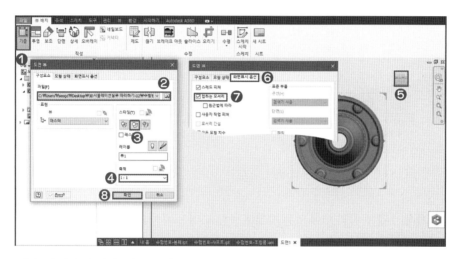

정투상 도면을 작성하기 위한 기준 도면 뷰를 작성한다.

❶ 상단 메뉴 뷰 배치 탭의 리본메뉴에서 기준을 실행한다.

❷ 도면 뷰 대화상자에서 배치할 부품파일을 선택한다.

❸ 화면 표시 스타일은 외형선만 선택한다.

※ 음영처리 표시는 옵션으로 사용자의 편리에 따라 사용 유무를 판단한다.

❹ 축척은 응시조건에 맞게 1:1 현척으로 변경한다.

❺ 화면상에 나타난 부품의 방향을 큐브 아이콘을 이용하여 도면의 조건에 맞게 조정한다.

❻ 도면 뷰 대화상자에서 화면표시 옵션 탭을 선택한다.

❼ 화면표시 옵션에서 접하는 모서리를 선택한다.

※ 이후 작성되어지는 모든 도면 뷰의 화면표시 옵션에서 접하는 모서리를 선택한다.

❽ 확인 버튼을 클릭하여 기준 도면 뷰를 생성한다.

4-5 단면 뷰 배치

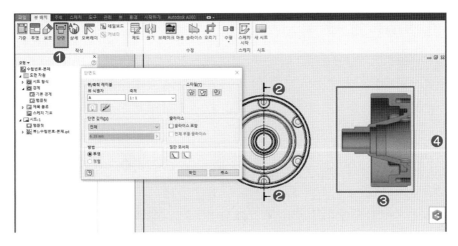

기준 뷰를 기준으로 단면 뷰를 생성한다.

❶ 생성한 기준 뷰를 선택 한 후, 상단 리본메뉴에서 단면을 실행한다.

❷ 단면 선이 생성될 위치에 마우스 왼쪽 클릭하여 단면선을 작성한다.

❸ 생성될 단면도 위치에 클릭하고, 마우스 오른쪽 클릭하여 확인하여 단면 뷰를 생성한다.

4-6 투상 뷰 배치

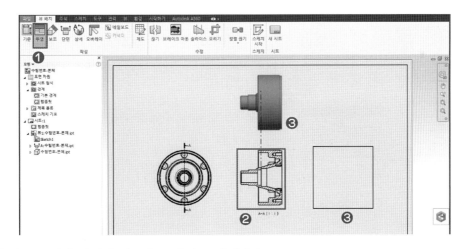

선택한 기준 뷰에서 생성될 정투상 도면 뷰를 생성한다.

❶ 상단 리본메뉴에서 투영을 실행한다.

❷ 투영할 기준 도면 뷰를 선택한다.

❸ 정투상 도면을 생성할 각각의 방향으로 위치에 클릭하고, 마우스 오른쪽 버튼을 눌러 확인한다.

4-7 부분 단면 작성-1

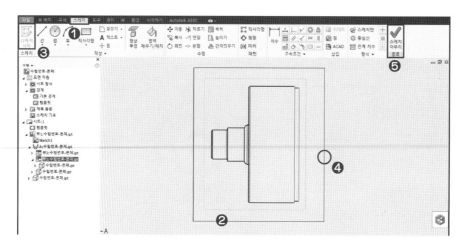

단면 뷰에 의해서 생성될 수 없는 부분 단면을 적용하기 위해서 스케치를 작성한다.

❶ 상단 메뉴 스케치 탭을 클릭한다.

❷ 부분 단면을 적용할 도면 뷰를 선택한다.

❸ 상단 스케치 리본메뉴에서 스케치 시작을 클릭하여 스케치 환경으로 전환한다.

❹ 부분 단면을 표시한 부분만큼 닫혀진 상태로 스케치하며, 별도의 구속조건은 부여하지 않아도 상관없다.

❺ 스케치가 완료되었다면, 스케치 마무리를 클릭하여 스케치를 종료한다.

4-8 부분 단면 작성-2

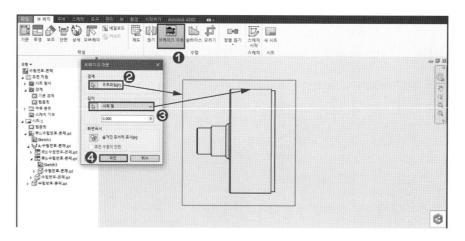

브레이크 아웃 기능을 이용하여 부분 단면을 표현한다.

❶ 상단 뷰 배치 리본메뉴에서 브레이크 아웃을 실행한다.

❷ 브레이크 아웃 대화상자에서 경계 프로파일을 앞에서 스케치한 도형을 선택한다.

❸ 깊이 지정은 시작 점을 이용하여 도면 뷰의 원형 가장자리 선분을 선택한다.

❹ 대화상자 확인 버튼을 클릭하여 부분 단면을 표현한다.

4-9 상세 도면 뷰 작성

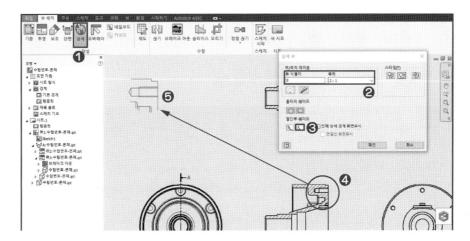

문제에서 제시하는 위치에 상세 도면 뷰를 작성한다.

❶ 상단 뷰 배치 리본메뉴에서 상세를 실행한다.

❷ 상세 뷰 대화상자에서 문제와 같이 뷰 식별자를 지정하고, 축척은 2:1로 설정한다.

❸ 절단부 쉐이프는 부드러운 쉐이프로 선택한다.

❹ 상세 도면 뷰를 표현할 임의의 위치에 상세 영역을 작성한다.

❺ 작성될 상세 도면 뷰를 시트 임의의 위치에 배치하여, 상세 도면 뷰를 완성한다.

4-10 도면 패턴 중심선 및 이등분 중심선 작성-1

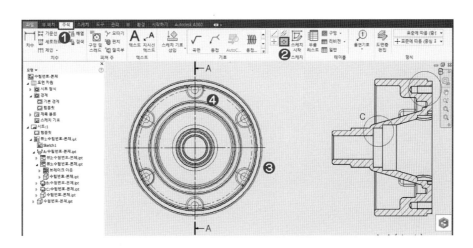

도면 뷰 작성이 완료 되면, 중심선을 기입하며 패턴 중심선 기입을 먼저 수행한다.

❶ 상단 메뉴 주석 탭을 클릭한다.

❷ 주석 리본메뉴에서 패턴 중심선을 실행한다.

❸ 패턴 중심선의 기준이 되는 원호를 선택한다.

❹ 패턴 중심선이 적용될 원호를 순차적으로 선택하고, 마우스 오른쪽 버튼을 클릭하여 중심선 생성을 마무리한다.

4-11 도면 패턴 중심선 및 이등분 중심선 작성-2

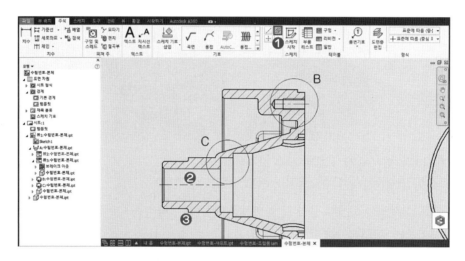

기타 필요한 위치에 이등분 중심선을 기입한다.

❶ 주석 리본메뉴에서 이등분 중심선을 실행한다.

❷, ❸ 중심선이 기입될 위치에 있는 대칭 평행 선분을 각각 선택하여 중심선을 표시하고, 중중심선을 선택하여 알맞은 크기로 중심선을 조절한다.

4-12 도면 치수 기입

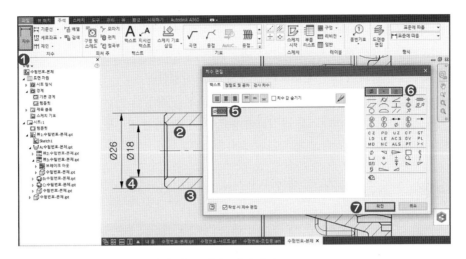

중심선 작성이 완료된 후, 치수 기입하여 도면을 완성한다.

❶ 주석 리본메뉴에서 치수를 실행한다.

❷, ❸ 치수 기입할 위치의 선분을 각각 선택한다.

❹ 치수선은 문제와 비슷한 위치에 클릭하여 배치한다.

❺, ❻치수 값 이외에 특정 기호 및 추가 주석문이 있는 경우, 커서의 위치를 기호 및 주서가 있는 위치로
변경하고, 필요 내용을 기입한다.

❼ 내용 등록이 완료 되었다면, 확인 버튼을 클릭하여 치수 기입을 완성한다.

4-13 치수 기입을 위한 보조선 스케치

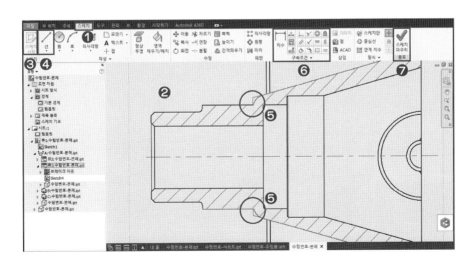

치수 기입시 치수보조선의 위치를 지정하기 위해서 필요한 경우 스케치를 이용해서 보조선을 작성한다.

❶ 상단 메뉴 스케치 탭을 클릭한다.

❷ 스케치를 작성할 도면 뷰를 선택한다.

❸ 스케치 리본메뉴에서 스케치 시작을 실행하여 스케치 환경으로 전환한다.

❹, ❺ 작성 도구를 이용하여 도면에 필요한 스케치 선을 작성한다.

❻ 형상구속 및 필요시 치수구속을 이용하여 정확한 보조선을 작성한다.

❼ 스케치가 완성되면 스케치 마무리를 클릭하여 종료 후, 치수 기입 명령을 이용하여 작성된 스케치 보조
선에 치수 기입을 한다.

4-14 도면 완성

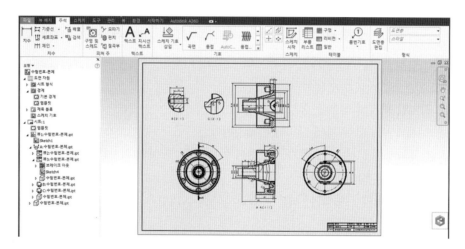

도면을 생성하는 일련의 모든 과정이 끝나면, 도면의 치수 누락이나 중심선 등 도면 요소중 누락된 부분이
있는 파악한다.

4-15 도면 저장

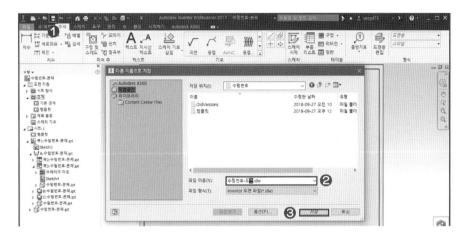

모든 작업이 종료 후, 작업한 도면을 저장한다.

❶ 상단 퀵 메뉴에서 저장 명령을 실행한다.

❷ 저장 파일명은 "수험번호-도면"이름으로 입력한다.

❸ 저장 버튼을 클릭하여 도면을 원본으로 저장한다.

4-16 PDF도면 작성

도면 원본을 저장 후, PDF파일로 도면을 생성한다.

❶ 상단 메뉴 파일을 클릭한다.

❷ 메뉴 팝업메뉴 내보내기에서 PDF를 선택한다.

❸ 나타나는 다른 이름으로 저장 대화상자에서 파일명 및 파일 형식을 "수험번호-도면.PDF"로 확인한다.

❹ 저장 버튼을 클릭하여 도면을 PDF파일로 저장한다.

3D설계실무능력평가 1급 관련 자료는 blog.naver.com/proguider 또는 esajin.kr에서 볼 수 있습니다.

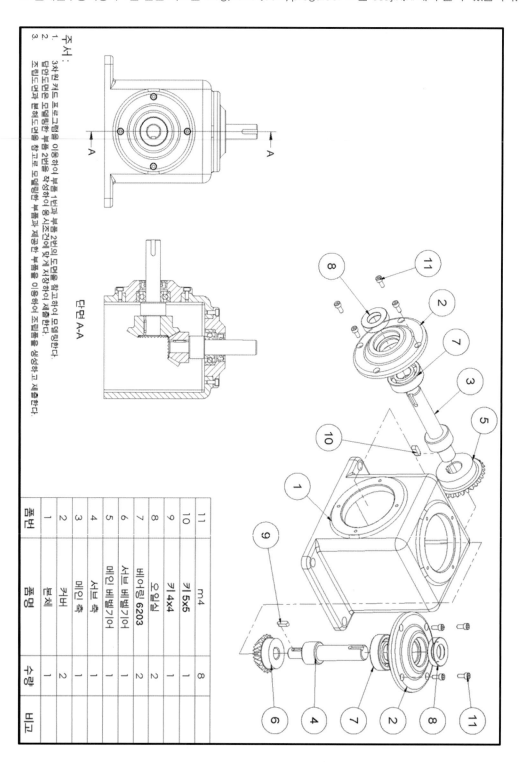

주서 :
1. 3차원 캐드 프로그램을 이용하여 부품 1번과 부품 2번의 도면을 참고하여 모델링한다.
2. 답안도면은 모델링한 부품 2번을 작성하여 응시조건에 맞게 저장하여 제출한다.
3. 조립도와 분해도는 연습 참고로 모델링한 부품과 제공한 부품을 이용하여 조립품을 생성하고 제출한다.

단면 A-A

품번	품 명	수 량	비고
11	m4	8	
10	키 5x5	1	
9	키 4x4	1	
8	오일실	2	
7	베어링 6203	2	
6	서브 베벨기어	1	
5	메인 베벨기어	1	
4	서브 축	1	
3	메인 축	1	
2	커버	2	
1	본체	1	

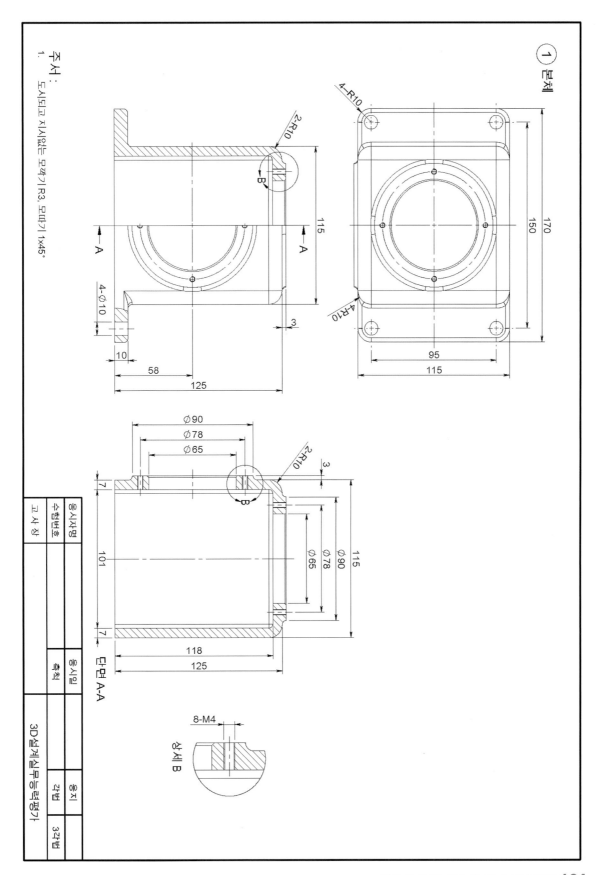

주서 :
1. 도시되고 지시없는 모깎기 R3, 모따기 1x45°.

∅90
∅78
∅65

2-R10
3

7
101
115
7

118
125

단면 A-A

8-M4

상세 B

4-R10

170
150

95
115

4-R10

115
2-R10
B

A
A

4-∅10
3

10
58
125

응시자명		응시일		응지	
수험번호		축척		각법	3각법
고사장		3D설계실무능력평가			

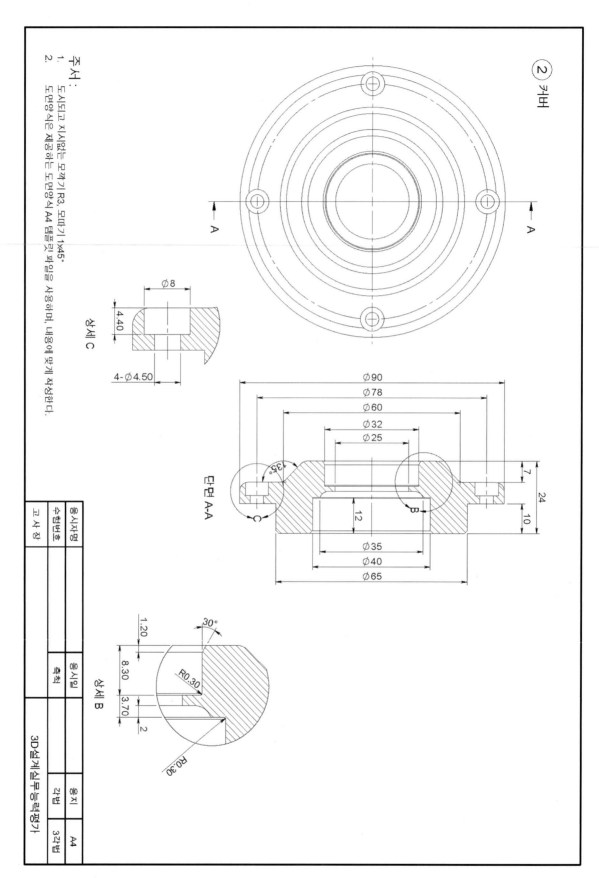

② 커버

상세 C

Ø8

4.40

4-Ø4.50

단면 A-A

Ø90
Ø78
Ø60
Ø32
Ø25
135°
7
24
10
12
Ø35
Ø40
Ø65
B
C

상세 B

30°
1.20
8.30
R0.30
3.70
2
R0.30

주서 :
1. 도시되고 지시없는 모깎기 R3, 모따기 1x45°
2. 도면양식은 제공하는 도면양식 A4 템플릿 파일을 사용하며, 내용에 맞게 작성한다.

응시자명	응시일	응시	응지	A4
수험번호			각법	3각법
고 사 장	축척	척도		
			3D설계실무능력평가	

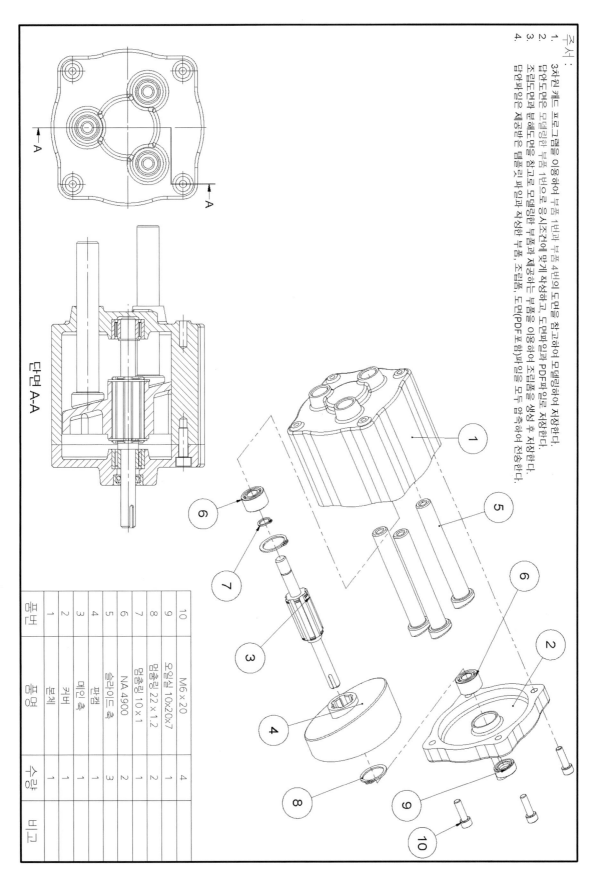

1. 3차원 캐드 프로그램을 이용하여 부품 1번과 부품 4번의 도면을 참고하여 모델링하여 저장한다.
2. 답안도면은 모델링한 부품 1번으로 응시조건에 맞게 작성하고, 도면파일과 PDF파일로 저장한다.
3. 조립도면은 해도면을 참고로 모델링한 부품과 제공하는 부품을 이용하여 조립품을 생성 후 저장한다.
4. 답안파일은 제공된 템플릿 파일의 파일과 작성한 부품, 조립품, 도면(PDF포함)파일을 모두 압축하여 전송한다.

A

A

단면 A-A

품번	품명	수량	비고
10	M6 x 20	4	
9	오일실 10x20x7	1	
8	멈춤링 22 x 1.2	2	
7	멈춤링 10 x 1	1	
6	NA 4900	2	
5	슬라이드 축	3	
4	편심	1	
3	메인 축	1	
2	커버	1	
1	본체	1	
품번	품명	수량	비고

05 3D설계실무능력평가(DAT) 1급 연습도면 | **623**

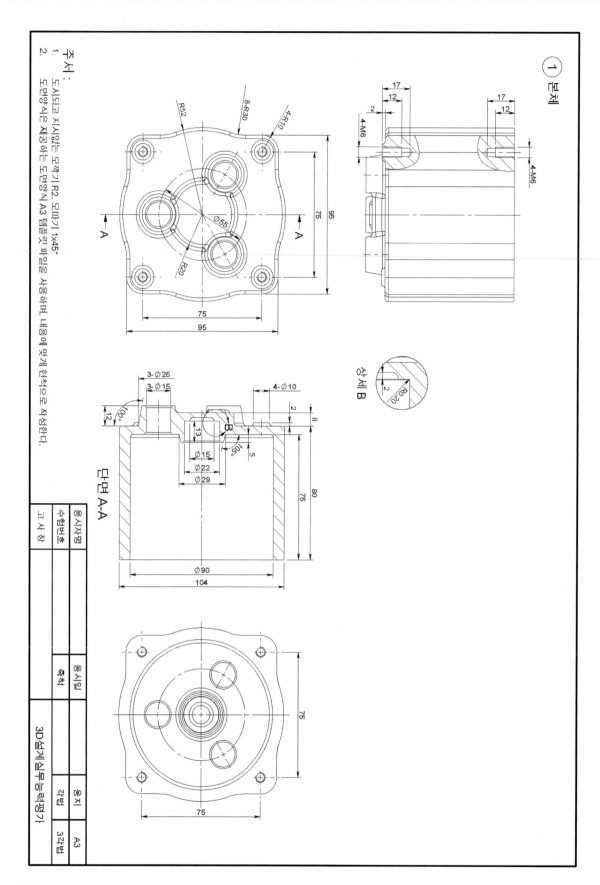

① 본체

주서 :
1. 도시되고 지시없는 모깎기 R2, 모따기 1×45°.
2. 도면양식은 제공하는 도면양식 A3 템플릿 파일을 사용하며, 내용에 맞게 현척으로 작성한다.

상세 B

단면 A-A

응시자명		응시일		응지	A3
수험번호		축척		각번	32번
고 사 장			3D설계실무능력평가		

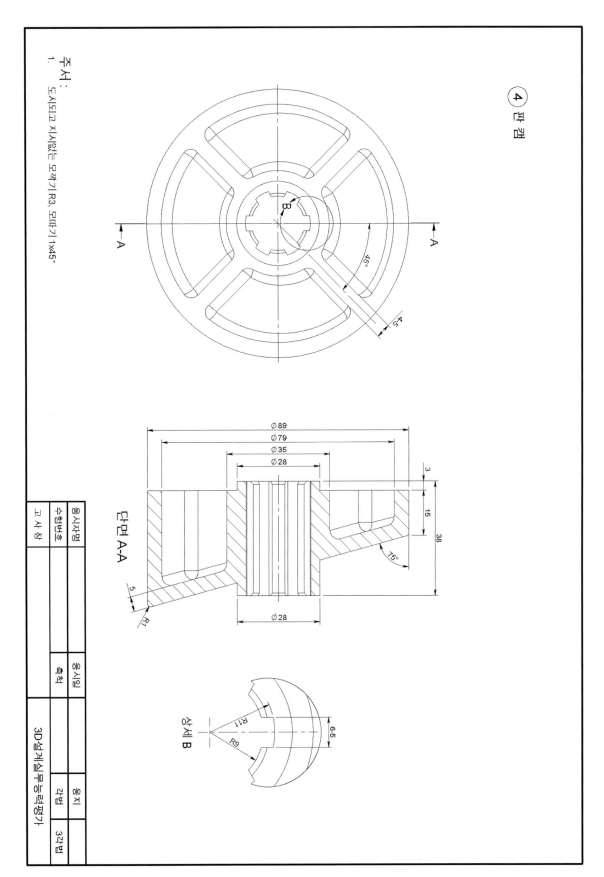

④ 평캠

주서 :
1. 도시되고 지시없는 모깎기 R3, 모따기 1x45°

∅89
∅79
∅35
∅28

단면 A-A

3
15
38
15°
5
R1
∅28

상세 B
R11
R9
6.5

응시자명		응시일		응시	
수험번호		축척		용지	
고 사 장			3D설계실무능력평가	각법	3각법

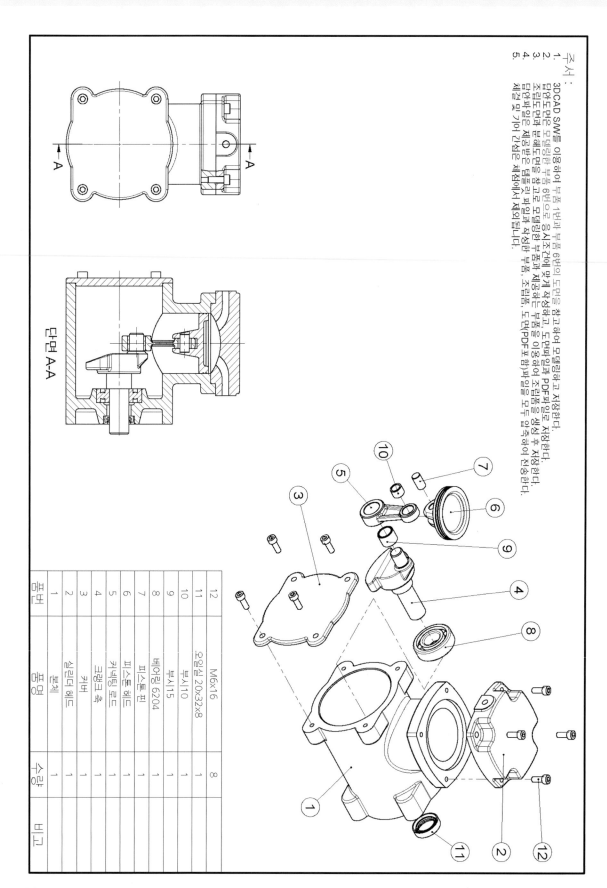

주서 :
1. 3DCAD S/W를 이용하여 부품 1번과 부품 6번의 도면을 참고하여 모델링하고 저장한다.
2. 답안도면은 모델링한 부품 6번으로 응시조건에 맞게 작성하고, 도면데이터로 저장한다.
3. 조립도면과 분해도면을 참고로 모델링한 부품을 제공하는 부품을 이용하여 조립품을 생성 후 저장한다.
4. 답안파일은 제공받은 템플릿 파일과 작성한 부품, 조립품, 도면(PDF포함)파일을 모두 압축하여 전송한다.
5. 체결 및 기어 간섭은 체결부에서 제외된다.

단면 A-A

품번	품명	수량	비고
12	M6x16	8	
11	오일실 20x32x8	1	
10	부시110	1	
9	부시15	1	
8	베어링 6204	1	
7	피스톤 핀	1	
6	피스톤 헤드	1	
5	커넥팅 로드	1	
4	크랭크 축	1	
3	커버	1	
2	실린더 헤드	1	
1	본체	1	

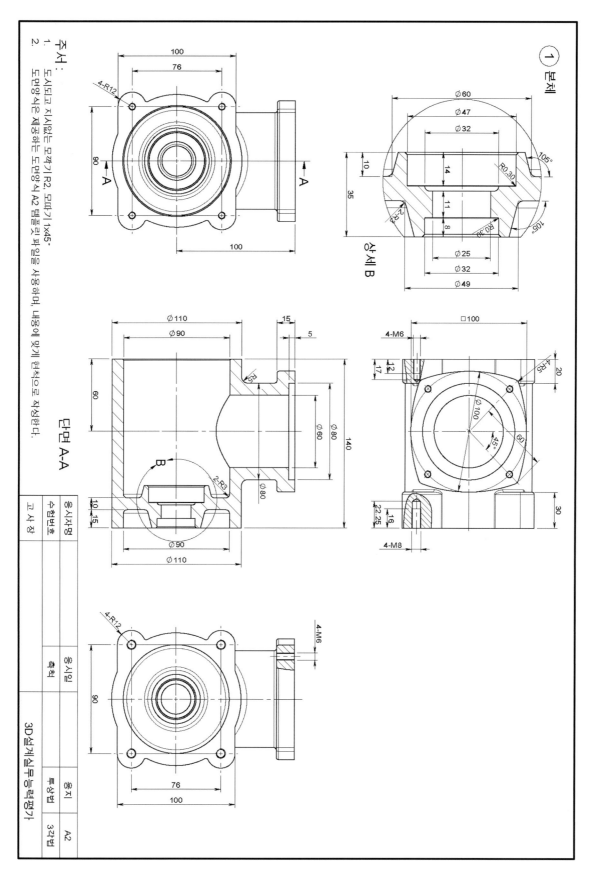

① 본체

상세 B

단면 A-A

주서 :
1. 도시되고 지시없는 모깎기R2, 모따기1x45°
2. 도면양식은 제공하는 도면양식 A2 탬플릿 파일을 사용하며, 내용에 맞게 한척으로 작성한다.

응시자명		응시일		응지	A2
수험번호		축척			
고사장					
		응시일		응지	A2
		축척	특상법		3각법
고사장		3D설계실무능력평가			

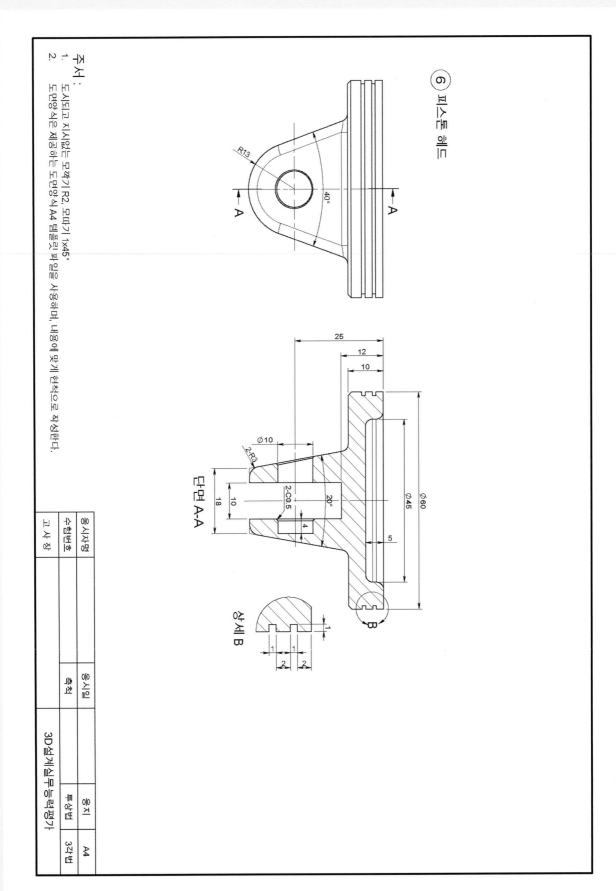

⑥ 피스톤 헤드

R13

40°

단면 A-A

Ø10

2-R3

2-C0.5

20°

18

10

4

상세 B

1

1

2

2

25

12

10

Ø45

Ø60

5

B

주서 :
1. 도시되고 지시없는 모깎기 R2, 모따기 1×45°.
2. 도면양식은 제공하는 도면양식 A4 템플릿 파일을 사용하며, 내용에 맞게 한치수으로 작성한다.

응시자명		응시일		응지	A4
수험번호		척척		특상법	3과법
고사청			3D설계실무능력평가		

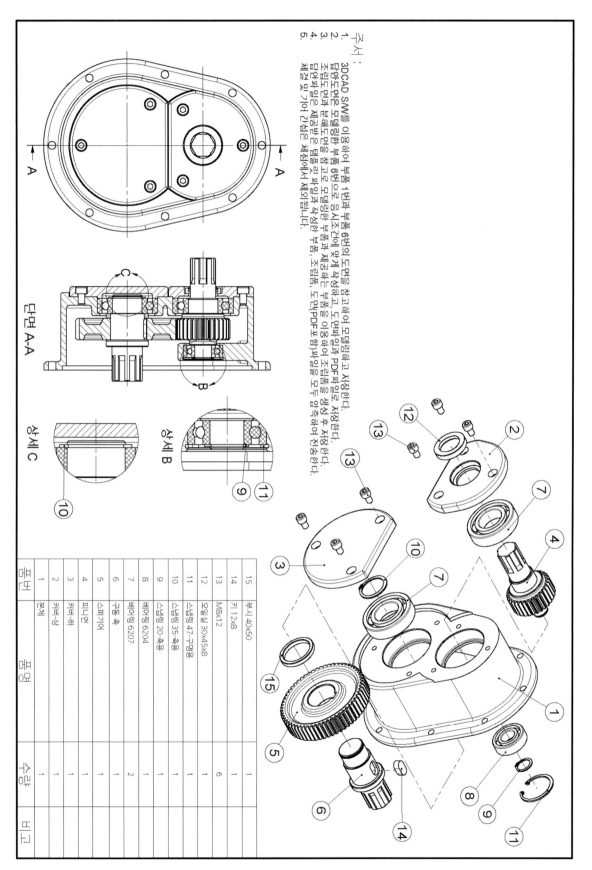

주서 :
1. 3DCAD S/W를 이용하여 부품 1번과 부품 6번의 도면을 참고하여 모델링하고 저장한다.
2. 단면도면은 모델링한 부품 6면으로 응용조건에 맞게 작성하고, 도면파일과 PDF파일으로 저장한다.
3. 조립도면과 분해도면은 참고로 모델링한 부품을 이용하여 조립품을 생성 후 저장한다.
4. 단면파일은 제공받은 템플릿 파일과 작성한 부품, 조립품, 도면(PDF포함)파일을 모두 우측하여 전송한다.
5. 체결 볼트와 기어 간섭은 체결에서 제외됩니다.

| 단면 A-A | 상세 C | 상세 B |

품번	품명	수량	비고
15	부시 40x50	1	
14	키 12x8	1	
13	M8x12	6	
12	오일실 30x45x8	1	
11	스냅링 47-구멍용	1	
10	스냅링 35-축용	1	
9	스냅링 20-축용	1	
8	베어링 6204	1	
7	베어링 6207	2	
6	구동-축	1	
5	스퍼기어	1	
4	피니언	1	
3	커버-하	1	
2	커버-상	2	
1	몸체	1	
품번	품명	수량	비고

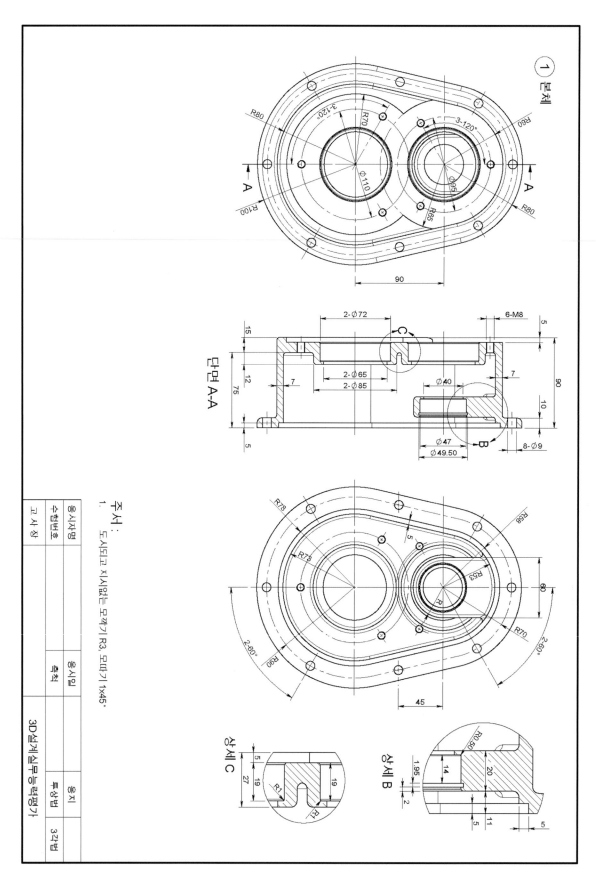

주서 :
1. 도시되고 지시없는 모깎기 R3, 모따기 1x45°

응시자명		응시일		응지	
수험번호		축적		특성범	3각법
고 사 장				3D설계실무능력평가	

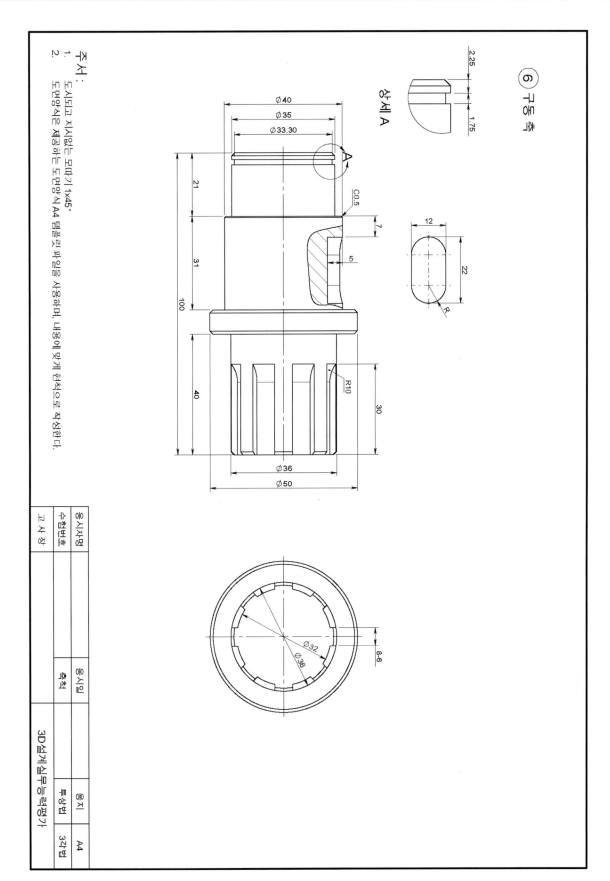

⑥ 구동 축

상세 A

⌀40
⌀35
⌀33.30

2.25
1.75

A

C0.5

7
5

21
31
100

40
30

R10

⌀36
⌀50

12
22
R

⌀32
⌀36
8-6

주서 :
1. 도시되고 지시없는 모따기 1x45°.
2. 도면양식은 제공하는 도면양식 A4 템플릿 파일을 사용하며, 내용에 맞게 현척으로 작성한다.

응시자명		응시일		응지	A4
수험번호		축척			
		축적	특성별	3각법
고 사 장			3D설계실무능력평가		

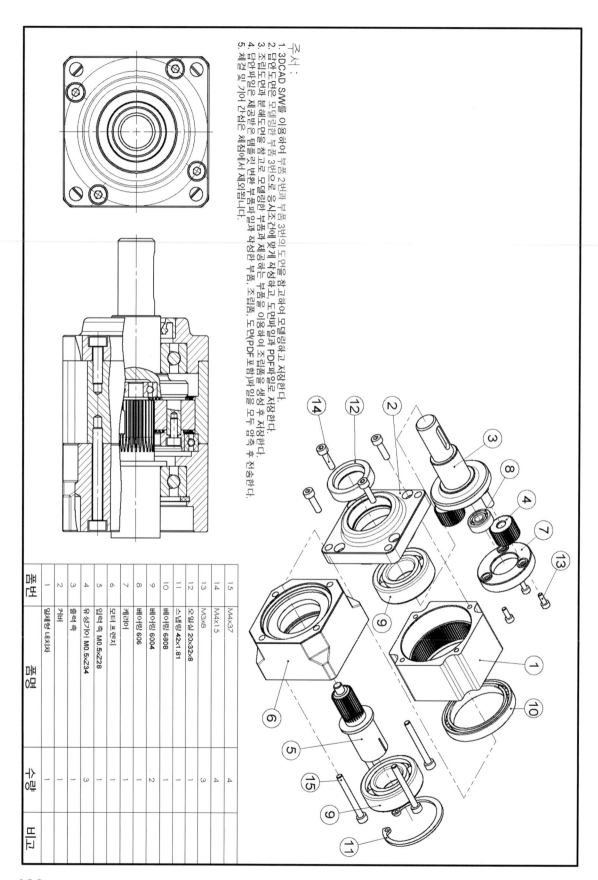

주서 :
1. 3DCAD S/W를 이용하여 부품 2번과 부품 3번의 도면을 참고하여 모델링하고 저장한다.
2. 답안도면은 모델링한 부품 3번으로 응시조건에 맞게 작성하고, 도면파일과 PDF파일으로 저장한다.
3. 조립도면은 문제도면을 참고로 모델링한 부품과 제공하는 부품으로 제공한 후 저장한다.
4. 답안파일은 문제에서 요구한 부품의 변환 부품파일과 작성한 부품, 조립품, 도면(PDF포함)파일을 모두 입력 후 전송한다.
5. 체결 볼 기어 간섭은 체결에서 제외됩니다.

품번	품명	수량	비고
15	M4x37	4	
14	M4x15	4	
13	M3x8	3	
12	오일실 20x32x8	1	
11	스냅링 42x1.81	1	
10	베어링 6808	1	
9	베어링 6004	2	
8	베어링 606	1	
7	캐리어	1	
6	모터 프랜지	1	
5	입력 축 M0.5x228	1	
4	유성기어 M0.5xZ34	3	
3	출력축	1	
2	커버	1	
1	링체형 내치차	1	

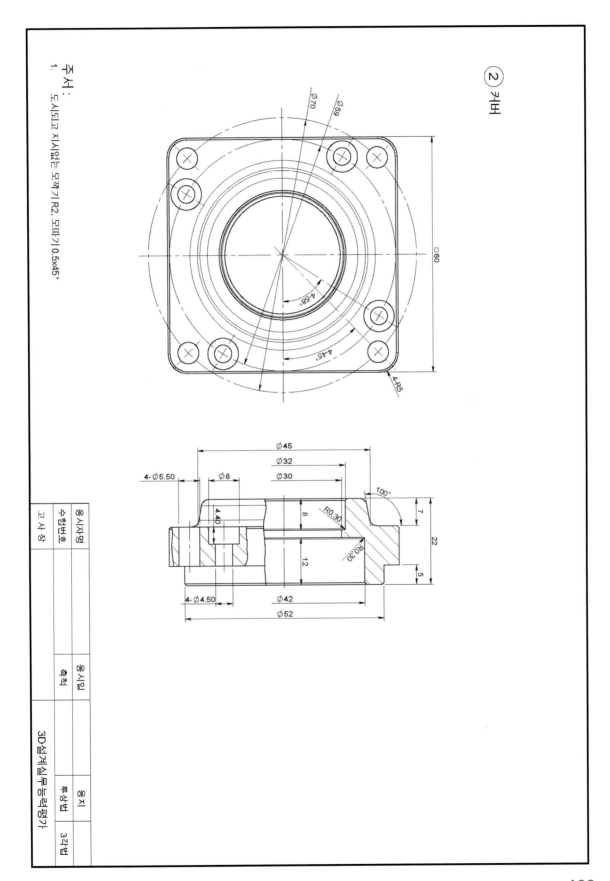

② 커버

⌀70
⌀59
□60
4-58°
4-45°
4-R5

⌀45
⌀32
⌀30
4-⌀5.50
⌀8
4.40
8
R0.30
100°
7
22
5
12
R0.30
4-⌀4.50
⌀42
⌀52

주서 :
1. 도시되고 지시없는 모깎기 R2, 모따기 0.5x45°.

응시자명		응시일		응지	
수험번호		축척		특상법	32번
고사장			3D설계실무능력평가		

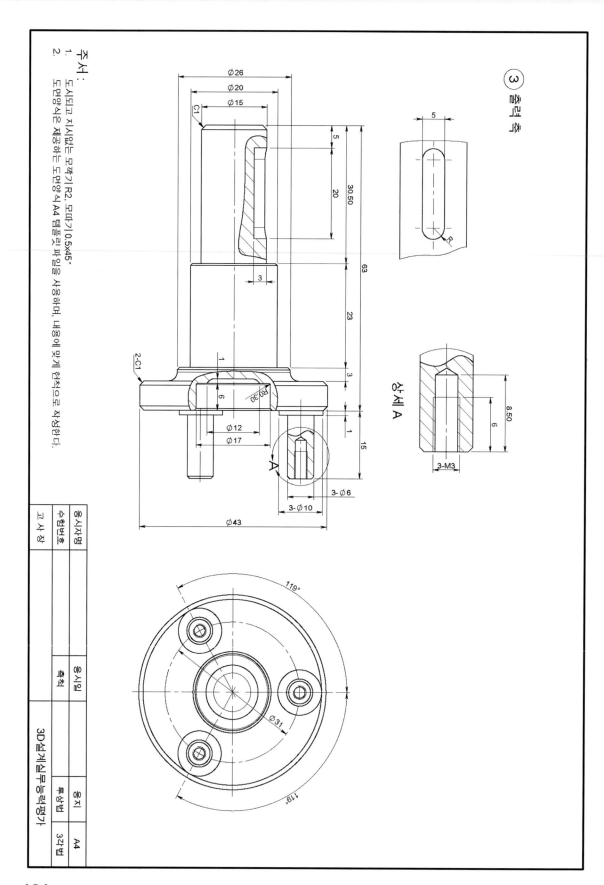

주서 :
1. 도시되고 지시없는 모깎기 R2, 모따기 0.5×45°.
2. 도면양식은 제공하는 도면양식 A4 템플릿 파일을 사용하며, 내용에 맞게 현척으로 작성한다.

상세 A

응시자명	응시일	응지		
수험번호				A4
	종목명	종목		
	축척	투상법	3각법	
고 사 장	3D설계실무능력평가			

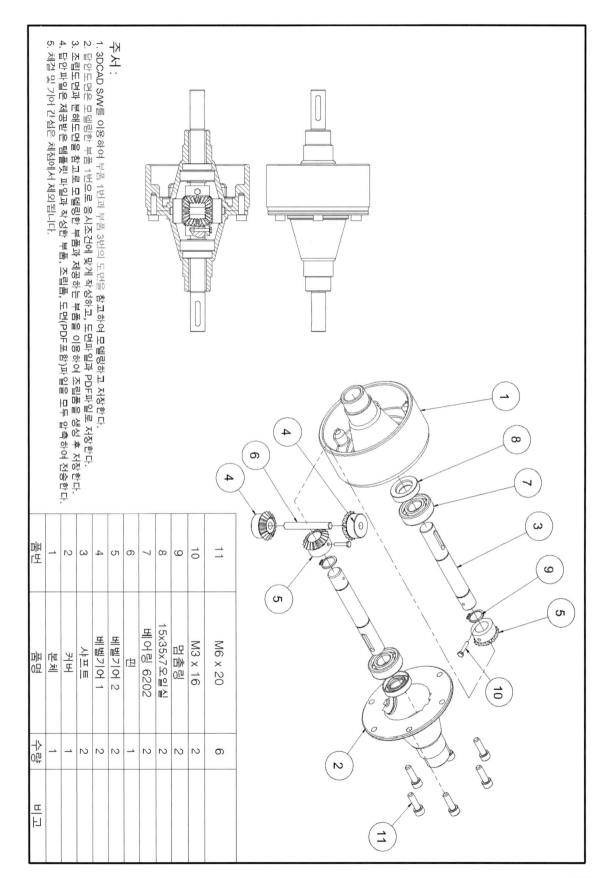

품번	품명	수량	비고
11	M6 x 20	6	
10	M3 x 16	2	
9	멈춤링	2	
8	15x35x7오일실	2	
7	베어링 6202	2	
6	핀	1	
5	베벨기어 2	2	
4	베벨기어 1	2	
3	샤프트	2	
2	커버	1	
1	본체	1	
품번	품명	수량	비고

주서 :

1. 3DCAD S/W를 이용하여 부품 1번과 부품 3번의 도면을 참고하여 모델링하고 저장한다.
2. 단안도면은 모델링한 부품 1번을 응시조건에 맞게 작성하고, 도면파일과 PDF파일로 저장한다.
3. 조립도면과 도면을 참고로 모델링한 부품과 제공하는 부품을 이용하여 조립품을 생성한 후 저장한다.
4. 단안파일은 제공받은 탬플릿 파일과 작성한 부품, 조립품, 도면(PDF포함)파일을 모두 압축하여 전송한다.
5. 체결 및 기어 간섭은 체점에서 제외됩니다.

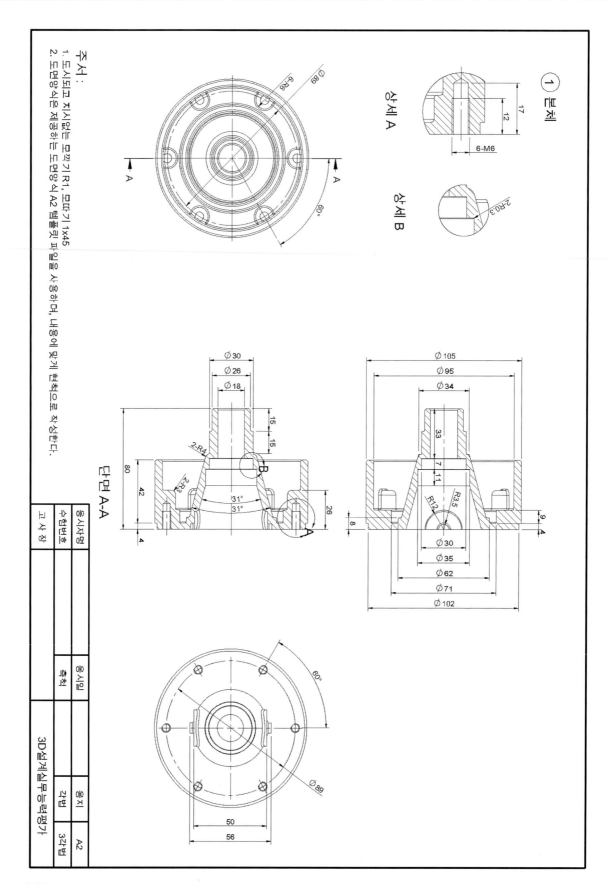

① 본체

상세 A

상세 B

6-M6

17
12

2-R0.3

단면 A-A

Ø30
Ø26
Ø18

15
15

80
42

2-R4

2-R3

31°
31°

26

4

Ø105
Ø95
Ø34

33

7
11

R12
R3.5

8

Ø30
Ø35
Ø62
Ø71
Ø102

9
4

Ø68

4-Ø6

60°

A

A

60°

Ø89

50
56

주서:
1. 도시되고 지시없는 모깎기 R1, 모떼기 1x45
2. 도면양식은 제공하는 도면양식 A2 템플릿 파일을 사용하며, 내용에 맞게 최적으로 작성한다.

응시자명		감독위원			고사장
수험번호		응시일			
응시자명		응시일			3D설계실무능력평가
측척		각법	A2		
			3각법		

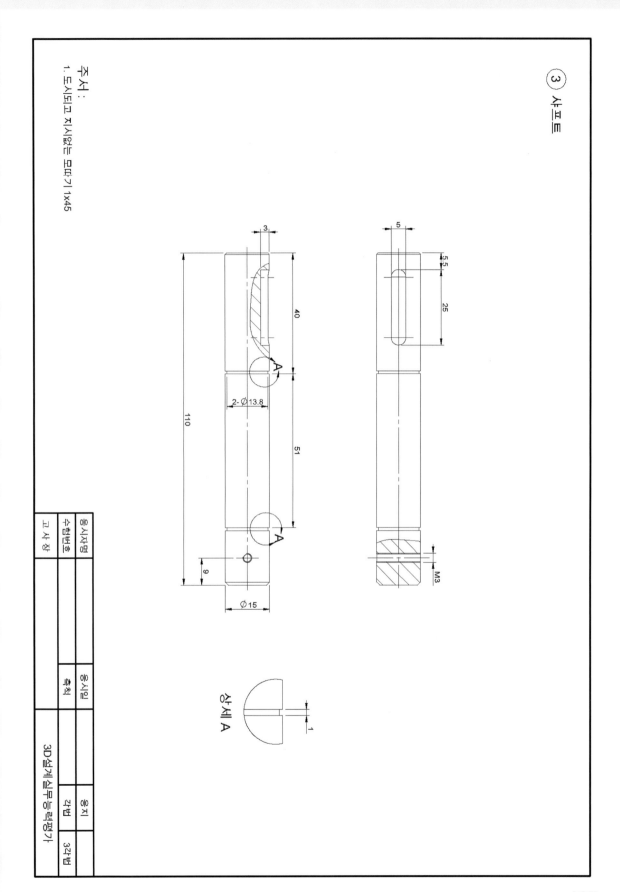

③ 샤프트

주서 :
1. 도시되고 지시없는 모따기 1x45

상세 A

응시자명		응시일		응지	
수험번호		축척		각법	3각법
고 사 장				3D설계실무능력평가	

주서 :
1. 3차원 캐드 프로그램을 이용하여 부품 1번과 부품 2번의 도면을 참고하여 모델링하여 저장한다.
2. 단인도면은 모델링한 부품 2번으로 응시조건에 맞게 작성하고, 도면파일과 PDF파일로 저장한다.
3. 조립도면과 모델링한 부품을 참고로 모델링한 부품을 이용하여 조립품을 생성 후 저장한다.
4. 답안제출은 제공된 템플릿 및 파일과 작성한 부품, 조립품, 도면(PDF포함)파일을 모두 압축하여 전송한다.

품번	품명	수량	비고
13	M3 볼트	8	
12	M4 볼트	12	
11	핀	2	
10	오일실	1	
9	베어링 6003	2	
8	위 카바	2	
7	뒤 커버	1	
6	앞 카바	1	
5	슬라이더	2	
4	링크	1	
3	편심축	2	
2	본체 커버	1	
1	본체 하우징	1	

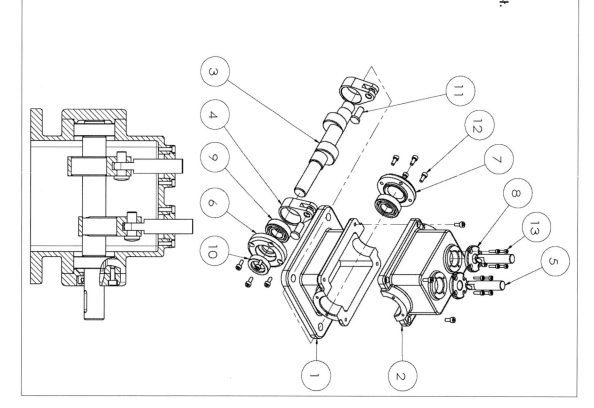

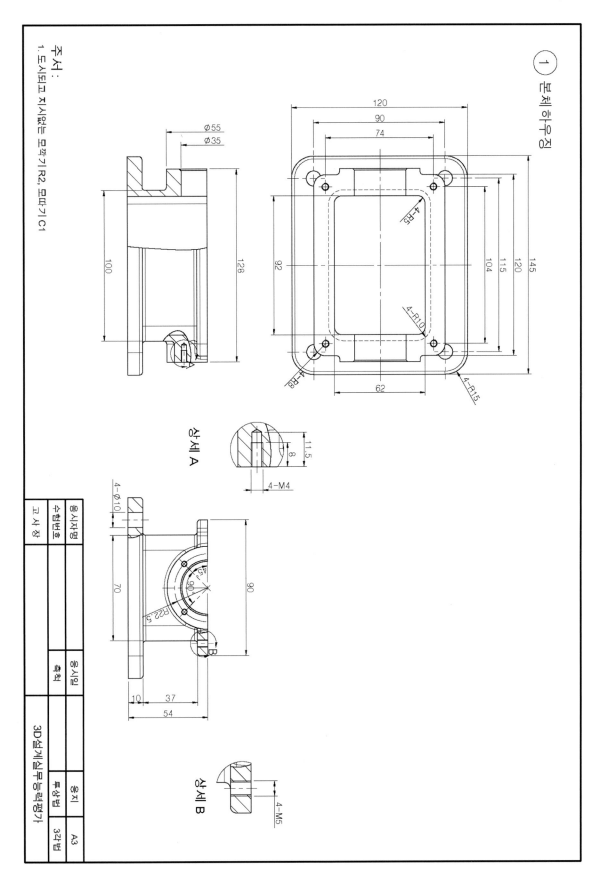

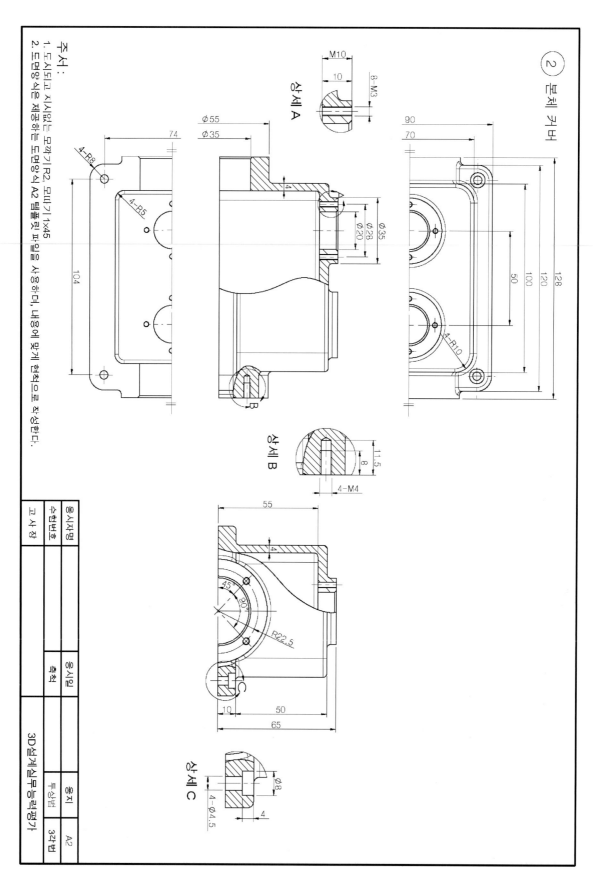

② 문제 커버

상세 A

상세 B

상세 C

주서 :
1. 도시되고 지시없는 모깎기 R2, 모따기 1x45
2. 도면양식은 제공하는 도면양식 A2 템플릿 및 파일을 사용하되, 내용에 맞게 현척으로 작성한다.

응시자명		응시일		A2
수험번호		축척		324번
고사장		3D설계실무능력평가	특성분	

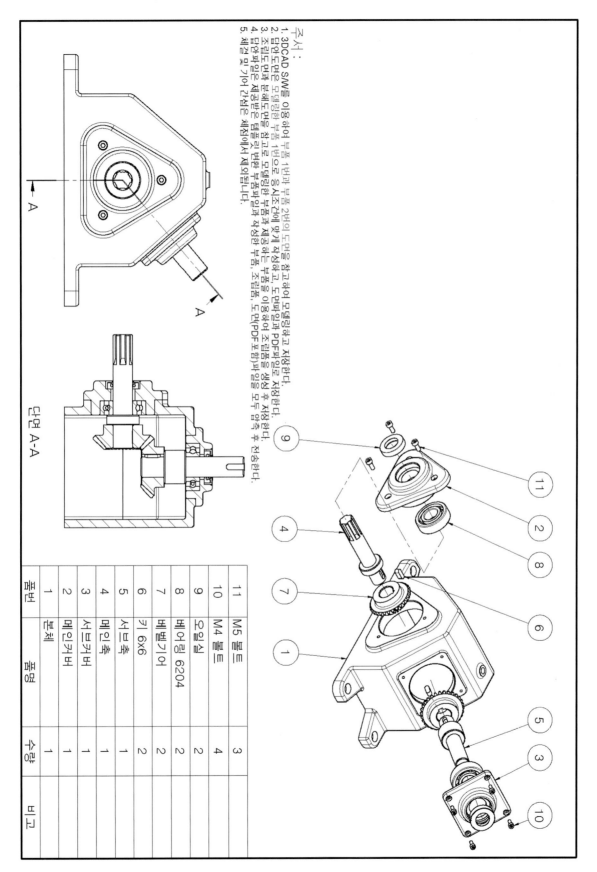

주서 :
1. 3DCAD S/W를 이용하여 품번 1번과 품번 2번의 도면을 참고하여 모델링하고 저장한다.
2. 답안도면은 모델링한 품번 1번으로 응시조건에 맞게 작성하고, 도면파일과 PDF파일로 저장한다.
3. 조립도면은 참고로 모델링한 품번과 제공하는 부품을 이용하여 조립품을 생성 후 저장한다.
4. 답안파일은 제공받은 템플릿의 변환 부품파일과 작성한 부품, 조립품, 도면(PDF포함)파일을 모두 압축 후 전송한다.
5. 체결 및 기어 간섭은 체점에서 제외됩니다.

단면 A-A

A

A-A

품번	품명	수량	비고
11	M5볼트	3	
10	M4볼트	4	
9	오일실	2	
8	베어링 6204	2	
7	키 6x6	2	
6	베벨기어	2	
5	서브축	1	
4	메인축	1	
3	서브커버	1	
2	메인커버	1	
1	본체	1	
품번	품명	수량	비고

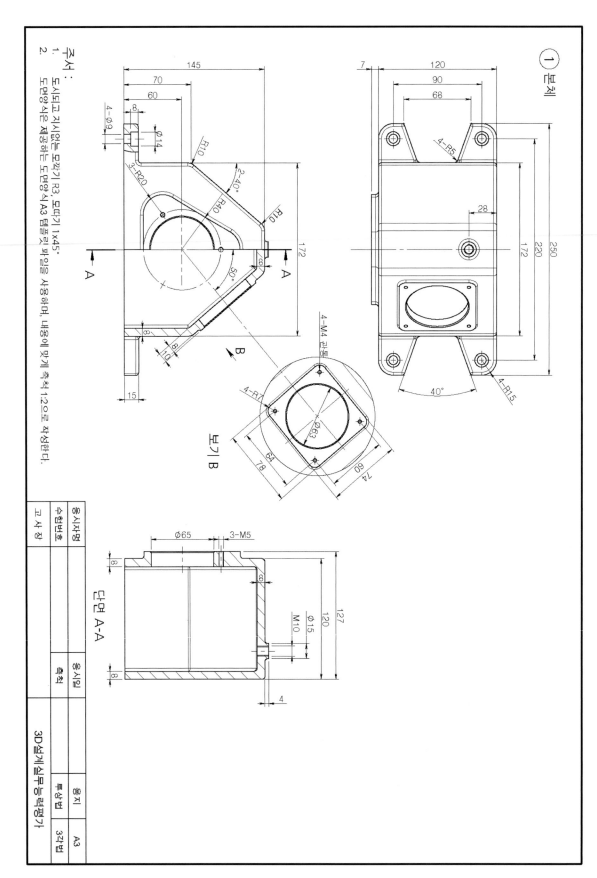

주서 :
1. 도시되고 지시없는 모깎기 R3, 모따기 1x45°.
2. 도면양식은 제공하는 도면양식의 A3 템플릿 파일을 사용하며, 내용에 맞게 축척 1:2으로 작성한다.

보기 B

단면 A-A

응시자명		응시일		용지	A3
수험번호				특상번	32번
고 사 장		축척		3D설계실무능력평가	

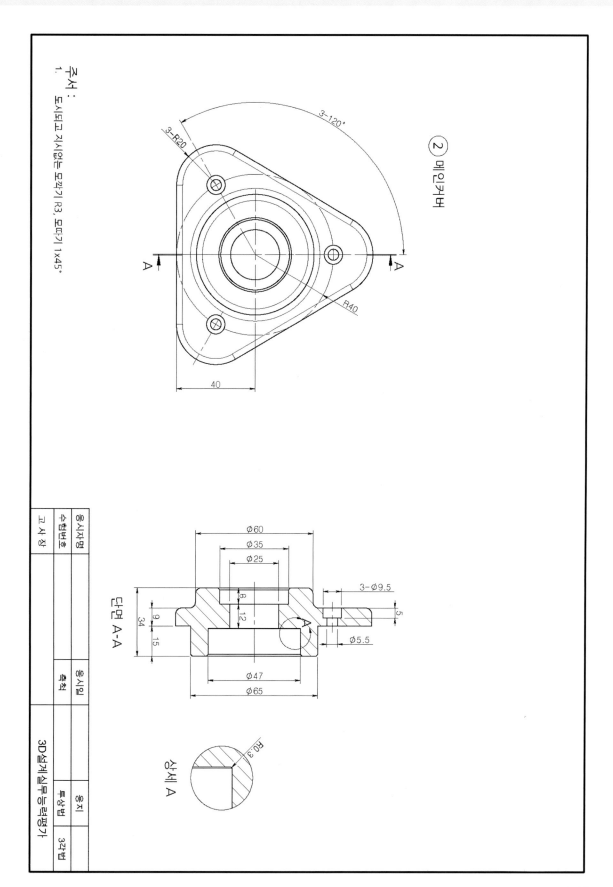

주서 :
1. 도시되고 지시없는 모따기 R3, 모따기 1x45°

② 메인커버

단면 A-A

Ø60
Ø35
Ø25
8
12
9
34
15
3-Ø9.5
5
Ø5.5
Ø47
Ø65

상세 A
R0.3

응시자명		응시일	
수험번호		축척	
고 사 장			

3D설계실무능력평가		
특상법	3각법	

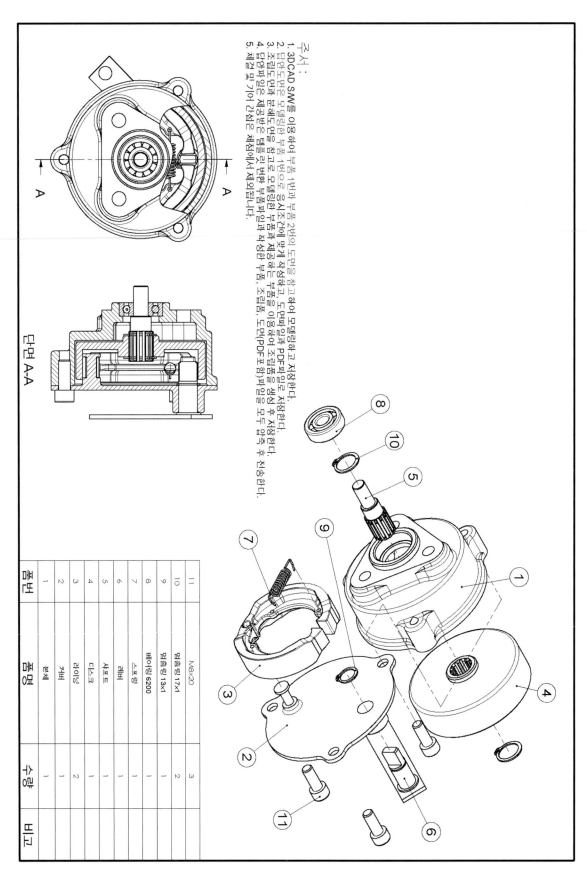

단면 A-A

주서 :
1. 3DCAD S/W를 이용하여 부품 1번과 부품 2번의 도면을 참고하여 모델링하고 저장한다.
2. 단면도면은 모델링한 부품 1번으로 음 A조건에 맞게 작성하고 도면책임과 PDF파일로 저장한다.
3. 조립도면 면책 참고로 모델링한 부품과 제공하는 부품을 이용하여 조립품을 생성 후 저장한다.
4. 단면 부품은 제공받은 단품의 부분과 부품과 작성한 부품, 조립품, 도면(PDF포함)파일을 모두 압축 후 전송한다.
5. 체결 및 기어 간섭은 체결에서 제외됩니다.

품번	품명	수량	비고
11	M6x20	3	
10	멈춤링 17x1	2	
9	멈춤링 13x1	1	
8	베어링 6200	1	
7	스프링	1	
6	렌치	1	
5	샤프트	1	
4	디스크	1	
3	라이닝	2	
2	커버	1	
1	본체	1	

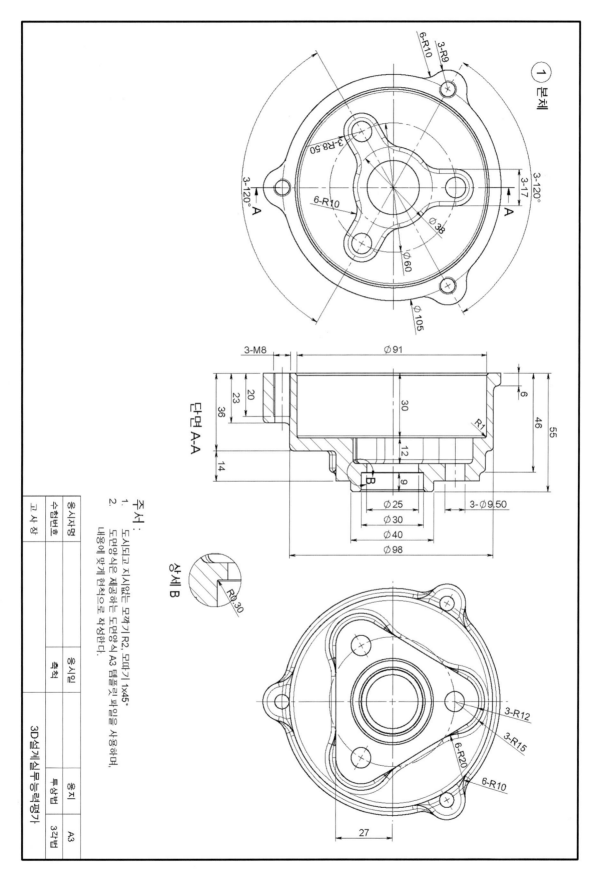

① 본체

주서 :
1. 도시되고 지시없는 모깎기 R2, 모떼기 1x45°
2. 도면양식은 제공하는 도면양식A3 템플릿 파일을 사용하며,
   내용에 맞게 현척으로 작성한다.

단면 A-A

상세 B

응시자명		응시일		용지	A3
수험번호		축척			
고 사 장				특상법	3각법
				3D설계실무능력평가	

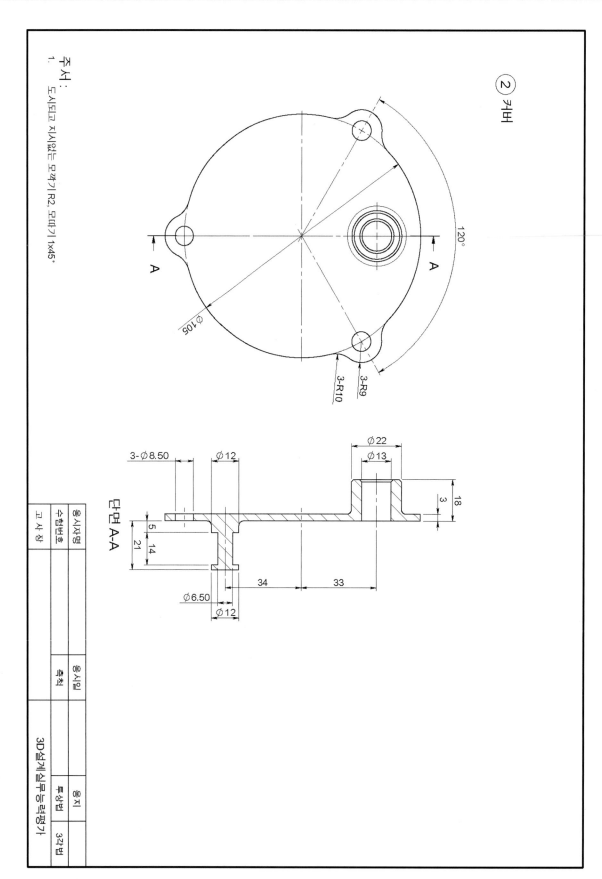

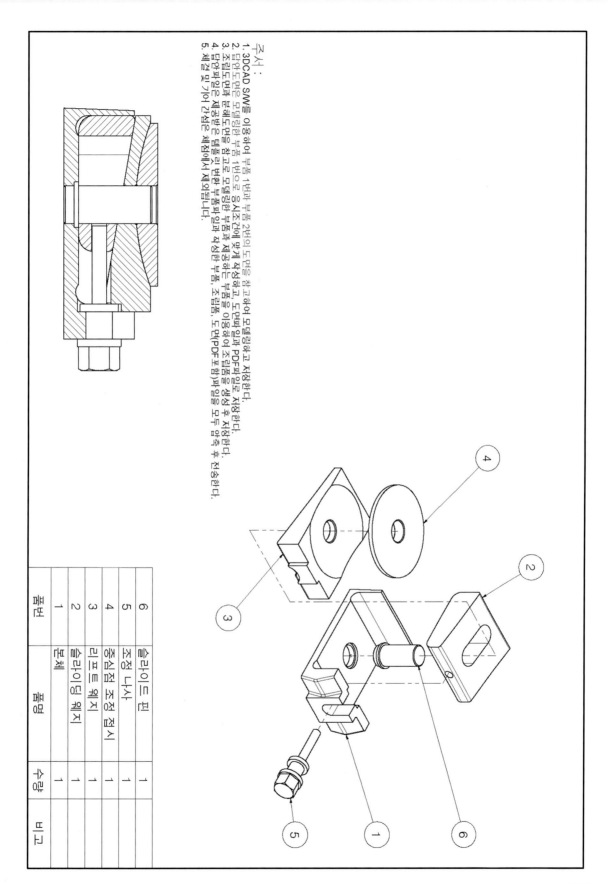

주서 :
1. 3DCAD S/W를 이용하여 부품 1번과 부품 2번의 도면을 참고하여 모델링하고 저장한다.
2. 단안도면을 모델링한 부품 1번으로 등시조건에 맞게 작성하고 도면에 일치 PDF파일으로 저장한다.
3. 조립도면과 분해도면을 참고로 모델링한 부품과 제공하는 부품을 이용하여 조립품을 생성 후 저장한다.
4. 단안부품은 제공받은 부품라 변환 부품파일과 작성한 부품, 조립품, 도면(PDF포함)파일을 모두 압축 후 전송한다.
5. 체결 및 기어 간섭은 체결시에 제외됩니다.

품번	품명	수량	비고
6	슬라이드 핀	1	
5	조정 나사	1	
4	중심점 조정 접시	1	
3	리프트 웨지	1	
2	슬라이딩 웨지	1	
1	몬체	1	

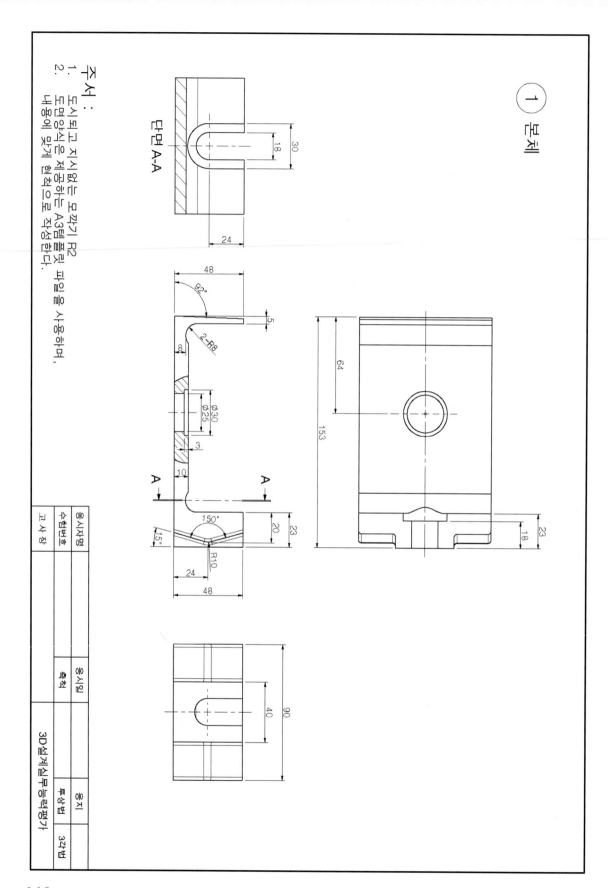

주서 :
1. 도시되고 지시없는 모깎기 R2
2. 도면양식은 제공하는 A3템플릿 파일을 사용하며,
   내용에 맞게 현척으로 작성한다.

단면 A-A

① 문제

응시자명		응시일		응지	
수험번호		척도		투상법	3각법
고 사 장			축척		
		3D설계실무능력평가			

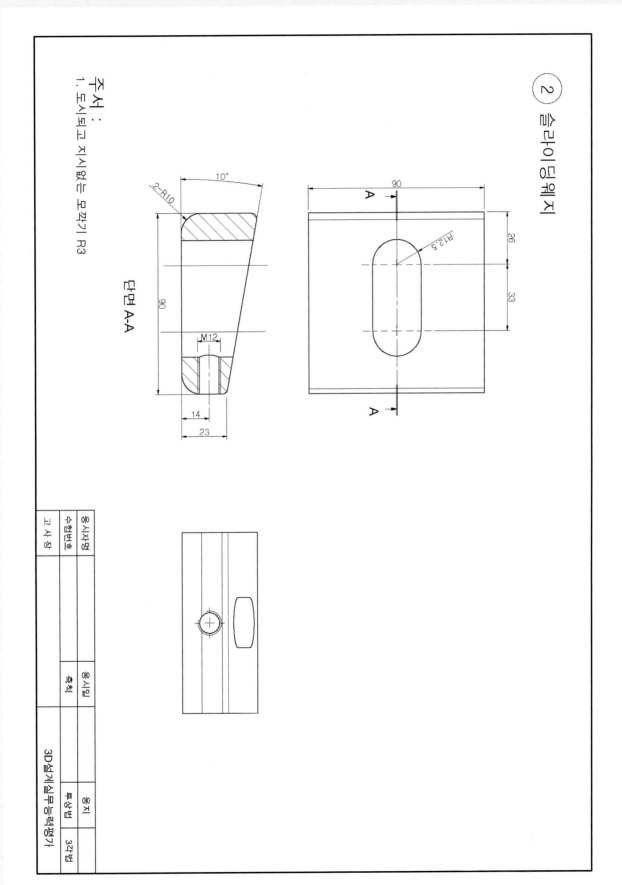

② 슬라이딩 웨지

주서 :
1. 도시되고 지시없는 모깎기 R3

10°

2-R10

90

M12

14

23

단면 A-A

90

A

A

R12.5

26

33

응시자명		응시일		응지	
수험번호		축척		특점란	32번
고 사 장				3D설계실무능력평가	

MEMO

MEMO

MEMO